高等职业教育“十三五”规划教材

屋面与装饰工程施工

主　编　刘　宇　赵继伟　赵　莉
副主编　扈恩华　刘　强　陈秋霞　侯旭魁

北京理工大学出版社
BEIJING INSTITUTE OF TECHNOLOGY PRESS

内容提要

本书主要介绍了屋面工程和建筑装饰装修工程的基本构造、材料与机具的选择使用、施工方案、施工工艺、质量标准和检验方法，同时还介绍了相关安全技术及季节性施工措施。全书共包括两篇，其中第一篇为屋面工程施工，除绪论外共由3个项目组成，主要内容包括建筑防水材料基本知识，屋顶构造及屋面防水工程施工，防水工程季节性施工及安全技术；第二篇为装饰装修工程施工，共由9个项目组成，主要内容包括装饰装修工程概述，抹灰工程施工，门窗工程施工，吊顶工程施工，轻质隔墙工程施工，饰面板（砖）工程施工，幕墙工程施工，涂饰、裱糊与软包工程施工，楼地面工程施工等。

本书可供高职高专院校建筑工程技术等相关专业的学生使用，也可作为相应专业岗位培训的教材。

图书在版编目（CIP）数据

屋面与装饰工程施工/刘宇，赵继伟，赵莉主编.—北京：北京理工大学出版社，2018.6（2018.7重印）

ISBN 978-7-5682-5748-0

Ⅰ.①屋…　Ⅱ.①刘…②赵…③赵…　Ⅲ.①屋面工程－工程施工　Ⅳ.①TU765

中国版本图书馆CIP数据核字（2018）第127171号

出版发行／北京理工大学出版社有限责任公司
社　　址／北京市海淀区中关村南大街5号
邮　　编／100081
电　　话／（010）68914775（总编室）
（010）82562903（教材售后服务热线）
（010）68948351（其他图书服务热线）
网　　址／http://www.bitpress.com.cn
经　　销／全国各地新华书店
印　　刷／北京紫瑞利印刷有限公司
开　　本／787毫米×1092毫米　1/16
印　　张／15.5
字　　数／379千字
版　　次／2018年6月第1版　2018年7月第2次印刷
定　　价／48.00元

责任编辑／钟　博
文案编辑／钟　博
责任校对／周瑞红
责任印制／边心超

FOREWORD 前言

本书依据《屋面工程技术规范》(GB 50345)、《建筑装饰装修工程质量验收规范》(GB 50210)、《建筑工程施工质量验收统一标准》(GB 50300)、《民用建筑工程室内环境污染控制规范(2013版)》(GB 50325)等最新标准和规范，结合编者多年的施工经验和教学经验编写而成。

本书打破了传统的以学科体系编写教材的模式，按照建筑产品的生产工序和工作过程构建课程体系，以屋面与装饰工程施工过程为主线，构建出建筑防水材料基本知识，屋顶构造及屋面防水工程施工，防水工程季节性施工及安全技术，抹灰工程施工，门窗工程施工，吊顶工程施工，轻质隔墙工程施工，饰面板(砖)工程施工，幕墙工程施工，涂饰、裱糊与软包工程施工，楼地面工程施工等工作项目，每个工作项目分为若干工作任务，可满足“工学结合”的人才培养模式和“项目导向”“任务驱动”等教学模式的需要。本书重点分析了屋面与装饰工程的施工准备、工艺流程、施工要点、工程质量检测与验收等技术问题，着力探讨工程施工方案的阅读与编制。

本书图文并茂，简明易懂，深入浅出，突出以能力为主的高职教育特点，便于学生了解工程实际情况，掌握专业技能。每个工作项目都配有知识目标和技能目标，以及项目小结和复习思考题，便于学生学习和应用，具有很强的实用性和指导性。

本书由济南工程职业技术学院刘宇、赵继伟、赵莉担任主编；济南工程职业技术学院扈恩华、刘强、陈秋霞，淄博福田建筑安装有限公司侯旭魁担任副主编。具体编写分工如下：刘宇编写项目2、项目3、项目6和项目9；赵继伟编写项目4、项目7和项目12；赵莉编写项目11；扈恩华编写项目1；陈秋霞编写绪论、项目8；刘强编写项目10；侯旭魁编写项目5。全书由刘宇和赵继伟统稿并定稿。

本书在编写过程中，参阅和引用了相关专家和学者公开出版的著作、标准和规范及其他资料，在此对相关文献的作者致以衷心的感谢！

由于编者水平所限，书中难免有缺点、错误和不足之处，希望读者提出宝贵意见，给予批评指正。

编　者

CONTENTS 目录

CONTENTS

CONTENTS

CONTENTS

第一篇

屋面工程施工

绪 论

0.1 屋面防水工程施工的材料发展及施工趋势

0.1.1 材料发展

防水材料其实一直没有一个统一的定义，防水技术的不断更新也加快了防水材料的多样化，总体来说，防止雨水，地下水，工业和民用的给水排水，腐蚀性液体，以及空气中的湿气、蒸汽等侵入建筑物的材料基本上统称为防水材料。

屋面工程防水技术按其构造做法可分为结构构件自身防水和附加防水层两大类。防水层的做法又可分为刚性防水和柔性防水。刚性防水是相对防水卷材、防水涂料等柔性材料防水而言的防水形式，常采用防水砂浆和防水混凝土防水。刚性防水材料是指以水泥、砂石为原材料，或其内掺入少量外加剂、高分子聚合物等材料，通过调整配合比，抑制或减小孔隙率，改变孔隙特征，增加各原材料界面间的密实性等方法，配制成具有一定抗渗透能力的水泥砂浆混凝土类防水材料。柔性防水材料多为沥青、油毡等有机材料，也称油毡卷材防水层，它是由油毡、玻璃布等纤维织物做胎层的卷材，用各类胶结材料及沥青等，将卷材黏结在屋顶结构板上的找平层上而形成的防水层。柔性防水材料拉伸强度高、延伸率大、质量轻、施工方便，但操作技术要求较严，耐穿刺性和耐老化性能不如刚性防水材料，易老化，寿命短。刚性防水和柔性防水有不同的特性。刚性防水材料使用后其强度较大，柔性防水材料使用后其强度较软。前者不受外界环境变化的影响，而后者可随外界环境变化而有所变动。另外，前者使用年限长，但是自重大，在屋面部分结构形式受限；后者使用年限较短，但是有韧性，适应一定的变形与胀缩，不易开裂。多数建筑物屋面采用柔性防水做法。

防水材料质量的优劣与建筑物的使用寿命是紧密联系的。国内外使用沥青为防水材料已有很久的历史，直至现在，沥青基防水材料也是应用最广的防水材料，但是其使用寿命较短。随着石油工业的发展，各种高分子材料的出现为研制性能优良的新型防水材料提供了原料和技术，防水材料已向橡胶基和树脂基防水材料及高聚合物改性沥青系列发展，防水层的构造已由多层防水向单层防水发展，施工方法已由热熔法向冷贴法发展。

中国建筑防水材料现状

我国新型建筑防水材料通常分为六大类，即高聚合物改性沥青防水卷材、合成高分子防水卷材、建筑防水涂料、建筑密封材料、刚性防水及堵漏止水材料和特种防水材料。其中高聚合物改性沥青防水卷材是传统的沥青防水卷材的更新换代产品，这六大类产品初步形成了门类齐全、品种配套、结构合理的防水材料生产与应用体系。

0.1.2 屋面防水工程施工的趋势

根据我国建筑防水材料的现状和存在的问题，考虑今后的需要和实际可能，参考国外的经验，我国建筑防水材料的技术路线可表述如下：限制纸胎油毡，大力发展改性沥青油毡，积极推进高分子防水卷材，适当发展防水涂料，努力开发密封材料，并注意开发地下止水、堵漏材料和硬质聚氨酯发泡防水保温一体材料，逐步减少低档材料和相应提高各类中高档材料的比例，全面提高我国防水材料的整体水平，相应解决有关的施工机具、配套材料和施工技术，根治严重的建筑渗漏，保证防水工程使用期的稳步延长。

在氧化沥青油毡方面，限制纸胎油毡，发展玻纤胎油毡。

在改性油毡方面，重点发展 SBS 改性油毡，同时积极创造条件推进 APP 改性油毡产量的增加，逐步降低或取消再生胶改性沥青油毡。在改性油毡用胎体方面，提倡聚酯毡、玻纤毡及聚酯玻纤复合胎，限制乃至淘汰棉纤维基复合胎体。

高分子防水片材重点推广 EPDM 防水卷材，积极研制新一代 PVC 防水卷材，限制 CPE 防水卷材，淘汰再生胶防水卷材。

EPDM 防水卷材施工工艺

防水涂料宜重点发展聚氨酯和丙烯酸水乳防水涂料和橡胶改性沥青防水涂料。聚氨酯防水涂料由煤焦油型向石油沥青聚氨酯和纯聚氨酯过渡。在橡胶改性沥青涂料方面，积极开发和推广高固体含量和高质量的橡胶改性沥青涂料，大大降低以至取消 PVC 和塑料油膏的使用。积极开发丙烯酸等外墙防水涂料，解决墙体渗漏问题。

密封材料宜重点发展建筑用密封膏，发展的重点应放在硅酮和聚氨酯这两类弹性体密封膏上，并适当发展聚硫、丙烯酸等中高档密封膏。

在粘接技术方面，实行热粘、热熔和冷粘并举的方针。开发和推广热粘用建筑沥青及其无污染加热设备，为改性油毡和氧化沥青油毡叠层系统热粘创造条件。积极研制沥青防水卷材、高分子防水卷材、不同稠度防水涂料、建筑密封膏所需的各种施工机具，如沥青油毡用的喷灯和喷灯车；PVC 防水卷材用的热空气焊接机；EPDM 防水卷材用的自粘接缝胶粘带和覆盖带；密封膏施工用的嵌缝枪；各种涂料用的喷枪；机械固定法需要的各种固定件等。

防水施工

0.2 屋面防水工程的作用及注意事项

屋顶是房屋最上层起覆盖作用的围护和承重结构，其最主要的功能之一是遮风雨。屋面根据排水坡度不同，可分为平屋面和坡屋面。一般平屋面的坡度在 10% 以下，最常用的坡度为 2%～3%，坡屋面的坡度则在 10% 以上。我国建筑传统上采用坡屋面，有双面坡、四面坡等。这种屋面坡度较大，伸缩自如，排水迅速，防水效果也比较好。20 世纪 60 年代以来，为减轻屋面自重、降低工程造价、提高屋面预制装配程度，普遍改为钢筋混凝土平屋面，多采用预制圆孔屋面板和现浇钢筋混凝土屋面板等。平屋面造价较低、施工方便、构造简单、外观简洁，适用于各种形状和大小的建筑平面，当前这类屋面应用最为广泛。

屋面防水主要是指房屋屋顶的防水。屋面防水的作用是防止雨水，地下水，工业与民用的给水排水，腐蚀性液体以及空气中的湿气、蒸汽等对建筑物屋面部位的渗透侵入。从渗漏的程度区分，“渗”是指建筑物的某一部位在一定面积范围内被水渗透并扩散，出现水印或处于潮湿状态；“漏”则指建筑物的某一部位在一定面积范围内或局部区域内被较多水量渗入，并从孔缝中滴出，形成线漏、滴漏，甚至出现冒水、涌水现象。

设计时应根据建筑物的性质、工程特点、重要程度和使用功能进行防水设防。由于目前防水材料品种繁杂、性能各异，适用范围不同且价格相差悬殊，因此要本着“因地制宜、按需选材、防排结合、刚柔并济、整体密封”的原则进行屋面防水设计和选材。要根据当地的最高和最低气温、日温差、屋面坡度、防水层形式(外露或非外露)以及结构大小等具体情况，选用适宜的防水材料，确定相应的施工方案。

渗漏水治理工程施工是一项技术性强、标准要求高的防水材料再加工过程，因此必须由经过专业技术培训、熟悉施工规范和防水材料性能特点及适用范围的训练有素的专业防水施工队伍进行施工。在施工过程中必须严格遵守国家标准规范，认真贯彻执行工艺标准，一丝不苟、精心操作，这样才能确保工程质量。

防水工程竣工验收后，在长期的使用过程中，常常由于材料的逐渐老化、各种变形的反复影响、风雨冰冻的作用、雨水的冲刷、使用时人为的损坏以及垃圾尘土堆积堵塞排水通道等因素的作用使防水层遭到损坏，并导致渗漏，因此加强管理维护是提高防水工程质量的一个重要措施。定期进行屋面的保养维护，如采取在每年雨季来临前和入冬前对防水层进行全面清扫检查，发现有损坏之处及时修复等措施，这对降低屋面渗漏率、减少返修、节省开支、延长防水层使用年限具有十分重要的意义。

0.3 “屋面与装饰工程施工”课程的特点及学习方法

屋面工程施工是一个综合性施工过程，主要涉及防水设计的方法、防水材料的选用、防水施工水平的好坏以及防水工程全过程，包括与主体工程、装饰工程等的配合以及在应用过程中的管理水平等。

屋面工程施工，由于工程特点和施工条件等不同，可以采用不同的施工方法和不同的施工机具来完成。研究如何采用先进的施工技术，保证工程质量，以便最合理、最经济地完成施工工作，是本课程的内容。

“屋面与装饰工程施工”课程标准

0.3.1 学习本课程的基本要求

本课程要求学生掌握和熟悉屋面工程的基本构造、施工工艺，能从技术与经济的观点出发，合理选择材料，拟定施工方案，并具有分析处理一般防水技术与施工管理问题的能力。

0.3.2 课程特点

本课程是一门综合性很强的应用科学。其虽然仅属于建筑施工的一个工种工程，但在内容中根据工程实际，将建筑构造知识、建筑材料知识、工程质量检验等知识融入其中，并在综合运用建筑基本知识、工程测量知识、建筑其他工种施工知识的基础上，应用有关施工规范与施工规程来解决防水施工中的问题。同时，生产实践是建筑施工发展的源泉，施工与实践的紧密联系为课程提供日益丰富的研究内容，使该课程的实践性很强。

学习指南

0.3.3 学习方法

本课程的综合性、实践性强，学习时看懂容易，真正理解、掌握并正确应用比较困难。因此，建议在学习过程中，认真学习领会教材中的概念、基本原理和基本方法，同时选择一些典型的、有针对性的施工案例进行现场参观、学习，了解施工全过程。此外，对配合教学的实训课题进行细致的分析、理解，以期获得应用上的明显收益。

项目1　建筑防水材料基本知识

知识目标

掌握常用防水卷材、防水涂料、密封材料的特点及适用范围，了解防水材料的发展及主要应用方向；熟悉石油沥青的分类、组分、主要性质及应用。

能力目标

能够熟练掌握石油沥青的技术指标；懂得各种防水卷材的品种和性能，会正确选择防水材料。

项目导入

建筑防水材料是建筑产品的重要组成部分，关系到建筑物的使用价值、使用条件及卫生条件，影响到人们的生产活动、工作生活质量，对保证工程质量具有重要的作用。

随着社会生活条件的不断改善，人们越来越重视自己的生活质量，对防水条件的要求不断提高。近年来，伴随着科学技术的发展，新型防水产品及其工程应用技术发展迅速，并由多层向单层、由热施工向冷施工发展。面对科学技术的不断进步与更新，研究防水工程的施工准备及质量问题显得尤为重要，对以后建筑工程的发展具有重大的意义。

建筑防水材料是防水工程的物质基础，是防止雨水、地下水等水分侵入建筑物与构筑物的主要屏障，防水材料的优劣对防水工程的影响极大，因此必须从防水材料着手来研究防水的问题。

防水材料是为防止雨水，地下水，工业和民用的给水排水，腐蚀性液体以及空气中的湿气、蒸气等侵入建筑物的材料。建筑物需要进行防水处理的部位主要是屋面、墙面、地面和地下室。防水材料品种繁多，其按主要原料分为以下几类：

(1)沥青类防水材料。其为以天然沥青、石油沥青和煤沥青为主要原材料，制成的沥青油毡，纸胎沥青油毡，溶剂型和水乳型沥青类或沥青橡胶类涂料、油膏，具有良好的粘结性、塑性、抗水性、防腐性和耐久性。

(2)聚乙烯丙纶类防水材料。其为线性低密度聚乙烯树脂加入抗老化剂、稳定剂、助粘剂与高强度新型纺粘法丙纶长丝无纺布，采用热融直压复合工艺制成的复合型防水卷材。它具有抗渗能力强、抗拉强度高、低温柔性好、线膨胀系数小、稳定性好、无毒、变形适应能力强、适应温度范围宽、使用寿命长等良好的综合技术性能。

(3)橡胶塑料类防水材料。以氯丁橡胶、丁基橡胶、三元乙丙橡胶、聚氯乙烯、聚异丁烯和聚氨酯等原材料，可制成弹性无胎防水卷材，防水薄膜，防水涂料，涂膜材料及油膏、胶泥、止水带等密封材料，其具有抗拉强度高，弹性和延伸率大，粘结性、抗水性和耐气候性好等特点，可以冷用，使用年限较长。

(4)水泥类防水材料。对水泥有促凝密实作用的外加剂，如防水剂、加气剂和膨胀剂等，可增强水泥砂浆和混凝土的憎水性和抗渗性；以水泥和硅酸钠为基料配置的促凝灰浆，可用于地下工程的堵漏防水。

(5)金属类防水材料。薄钢板、镀锌钢板、压型钢板、涂层钢板等可直接作为屋面板，用以防水。薄钢板用于地下室或地下构筑物的金属防水层。薄铜板、薄铝板、不锈钢钢板可制成建筑物变形缝的止水带。金属防水层的连接处要焊接，并涂刷防锈保护漆。

常用的建筑防水材料规范有：

弹性体改性沥青防水卷材 GB 18242—2008；

改性沥青聚乙烯胎防水卷材 GB 18967—2009；

高分子防水材料-第 1 部分：片材 GB 18173. 1—2012；

高分子防水卷材-第 2 部分：止水带 GB 18173. 2—2014；

高分子防水卷材-第 3 部分：遇水膨胀橡胶 GB 18173. 3—2014；

聚氨酯防水涂料 GB/T 19250—2013；

聚合物水泥防水砂浆 JC/T 984—2011；

聚合物水泥防水涂料 GB/T 23445—2009；

聚氯乙烯(PVC)防水卷材 GB 12952—2011；

喷涂聚脲防水涂料 GB/T 23446—2009；

石油沥青玻璃纤维胎防水卷材 GB/T 14686—2008；

天然钠基膨润土防渗衬垫 JC/T 2054—2011；

预铺/湿铺防水卷材 GB/T 23457—2009。

建筑防水是为防止水对建筑物某些部位的渗透而在建筑材料上和构造上所采取的措施。建筑防水多使用在屋面、地下建筑、建筑物的地下部分和需防水的室内和储水构筑物等。按其采取的措施和手段的不同，建筑防水可分为材料防水和构造防水两大类。材料防水是依靠建筑材料阻断水的通路，以达到防水的目的或增加抗渗漏的能力，如卷材防水，涂膜防水，混凝土及水泥砂浆刚性防水以及黏土、灰土类防水等。构造防水则是采取合适的构造形式，阻断水的通路，以达到防水的目的，如止水带和空腔构造等。

任务 1.1　沥青知识

沥青是一种褐色或黑褐色的有机胶凝材料，是土木工程建设中不可缺少的材料。沥青在建筑、公路、桥梁等工程中有着广泛的应用。沥青防水涂料是以沥青为基料配置的溶剂型或水乳型防水涂料，溶剂型沥青防水涂料是将未改性的石油沥青直接溶解于汽油等溶剂中所配置成的，又称为冷底子油。水乳型沥青防水涂料是将石油沥青在化学乳化剂或矿物乳化剂作用下分散于水中，形成稳定的水分散体而构成的涂料。沥青材料结构致密，几乎完全不溶于水和不吸水，与混凝土、砂浆、木材、金属、砖、石料等材料有非常好的黏结能力；具有较好的抗腐蚀能力，能抵抗一般酸、碱、盐等的腐蚀；具有良好的电绝缘性。因此，沥青广泛用于建筑工程的防水、防潮、防渗及防腐和交通、水利工程。

1.1.1　沥青的分类及危害

沥青的种类繁多，按产源分为地沥青和焦油沥青两大类，见表 1-1-1。

表 1-1-1　沥青的分类

<table>
<tr><td rowspan="4">沥青</td><td rowspan="2">地沥青</td><td>天然沥青</td></tr>
<tr><td>石油沥青</td></tr>
<tr><td rowspan="2">焦油沥青</td><td>煤沥青</td></tr>
<tr><td>页岩沥青</td></tr>
</table>

1. 地沥青

地沥青是天然存在的或由石油精制加工得到的沥青材料，包括天然沥青和石油沥青。天然沥青储藏在地下，有的形成矿层或在地壳表面堆积。这种沥青大都经过天然蒸发、氧化，一般已不含有任何毒素。

石油沥青是原油蒸馏后的残渣。其根据提炼程度的不同，在常温下呈液体、半固体或固体。石油沥青色黑而有光泽，具有较高的感温性。由于它在生产过程中曾经蒸馏至 400 ℃以上，因而所含挥发成分甚少，但仍可能有高分子的碳氢化合物未挥发出来，这些物质或多或少对人体健康是有害的。

2. 焦油沥青

焦油沥青是炼焦的副产品，即焦油蒸馏后残留在蒸馏釜内的黑色物质。它与精制焦油只是物理性质有分别，没有明显的界线，一般的划分方法是规定软化点在 26.7 ℃(立方块法)以下的为焦油，在 26.7 ℃以上的为沥青。焦油沥青中主要含有难挥发的蒽、菲、芘等。这些物质具有毒性，由于这些成分的含量不同，焦油沥青的性质也因而不同。温度的变化对焦油沥青的影响很大，其在冬季容易脆裂，在夏季容易软化。其加热时有特殊气味；加热到 260 ℃，在 5 h 以后，其所含的蒽、菲、芘等成分就会挥发出来。

3. 危害

沥青及其烟气对皮肤黏膜具有刺激性，有光毒作用和致肿瘤作用。通常沥青闪点为 240 ℃～330 ℃，燃点比闪点约高 3 ℃～6 ℃，因此应将施工温度控制在闪点以下。

1.1.2　石油沥青

1. 石油沥青的组分

石油沥青是指对石油原油经蒸馏等工艺提炼出各种轻质油及润滑油后的残留物再进一步加工得到的产物。

石油沥青的成分非常复杂，在研究沥青的组成时，将其中化学成分相近、物理性质相似的部分划分为若干组，即组分。各组分含量的变化直接影响着石油沥青的技术性质。石油沥青一般分为油分、树脂(沥青脂胶)、地沥青质三大组分。

(1)沥青中的油分是石油沥青中最轻的组分，呈淡黄至红褐色，密度为 0.7～1 g/cm^3。

它能溶于大多数有机溶剂，如丙酮、苯、三氯甲烷等，但不溶于酒精。油分在石油沥青中的含量为40%～60%。油分使沥青具有流动性。

(2)树脂(沥青脂胶)为黄色至黑褐色的黏稠状物质(半固体)，其分子量比油分大，密度为1.0～1.1 g/cm^3。绝大部分树脂属于中性树脂。它赋予沥青以良好的粘结性、塑性和可流动性。中性树脂含量增加，石油沥青的延度和黏结力等品质会提高。

(3)地沥青质为密度大于1 g/cm^{3}的固体物质，黑色，不溶于汽油、酒精，但能溶于二硫化碳和三氯甲烷。它在石油沥青中含量为10%～30%。它决定石油沥青的温度稳定性和黏性，它的含量越高，则石油沥青的软化点越高，脆性越大。

此外，石油沥青还含有一定量的固体石蜡，它会降低石油沥青的粘结性和塑性，同时对温度特别敏感(温度稳定性差)，所以蜡是石油沥青的有害成分。常采用氯盐处理或高温吹氧、溶剂脱蜡等处理方法降低蜡的含量，从而提高其软化点，降低针入度，使之满足使用要求。

石油沥青的状态随温度不同而改变。温度升高，固体沥青中的易熔成分逐渐变为液体，使沥青的流动性提高；当温度降低时，它又恢复为原来的状态。石油沥青中各组分不稳定，会因环境中阳光、空气、水等因素的作用而变化，油分、树脂减少，地沥青质增多，这一过程称为"老化"。这时，沥青层的塑性降低，脆性增加，变硬，出现脆裂，失去防水、防腐蚀效果。

2. 石油沥青的技术性质

(1)黏滞性(黏性)。黏滞性是沥青材料软硬、稀稠程度的反映，通常用黏度来表示。黏度分为绝对黏度和相对黏度。相对黏度的测定方法：对于半固体或固体的石油沥青，用针入度来表示其黏度大小；对于液体石油沥青，则用黏滞度来表示。

石油沥青的黏滞性与其组分及温度有关。地沥青质含量高，同时有适量的树脂，而油分含量较少时，则黏滞性较大。在一定温度范围内，当温度上升时，黏滞性随之降低；反之，则增大。

半固体和固体沥青的黏滞性用针入度仪测定的针入度表示。针入度值越小，表明石油沥青的黏度越大。针入度是在规定温度25 ℃条件下，以规定质量100 g的标准针，经历5 s贯入沥青试样中的深度，每0.1 mm为1度，符号为P(25 ℃，100 g，5 s)，如图1-1-1所示。建筑工程中多采用针入度来表示石油沥青的黏滞性，其数值越小，表明黏度越大，沥青越硬。

液体沥青的黏滞性用标准黏度计测定的黏滞度表示。标准黏滞度值越大，则表明石油沥青的黏度越大。标准黏滞度是在规定温度t(20 ℃、25 ℃、30 ℃或60 ℃)、规定直径d(3 mm、5 mm或10 mm)的孔口流出50 mL沥青所需的时间秒数T，如图1-1-2所示。黏滞度和针入度是划分沥青牌号的主要指标。

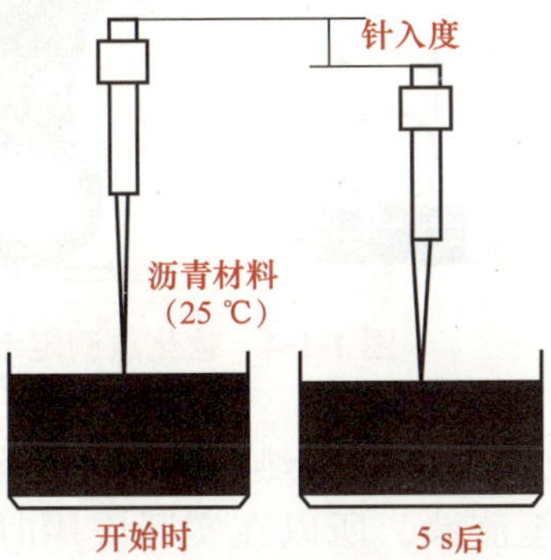

图1-1-1　针入度测定示意

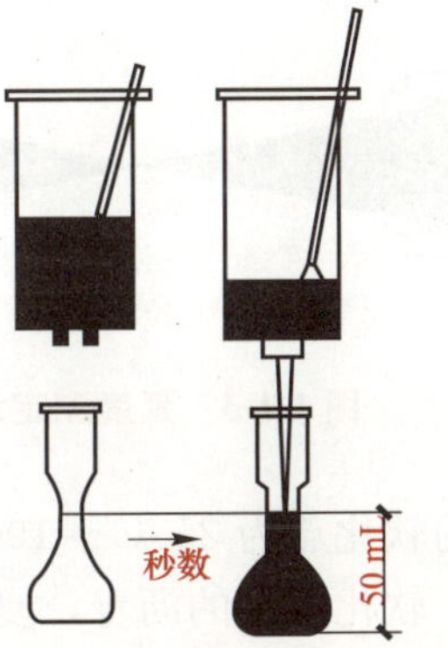

图1-1-2　黏滞度测定示意

(2)塑性。塑性是指沥青在外力作用下产生变形而不破坏(产生裂缝或断开)，除去外力后仍保持变形后的形状不变的性质，又称延展性。沥青的塑性用“延伸度”(也称“延度”)或“延伸率”表示。延度越大，塑性越好。

延度的测定是将沥青制成“8”字形标准试件(中间最小截面面积为 1 cm^2)，在规定拉伸速度(5 cm/min±0.25 cm/min)和规定温度(25 ℃)下拉断时的长度(cm)，如图 1-1-3 所示。

石油沥青的塑性与组分有关。石油沥青中树脂含量较多，且其他组分含量适当时，则塑性较大。影响沥青塑性的因素有温度和沥青膜层厚度。温度升高，塑性增大，膜层越厚，塑性越好；反之，膜层越薄，则塑性越差。当膜层薄至 1 μm 时，塑性消失，即接近弹性。在常温下，塑性较好的沥青在产生裂缝时，也可能由于特有的黏塑性而自行愈合，故塑性还反映了沥青开裂后的自愈能力。沥青是否能用来制造性能良好的柔性防水材料，在很大程度上取决于沥青的塑性。沥青的塑性对冲击振动有一定的吸收能力，还能减少摩擦时的噪声，故沥青也是一种优良的地面材料。

(3)温度敏感性(温度稳定性)。温度敏感性是指石油沥青的黏滞性和塑性随温度升降而变化的性能，也称温度稳定性。温度敏感性也是沥青性质的重要指标之一。石油沥青中地沥青质含量较多时，会在一定程度上减少其温度敏感性(即提高温度稳定性)；沥青中含蜡量较多时，则会增大温度敏感性。沥青作为屋面防水材料，受日照辐射作用可能发生软化和流淌而失去防水作用。建筑工程上要求选用温度敏感性较小的沥青材料，因而在工程使用时往往加入滑石粉、石灰石粉或其他矿物填料来减小其温度敏感性。

沥青的温度敏感性常用软化点表示，软化点是指沥青材料由固体状态转变为具有一定流动性的膏体时的温度。软化点越高，表明沥青的耐热性越好，即温度敏感性越好。沥青的软化点不能太低，否则夏季易融化发软；但也不能太高，否则不易施工，品质太硬，冬季易发生脆裂现象。

软化点可采用“环球法”测定，如图 1-1-4 所示。它是将沥青试样装入规定尺寸(直径约 16 mm，高约 6 mm)的铜环 *B* 中，试样上放置一标准钢球 *a*(直径为 9.53 mm，质量为 3.5 g)，再将置球的铜环放在有水或甘油的烧杯中，以规定的升温速度(5 ℃/min)加热，使沥青软化下垂，下垂到规定距离(25.4 mm)时的温度即为软化点，单位为摄氏度。

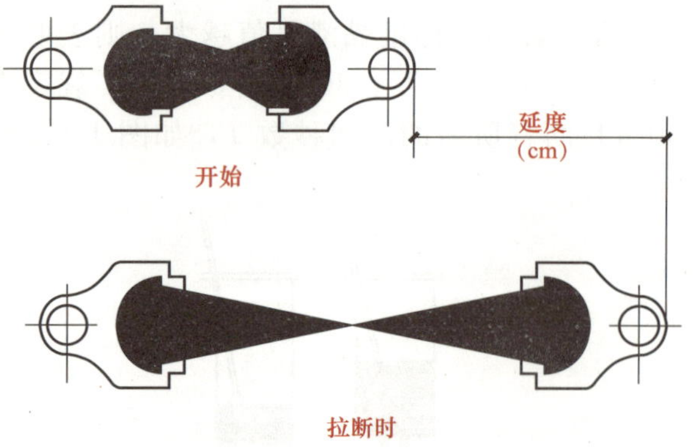

图 1-1-3　延度测定示意

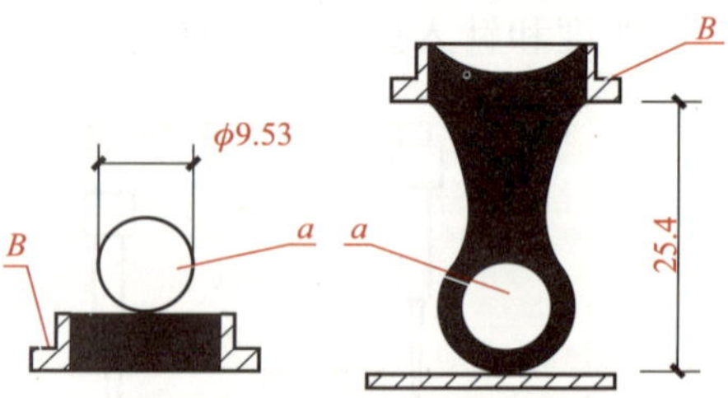

图 1-1-4　软化点测定示意

沥青的软化点为 25 ℃～100 ℃。软化点高，说明沥青的耐热性能好，但软化点过高，不易加工；软化点低的沥青，夏季易产生变形，甚至流淌。所以在实际应用时，希望沥青具有高软化点和低脆化点(当温度在非常低的范围时，整个沥青就好像玻璃一样的脆硬，一般称作“玻璃态”。沥青由玻璃态向高弹态转变的温度即为沥青的脆化点)。为了提高沥青的耐寒性和耐热性，常常对沥青进行改性，如在沥青中掺入增塑剂、橡胶、树脂和填料等。

(4)大气稳定性。大气稳定性是指石油沥青在热、阳光、空气和潮湿等因素的长期综合作用下抵抗老化的性能。

在阳光、空气和热等因素的综合作用下，沥青各组分会不断递变，低分子化合物将逐步转变成高分子物质，即油分和树脂逐渐减少，而地沥青质逐渐增多，从而使沥青的流动性和塑性逐渐减小，硬脆性逐渐增大，直至脆裂，这个过程称为石油沥青的老化。

石油沥青的大气稳定性以沥青试样在160 ℃下加热蒸发5 h后质量蒸发损失百分率和蒸发后的针入度比表示。蒸发损失百分率越小，蒸发后针入度比值越大，则表示沥青的大气稳定性越好，即老化越慢。

(5)施工安全性。黏稠沥青在使用时必须加热，当加热至一定温度时，沥青材料中挥发的油分蒸汽与周围空气组成混合气体，此混合气体遇火焰则易发生闪火。若继续加热，油分蒸汽的饱和度增加。由于此种蒸汽与空气组成的混合气体遇火焰极易燃烧而引发火灾。因此必须测定沥青加热闪火和燃烧的温度，即闪点和燃点。

闪点是指加热沥青至挥发出的可燃气体和空气的混合物，在规定条件下与火焰接触，初次闪火(有蓝色闪光)时的沥青温度(℃)。

燃点是指加热沥青产生的气体和空气的混合物，与火焰接触能持续燃烧5 s以上时，此时沥青的温度(℃)。燃点温度比闪点温度约高10 ℃。地沥青质含量越多，闪点和燃点相差越大。液体沥青由于油分较多，闪点和燃点相差很小。

闪点和燃点的高低表明沥青引起火灾或爆炸的可能性大小，它关系到运输、储存和加热使用等方面的安全。所以必须测定沥青的闪点和燃点。

3. 石油沥青的技术标准

我国石油沥青产品按用途分为道路石油沥青、建筑石油沥青及防水防潮沥青三种。这三种石油沥青的技术标准分别列于表1-1-2。石油沥青的牌号主要根据针入度、延度和软化点等质量指标划分，以针入度值表示。同一品种石油沥青的牌号越高，则其针入度越大，脆性越小；延度越大，塑性越好；软化点越低，温度敏感性越大。

表1-1-2　石油沥青技术标准

沥青品种	道路石油沥青(SH 0522)					建筑石油沥青(GB/T494)			防水防潮沥青(SH/T0002)			
项目	质量指标					质量指标			质量指标			
	200号	180号	140号	100号	60号	10号	30号	40号	3号	4号	5号	6号
针入度(25 ℃，100 g，5 s)/10^{-1} mm	200～300	150～200	110～150	80～110	50～80	10～25	26～35	36～50	25～45	20～40	20～40	30～50
软化点/℃	30～45	35～48	38～51	42～55	45～58	95	75	60	85	90	100	95
溶解度，不小于/%	99	99	99	99	99	99.5	99.0	99.0	98	98	95	92
闪点，不低于/℃	206	200	230	230	230	230	260	260	250	270	270	270
脆点，不低于/℃	—	—	—	—	—	—	—	—	−5	−10	−15	−20
蒸发后质量变化，不大于/%	1	1	1	1	1	1	1	1	1	1	1	1
垂度	—	—	—	—	—	—	—	—			8	10

续表

沥青品种	道路石油沥青(SH 0522)					建筑石油沥青(GB/T494)			防水防潮沥青(SH/T0002)			
加热安定性	—	—	—	—	—	—			5	5	5	5
蒸发后针入度比，不小于/%	报告					65					—	
延度(25 ℃)，不小于/cm	20	100	100	90	70	1.5	2.5	3.5	—			

4. 石油沥青的选用

石油沥青针入度较小(黏性较大)，软化点较高(耐热性较好)，但延度较小(塑性较小)，主要用于制造防水材料、防水涂料和沥青嵌缝膏。它们绝大部分用于屋面及地下防水、沟槽防水、防腐蚀及管道防腐等工程。

石油沥青的选用原则一般是：根据工程特点、使用部位及环境条件要求，在石油沥青的技术性能指标满足主要性能要求的前提下，尽量选用较大牌号的石油沥青，以保证有较长的使用年限。

土木工程石油沥青黏性较大，耐热性较好，但塑性较小，主要用于制造油毡、油纸、防水涂料和沥青胶。它们绝大部分用于屋面及地下防水、沟槽防水、防腐蚀及管道防腐等工程。对于屋面防水工程，应注意防止过分软化。据高温季节测试，当沥青屋面表面达到的温度比当地最高气温高 25 ℃～30 ℃时，为避免夏季流淌，屋面用沥青材料的软化点应比当地气温下屋面可能达到的最高温度高 20 ℃以上。例如，某地区沥青屋面温度可达 65 ℃，选用沥青的软化点应在 85 ℃以上。但软化点也不宜选择过高，否则冬季低温易发生硬脆甚至开裂，对一些不易受温度影响的部位，可选用牌号较大的沥青。

5. 沥青的掺配使用

当单独用一种牌号的沥青不能满足工程的耐热性(软化点)要求时，可以用同产源的两种或三种沥青进行掺配。两种沥青掺配量可按下式计算：

$$\text{较软沥青掺量}(\%)=\frac{\text{较硬沥青软化点}-\text{要求的沥青软化点}}{\text{较硬沥青软化点}-\text{较软沥青软化点}}\times 100 \tag{1-1-1}$$

$$\text{较硬沥青掺量}(\%)=100-\text{较软沥青掺量} \tag{1-1-2}$$

在实际掺配过程中，按上式得到的掺配沥青，其软化点总是低于计算软化点，这是因为掺配后的沥青破坏了原来两种沥青的胶体结构，两种沥青的加入量并非简单的线性关系。一般来说，若以调高软化点为目的掺配沥青，如两种沥青计算值各占 50%，则在实配时，其高软化点的沥青应多加 10%左右。

如用三种沥青进行掺配时，可先求出两种沥青的配合比，然后再与第三种沥青进行配合比计算。

根据计算的掺配比例和在其邻近的比例[±(5%～10%)]进行试配，测定掺配后沥青的软化点，然后绘制“掺配比例-软化点”曲线，即可从曲线上确定所要求的掺配比例。

1.1.3 煤沥青

煤沥青是炼焦厂和煤气厂的副产品。烟煤在干馏过程中的挥发物质经冷凝而成的黑色黏性液体称为煤焦油。煤焦油经分馏加工提取轻油、中油、重油、蒽油以后，所得残渣，即为煤沥青。按蒸馏程度不同，煤沥青分为低温沥青、中温沥青和高温沥青，建筑上多采用低温沥青。

煤沥青的大气稳定性与温度稳定性较石油沥青差。当与软化点相同的石油沥青比较时，煤沥青的塑性较差，因此在温度变化较大(如屋面、道路面层等)的环境使用时，其没有石油沥青稳定、耐久。煤沥青中含有酚，有毒性，防腐性较好，适于地下防水层或作防腐材料用。

由于煤沥青在技术性能上存在较多的缺点，而且成分不稳定，并有毒性，对人体和环境不利，近来已很少用于建筑、道路和防水工程之中。

煤沥青

1.1.4 改性沥青

建筑上使用的沥青必须具有一定的物理性质和黏附性，即在低温条件下应有弹性和塑性；在高温条件下要有足够的强度和稳定性；在加工和使用条件下具有抗“老化”能力；还应与各种矿物料和结构表面有较强的黏附力；对构件变形的适应性和耐疲劳性等。通常，石油加工厂制备的沥青不一定能全面满足这些要求，如只控制了耐热性(软化点)，其他方面就很难达到要求，致使沥青防水屋面渗漏现象严重，使用寿命短。因此，常用橡胶、树脂和矿物填料等对沥青改性。

改性沥青是掺加橡胶、树脂、高分子聚合物、磨细的橡胶粉或其他填料等外掺剂(改性剂)，或采取对沥青轻度氧化加工等措施，使沥青或沥青混合料的性能得以改善制成的沥青结合料。改性沥青的机理有两种：一是改变沥青化学组成；二是使改性剂均匀分布于沥青中形成一定的空间网络结构。改性沥青防水卷材和涂料主要用于高档建筑物的防水工程。

改性沥青的特点是：耐高温，抗低温，适应性强；韧性好，抗疲劳，增大路面承载能力；抗水、油和紫外线辐射，延缓老化；性能稳定，使用寿命长，降低养护费用。

1. 橡胶改性沥青

橡胶改性沥青是在沥青中掺入适量橡胶而使其改性的产品。橡胶是沥青的重要改性材料，它和沥青有较好的混溶性，并能使沥青具有橡胶的很多优点，如高温变形小，低温柔性好。由于橡胶的品种不同，掺入的方法也有所不同，因而各种橡胶沥青的性能也有差异。

(1)氯丁橡胶改性沥青。沥青中掺入氯丁橡胶后，可使其气密性、低温柔性、耐化学腐蚀性、耐光性、耐臭氧性、耐气候性和耐燃烧性大大改善。氯丁橡胶(CR)是由氯丁二烯聚合而成的，因其强度、耐磨性均大于天然橡胶而得到广泛应用。用于改性沥青的氯丁橡胶以胶乳为主，即先将氯丁橡胶溶于一定的溶剂中形成溶液，然后掺入沥青(液体状态)中，混合均匀即成。或者分别将橡胶和沥青制成乳液，再混合均匀亦可。

(2)丁基橡胶改性沥青。丁基橡胶(IIR)是异丁烯和异戊二烯的共聚物，其中以异丁烯为主。由于丁基橡胶的分子链排列很整齐，而且不饱和程度很小，因此其抗拉强度好，耐热性和抗扭曲性均较强。用其改性的丁基橡胶沥青具有优异的耐分解性，并有较好的低温抗裂性和耐热性。其多用于道路路面工程和制作密封材料、涂料。丁基橡胶改性沥青的配制方法与氯丁橡胶改性沥青类似。

(3)再生橡胶改性沥青。再生橡胶掺入沥青中以后，可大大提高沥青的气密性、低温柔性、耐光(热)性、耐臭氧性和耐气候性。再生橡胶沥青材料的制备，可以先将废旧橡胶加工成 1.5 mm 以下的颗粒，然后与沥青混合，经加热搅拌脱硫，就能得到具有一定弹性、塑性和良好黏结力的再生橡胶沥青材料。废旧橡胶的掺量视需要而定，一般为 3%～15%。也可在热沥青中加入适量磨细的废橡胶粉并强烈搅拌，可得到废橡胶粉改性沥青。废橡胶粉改性沥青的质量好坏，主要取决于混合的温度、橡胶的种类和细度、沥青的质量等。废橡胶粉加入沥青中，可明显提高沥青的软化点，降低沥青的脆点。

再生橡胶改性沥青可以制成卷材、片材、密封材料、胶粘剂和涂料等。

(4)SBS 热塑性弹性体改性沥青。SBS 是以丁二烯、苯乙烯为单体，加溶剂、引发剂、活化剂，以阴离子聚合反应生成的共聚物。SBS 在常温下不需要硫化就可以具有很好的弹性，当温度升到 180 ℃时，它可以变软、熔化，易于加工，而且具有多次的可塑性。SBS 用于沥青的改性，可以明显改善沥青的高温和低温性能。SBS 改性沥青已是目前世界上应用最广的改性沥青材料之一。

2. 合成树脂类改性沥青

用树脂改性石油沥青，可以改进沥青的耐寒性、粘结性和不透气性。由于石油沥青中含芳香性化合物很少，故树脂和石油沥青的相溶性较差，而且可用的树脂品种也较少。常用的合成树脂改性沥青有以下几种：

(1)古马隆树脂改性沥青。古马隆树脂又名香豆桐树脂，为热塑性树脂。其呈黏稠液体或固体状，浅黄色至黑色，易溶于氯化烃、酯类、硝基苯、酮类等有机溶剂等。

将沥青加热熔化脱水，在 150 ℃～160 ℃情况下，把古马隆树脂放入熔化的沥青中，并不断搅拌，再将温度升至 185 ℃～190 ℃，保持一定时间，使之充分混合均匀，即得到古马隆树脂改性沥青。其树脂掺量约 40%，这种沥青的黏性较大，可以和 SBS 等材料一起用于自黏结油毡和沥青基胶粘剂。

(2)聚乙烯树脂改性沥青。沥青中聚乙烯树脂掺量一般为 7%～10%。将沥青加热熔化脱水，再加入聚乙烯(常用低压聚乙烯)，不断搅拌 30 min，温度保持在 140 ℃左右，即可得到均匀的聚乙烯树脂改性沥青。

(3)环氧树脂改性沥青。我国生产的环氧树脂大部分是双酚 A 类，这类改性沥青具有热固性材料性质。其改性后沥青的强度和黏结力大大提高，但对延性改变不大。环氧树脂改性沥青可应用于屋面和厕所、浴室的修补，其效果较佳。

(4)APP、APAO 改性沥青。APP、APAO 均属 a-烯烃类无规聚合物。APP 为无规聚丙烯均聚物。APAO 是由丙烯、乙烯、1-丁烯共聚而得，其中以丙烯为主。

APP 很容易与沥青混溶，对改性沥青软化点的提高作用非常显著，耐老化性能也很好，具有较好的发展潜力。意大利 85%以上的柔性屋面防水，是用 APP 改性沥青油毡。

APAO 与 APP 相比，具有更好的耐高温性、耐低温性、粘结性、与沥青的相溶性及耐老化性。因此，在改性效果相同时，APAO 的掺量更少(约为 APP 的 50%)。

3. 橡胶和树脂改性沥青

橡胶和树脂用于沥青改性，可以使沥青同时具有橡胶和树脂的特性。且树脂比橡胶便宜，两者又有较好的混溶性，故效果较好。

配制橡胶和树脂改性沥青时，采用的原材料品种、配合比、制作工艺不同，可以得到多种性能各异的产品，主要有卷材、片材、密封材料、防水涂料等。

4. 矿物填充料改性沥青

矿物填充料改性沥青(沥青玛瑞脂)是在沥青中掺入适量粉状或纤维状矿物填充料经均匀混合而成。矿物填充料掺到沥青中后，能被沥青包裹形成稳定的混合物。由于沥青对矿物填充料具有湿润和吸附作用，其可能呈单分子状排列在矿物颗粒(或纤维)表面，形成结合力牢固的沥青薄膜，因而提高了沥青的黏结能力、柔韧性和耐热性，减少了沥青的温度敏感性，并且可以节省沥青。

任务 1.2 防水卷材

将沥青类或高分子类防水材料浸渍在胎体上，制作成的防水材料产品，以卷材形式提供，称为防水卷材。防水卷材是一种可卷曲的片状防水制品。它具有尺寸大、施工效率高、防水效果好、使用年限长等优点。根据其主要防水组成材料可分为沥青防水卷材、高聚合物改性沥青防水卷材(图 1-1-5)和合成高分子防水卷材(图 1-1-6)三大类。沥青防水卷材是传统的防水材料(俗称油毡)，但因其性能远不及改性沥青，目前已基本被改性沥青卷材所代替。

各类防水卷材均应有良好的耐水性、温度敏感性和大气稳定性，并应具备一定的强度和抵抗变形的能力。

图 1-1-5 高聚合物改性沥青防水卷材

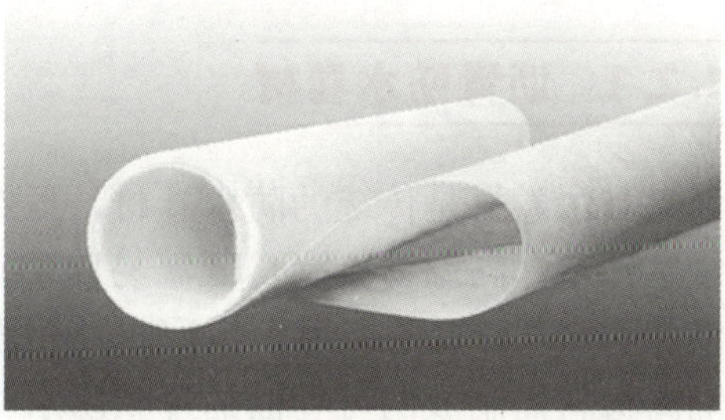

图 1-1-6 合成高分子丙纶防水卷材

建筑工程中常用的防水卷材及性能见表 1-1-3。

表 1-1-3 常用防水卷材及性能

<table>
<tr><th colspan="2" rowspan="2">材料分类</th><th rowspan="2">品种</th><th colspan="6">性能指标</th></tr>
<tr><th>强度</th><th>延伸率/%</th><th>耐高温性/℃</th><th>低温柔性/℃</th><th>不透水性</th><th>特点</th></tr>
<tr><td rowspan="2">合成高分子卷材</td><td>硫化橡胶型</td><td>三元乙丙橡胶卷材(EPDM)
氯化聚乙烯橡胶共混卷材(CPE)
再生胶类卷材</td><td>≥6 MPa</td><td>≥400</td><td>—</td><td>−30</td><td>≥0.3 MPa
≥30 min</td><td>强度高，延伸大，耐低温好，耐老化</td></tr>
<tr><td>树脂型</td><td>聚氯乙烯材料(PVC)
氯化聚乙烯橡胶卷材(CPE)
聚乙烯卷材(HDPE・LDPE)</td><td>≥10 MPa</td><td>≥200</td><td>—</td><td>−20</td><td>≥0.3 MPa
≥30 min</td><td>强度高，延伸大，耐低温好，耐老化</td></tr>
</table>

续表

材料分类		品种	性能指标					特点
			强度	延伸率/%	耐高温性/℃	低温柔性/℃	不透水性	
合成高分子卷材	橡塑共混型	乙丙橡胶-聚丙烯共聚卷材(TPO)	≥6 MPa	≥400	—	−40	≥0.3 MPa ≥30 min	延伸大，耐低温好，施工简便
		自粘卷材(无胎)	≥100 N/5 cm	≥200	≥80	−20	≥0.1 MPa ≥30 min	延伸大，施工方便
		自粘卷材(有胎)	≥250 N/5 cm	≥30	≥80	−20	≥0.2 MPa ≥30 min	强度高，施工方便
高聚合物改性沥青防水卷材		SBS改性沥青防水卷材	≥450	≥30	≥90	−18	≥0.3 MPa ≥30 min	耐低温好，耐老化
		APP(APAO)改性沥青防水卷材	≥450	≥30	≥110	−5	≥0.3 MPa ≥30 min	适合高温地区使用
		自粘聚合物改性沥青防水卷材	≥450	≥500	≥85	−20	≥0.3 MPa ≥30 min	延伸大，耐低温好，施工简便
金属卷材		铝锡合金卷材	≥20 MPa	≥30	—	−30	—	耐老化优越，耐腐蚀能力强

1.2.1 沥青防水卷材

沥青防水卷材是传统的防水卷材，虽然其具有成本低的优点，但拉伸强度和延伸率低，温度敏感性差，高温易流淌，低温易脆裂；耐老化性较差，使用年限短，属于低档防水卷材。沥青防水卷材是在基胎(如原纸、纤维织物等)上浸涂沥青后，再在表面撒布粉状或片状的隔离材料而制成的可卷曲的片状防水材料。

(1)石油沥青纸胎油毡。石油沥青纸胎油毡是用低软化点石油沥青浸渍原纸，然后用高软化点石油沥青涂盖油纸两面，再撒以隔离材料所制成的一种纸胎防水卷材。按《石油沥青纸胎油毡》(GB 326—2007)的规定：油毡按卷重和物理性能分为Ⅰ型、Ⅱ型和Ⅲ型；其中，Ⅰ型、Ⅱ型油毡适用于辅助防水、保护隔离层、临时性建筑防水、防潮及包装等，Ⅲ型油毡适用于屋面工程的多层防水。

纸胎油毡易腐蚀、耐久性差、抗拉强度较低，且消耗大量优质纸源，因此，已逐渐被用玻璃布及玻纤毡等为胎基的沥青卷材所代替。

(2)石油沥青玻璃布油毡。该油毡是用玻璃纤维布为胎基涂盖石油沥青，并在两面撒布粉状隔离材料所制成的。油毡幅宽为1 000 mm，每卷面积为20 m^2±0.3 m^2。按物理性能分为一等品和合格品。

玻璃布油毡的柔度大大优于纸胎油毡，且能耐霉菌腐蚀。适用于铺设地下防水、防腐层，并用于屋面作防水层及金属管道(热管道除外)的防腐保护层。

(3)石油沥青玻璃纤维胎防水卷材。石油沥青玻璃纤维胎防水卷材(简称沥青玻纤胎卷材)是以玻纤毡为胎基，浸涂石油沥青，两面覆以隔离材料制成的防水卷材。沥青玻纤胎卷材公称宽度为1 m，公称面积为10 m^2、20 m^2。其产品按单位面积质量分为15号、25号；

按上表面材料其可分为 PE 膜、砂面，也可按生产厂要求采用其他类型的上表面材料；按力学性能其可分为Ⅰ型、Ⅱ型。

15 号玻纤胎油毡用于一般工业与民用建筑的多层防水，并用于包扎管道(热管道除外)，作防腐保护层。25 号玻纤胎油毡适用于屋面、地下、水利等工程多层防水。彩砂面玻纤胎油毡适用于防水屋面层和不再作表面处理的斜屋面。

(4)铝箔面油毡。该油毡是采用玻纤毡为胎基，浸涂石油沥青，在其表面用压纹铝箔贴面，底面撒以细颗粒矿物材料或覆盖聚乙烯(PE)膜，所制成的一种具有热反射和装饰功能的防水卷材。油毡幅宽为 1 000 mm，按每卷标称质量(kg)分为 30、40 两种标号，30 号油毡厚度不小于 2.4 mm，40 号厚度不小于 3.2 mm。30 号油毡适用于多层防水工程的面层。40 号油毡适用于单层或多层防水工程的面层。

1.2.2 高聚合物改性沥青防水卷材

改性沥青与传统的氧化沥青等相比，其使用温度区间大为扩展，做成的卷材光洁柔软，高温不流淌、低温不脆裂，且可做成 4～5 mm 的厚度，可以单层使用。其具有 10～20 年可靠的防水效果，因此，受到使用者欢迎。

(1)弹性体改性沥青防水卷材(SBS 卷材)。弹性体改性沥青防水卷材，是以聚酯毡或玻纤毡为胎基，苯乙烯-丁二烯-苯乙烯(SBS)塑性弹性体作改性剂，两面覆以隔离材料所制成的建筑防水卷材，简称 SBS 卷材。按上表面隔离材料分为聚乙烯膜(PE)、细砂(S)、矿物粒料(M)，下表面隔离材料为细砂(S)、聚乙烯膜(PE)。按材料性能分为Ⅰ型和Ⅱ型。卷材公称宽度为 1 000 mm。聚酯毡卷材公称厚度为 3 mm、4 mm、5 mm。玻纤毡卷材公称厚度为 3 mm、4 mm。

卷材按不同胎基、不同上表面材料分为九个品种，见表 1-1-4。

表 1-1-4　SBS 卷材品种(GB 18242—2008)

上表面材料＼胎基	聚酯毡	玻纤毡	玻纤增强聚酯毡
聚乙烯膜	PY—PE	G—PE	PYG—PE
细砂	PY—S	G—S	PYG—S
矿物粒(片)料	PY—M	G M	PYG—M

SBS 卷材物理力学性能应符合表 1-1-5 规定。SBS 卷材适用于工业与民用建筑的屋面及地下防水工程，尤其适用于较低气温环境的建筑防水。

表 1-1-5　SBS 卷材物理力学性能(GB 18242—2008)

序号	项目		指标				
			Ⅰ		Ⅱ		
			PY	G	PY	G	PYG
1	可溶物含量/$(g\cdot m^{-3})$ ≥	3 mm	2 100				—
		4 mm	2 900				—
		5 mm	3 500				
		试验现象	—	胎基不燃	—	胎基不燃	—

续表

<table>
<tr><th rowspan="3">序号</th><th rowspan="3" colspan="3">项目</th><th colspan="5">指标</th></tr>
<tr><th colspan="2">Ⅰ</th><th colspan="3">Ⅱ</th></tr>
<tr><th>PY</th><th>G</th><th>PY</th><th>G</th><th>PYG</th></tr>
<tr><td rowspan="3">2</td><td rowspan="3">耐热性</td><td colspan="2">℃</td><td colspan="2">90</td><td colspan="3">105</td></tr>
<tr><td colspan="2">≤mm</td><td colspan="5">2</td></tr>
<tr><td colspan="2">试验现象</td><td colspan="5">无流淌、滴落</td></tr>
<tr><td rowspan="2">3</td><td rowspan="2" colspan="3">低温柔性/℃</td><td colspan="2">−20</td><td colspan="3">−25</td></tr>
<tr><td colspan="5">无裂缝</td></tr>
<tr><td>4</td><td colspan="3">不透水性 30 min</td><td>0.3 MPa</td><td>0.2 MPa</td><td colspan="3">0.3 MPa</td></tr>
<tr><td rowspan="3">5</td><td rowspan="3">拉力</td><td colspan="2">最大峰拉力/(N·50 mm⁻¹)</td><td>500</td><td>350</td><td>800</td><td>500</td><td>900</td></tr>
<tr><td colspan="2">次高峰拉力/(N·50 mm⁻¹)</td><td>—</td><td>—</td><td>—</td><td>—</td><td>800</td></tr>
<tr><td colspan="2">试验现象</td><td colspan="5">拉伸过程中，试件中部无沥青涂盖层开裂或与胎基分离现象</td></tr>
<tr><td rowspan="2">6</td><td rowspan="2">延伸率</td><td colspan="2">最大峰时延伸率/% ≥</td><td>30</td><td rowspan="2">—</td><td>40</td><td rowspan="2">—</td><td>—</td></tr>
<tr><td colspan="2">第二峰时延伸率/% ≥</td><td>—</td><td>—</td><td>15</td></tr>
<tr><td rowspan="2">7</td><td rowspan="2" colspan="2">浸水后质量增加/%
≤</td><td>PE、S</td><td colspan="5">1.0</td></tr>
<tr><td>M</td><td colspan="5">2.0</td></tr>
<tr><td rowspan="6">8</td><td rowspan="6">热老化</td><td colspan="2">拉力保持率/% ≥</td><td colspan="5">90</td></tr>
<tr><td colspan="2">延伸率保持率/% ≥</td><td colspan="5">80</td></tr>
<tr><td rowspan="2" colspan="2">低温柔性/℃</td><td colspan="2">−15</td><td colspan="3">−20</td></tr>
<tr><td colspan="5">无裂缝</td></tr>
<tr><td colspan="2">尺寸变化率/% ≤</td><td>0.7</td><td>—</td><td>0.7</td><td>—</td><td>0.3</td></tr>
<tr><td colspan="2">质量损失/% ≤</td><td colspan="5">1.0</td></tr>
<tr><td>9</td><td colspan="2">渗油性</td><td>张数 ≤</td><td colspan="5">2</td></tr>
<tr><td>10</td><td colspan="3">接缝剥离强度/(N·mm⁻¹) ≥</td><td colspan="5">1.5</td></tr>
<tr><td>11</td><td colspan="3">钉杆撕裂强度/N ≥</td><td colspan="4">—</td><td>300</td></tr>
<tr><td>12</td><td colspan="3">矿物粒料黏附性/g ≤</td><td colspan="5">2.0</td></tr>
<tr><td>13</td><td colspan="3">卷材下表面沥青涂盖层厚度/mm ≥</td><td colspan="5">1.0</td></tr>
<tr><td rowspan="4">14</td><td rowspan="4">人工气候加速老化</td><td colspan="2">外观</td><td colspan="5">无滑动、流淌、滴落</td></tr>
<tr><td colspan="2">拉力保持率/% ≥</td><td colspan="5">80</td></tr>
<tr><td rowspan="2" colspan="2">低温柔性/℃</td><td colspan="2">−15</td><td colspan="3">−20</td></tr>
<tr><td colspan="5">无裂缝</td></tr>
</table>

(2)塑性体改性沥青防水卷材(APP 卷材)。塑性体改性沥青防水卷材简称 APP 卷材，通常也称为 APP 改性沥青防水卷材，是以聚酯毡或玻纤毡为胎基，无规聚丙烯 APP 或聚烯烃类聚合物 APAO、APO 作改性剂，两面覆以隔离材料所制成的建筑防水卷材。产品标记按以下顺序进行：名称、型号、胎基、上表面材料、下表面材料、厚度、面积和标准编号。例如，10 m^2 面积、3 mm 厚上表面为矿物粒料、下表面为聚乙烯膜聚酯毡Ⅰ型的塑性体改性沥青防水卷材，标记为 APP Ⅰ PY M PE 3 10 GB 18243—2008。

APP 卷材的品种、规格与 SBS 卷材相同，其物理力学性能应符合表 1-1-6 规定。APP 卷材适用于工业与民用建筑的屋面和地下防水工程，以及道路、桥梁等建筑物的防水，尤其适用于较高气温环境的建筑防水。

表 1-1-6　APP 卷材物理力学性能(GB 18243—2008)

序号	项目		指标				
			I		Ⅱ		
			PY	G	PY	G	PYG
1	可溶物含量/$(g\cdot m^{-3})$ ≥	3 mm	2 100				—
		4 mm	2 900				—
		5 mm	3 500				
		试验现象	—	胎基不燃	—	胎基不燃	—
2	耐热性	℃	110		130		
		≤mm	2				
		试验现象	无流淌、滴落				
3	低温柔性/℃		−7		−15		
			无裂缝				
4	不透水性 30 min		0.3 MPa	0.2 MPa	0.3 MPa		
5	拉力	最大峰拉力/$(N\cdot 50\ mm^{-1})$	500	350	800	500	900
		次高峰拉力/$(N\cdot 50\ mm^{-1})$	—	—	—	—	800
		试验现象	拉伸过程中，试件中部无沥青涂盖层开裂或与胎基分离现象				
6	延伸率	最大峰时延伸率/% ≥	25	—	40	—	—
		第二峰时延伸率/% ≥	—		—		15
7	浸水后质量增加/% ≤	PE、S	1.0				
		M	2.0				
8	热老化	拉力保持率/% ≥	90				
		延伸率保持率/% ≥	80				
		低温柔性/℃	−2		−10		
			无裂缝				
		尺寸变化率/% ≤	0.7	—	0.7	—	0.3
		质量损失/% ≤	1.0				
9	接缝剥离强度/$(N\cdot mm^{-1})$ ≥		1.0				
10	钉杆撕裂强度/N ≥		—				300
11	矿物粒料黏附性/g≤		2.0				
12	卷材下表面沥青涂盖层厚度/mm ≥		1.0				
13	人工气候加速老化	外观	无滑动、流淌、滴落				
		拉力保持率/% ≥	80				
		低温柔性/℃	−2		−10		
			无裂缝				

1.2.3 合成高分子防水卷材

合成高分子防水卷材是以合成橡胶、合成树脂或此两者的共混体为基料，加入适量的化学助剂和填充料等，经不同工序加工而成可卷曲的片状防水材料；或把上述材料与合成纤维等复合形成两层或两层以上可卷曲的片状防水材料。

目前，合成高分子防水卷材品种有橡胶系列(聚氨酯、三元乙丙橡胶、丁基橡胶等)防水卷材、塑料系列(聚乙烯、聚氯乙烯等防水卷材)和橡胶塑料共混系列防水卷材三大类，其中又可分为加筋增强型与非加筋增强型两种。

合成高分子防水卷材具有拉伸强度和抗撕裂强度高、断裂伸长率大、耐热性和低温柔性好、耐腐蚀、耐老化等一系列优异的性能，是新型高档防水卷材。常见的合成高分子防水卷材有三元乙丙橡胶防水卷材、聚氯乙烯防水卷材、氯化聚乙烯防水卷材、氯化聚乙烯-橡胶共混防水卷材等。此类卷材按厚度分为 1 mm、1.2 mm、1.5 mm、1.8 mm、2.0 mm等规格。

(1)三元乙丙橡胶防水卷材。该卷材是以乙烯、丙烯和少量双环戊二烯三种单体共聚合成的三元乙丙橡胶为主要原料，掺入适量的丁基橡胶、硫化剂、促进剂、软化剂、补强剂和填充剂等，经密炼、拉片、过滤、挤出(或压延)成型、硫化等工序加工制成，是一种高弹性的新型防水材料。

由于三元乙丙橡胶分子结构中的主链上没有双键，当其受到臭氧、光、湿和热等作用时，主链不易断裂，因此，三元乙丙橡胶的耐候性、耐老化性好，化学稳定性也佳，耐臭氧性、耐热性和低温柔性甚至超过氯丁橡胶与丁基橡胶，具有质量轻(1.2～2.0 kg/m^2)、抗拉强度高(>7.5 MPa)、延伸率大(450%以上)、耐酸碱腐蚀等特点，对基层材料的伸缩或开裂变形适应性强，使用寿命达 20 年以上，可广泛用于防水要求高、耐用年限长的防水工程中。

(2)聚氯乙烯(PVC)防水卷材。该卷材是以聚氯乙烯树脂为主要原料，掺加填充料和适量的改性剂、增塑剂等，经混炼、压延或挤出成型、分卷包装而成的防水卷材。

PVC 防水卷材按产品的组成分为均质卷材(代号 H)、带纤维背衬卷材(代号 L)、织物内增强卷材(代号 P)、玻璃纤维内增强卷材(代号 G)、玻璃纤维内增强带纤维背衬卷材(代号 GL)。

(3)氯化聚乙烯-橡胶共混防水卷材。该卷材是以氯化聚乙烯树脂和合成橡胶为主体，加入适量的硫化剂、促进剂、稳定剂、软化剂和填充剂等，经过素炼、混炼、过滤、压延(或挤出)成型、硫化等工序加工制成的高弹性防水卷材。它不仅具有氯化聚乙烯所特有的高强度和优异的耐臭氧、耐老化性能，而且具有橡胶类材料所特有的高弹性、高延伸性和良好的低温柔性，拉伸强度在 7.5 MPa 以上，断裂伸长率在 450%以上，脆性温度在−40 ℃以下，热老化保持率在 80%以上。因此，该类卷材特别适用于寒冷地区或变形较大的建筑防水工程。

合成高分子防水卷材除以上三种典型品种外，还有多种其他产品。合成高分子防水卷材适用于防水等级为Ⅰ级和Ⅱ级的屋面防水工程。常见的合成高分子防水卷材的特点和适用范围见表 1-1-7，其物理性能要求见表 1-1-8。

表 1-1-7　常见合成高分子防水卷材的特点和适用范围

卷材名称	特点	适用范围	施工工艺
三元乙丙橡胶防水卷材	防水性能优异，耐候性好，耐臭氧性、耐化学腐蚀性好，弹性和抗拉强度大，对基层变形开裂的适应性强，质量轻，使用温度范围宽，寿命长，但价格高，黏结材料尚需配套完善	防水要求较高、防水层耐用年限要求长的工业与民用建筑，单层或复合使用	冷粘法或自粘法
丁基橡胶防水卷材	有较好的耐候性、耐油性、抗拉强度和延伸率，耐低温性能稍低于三元乙丙防水卷材	单层或复合使用，适用于要求较高的防水工程	冷粘法施工
氯化聚乙烯防水卷材	具有良好的耐候、耐臭氧、耐热老化、耐油、耐化学腐蚀及抗撕裂的性能	单层或复合使用，宜用于紫外线强的炎热地区	冷粘法施工
氯磺化聚乙烯防水卷材	延伸率较大，弹性较好，对基层变形开裂的适应性较强，耐高温、低温性能好，耐腐蚀性能优良，难燃性好	适于有腐蚀介质影响及在寒冷地区的防水工程	冷粘法施工
聚氯乙烯防水卷材	具有较高的拉伸和撕裂强度，延伸率较大，耐老化性能好，原材料丰富，价格便宜，容易黏结	单层或复合使用，适于外露或有保护层的防水工程	冷粘法或热风焊接法施工
氯化聚乙烯-橡胶共混防水卷材	不但具有氯化聚乙烯特有的高强度和优异的耐臭氧、耐老化性能，而且具有橡胶所特有的高弹性、高延伸性以及良好的低温柔性	单层或复合使用，尤宜用于寒冷地区或变形较大的防水工程	冷粘法施工
三元乙丙橡胶-聚乙烯共混防水卷材	是热塑性弹性材料，有良好的耐臭氧和耐老化性能，使用寿命长，低温柔性好，可在负温条件下施工	单层或复合外露防水层面，宜在寒冷地区使用	冷粘法施工

表 1-1-8　合成高分子防水卷材物理性能

项目		指标			
		硫化橡胶类	非硫化橡胶类	树脂类	树脂类（复合片）
断裂拉伸强度/MPa		≥6	≥3	≥10	≥60 N/10 mm
拉断伸长率/%		≥400	≥200	≥200	≥400
低温弯折/℃		−30	−20	−25	−20
不透水性	压力/MPa	≥0.3	≥0.2	≥0.3	≥0.3
	保持时间/min	≥30			
加热收缩率/%		<1.2	<2.0	<2.0	<1.0
热老化保持率［(80±2) ℃，168 h］	断裂拉伸强度	≥80%		≥85	≥80
	扯断伸长率	≥70%		≥80	≥70

任务 1.3 防水涂料

防水涂料又称胶粘剂，是以高分子合成材料、沥青为主体，在常温下呈无定型流态或半流态，经涂布能在结构物表面结成坚韧防水膜的物料的总称。防水涂料涂刷在建筑物表面上，经溶剂或水分的挥发或两种组分的化学反应形成一层薄膜，使建筑物表面与水隔绝，从而起到防水、密封的作用，这些涂刷的黏稠液体称为防水涂料。防水涂料经固化后形成的防水薄膜具有一定的延伸性、弹塑性、抗裂性、抗渗性及耐候性，能起到防水、防渗和保护作用。防水涂料有良好的温度适应性，操作简便，易于维修与维护。

防水涂料按主要成膜物质可分为沥青类、高聚合物改性沥青类、合成高分子类、水泥类四种；按涂料的液态类型可分为溶剂型、水乳型、反应型三种；按涂料的组分可分为单组分和双组分两种。

1.3.1 沥青类防水涂料

沥青类防水涂料是指以沥青为基料配制而成的水乳型或溶剂型防水涂料。这类涂料对沥青基本没有改性或改性作用不大，有石灰乳化沥青、膨润土沥青乳液和水性石棉沥青防水涂料等。溶剂型沥青防水涂料是指将未改性的石油沥青直接溶解于汽油等溶剂中而配制成，又称为冷底子油。水乳型沥青防水涂料是指将石油沥青在化学乳化剂或矿物乳化剂作用下，分散于水中，形成稳定的水分散体构成的涂料，主要适用于Ⅲ级和Ⅳ级防水等级的工业与民用建筑屋面、混凝土地下室和卫生间防水。

1. 冷底子油

冷底子油是将建筑石油沥青(30 号、10 号或 60 号)加入汽油、柴油或将煤沥青(软化点为 50 ℃～70 ℃)加入苯，溶合而成的沥青溶液。其一般不单独作为防水材料使用。冷底子油作为打底材料与沥青胶配合，可以增加沥青胶与基层的黏结力。常用配合比为：①石油沥青∶汽油＝30∶70；②石油沥青∶煤油或柴油＝40∶60。一般现用现配，用密闭容器储存，以防溶液挥发。

冷底子油

2. 沥青胶

沥青胶是为了提高沥青的耐热性，降低沥青层的低温脆性，在沥青材料中加入填料进行改性而制成的液体。粉状填料有石灰石粉、白云石粉、滑石粉、膨润土等，纤维状填料有木质纤维、石棉屑等。

沥青与填充料应混合均匀，不得有粉团、草根、树叶、砂土等杂质。施工方法有冷用和热用两种，热用比冷用的防水效果好，冷用施工方便，不会烫伤，但耗费溶剂。其用于沥青或改性沥青类卷材的粘接，沥青防水涂层和沥青砂浆层的底层。

3. 水性沥青基防水涂料

水性沥青基防水涂料是指乳化沥青及在其中加入各种改性材料的水乳型防水材料。其属于低档防水涂料，主要用于Ⅲ、Ⅳ级防水等级的屋面防水及厕浴间、厨房防水。

1.3.2 高聚合物改性沥青类防水涂料

高聚合物改性沥青防水涂料，不但具有优良的耐水性、抗渗性，且涂膜柔软，具有高档防水卷材的功效，又有施工方便、潮湿基层可固化成膜、黏结力强、可抵抗压力渗透等特点，特别适用于复杂结构，可明显降低施工费用，用于各种材料表面，为新一代环保防水涂料。高聚合物改性沥青防水涂料是以高聚合物改性沥青为基料制成的水乳型或溶剂型防水涂料，有再生胶改性沥青防水涂料、水乳型氯丁橡胶沥青防水涂料、SBS橡胶改性沥青防水涂料等。

1. 再生胶改性沥青防水涂料

再生胶改性沥青防水涂料分为JG-1型和JG-2型两类冷胶料。

JG-1型是溶剂再生胶改性沥青胶粘剂。其以渣油(200号或60号道路石油沥青)与废开司粉(废轮胎里层带线部分磨成的细粉)加热熬制，加入高标号的汽油而制成。

JG-2型是水乳型的双组分防水冷胶料，属反应固化型。A液为乳化橡胶，B液为阴离子型乳化沥青，分别包装，现用现配，在常温下施工，维修简单，具有优良的防水、抗渗性能，温度稳定性好。但涂层薄，需多道施工(低于5 ℃不能施工)，加衬中碱玻璃丝布或无纺布可作防水层。

再生胶

2. 氯丁橡胶改性沥青防水涂料

氯丁橡胶改性沥青防水涂料(氯丁胶乳沥青防水涂料)是新型的沥青防水涂料。氯丁橡胶沥青防水涂料改变了传统沥青低温脆裂、高温流淌的特性，经过改性后，不但具有氯丁橡胶的弹性好、黏结力强、耐老化、防水防腐的优点，同时集合了沥青防水的性能，组合成一种强度高、成膜快、防水强、耐老化、有弹性、抗基层变形能力强、冷作施工方便、不污染环境的优质防水涂料。

氯丁橡胶改性沥青防水涂料(氯丁胶乳沥青防水涂料)是以含有环氧树脂的氯丁橡胶乳液为改性剂，以优质的石油乳化沥青为基料，并加入表面活性剂、防霉剂等辅助材料精制而成。

氯丁橡胶改性沥青防水涂料有溶剂型或水乳型两类，可用于Ⅱ级、Ⅲ级、Ⅳ级屋面防水。溶剂型氯丁橡胶改性沥青防水涂料是将氯丁橡胶和石油沥青溶于芳烃溶剂(苯或二甲苯)中形成的一种混合胶体溶液。其具有较好的耐高、低温性能，粘结性好，干燥成膜速度快，按抗裂性及低温柔性可分为一等品和合格品。

1.3.3 合成高分子类防水涂料

合成高分子类防水涂料是以多种高分子聚合材料为主要成膜物质，添加触变剂、防流挂剂、防沉淀剂、增稠剂、流平剂、防老剂等添加剂和催化剂，经过特殊工艺加工而成的合成高分子水性乳液防水涂膜，具有优良的高弹性和绝佳的防水性能。该产品无毒、无味，安全环保。涂膜耐水性、耐碱性、抗紫外线能力强，具有较高的断裂延伸率、拉伸强度和自动修复功能。此类防水涂料主要有聚氨酯(单、双组分)、硅橡胶、水乳型、丙烯酸酯、聚氯乙烯、水乳型三元乙丙橡胶防水涂料等。

1. 聚氨酯防水涂料

聚氨酯防水涂料为反应固化型(湿气固化)涂料，具有强度高、延伸率大、耐水性能好等特点，对基层变形的适应能力强。聚氨酯防水涂料是双组分材料，采用水为扩链剂，避免了胺系扩链剂的毒性问题，固化后形成具有弹性无接缝的橡胶防水层。它与空气中的湿气接触后固化，在基层表面形成一层坚韧的无接缝整体防水膜。

在实际工程中应检验其涂膜表干时间、固含量、常温断裂延伸率及断裂强度、黏结强度和低温柔性等指标，合格后方可使用。聚氨酯防水涂料主要用于防水等级为Ⅰ级、Ⅱ级、Ⅲ级的非外露层面、墙体及卫生间的防水防潮工程，地下围护结构的迎水面防水、地下室、储水池、人防工程等的防水，是一种常用的中高档防水涂料。

2. 丙烯酸酯防水涂料

丙烯酸酯防水材料是以纯丙烯酸酯共聚物或纯丙酸酯乳液，加入适量优质填料、助剂配制而成，属合成树脂类单组分防水涂料。

这类防水涂料的最大优点是具有优良的耐候性、耐热性和耐紫外线性，在−30 ℃～80 ℃范围内性能基本无变化，延伸性能好，能适应基面一定幅度的开裂变形，可根据需要调配各种色彩。防水层兼有装饰和隔热效果，绿色环保，无毒无味，不污染环境，对人身无伤害，可在潮湿基面施工，具有一定的透气性。

实际工程中的检验项目与聚氨酯防水涂料相同，主要用于防水等级为Ⅰ级、Ⅱ级、Ⅲ级的屋面和墙体的防水、防潮工程，防水屋面的保护层，厕浴间的防水等。

1.3.4 聚合物水泥基防水涂料(JS复合防水涂料)

水泥基渗透结晶防水材料是由硅酸盐水泥、石英砂、特种活性化学物质等组成的防水材料。在水的引导下，以水作载体，借助强有力的渗透性，在混凝土微孔及毛细管中进行传输、充盈，发生物化反应，形成不溶于水的枝蔓状结晶体，结晶体与混凝土结构结合成封闭式的防水层整体，堵截来自任何方向的水流及其他液体侵蚀。

渗透结晶防水涂料

这种涂料的产品为双组分型，可在潮湿或干燥的砖石、砂浆、混凝土、金属、木材、各种保温层、防水层上直接施工，涂层坚韧高强，耐水、耐候、耐久性强，无毒、无害，施工简单，在立面、斜面和顶面施工不流淌，耐高温。其适用于新、旧建筑物及构筑物，是目前工程上应用较广的一种新型材料。

实际工程应用中应检验涂料的固含量、表干时间、实干时间、低温柔性、常温拉伸断裂延伸率及强度、不透水性和粘结性等指标。其适用于工业与民用建筑的屋面工程，厕浴间、厨房的防水、防潮工程，地面、地下室、游泳池、罐槽的防水。

1.3.5 常用防水涂料的性能及用途

防水涂料

市场上的防水材料有两大类：一类是聚氨酯类防水涂料。这类材料一般是由聚氨酯与煤焦油作为原材料制成。它所挥发的焦油气毒性大，且不容易清除，因此于2000年在我国被禁止使用。尚在销售的聚氨酯防水涂料，是用沥青代替煤焦油作为原料。但在使用这种涂料时，一般采用含有甲苯、二甲苯等有机溶剂来稀释，因而也含有毒性。另一类为聚合物水泥基防水涂料。它由多种水性聚合物合成的乳液与掺有各种添加剂的优质水泥组成，聚合物(树脂)的柔性与水泥的刚性结为一体，使得它在抗渗性与稳定性方面表现优异。它的优点是施工方便、综合造价低、工期短，且无毒环保。因此，聚合物水泥基已经成为防水涂料市场的主角。

常用防水涂料的性能和用途见表1-1-9。

表1-1-9 常用防水涂料的性能及用途

名称	特点	用途
乳化沥青防水涂料	成本低，施工方便，耐候性好，但延伸率低	适用于民用与工业建筑厂房的复杂屋面和青灰屋面防水，也可涂于屋顶钢筋板面和油毡屋面防水
橡胶改性沥青防水涂料	有一定的柔韧性和耐火性，常温下冷施工，安全可靠	适用于工业与民用建筑的保温屋面、地下室、洞体、冷库地面等的防水
硅橡胶防水涂料	防水性好，成膜性、弹性、粘结性好，安全无毒	地下工程、储水池、厕浴间、屋面的防水
PVC防水涂料	具有弹塑性，能适应基层的一般开裂或变形	可用于屋面及地下工程、蓄水池、水沟、天沟的防腐和防水
三元乙丙橡胶防水涂料	具有高强度、高弹性、高伸长率，施工方便	可用于宾馆、办公楼、厂房、仓库、宿舍的建筑屋面和地面的防水
氯磺化聚乙烯防水涂料	涂层附着力高，耐腐蚀、耐老化	可用于地下工程、海洋工程、石油化工、建筑屋面和地面防水
聚丙烯酸酯防水涂料	粘结性强、防水性好、伸长率高，耐老化，能适应基层的开裂变形，冷施工	广泛应用于中、高级建筑工程的各种防水工程，平面、立面均可施工
聚氯酯防水涂料	强度高，耐老化性能优异，伸长率大，黏结力强	用于建筑屋面的防水隔热工程，地下室、厕浴间的防水，也可用于彩色装饰性防水
粉状黏性防水涂料	属于刚性防水，涂层寿命长，经久耐用，不存在老化问题	适用于建筑屋面、厨房、厕浴间、坑道、隧道地下工程防水

任务1.4 防水密封材料

密封材料(又称嵌缝材料)是指能承受接缝位移以达到气密、水密目的而嵌入建筑接缝中的材料。密封件材料有金属材料(铝、铅、铟、不锈钢等)，也有非金属材料(橡胶、塑料、陶瓷、石墨等)、复合材料(如橡胶-石棉板、气凝胶毡-聚氨酯)，但使用最多的是橡胶类弹性体材料。

密封材料

1.4.1 密封材料的分类

密封材料一般应具有良好的物理和机械性能，回弹性高、压缩永久变形小，能长期经受被粘构件的收缩与振动而不破坏。同时有良好的粘结性、耐老化性和对高、低温度的适应性。

密封材料分为定型密封材料(密封条和压条等)和不定型密封材料(密封膏或嵌缝膏等)两大类。其中，不定型密封材料按原材料及其性能可分为以下三大类：

(1)塑性密封膏。塑性密封膏是以改性沥青和煤焦油为主要原料制成的。其价格低，具有一定的弹塑性和耐久性，但弹性差，延伸性也较差。

(2)弹塑性密封膏。弹塑性密封膏有聚氯乙烯胶泥及各种塑料油膏。它们的弹性较低，塑性较大，延伸性和粘结性较好。

(3)弹性密封膏。弹性密封膏是由聚硫橡胶、有机硅橡胶、氯丁橡胶、聚氨酯和丙烯酸萘为主要原料制成的。这类材料的综合性能较好。

1.4.2 工程中常用的密封材料

(1)沥青嵌缝油膏。沥青嵌缝油膏是以石油沥青为基料，加入改性材料、稀释剂及填充料混合制成的密封膏。改性材料有废橡胶粉和硫化鱼油；稀释剂有松节重油和机油等；填充料有石棉绒和滑石粉等。沥青嵌缝油膏主要作为屋面、墙面、沟和槽的防水嵌缝材料。

沥青嵌缝油膏

(2)聚氨酯密封膏。聚氨酯密封膏是以聚氨基甲酸酯聚合物为主要成分的双组分反应固化型的建筑密封材料。聚氨酯密封膏按流变性分为两种类型：N型，非下垂型；L型，自流平型。聚氨酯建筑密封膏的主要性能应符合《聚氨酯建筑密封胶》(JC/T 482—2003)的规定，见表1-1-10。

表1-1-10　聚氨酯建筑密封膏的物理力学性能

试验项目		技术指标		
		20HM	25LM	20LM
密度/(g·cm^{-3})		规定值±0.1		
流动性	下垂度(N型)/mm	≤3		
	流平性(L型)	光滑平整		
表干时间/h		≤24		
挤出性①/(mL·min^{-1})		≥80		
适用期②/h		≥1		
弹性恢复率/%		≥70		
拉伸模量/MPa	23 ℃	＞0.4或＞0.6		≤0.4和≤0.6
	−20 ℃			
定伸粘结性		无破坏		
浸水后定伸粘结性		无破坏		
冷拉—热压后的粘结性		无破坏		
质量损失率/%		≤7		

①此项仅适用于单组分产品。
②此项仅适用于多组分产品，允许采用供需双方商定的其他指标值。

聚氨酯建筑密封膏具有延伸率大、弹性高、粘结性好、耐低温、耐油、耐酸碱及使用年限长等优点，被广泛用于各种装配式建筑屋面板、墙面、楼地面、阳台、窗框、卫生间等部位的接缝、施工缝的密封，给水排水管道、储水池等工程的接缝密封，混凝土裂缝的修补，也可用于玻璃及金属材料的嵌缝。

(3)聚氯乙烯接缝膏。聚氯乙烯接缝膏是以煤焦油和聚氯乙烯(PVC)树脂粉为基料，按一定比例加入增塑剂(邻苯二甲酸二丁酯、邻苯二甲酸二辛酯)、稳定剂(三盐基硫酸铝、硬脂酸钙)及填充料(滑石粉、石英粉)等，在 140 ℃温度下塑化而成的膏状密封材料，简称 PVC 接缝膏。也可用废旧聚氯乙烯塑料代替聚氯乙烯树脂粉，其他原料和生产方法同聚氯乙烯接缝膏。

PVC 接缝膏有良好的粘结性、防水性、弹塑性，耐热、耐寒、耐腐蚀和抗老化性能也较好。其技术性能要求见表 1-1-11。

表 1-1-11　聚氯乙烯接缝膏技术性能要求

性能		品种(型号)	
		802	703
耐热性	温度/℃	80	70
	下垂值/mm　＜	4	4
低温柔性	温度/℃	−20	−30
	柔性	合格	合格
黏结延伸率/%　＞		250	
浸水黏结延伸率/%　＞		200	
回弹率/%　＞		80	
挥发率/%　＜		3	

这种密封材料可以热用，也可以冷用。热用时，将聚氯乙烯接缝膏用文火加热，加热温度不得超过 140 ℃，达到塑化状态后，应立即浇灌于清洁、干燥的缝隙或接头等部位。冷用时，加溶剂稀释。其适用于各种屋面嵌缝或表面涂布作为防水层，也可用于水渠、管道等接缝；用于工业厂房自防水屋面嵌缝、大型墙板嵌缝等的效果也好。

(4)丙烯酸酯密封膏。丙烯酸酯建筑密封膏是以丙烯酸酯乳液为基料，掺入增塑剂、分散剂、碳酸钙等配制而成的建筑密封膏。这种密封膏弹性好，能适应一般基层伸缩变形的需要。其耐候性能优异，使用年限在 15 年以上；耐高温性能好，在−20 ℃～+100 ℃情况下，长期保持柔韧性；黏结强度高，耐水、耐酸碱性好，并有良好的着色性。丙烯酸酯密封膏适用于混凝土、金属、木材、天然石料、砖、瓦、玻璃之间的密封防水。其主要技术性质应符合《丙烯酸酯建筑密封胶》(JC/T 484—2006)的规定。

(5)硅酮密封胶。硅酮密封胶是以硅氧烷聚合物为主体，加入硫化剂、硫化促进剂以及增强填料组成的室温固化型密封材料。其具有良好的耐热、耐寒和耐候性，与各种材料都有较好的粘结性能，耐水性好，耐拉伸压缩疲劳性强。

根据《硅酮建筑密封胶》(GB/T 14683—2003)的规定，硅酮建筑密封膏分为 F 类和 G 类两种类别。其中，F 类为建筑接缝用密封膏，适用于预制混凝土墙板、水泥板、大理石板的外墙接缝，混凝土和金属框架的黏结，卫生间和公路接缝的防水密封等；G 类为镶装用密封膏，主要用于镶嵌玻璃和建筑门、窗的密封。其技术性能应符合标准所规定的要求。

常用建筑密封材料的性能与用途见表 1-1-12。

表 1-1-12 常用建筑密封材料的性能与用途

品种	特点	用途
有机硅酮	具有对硅酸盐制品、金属、塑料良好的粘结性，耐水、耐热、耐低温、耐老化	适用于窗玻璃、幕镜、大型玻璃幕墙、储槽、水族箱、卫生陶瓷等接缝密封
聚硫密封膏	对金属、混凝土、玻璃、木材具有良好的粘结性。具有耐水、耐油、耐老化、化学稳定等特性	适用于中空玻璃、混凝土、金属结构的接缝密封，也适用于有耐油、耐试剂要求的车间、实验室的地板、墙板密封和一般建筑、土木工程的各种接缝密封
聚氨酯密封膏	对混凝土、金属、玻璃有良好的粘结性，并具有良好的弹性、延伸性、耐疲劳性、耐侯性等性能	适用于建筑物屋面、墙板、地板、窗框、卫生间的接缝密封，也适用于混凝土结构的伸缩缝、沉降缝和高速公路、机场路道、桥梁等土木工程的嵌缝密封
丙烯酸酯密封膏	具有良好的粘结性、耐候性，一定的弹性，可在潮湿基层上施工	适用于室内墙面、地板、门窗框、卫生间的接缝，室外小位移的建筑密封
氯丁橡胶密封膏	具有良好的粘结性、延伸性、耐候性、弹性	适用于室内墙面、地板、门窗框、卫生间的接缝，室外小位移的建筑密封
聚氯乙烯接缝材料	具有良好的弹塑性、延伸性、粘结性、防水性，耐腐蚀性、耐热、耐寒性、耐候性较好	适用于各种玻璃的建筑屋面和有耐腐蚀要求的屋面的接缝防水、水利设施及地下管道的接缝防渗
改性沥青油膏	具有良好的塑结性、柔韧性、耐温性，可冷施工	适用于屋面板、墙板等装配式建筑构件间的接缝嵌填，以及小位移的各种建筑接缝的防水密封

项目2 屋顶构造及屋面防水工程施工

知识目标

了解屋顶类型；熟悉屋顶的坡度、排水方式以及排水等级；熟悉平屋顶、坡屋顶构造；掌握屋面防水施工的工艺及要求；了解屋面防水质量标准和验收的内容。

能力目标

能够正确选择屋面防水工程施工机具；具备指导屋面防水工程的施工及验收能力；具有编制施工方案的能力。

项目导入

屋顶是建筑物最上部的覆盖部分，具有抵御自然界各种环境因素(风、雨、雪、太阳辐射等)对建筑物的不利影响和构成建筑物的体型立面的作用。因此要求屋顶要有良好的围护作用，并具有防水、保温、隔热功能和美观的形象。其中，防水(主要防止雨水或雪水渗漏)是屋顶的基本功能要求，也是屋顶设计的核心。

任务2.1 屋顶构造基本知识

2.1.1 屋顶的类型

屋顶由屋面和支承结构等组成。按照其外形一般可分为平屋顶、坡屋顶和其他屋顶。

1. 平屋顶

坡度在2%～5%的屋顶称为平屋顶。平屋顶的坡度可以用垫坡材料垫出，通常叫作“材料找坡”(垫置坡度)；也可以用结构板材带坡安装，通常叫作“结构找坡”(搁置坡度)。

平屋顶常见的形式如图1-2-1所示。

2. 坡屋顶

坡度在10%～100%的屋顶叫作坡屋顶。坡屋顶的坡度均由屋架形成。其中，10%～20%多用于金属板材屋面，20%～40%多用于波形瓦屋顶，40%以上多用于各种小型瓦屋面。坡屋顶常见的坡度为 50%(屋面高度与跨度的比值为 1/4)。坡屋顶常见的形式如图 1-2-2 所示。

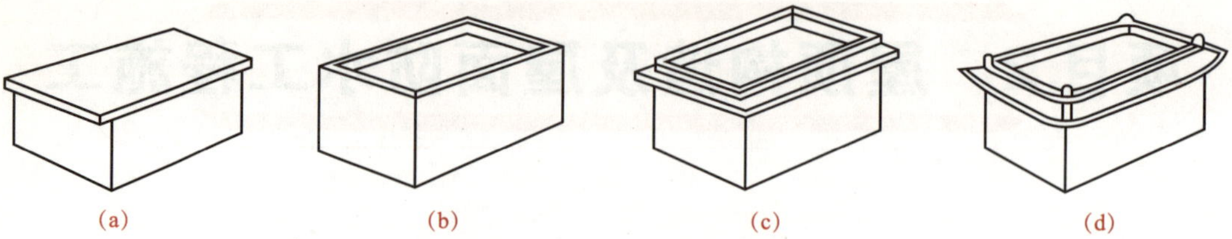

图 1-2-1　平屋顶常见形式

(a)挑檐平屋顶；(b)女儿墙平屋顶；(c)挑檐女儿墙平屋顶；(d)盝顶平屋顶

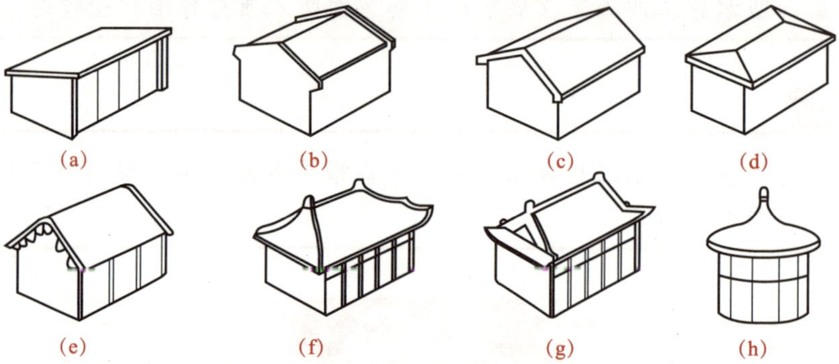

图 1-2-2　坡屋顶常见形式

(a)单坡顶；(b)硬山两坡顶；(c)悬山两坡顶；(d)四坡顶；(e)卷棚顶；(f)庑殿顶；(g)歇山顶；(h)圆攒尖顶

3. 其他屋顶

这部分屋顶坡度变化大、类型多，多应用于大跨度建筑中。常见的有网架、悬索、壳体、折板等类型。其他屋顶形式如图 1-2-3 所示。

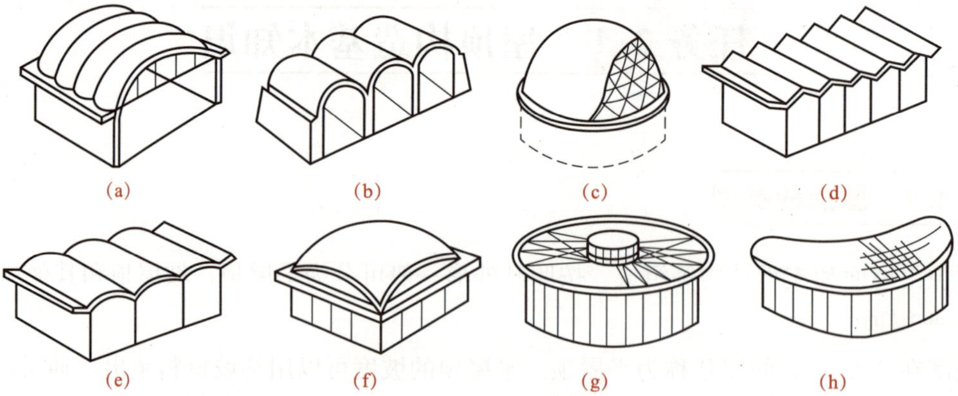

图 1-2-3　其他屋顶形式

(a)双典拱屋顶；(b)砖石拱屋顶；(c)球形网壳屋顶；(d)V 形折板屋顶；(e)筒壳屋顶；(f)扁壳屋顶；(g)车轮形悬索屋顶；(h)鞍形悬索屋顶

2.1.2 屋顶的排水

1. 屋顶的坡度

屋面坡度选取是否合理，直接影响屋顶的防水效果。屋面坡度的大小主要根据所选用的屋面防水层材料的性能和构造决定。如果选用防水性能好、单块面积大、接缝少的材料，如卷材、构件自防水、金属薄板等，坡度可以小些；如果选用瓦块铺设屋面，块小、接缝多，坡度应大些。在寒冷地区为防止屋面大量积雪，坡度宜较陡；带有阁楼的屋顶，常采用陡坡屋面或采用两个不同坡度结合的折腰式屋面（折腰式屋面也称孟夏式屋面）。

孟夏式屋面

屋顶坡度常用的表示方法有斜率法、百分比法和角度法。斜率法以屋顶倾斜面的垂直投影长度与水平投影长度之比来表示；百分比法是以屋顶倾斜面的垂直投影长度与水平投影长度之比的百分比来表示；角度法以屋顶倾斜面与水平面夹角的大小来表示。一般坡屋顶采用斜率法，平屋顶采用百分比法，角度法应用较少。平、坡屋顶坡度比较见表 1-2-1。

表 1-2-1　平、坡屋顶坡度比较

屋顶类型	平屋顶	坡屋顶	
常用排水坡度	<5%，一般为 2%～3%	一般大于 10%	
屋顶坡度表示方式	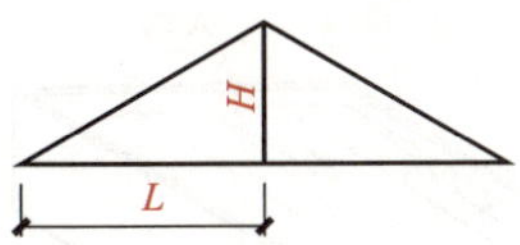	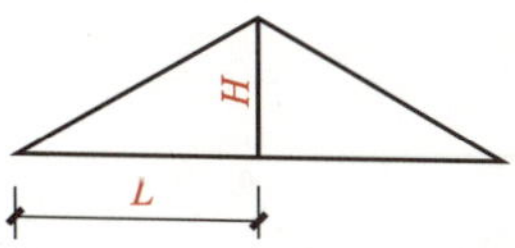	
应用情况	普遍	普遍	较少采用
防水材料	各种卷材、涂膜或防水混凝土	小青瓦、机制平瓦、玻璃筒瓦材	

屋面要有一定坡度以排除雨水。造成屋面坡度的方法有两种：①构造找坡。在水平的屋面板上铺一层如炉渣等轻质材料作为找坡层，也可利用保温层找坡。②结构找坡。将屋面板搁置在有坡度的承重横墙或梁上，造成排水坡度。

2. 屋顶的排水方式

计算方法

屋顶排水方式分为无组织排水和有组织排水两类。

无组织排水是指屋面的雨水直接由檐口滴落至地面的排水方式，又称自由落水。这种排水方式不需要设置天沟、雨水管进行导流，而要求屋檐必须挑出外墙面，以防屋面雨水顺外墙面漫流而浇湿和污染墙体。无组织排水方式主要适用于少雨地区或一般低层建筑，不宜用于临街建筑和高度较高的建筑。

有组织排水是通过排水系统，将屋面积水有组织地排至地面。即把屋面划分成若干排水区，使雨水有组织地排到檐沟中，经过水落口排至水落斗，再经水落管排到室外，最后排往城市地下排水管网系统。有组织排水多用于高度较大或较为重要的建筑，以及年降水量较大地区的建筑。有组织排水分为有组织外排水和有组织内排水两种形式。

(1)有组织外排水。外排水根据檐口做法不同可分为檐沟外排水和女儿墙外排水。檐沟外排水是根据建筑物跨度和立面造型的需要，将屋面做成单坡、双坡或四坡，相应地在单面、双面或四面设置排水檐沟。雨水从屋面排至檐沟，沟内垫出不小于0.5%的纵向坡度，把雨水引向雨水口，再经落水管排到地面的明沟和散水；女儿墙外排水是在女儿墙内侧设内檐沟或垫坡，雨水口穿过女儿墙，在女儿墙外面设落水管，如图1-2-4(a)、(b)、(c)所示。

有组织排水

(2)有组织内排水。多跨房屋的中间跨、高层建筑及严寒地区(为防止室外落水管冻结堵塞)的建筑等不宜在外墙设置落水管，这时可采用内排水。雨水由屋面天沟汇集，经雨水口和室内雨水管排入排水系统，如图1-2-4(d)、(e)所示。内排水的水落管设于室内，构造复杂，极易渗漏，维修不便，常用于屋面面积较大的多层建筑和高层建筑屋顶，一般多层建筑则应尽量采用有组织外排水方式。

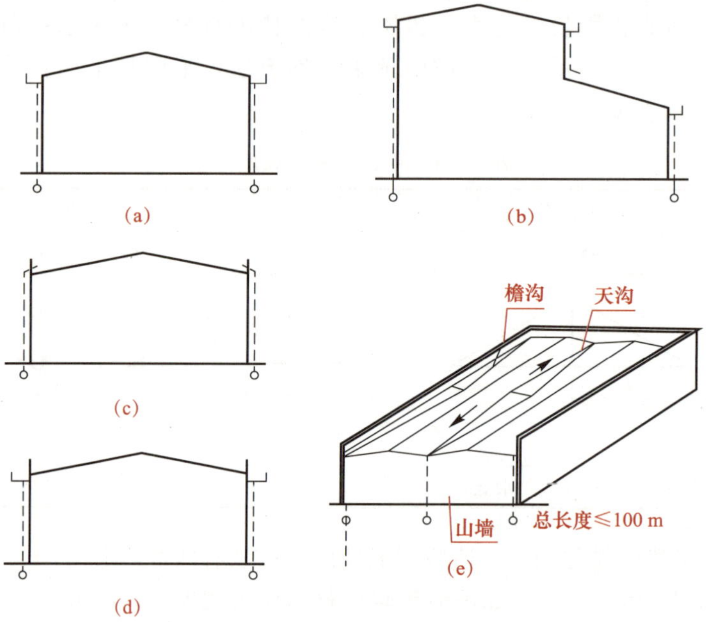

图1-2-4　平屋顶有组织排水

(a)挑檐沟外排水；(b)女儿墙外排水；

(c)女儿墙外檐沟外排水；(d)内排水；(e)内天沟排水

3. 屋面防水等级

根据建筑物的类别、重要程度、使用功能要求等，《屋面工程技术规范》(GB 50345—2012)将屋面防水等级划分为两个等级，并规定了不同等级的设防要求，见表1-2-2。

表1-2-2　屋面防水等级和设防要求

防水等级	建筑类别	设防要求
Ⅰ级	重要建筑和高层建筑	两道防水设防
Ⅱ级	一般建筑	一道防水设防

2.1.3 平屋顶构造

1. 平屋顶的组成

平屋顶一般由面层(防水层)、保温层或隔热层、结构层和顶棚层等四部分组成。

(1)面层(防水层)。平屋顶坡度较小、排水缓慢，因此，需加强面层的防水构造处理。平屋顶一般选用防水性能好和单块面积较大的屋面防水材料，并采取有效的接缝处理措施来增强屋面的抗渗能力。目前，在工程中常用的屋面防水材料有柔性防水和刚性防水两种形式。

(2)保温层或隔热层。为防止冬、夏季顶层房间过冷或过热，在北纬40°以北地区，室内湿度大于75%或其他地区室内空气湿度常年大于80%时，保温屋面应设隔汽层。保温层、隔热层通常设置在结构层与防水层之间。常用的保温材料有无机粒状材料和块状制品，如膨胀珍珠岩、水泥蛭石、聚苯乙烯泡沫塑料板等。隔热层的做法较多，既可以采用粒状或块状隔热材料，也可以采用架空隔热层来实现屋顶隔热的目的。

(3)结构层。平屋顶主要采用钢筋混凝土结构，按施工方法不同，有现浇钢筋混凝土结构、预制装配式混凝土结构和装配整体式钢筋混凝土结构三种形式。

(4)顶棚层。顶棚层分为直接抹灰顶棚和吊顶棚两类。

2. 平屋顶的防水构造

平屋顶按照屋面防水层的不同有卷材防水屋面、刚性防水屋面、涂膜防水屋面等多种做法。

(1)卷材防水屋面。卷材防水屋面是指采用胶粘剂粘贴卷材或采用带底面黏结胶的卷材进行热熔或冷粘贴于屋面基层进行防水的屋面，其典型构造层次如图1-2-5所示，具体构造层次，根据设计要求而定。

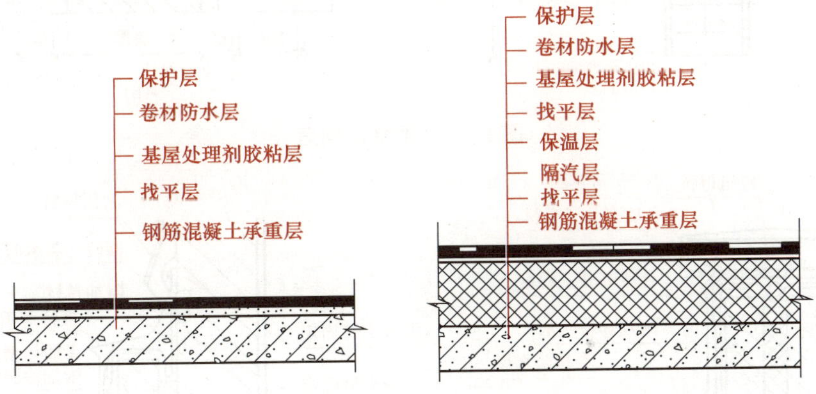

图1-2-5 卷材防水屋顶构造层次示意

(a)不保温卷材屋面；(b)保温卷材屋面

卷材屋面节点部位的防水施工十分重要，既要保证质量，又要施工方便。一般节点构造做法如图1-2-6～图1-2-9所示。

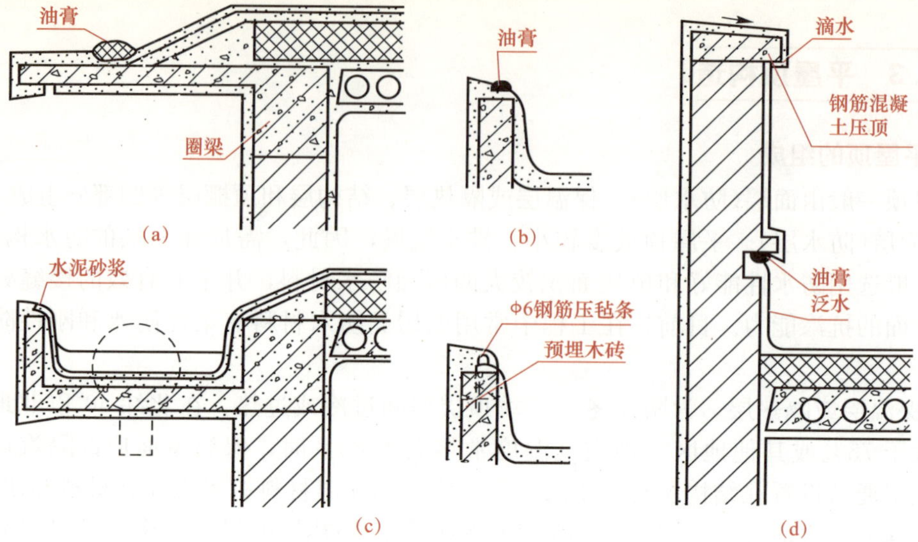

图 1-2-6　檐口构造

(a)无组织排水挑檐；(b)有组织排水挑檐沟；
(c)挑檐沟卷材收头固定，通常可用压钉等方法；(d)女儿墙檐口

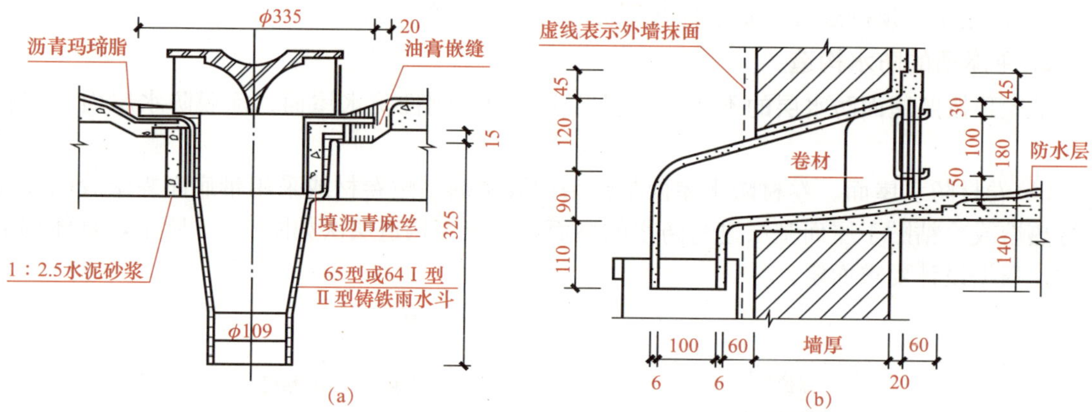

图 1-2-7　雨水口构造

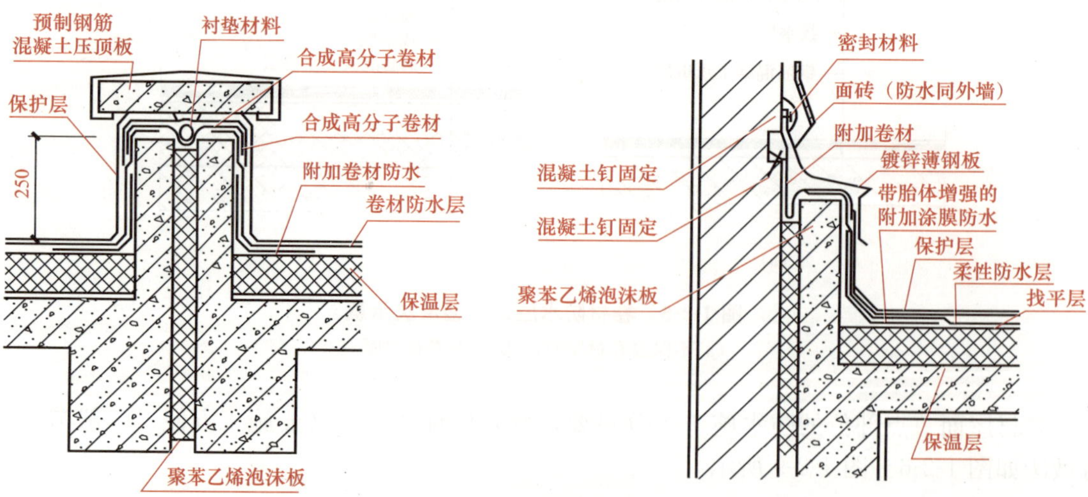

图 1-2-8　变形缝构造

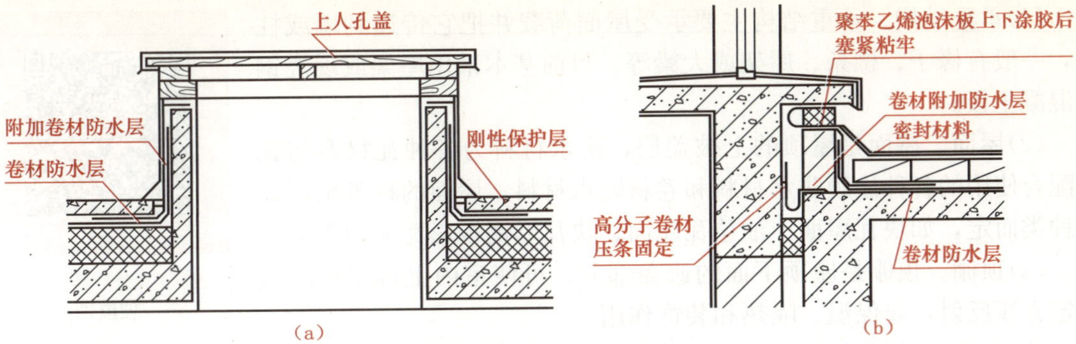

图 1-2-9　出入口构造

(a)垂直出入口；(b)水平出入口

(2)刚性防水屋面。刚性防水屋面是采用混凝土浇捣而成的屋面防水层。在混凝土中掺入膨胀剂、减水剂、防水剂等外加剂，使浇筑后的混凝土细致密实，水分子难以通过，从而达到防水的目的。

与卷材及涂膜防水屋面相比，刚性防水屋面所用材料易得，价格便宜，耐久性好，维修方便。但刚性防水层材料的表观密度大，抗拉强度低，极限拉应变小，易受混凝土或砂浆的干湿变形、温度变形和结构变形的影响而产生裂缝。因此，刚性防水屋面可用作Ⅰ级、Ⅱ级屋面多道防水设防中的一道防水层；不适用于设有松散保温层的屋面、大跨度和轻型屋盖的屋面，以及受振动或冲击的建筑屋面。而且刚性防水层的节点部位应与柔性材料复合使用，才能保证防水的可靠性。

刚性防水屋面的一般构造形式如图 1-2-10 所示。

(3)涂膜防水屋面。涂膜防水屋面是在屋面基层上涂刷防水涂料，经固化后形成一层有一定厚度和弹性的整体涂膜，从而达到防水目的的一种防水屋面形式。具体施工有哪些层次，需根据设计要求确定。涂膜防水屋面的典型构造层次如图 1-2-11 所示。

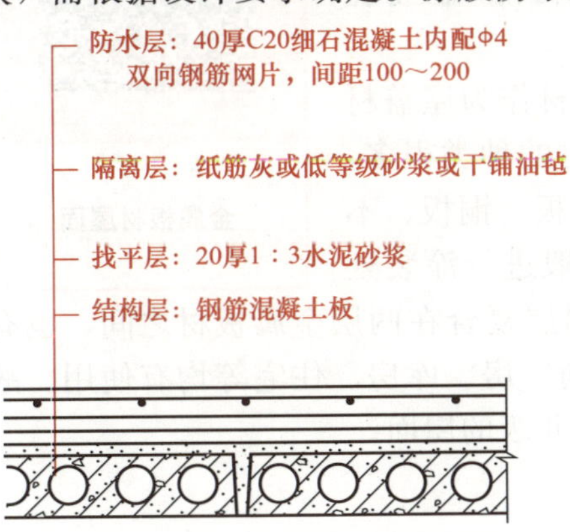

图 1-2-10　刚性防水屋面构造

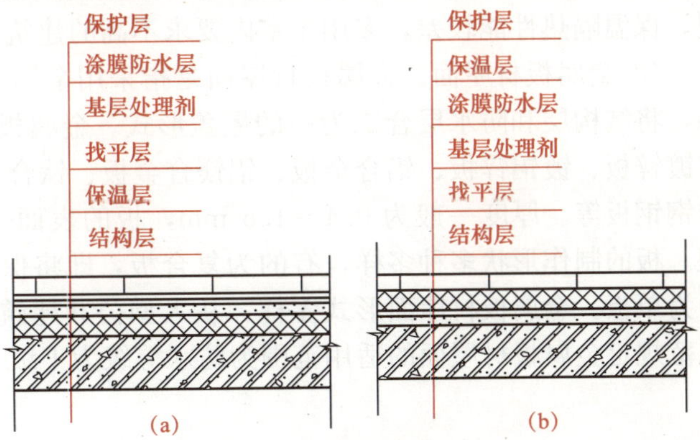

图 1-2-11　涂膜防水屋面构造

(a)正置式涂膜屋面；(b)倒置式涂膜屋面

2.1.4　坡屋顶构造

1. 坡屋顶的组成

坡屋顶一般由承重结构和屋面两部分组成，必要时还有保温层、隔热层及顶棚等。

(1)承重结构。承重结构主要承受屋面荷载并把它传递到墙或柱上，一般有椽子、檩条、屋架或大梁等。目前基本采用屋架或现浇钢筋混凝土板。

(2)屋面。屋面是屋顶的上被盖层，防水材料为各种瓦材及与瓦材配合使用的各种涂膜防水材料和卷材防水材料。屋面的种类根据瓦的种类而定，如块瓦屋面、油毡瓦屋面、块瓦形钢板彩瓦屋面等。

(3)顶棚。顶棚是屋顶下面的遮盖部分，可使室内上部平整，有一定光线反射，起保温、隔热和装饰作用。

(4)保温层或隔热层。保温层或隔热层可设在屋面层或顶棚层，视需要决定。

坡屋顶

2. 坡屋顶的防水构造

根据坡屋顶屋面防水层材料的不同，可将坡屋顶屋面划分为平瓦屋面、小青瓦屋面、波形瓦屋面、金属板材屋面以及构件自防水屋面等。

(1)平瓦屋面。平瓦，即用黏土烧制而成的瓦，又称为机平瓦。平瓦根据防水、排水需要制成凹凸棱角，一般尺寸为：长 380～420 mm，宽 240 mm 左右，厚 50 mm(净厚 20 mm)。瓦上有挂钩，可以挂在挂瓦条上防止下滑，瓦中凸出物上有小孔，风大地区可用铝丝捆在挂瓦条上。其他如水泥瓦、硅酸盐瓦，均属此类平瓦，唯形状与尺寸稍有变化。

平瓦屋面

(2)波形瓦屋面。波形瓦可用石棉水泥、塑料、玻璃钢和金属等材料制成，其中以石棉水泥波形瓦应用最多。石棉水泥波形瓦具有质量轻、覆盖面积大、承重能力高、防水性好和施工方便等较多优点，所以广泛用于工业、民用及公共建筑物中作屋面和墙壁材料，但易脆裂，保温隔热性能较差，多用于室内要求不高的建筑。

(3)金属板材屋面。金属板材屋面是指采用金属板材作为屋盖材料，将结构层和防水层合二为一的屋盖形式。金属板材的种类很多，有镀锌板、镀铝锌板、铝合金板、铝镁合金板、钛合金板、铜板、不锈钢钢板等。厚度一般为 0.4～1.5 mm，板的表面一般进行涂装处理。板的制作形状多种多样，有的为复合板，即将保温层复合在两层金属板材之间，也有的为单板。金属板材屋面形式多样，从大型公共建筑到厂房、库房、住宅等均有使用。故规范规定金属板材屋面的适用范围为防水等级为Ⅰ级、Ⅱ级的屋面。

金属板材屋面

任务 2.2　卷材防水屋面施工

以不同的施工工艺将不同种类的卷材固定在屋面上起到防水作用的屋面称之为卷材防水屋面。卷材防水屋面是用胶结材料黏结卷材进行防水的屋面。其具有质量轻、防水性能好的优点，防水层的柔韧性好，能适应一定程度的结构振动和胀缩变形，同时也存在造价较高、易于老化、施工复杂、周期长、修补困难等缺点。其可适用于防水等级为Ⅰ级、Ⅱ级的屋面防水。

2.2.1 常用材料

屋面防水工程常用的防水卷材有沥青防水卷材、高聚合物改性沥青防水卷材和合成高分子防水卷材。高聚合物改性沥青防水卷材是以合成高分子聚合物改性沥青为涂盖层，纤维织物或纤维毡为胎体，粉状、粒状、片状或薄膜材料为覆面材料制成的可卷曲的片状材料。其厚度一般为 3 mm、4 mm、5 mm，以沥青基为主体。高聚合物改性沥青防水卷材是采用改性后的沥青来作卷材浸涂材料的。普通石油沥青材料在低温条件下容易变硬发脆、裂缝，感温性强，长期受太阳光照的紫外光作用下，夏季高温软化，以致热解流淌，反复的热胀冷缩可引起沥青内应力的变化。在氧和臭氧等综合作用下，沥青中的化学成分不断转变结果，先是油质挥发，沥青脂胶的含量减少，塑性下降，脆性增加，黏结力减低，产生龟裂而老化。由于这些原因，传统的石油沥青防水材料难以满足建筑防水耐用年限的需要，我国从 20 世纪 70 年代中期开始研发合成高分子材料改性沥青。在沥青中添加一定量的高聚合物改性剂，使沥青自身固有的低温易脆裂、高温易流淌的劣性得以改善，改性后的沥青不但具有良好的高低温性能，而且还具有良好的弹塑性、憎水性和粘结性等。高聚合物改性沥青防水卷材与沥青防水卷材相比，其拉伸强度、耐热度与低温柔性均有一定的提高，并有较好的不透水性和抗腐蚀性。

高聚合物改性沥青防水卷材是新型防水材料中使用比例较高的一类产品，现在已经成为防水卷材的主导产品之一，属中、高档防水材料。其中以聚酯毡为胎体的卷材性能最优，具有高拉伸强度、高延伸率、低疲劳强度等特点。

用阳光型人工老化仪对三种基材进行老化对比试验(对软化点的测定)，沥青在经过 1 000 h 老化之后就开始变硬，2 000 h 后就完全老化发脆；而 APP 改性沥青料变化非常小，经 2 000 h 试验基本上无明显变化，基本保持原有的软化点；SBS 改性沥青处于两者之间。

合成高分子防水卷材以合成橡胶、合成树脂或此两者的共混体为基料，加入适量的化学助剂和填充料等，经不同工序加工而成可卷曲的片状防水材料；或把上述材料与合成纤维等复合形成两层或两层以上可卷曲的片状防水材料。总体而言，合成高分子防水卷材的材性指标较高，如优异的弹性和抗拉强度，使卷材对基层变形的适应性增强；优异的耐候性能，使卷材在正常的维护条件下，使用年限更长，可减少维修、翻新的费用，是发展较快和推广使用的防水卷材。

1. 常用防水卷材

常用防水卷材特点及其适用范围见本书项目 1。

2. 基层处理剂

基层处理剂是为了增强防水材料与基层之间的黏结力，在防水层施工前，预先涂刷在基层上的涂料。需要注意防止卷材防水层空鼓，卷材防水层空鼓发生的原因多是卷材防水层的基层含水率高，找平层未干燥就施工卷材防水层，将湿气封在里面，遇热气体将防水层鼓起；铺贴不同油毡卷材时，压得不紧，粘贴不密实，窝住操作时的热气，使卷材起泡、空鼓。施工时应注意基层干燥，操作中应压实粘紧，不可窝住气体，即可防止空鼓的发生。另外，不同的防水材料对应不同的基层处理剂。常用的基层处理剂有冷底子油及高聚合物改性沥青卷

冷底子油

材和合成高分子卷材配套的底胶，它们卷材的材性应相容，以免与卷材发生腐蚀或黏结不良。

(1)冷底子油。冷底子油是用稀释剂(汽油、柴油、煤油、苯等)对沥青进行稀释的产物。它多在常温下用于防水工程的底层，故称冷底子油。冷底子油黏度小，具有良好的流动性。涂刷在混凝土、砂浆或木材等基面上，能很快渗入基层孔隙中，待溶剂挥发后，便与基面牢固结合。冷底子油形成的涂膜较薄，一般不单独作防水材料使用，只作某些防水材料的配套材料。在铺贴防水油毡之前涂布于混凝土、砂浆、木材等基层上，能很快渗入基层孔隙中，待溶剂挥发后，便与基面牢固结合。

冷底子油可封闭基层毛细孔隙，使基层形成防水能力；其作用是处理基层界面，以使沥青油毡便于铺贴，使基层表面变为憎水性，为黏结同类防水材料创造有利条件。

冷底子油可用于涂刷在水泥砂浆、混凝土基层或金属配件的基层上作基层处理剂，它可使基层表面与卷材沥青胶结料之间形成一层胶质薄膜，以此提高其胶结性能。

(2)卷材基层处理剂。用于高聚合物改性沥青和合成高分子卷材的基层处理，一般采用合成高分子材料进行改性，基本上由卷材生产厂家配套供应。部分卷材的配套基层处理剂见表 1-2-3。

表 1-2-3　部分卷材的配套基层处理剂

卷材种类	基层处理剂
高聚合物改性沥青卷材	改性沥青溶液，冷底子油
三元乙丙丁基橡胶卷材	聚氨酯底胶 甲：乙：二甲苯＝1：1.5：(1.5～3)
氯化聚乙烯-橡胶共混卷材	氯丁胶 BX-12 胶粘剂
增强氯化聚乙烯卷材	3 号胶：稀释剂＝1：0.05
氯磺化聚乙烯卷材	氯丁胶沥青乳液

3. 胶粘剂

(1)沥青胶结材料。配制石油沥青胶结材料，一般采用两种或三种牌号的沥青按一定配合比融合，经熬制脱水后，掺入适当品种和数量的填充料，配制成沥青胶结材料。

(2)合成高分子卷材胶粘剂。用于粘贴卷材的胶粘剂可分为卷材与基层胶粘剂及卷材与卷材搭接胶粘剂。胶粘剂均由卷材生产厂家配套供应，常用合成高分子卷材配套胶粘剂参见表 1-2-4。

表 1-2-4　常用合成高分子卷材配套胶粘剂

卷材名称	基层与卷材胶粘剂	卷材与卷材胶粘剂	表面保护层涂料
三元乙丙-丁基橡胶卷材	CX-404	丁基胶粘剂 A、B 组分(1：1)	水乳型醋酸乙烯-丙烯酸酯共聚、油溶型乙丙橡胶和甲苯溶液
氯化聚乙烯卷材	BX-12 胶粘剂	BX-12 组合胶粘剂	水孔型醋酸乙烯-丙烯酸酯共混、油溶型乙丙橡胶和甲苯溶液
LYX-603 氯化聚乙烯卷材	LYX-603-3(3 号胶) 甲、乙组分	LYX-603-2(2 号胶)	LYX-603-1(1 号胶)
聚氯乙烯卷材	FL-5 型 (5℃～15℃时使用) FL-15 型 (15℃～40℃时使用)	—	—

4. 防水卷材及胶粘剂的进场检验、储运、保管

(1)储运保管。

1)由于卷材品种繁多，性能差异很大，但其外观相同，难以辨认，因此要求卷材必须按不同品种标号、规格、等级分别堆放，不得混杂在一起，以避免在使用时误用而造成质量事故。

2)卷材有一定的吸水性，但施工时表面则要求干燥，否则施工后可能会出现起鼓和黏结不良现象，故应避免雨淋和受潮。

3)各类卷材均怕火，故不能接近火源，以免变质和引起火灾，尤其是沥青防水卷材不得在高于 45 ℃的环境中储存，否则易发生粘卷现象，影响质量。另外，由于卷材中空，横向受挤压，可能压扁，开卷后不易展平铺贴于屋面，从而造成粘贴不实，影响工程质量。鉴于上述原因，卷材应储存在阴凉通风的室内，避免雨淋、日晒和受潮，严禁接近火源。沥青防水卷材的储存环境温度不得高于 45 ℃，卷材宜直立堆放，其高度不宜超过两层，并不得倾斜或横压，短途运输平放不宜超过四层。长途敞运应加盖苫布。

4)高聚合物改性沥青防水卷材、合成高分子防水卷材均为高分子化学材料，都较容易被某些化学介质及溶剂溶解或腐蚀，故这些卷材在储运和保管中应避免与化学介质及有机溶剂等有害物质接触。

(2)进场检验。材料进场后要对卷材按规定取样复验，同一品种、牌号和规格的卷材，抽验数量为：大于 1 000 卷抽取 5 卷；每 500～1 000 卷抽 4 卷；100～499 卷抽 3 卷；100 卷以下抽 2 卷。将抽验的卷材开卷进行规格和外观质量检验。在外观质量检验合格的卷材中，任取 1 卷做物理性能检验，全部指标达到标准规定时，即为合格。其中如有 1 项指标达不到要求，应在受检产品中加倍取样复验，全部达到标准规定为合格。复验时有 1 项不合格，则判定该产品不合格。不合格的防水材料严禁在建筑工程中使用。

(3)检验项目。卷材及胶粘剂的检验项目见表 1-2-5。

表 1 2 5　卷材及胶粘剂检验项目

序号	材料品种	检验项目
1	合成高分子卷材	断裂拉伸强度、扯断伸长率、低温弯折、不透水性
2	改性沥青卷材	拉力、最大拉力时延伸率、耐热度、低温柔度、不透水性
3	沥青卷材	纵向拉力、耐热度、柔度、不透水性
4	金属卷材	拉伸强度、扯断伸长率
5	膨润土防水毯	表观密度、膨润度、透水系数
6	合成高分子胶粘剂	胶粘剥离强度、浸水后黏结剥离强度保持率
7	改性沥青胶粘剂	黏结剥离强度
8	胶粘带	黏结剥离强度、耐热度、低温柔性、耐水性

高聚合物改性沥青防水卷材外观质量、规格和物理性能应符合表 1-2-6～表 1-2-8 的要求。

表 1-2-6　高聚合物改性沥青卷材的外观质量要求

项目	外观质量要求
孔洞、缺边、裂口	不允许
边缘不整齐	不超过 10 mm
胎体露白、未浸透	不允许
撒布材料粒度、颜色	均匀
每卷卷材的接头	不超过 1 处，较短的一段不应小于 1 000 mm，接头处应长 150 mm

表 1-2-7　高聚合物改性沥青卷材规格

厚度/mm	宽度/mm	每卷长度/m
2.0	≥1 000	15.0～20.0
3.0	≥1 000	10.0
4.0	≥1 000	7.5
5.0	≥1 000	5.0

表 1-2-8　高聚合物改性沥青防水卷材主要性能指标

<table>
<tr><th colspan="2" rowspan="2">项目</th><th colspan="5">指标</th></tr>
<tr><th>聚酯毡胎体</th><th>玻纤毡胎体</th><th>聚乙烯胎体</th><th>自粘聚酯胎体</th><th>自粘无胎体</th></tr>
<tr><td colspan="2">可溶物含量/g·m^{-2}</td><td colspan="2">3 mm厚≥2 100
4 mm厚≥2 900</td><td>—</td><td>32 mm厚≥1 300
3 mm厚≥2 100</td><td>—</td></tr>
<tr><td colspan="2">拉力/N·50 mm^{-1}</td><td>≥500</td><td>纵向≥350</td><td>≥200</td><td>2 mm厚≥350
3 mm厚≥450</td><td>≥150</td></tr>
<tr><td colspan="2">延伸率/%</td><td>最大拉力时
SBS≥30
APP≥25</td><td>—</td><td>断裂时≥120</td><td>最大拉力时≥30</td><td>最大拉力时
≥200</td></tr>
<tr><td colspan="2">耐热度(℃，2 h)</td><td colspan="2">SBS 卷材 90，APP 卷材 90，无流淌、起泡</td><td>PEE 卷材 90，无流淌、滴落</td><td>70，无滑动，流淌、滴落</td><td>70，滑动不超过 2 mm</td></tr>
<tr><td colspan="2">低温柔性/℃</td><td colspan="3">SBS 卷材 20；APP 卷材 110，无滑动、流淌、滴落</td><td colspan="2">−20</td></tr>
<tr><td rowspan="2">不透水性</td><td>压力/MPa</td><td>≥0.3</td><td>≥0.2</td><td>≥0.4</td><td>≥0.3</td><td>≥0.2</td></tr>
<tr><td>保持时间/mm</td><td colspan="4">≥30</td><td>≥120</td></tr>
</table>

合成高分子防水卷材的外观质量、规格和物理性能应符合表 1-2-9、表 1-2-10、表 1-1-8 的要求。

表 1-2-9　合成高分子卷材的外观质量要求

项目	外观质量要求
折痕	每卷不超过 2 处，总长度不超过 20 mm
杂质	大于 0.5 mm 颗粒不允许，每 1 m^2 不超过 9 mm^2
胶块	每卷不超过 6 处，每处面积不大于 4 mm^2
凹痕	每卷不超过 6 处，深度不超过本身厚度 30%；树脂类深度不超过 15%
每卷卷材的接头	橡胶类每 20 m 不超过 1 处，较短的一段不应小于 3 000 mm，接头处应加长 150 mm；树脂类 20 m 长度内不允许有接头

表 1-2-10　合成高分子卷材规格

厚度/mm	宽度/mm	每卷长度/m
1.0	≥1 000	20.0
1.2	≥1 000	20.0
1.5	≥1 000	20.0
2.0	≥1 000	10.0

2.2.2 卷材防水屋面施工

1. 基层施工

现浇钢筋混凝土屋面板宜连续浇捣，不留施工缝，振捣密实，表面平整。当采用结构找坡施工方案时，板面应符合排水坡度规定；预制板要求安放平稳牢固。当板内存在有裂缝时，应先用凿子把裂缝凿成15～20 mm宽、深倒八字形的槽沟，然后把石渣清走，把沟槽吹干净，用填缝膏分2～3次填满裂缝，每次间隔时间必须有15 min之久，填满裂缝后用滚筒压平即可。板面应刷冷底子油一道或铺设一毡二油卷材作为隔汽层，以防止室内水气进入保温层。

2. 保温层施工

(1)保温材料可分为三类：一是松散材料，如炉渣、膨胀蛭石、膨胀珍珠岩等，目前已较少使用。二是板状材料，如膨胀蛭石、膨胀珍珠岩块，泡沫水泥、加气混凝土块，岩棉板、EPS聚苯板、XPS挤塑板。三是整体现浇(喷)保温层，如沥青膨胀蛭石、沥青膨胀珍珠岩、聚氨酯硬泡防水保温一体化系统等。目前较多使用的是岩棉板、EPS聚苯板、XPS挤塑板等板状材料。聚氨酯硬泡防水保温等一体化系统发展迅速。

块料保温层施工、平铺时，板状保温材料应紧靠在基层表面上，铺平垫板间缝隙应采用同类材料嵌填密实。

(2)整体现浇保温层施工。整体现浇保温层铺设时按图纸提供的坡度，定出各处厚度点，表面应平整，并达到规定的强度和密度，压实程度应根据试验确定，不过分压实，以免降低保温效果。施工时应注意以下几点：按设计的要求配制；采用人工搅拌，搅拌时要搅拌均匀，色泽一致，稠度以手捏成团、落地开花为准，材料应随抹随铺；铺抹时应分仓铺抹，每仓高设700～900 mm。虚铺厚度严格按试验确定，铺后拍实抹平至设计厚度，用铁滚子反复滚压，至预定的设计厚度为止；保温层压实抹平后应立即做找平层，对保温层进行保护，在干燥成型前不得上人或受冲击荷载，也不得在其上打洞钻孔，当表面强度达到0.2 MPa以上时，方可进行防水层施工。

保温层施工

(3)排气道施工。排气道的作用是使保温层或找平层中的水分蒸发时，能沿着排气道排入大气，从而可以有效避免卷材起鼓，同时还可以使保温层逐步干燥，达到设计要求的保温效果。因此，排气道的埋设应按以下措施施工：排气道一般采用UPVC塑料管，塑料管按梅花状@150钻孔，埋设时，排气管四周用洗净的碎石保护，以免保温颗粒堵塞孔洞，影响保温效果；排气道间距按6 m设置两端头与大气相通，并设置排气口。

屋面保温层施工

3. 找平层施工

找平层应具有较好的结构整体性和刚度，这样可使卷材铺贴平整，粘贴牢固，并具有一定的强度，以承受上面的荷载。找平层一般分为水泥砂浆找平层、细石混凝土找平层和沥青砂浆找平层。找平层的厚度应符合规范要求。沥青砂浆找平层适合于冬期、雨期施工或用水泥砂浆施工有困难和抢工期时采用。细石混凝土找平层较适用于松散保温层上，它可以增强找平层的刚度和强度。

找平层质量的好坏会影响到防水层的质量，如有缺陷直接危害防水层，造成渗漏，所以找平层必须符合以下几点要求：

(1)铺设防水层前，找平层必须平整，坚固、干净、干燥。混凝土或砂浆的配合比要准确，采用水泥砂浆找平层时，水泥砂浆抹平收水后表面应二次压光，充分养护，表面不得有酥松、起砂、开裂、起皮现象，否则，必须进行修补。

(2)坡度准确、排水流畅，排水坡度必须符合规范规定，平屋面防水技术以防为主，以排为辅，但要求将屋面雨水在一定时间内迅速排走，不得积水，这是减少渗漏的有效方法，所以要求屋面有一定排水坡度。

(3)为了避免或减少找平层开裂，找平层宜留设分格缝，缝宽为5～20 mm，并嵌填密封材料或空铺卷材条。分格缝应留设在板端接缝处，其纵横缝的最大间距为：找平层采用水泥砂浆或细石混凝土时，不宜大于6 m；找平层采用沥青砂浆时，不宜大于4 m。分格缝施工可预先埋入木条、聚苯乙烯泡沫条或事后用切割机锯出。如果基层在施工时难以达到所要求的干燥程度，则需做排汽屋面，分格缝可兼作排汽屋面的排汽道，缝可适当加宽，并应与保温层连通。另外，在找平层水泥砂浆或细石混凝土中掺入减水剂和微膨胀或抗裂纤维也可避免或减少找平层开裂。

屋面找平层施工

(4)屋面基层与女儿墙、立墙、天窗壁、烟囱、变形缝、伸出屋面的管道等凸出屋面结构的连接处，以及基层的转角处(各水落口、檐口、天沟、檐沟、屋脊等)是变形频繁、应力集中的部位，易引起防水层被拉裂，因此，根据不同防水材料，找平层均应做成圆弧形，合成高分子卷材薄且柔软，弧度可小，沥青卷材厚且硬，弧度要求大。

4. 卷材防水层施工

(1)卷材铺贴一般方法及要求。卷材防水层施工的一般工艺流程如图1-2-12所示。

1)铺贴方向。卷材的铺贴方向应根据屋面的坡度和屋面是否受振动来确定：屋面坡度在3%以内时，沥青防水卷材宜平行屋脊铺贴；在3%～15%时，沥青防水卷材可平行或垂直屋脊铺贴；坡度大于15%或受振动的屋面，沥青防水卷材应垂直屋脊铺贴，而高聚合物改性沥青防水和合成高分子防水卷材可平行或垂直屋脊铺贴；上、下层卷材之间不应相互垂直铺贴。

注： 在南方地区，温度高，雨天多，给卷材铺贴带来了不少困难。为防水在屋面流淌，下雨时便于卷材接缝，除小于3%的屋面坡度外，其余坡度的屋面卷材宜采取垂直屋脊方向铺贴。

对卷材铺贴方向作出上述规定的目的，是为了在防止卷材防水层产生流淌现象的同时，尽可能减少卷材防水层的搭接缝，以保证卷材防水层的整体性，减少可能出现渗漏水的概率。

当屋面坡度在15%以内(即缓坡屋面)时，平行屋脊方向铺贴卷材有以下几点好处：一幅卷材可以铺到

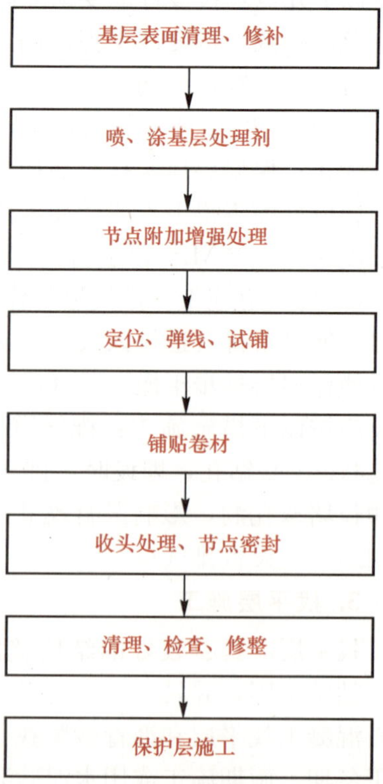

图1-2-12　卷材防水层施工工艺流程

底，减少接头，节约原材料；工作面大，提高施工速度，节省劳动力；卷材的长边搭接缝都与屋面坡度的流水方向相垂直，这样最不易漏水；能够最大限度地利用油毡的纵向抗拉强度，在一定程度上提高了卷材屋面的抗裂能力。

当屋面坡度大于15%(即陡坡屋面)时，考虑到坡度较陡，按平行屋脊方向铺贴卷材操作困难，同时屋面的耐热度要求较高，容易流淌，因而采用垂直屋脊方向铺贴卷材就更有利一些。至于高聚合物改性沥青防水卷材和合成高分子防水卷材，因耐温性好，厚度较薄，不存在流淌问题，故对铺贴方向不予限制。

对于受振动的屋面，如采用平行屋脊方向铺贴沥青防水卷材，在振动影响下，容易使卷材防水层滑移。因而也应垂直屋脊方向铺贴。但黏结强度高的合成高分子卷材可不受此限制。

至于上、下层卷材之间不允许相互垂直铺贴，其原因是铺贴后卷材重缝较多，而重缝是最易造成漏水的薄弱部位。

注：重缝就是通缝，缝隙上下没有错开。

2)施工顺序。防水层施工时，应先做好节点、附加层和屋面排水比较集中部位(如屋面与水落口连接处、檐口、天沟、檐沟、屋面转角处、板端缝等)的处理，然后由屋面最低标高处向上施工。铺贴天沟、檐沟卷材时，宜顺天沟、檐口方向，减少搭接。

铺贴多跨和有高低的屋面时，应按先高后低、先远后近的顺序进行。

大面积屋面施工时，为提高工效和加强管理，可根据面积大小、屋面形状、施工工艺顺序、人员数量等因素划分流水施工段。施工段的界线宜设在屋脊、天沟、变形缝等处。

3)搭接方法及宽度要求。铺贴卷材应采用搭接法，上、下层及相邻两幅卷材的搭接缝应错开。平行于屋脊的搭接缝应顺流水方向搭接；垂直于屋脊的搭接缝应顺年最大频率风向(主导风向)搭接。

叠层铺设的各层卷材，在天沟与屋面的连接处应采用叉接搭接，搭接缝应错开；接缝宜留在屋面或天沟侧面，不宜留在沟底。

坡度超过25%的拱形屋面和大窗下的坡面上，应尽量避免短边搭接，如必须短边搭接时，在搭接处应采取防止卷材下滑的措施。如预留凹槽，卷材嵌入凹槽并且压条固定密封。

高聚合物改性沥青卷材和合成高分子卷材的搭接缝宜用与它们材性相容的密封材料封严。各种卷材的搭接宽度应符合表1-2-11的要求。

表1-2-11 卷材搭接宽度

<table>
<tr><th colspan="2">搭接方向</th><th colspan="2">短边搭接宽度/mm</th><th colspan="2">长边搭接宽度/mm</th></tr>
<tr><td colspan="2">铺贴方法
卷材种类</td><td>满粘法</td><td>空铺、点粘、条粘法</td><td>满粘法</td><td>空铺、点粘、条粘法</td></tr>
<tr><td colspan="2">沥青防水卷材</td><td>100</td><td>150</td><td>70</td><td>100</td></tr>
<tr><td colspan="2">高聚合物改性沥青防水卷材</td><td>80</td><td>100</td><td>80</td><td>100</td></tr>
<tr><td rowspan="4">合成高分子防水卷材</td><td>胶粘剂</td><td>80</td><td>100</td><td>80</td><td>100</td></tr>
<tr><td>胶粘带</td><td>50</td><td>60</td><td>50</td><td>60</td></tr>
<tr><td>单焊缝</td><td colspan="4">60，有效焊接宽度不小于25</td></tr>
<tr><td>双焊缝</td><td colspan="4">80，有效焊接宽度10×2+宽腔宽</td></tr>
</table>

规范之所以要作这样的规定，是为了使防水卷材铺贴后有良好的防止渗漏水能力。同时使相邻卷材之间有足够的黏结力和整体性，当遇到大风暴雨时，不致因搭接宽度不够而

使卷材接缝处掀起、渗漏。另一方面，若卷材搭接宽度不够，在温差影响下，容易因卷材收缩而引起接头的开裂。

考虑到沥青纸胎防水卷材的纵向拉力强度比横向要大得多，加上有些国产沥青胶结材料的黏结力下降等因素，所以在表 1-2-11 中短边搭接宽度比长边搭接宽度大 30～50 mm，且沥青防水卷材的搭接宽度大于其他卷材。

4)卷材防水层铺贴方法及优、缺点。

①满贴法。满贴法又称全粘法，是一种传统的施工方法，热熔法、冷粘法、自粘法均可采用此种方法。其优点是：当用于三毡四油沥青防水卷材时，每层均有一定厚度的玛琋脂满粘，以提高防水性能；其缺点是：若找平层湿度较大或赋予面变形较大时，防水层易起鼓、开裂。其适用于屋面面积较小，屋面结构变形较小，找平层干燥的场合。

②空铺法。其做法是：卷材与基层仅在四周一定宽度内粘贴，其余部分不粘贴。铺贴时在檐口、屋脊和屋面转角处凸出屋面的连接处，卷材与找平层应满粘，其粘贴宽度不得小于 80 mm，卷材与卷材搭接缝应满粘，叠层铺贴时，卷材与卷材之间应满贴。其优点是：能减少基层变形对防水层的影响，有利于解决防水层起皱、开裂问题；其缺点是：由于防水层与基层不黏结，一旦渗漏，水会在防水层下窜流而不易找到漏点。

③条粘法。其做法是：卷材与基层采用条状黏结，每幅卷材与基层粘贴面不少于 2 条，每条宽度不少于 150 mm，卷材与卷材搭接应满粘，叠层铺也应满粘。其优点是：由于卷材与基层有一部分不黏结，故增大了防水层适应基层的变形能力，有利于防止卷材起鼓、开裂；其缺点是：操作比较复杂，部分地方能减少一油，影响防水功能。

④点粘法。其做法是：卷材与基层采用点黏结，要求每平方米至少有 5 个黏结点，每点面积不小于 100 mm×100 mm，卷材搭接处应满粘，防水层周边一定范围内也应与基层满粘。当第一层采用了打孔机时，也属于点黏结。其优点是：增大了防水层适应基层变形的能力，有利于解决防水层起皱、开裂问题；其缺点是：当第一层采用打孔卷材时，仅可用于卷材多叠层铺贴施工，操作比较复杂。

无论采用空铺、条粘还是点粘法，施工时必须注意：距屋面周边 800 mm 内的防水层应满粘，保证防水层四周与基层黏结牢固；卷材与卷材之间应满粘，保证搭接严密。

(2)高聚合物改性沥青卷材防水施工。依据高聚合物改性沥青防水卷材的特性，其施工方法有冷粘法、热熔法和自粘法之分。在立面或大坡面铺贴高聚合物改性沥青卷材时，应采用满粘法，并宜减少短边搭接。

1)冷粘法施工。冷粘法施工是指在常温下采用胶粘剂等材料进行卷材与基层、卷材与卷材间黏结的施工方法。一般合成高分子卷材采用胶粘剂、胶粘带粘贴施工，聚合物改性沥青采用冷玛琋脂粘贴施工。该工艺在常温下作业，不需要加热或明火，施工方便、安全，但要求基层干燥，胶粘剂的溶剂(或水分)充分挥发，否则不能保证黏结质量。冷粘贴施工，选择的胶粘剂应与卷材配套、相容且粘结性能满足设计要求。施工时，胶粘剂涂刷应均匀、不露底、不堆积。空铺法、条粘法、点粘法应按规定的位置与面积涂刷胶粘剂。铺贴卷材时应平整顺直，搭接尺寸准确，接缝应满涂胶粘剂，辊压黏结牢固，不得扭曲、破折，溢出的胶粘剂应随即刮平封口；也可采用热熔法接缝。接缝口应用密封材料封严，宽度不应小于 10 mm。

冷粘法施工

2)热熔法施工。热熔法是以专用的加热机具将热熔型卷材底面的热熔胶加热熔化而使防水卷材与基层或卷材与卷材之间进行黏结的施工方法。热熔型卷材在工厂生产过程中就在其底面涂有一层软化点较高的改性沥青热熔胶，只需将它熔化即可进行粘铺，无须涂刷胶粘剂和掀剥隔离纸，因此施工也较简便，一般不受温度和湿度的影响，可在较低气温下，以及雾、露、霜天气施工，由于热熔胶是在熔融状态下黏结，所以卷材粘贴也较牢固。

热熔法施工

热熔法施工的关键技术是烘烤热熔胶，要把握烘烤温度和烘烤时间。温度不够、时间短，热熔胶不能熔融；温度太高、时间过长，易将卷材烤坏，均会影响卷材防水层的质量，因此，熟练掌握烘烤技术，使烘烤恰到好处是十分重要的。

施工时，在卷材表面热熔后(以卷材表面熔融至光亮黑色为度)应立即滚铺卷材，使之平展，并辊压黏结牢固。搭接缝处必须以溢出热的改性沥青胶为度，并应随即刮封接口。加热卷材时应均匀，不得过分加热或烧穿卷材。对厚度小于 3 mm 的高聚合物改性沥青防水卷材，严禁采用热熔法施工。

3)自粘法施工。自粘法是采用带有自粘胶的防水卷材，不用热施工，也不需要涂胶结材料，而进行黏结的施工方法。高聚合物改性沥青防水卷材和合成高分子防水卷材在施工时可以选用自粘法，也可采用其他粘贴方法。自粘法施工简便，容易操作，污染小、效率高、更安全，且不因胶粘剂涂刷不均匀而影响铺贴质量。由于自粘型防水卷材在工厂生产过程中就已在底面涂布了与卷材同性的高效黏结层，较厚的黏结层有一定的蠕变能力，不仅增加了卷材适应基层变形的能力，而且与卷材同步老化，延长了防水层的使用寿命。自粘法施工可以满粘或条粘。条粘施工只需将卷材与基层脱离部分采取隔离措施即可，如刷一道石灰水或用裁下的隔离纸铺垫等。

自粘法施工

铺贴时，应先将自粘胶底面隔离纸完全撕净，排除卷材下面的空气，并辊压黏结牢固，不得空鼓。搭接部位必须采用热风焊枪加热后随即牢固，溢出的自粘胶随刮平封口。接缝口用不小于 10 mm 宽的密封材料封严。

(3)合成高分子卷材防水施工。合成高分子卷材是以合成橡胶、合成树脂或它们两者的共混体为基料，加入适量的化学助剂和填充料等，经不同工序加工而成的可卷曲片状防水材料；或将上述材料与合成纤维等复合形成两层或两层以上可卷曲的片状防水材料。其主要品种有：三元乙丙橡胶防水卷材、氯化聚乙烯-橡胶共混防水卷材、氯化聚乙烯防水卷材和聚氯乙烯防水卷材等。其施工工艺流程与前相同。

施工方法一般有冷粘法、自粘法和热风焊接法三种。

冷粘法、自粘法施工要求与高聚合物改性沥青防水卷材基本相同。

热风焊是采用热空气焊枪进行防水卷材搭接粘合的施工方法。焊接前卷材铺放应平整顺直，搭接尺寸正确；施工时焊接缝的结合面应清扫干净，应无水滴、油污及附着物。先焊长边搭接缝，后焊短边搭接缝，焊接处不得有漏焊、缺焊、焊焦或焊接不牢的现象，也不得损害非焊接部位的卷材。

5. 保护层施工

为了减少阳光辐射对沥青老化的影响，降低沥青表面的温度，防止暴雨和冰雪对防水层的侵蚀，应在防水层表面增设绿豆砂和板块保护层。

(1)绿豆砂保护层施工。绿豆砂是指粒径为 4～6 mm 的粗砂粒或小石子，常用于油毡屋面的表面。不上人屋面用改性沥青防水卷材防水层，传统工艺一般都是二毡三油一砂或三毡四油一砂。设计、预算、施工都把绿豆砂定为改性沥青防水卷材防水层的组成部分。从实践调研来看，很多绿豆砂保护层对防止改性沥青防水卷材老化、减少温差、延长防水层的使用年限起了很大作用。

油毡防水层铺设完毕并经检查合格后，应立即进行绿豆砂保护层施工，以免油毡表面遭受破坏。施工时，应选用色浅、耐风化、清洁、干燥、粒径为 3～5 mm 的绿豆砂，加热至 100 ℃左右后均匀撒铺在涂刷过 2～3 mm 厚的沥青胶结材料的油毡防水层上，并使其砂的 1/2 粒径嵌入到表面沥青胶中。未黏结的绿豆砂应随时清扫干净。若未按规定施工则绿豆砂易黏结不牢，改性沥青防水卷材随沥青胶的逐渐老化而脱落，绿豆砂被雨水冲掉堵塞水落口，造成屋面溢水。

(2)预制板块保护层施工。预制板块保护层的结合层宜采用砂或水泥砂浆。板块铺砌前应根据排水坡度要求挂线，以满足排水要求，保护层铺砌的块体应横平竖直。

在砂结合层上铺砌块体时，砂结合层应洒水压实，并用刮尺刮平，以满足块体铺设的平整度要求。块体应对接铺砌，缝隙宽度一般为 10 mm 左右。块体铺砌完成后，应适当洒水并轻轻拍平压实，以免产生翘角现象。板缝先用砂填至一半的高度，然后用质量比为 1∶2 的水泥砂浆勾成凹缝。为防止砂子流失，在保护层四周 500 mm 范围内，应改用低强度等级水泥砂浆作结合层。

采用水泥砂浆作结合层时，应先在防水层上做隔离层。预制块体应先浸水并阴干。如板块尺寸较大，应先在隔离层上将水泥砂浆铺开，然后摆放预制块体；如板块尺寸较小，可将水泥砂浆刮在预制板块的黏结面上再进行铺摆，每块预制块体铺摆完后应立即挤压密实、平整，铺砌应在水泥砂浆凝结前完成，块体间预留 10 mm 的缝隙，铺砌 1～2 天后用 1∶2 水泥砂浆勾成凹缝。

为防止因热胀冷缩而造成板块拱起或板缝开裂过大，块体保护层每 100 m^2 以内应留设分格缝，缝宽 20 mm，缝内嵌填密封材料。

(3)浅色、反射涂料保护层施工。目前，常用的浅色、反射涂料是在铝基沥青悬浊液、丙烯酸浅色涂料中掺入铝料的涂料。反射涂料可在现场就地配制。涂刷浅色反射涂料应等防水层养护完毕后进行(一般卷材防水层应养护 2 d 以上，涂膜防水层应养护 1 周以上)，具体施工要求如下：

1)涂刷前，应清除防水层表面的浮灰，浮灰用柔软、干净的棉布、扫帚擦扫干净。

2)材料用量应根据材料说明书的规定使用，涂刷工具、操作方法和要求与防水涂料施工相同。

3)涂刷应均匀，避免漏涂。两遍涂刷时，第二遍涂刷的方向应与第一遍垂直。

4)由于浅色、反射涂料具有良好的阳光反射性，施工人员在阳光下操作时，应佩戴墨镜，以免强烈的反射光线刺伤眼睛。

重点部位：热熔卷材

6. 重点保护部位的防水层施工

铺贴卷材防水屋面时，檐口、女儿墙、檐沟、天沟、斜沟、变形缝、天窗壁、板缝、泛水和雨水管等处均为重点防水部位，均需铺贴附加卷材(图 1-2-13～图 1-2-18)，做到黏结严密，然后由低标高处往上进行铺贴、压实、表面平整，每铺完一层立即检查，发现有皱纹、开裂、粘贴不牢不实、起泡等缺陷，应立即割开，浇油灌严实，并加贴一块卷材盖住。

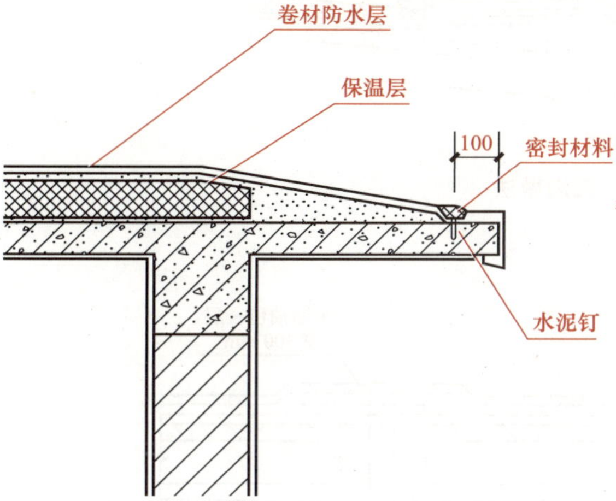

图 1-2-13　混凝土檐口做法

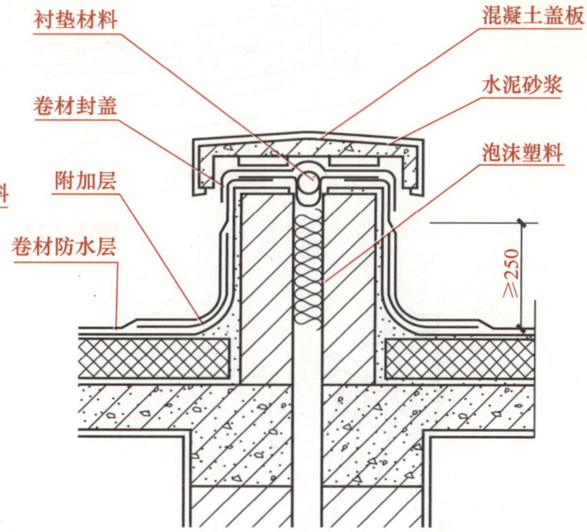

图 1-2-14　屋面变形缝做法

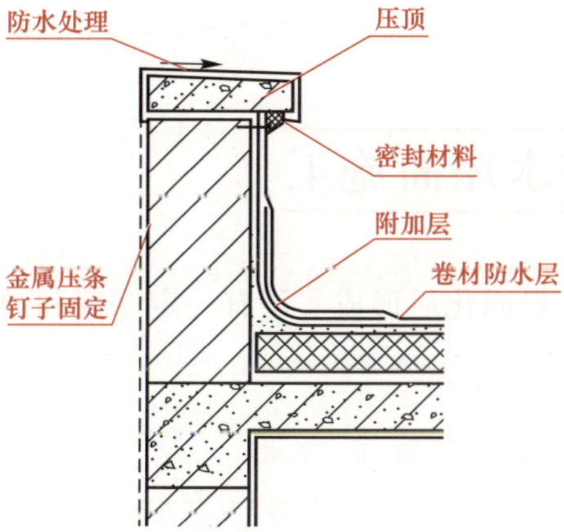

(a)

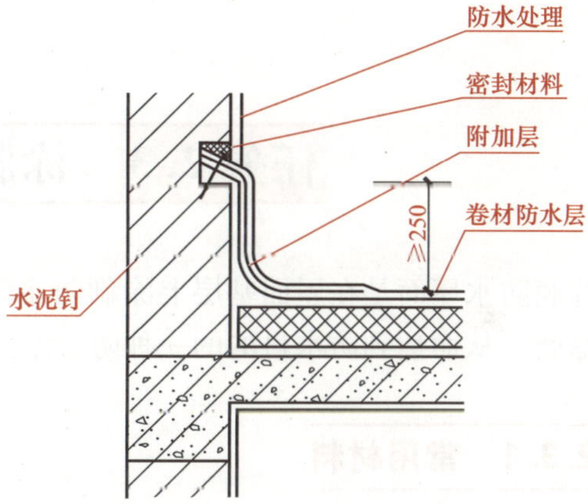

(b)

图 1-2-15　屋面与墙面连接处的做法

屋面与凸出屋面结构的连接处，卷材贴在立面上的高度不宜小于 250 mm，一般用叉接法与屋面卷材相连接；每幅油毡贴好后，应立即将油毡上端固定在墙上。如有镀锌薄钢板泛水覆盖时，泛水与油毡的上端应用钉子钉牢在墙内的预埋木砖上。在无保温层装配式屋面上，沿屋架、支承梁和支承墙上的屋面板端缝上，应先点贴一层宽度为 200～300 mm 的附加卷材，然后再铺贴油毡，以避免结构变形油毡防水层拉裂。

檐口、女儿墙、变形缝、天沟、天窗壁以及板缝等应按图 1-2-13～图 1-2-18 所示做法仔细铺好，封严贴实，并加铺 1～2 层附加层加强。

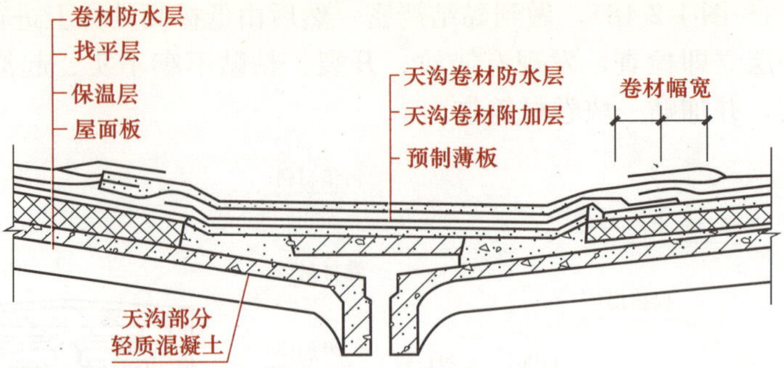

图 1-2-16　天沟做法

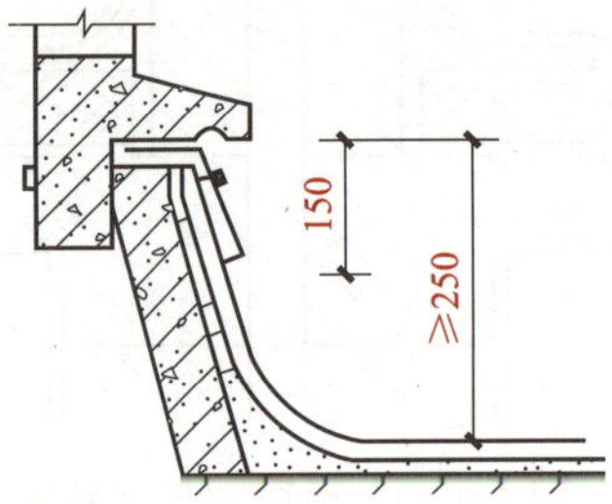

图 1-2-17　天窗下壁做法

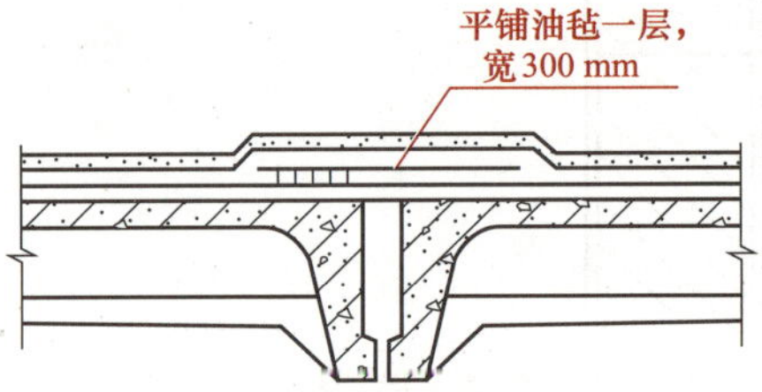

图 1-2-18　横向板缝做法

任务 2.3　涂膜防水屋面施工

涂膜防水屋面是在屋面基层上涂刷防水涂料，经固化后形成一层有一定厚度和弹性的整体涂膜，从而达到防水目的的一种防水屋面形式。

2.3.1　常用材料

防水涂料按成膜物质的主要成分，可将涂料分成沥青基防水涂料、高聚合物改性沥青防水涂料和合成高分子防水涂料三种。施工时根据涂料品种和屋面构造形式的需要，可在涂膜防水层中增设胎体增强材料。

1. 防水涂料及涂膜防水层基本要求

涂料是靠其中的固体成分形成涂膜的，由于各种防水涂料所含固体的密度相差并不太大，当单位面积用量相同时，涂膜的厚度取决于固体含量的大小，固体含量是涂膜质量的保证。涂膜防水层应满足以下基本要求：具有优良的防水能力；耐久性好，在阳光紫外线、臭氧、大气中酸碱介质长期作用下保持长久的防水性能；温度敏感性低，高温条件下不流淌、不变形，低温状态时能保持足够的延伸率，不发生脆断；具有一定的强度和延伸率，在施工荷载作用下或结构和基层变形时不破坏、不断裂；工艺简单、施工方法简便，易于操作和工程质量控制；对环境污染小。

2. 沥青基防水涂料

沥青基防水涂料是以沥青为基料配制而成的水乳型或溶剂型防水涂料。目前常用的沥青基防水涂料有水乳无机矿物厚质沥青涂料、水性石棉沥青防水涂料、石灰乳化沥青、水性铝粉屋面反光涂料、溶剂型屋面反光隔热涂料、膨润土-石棉乳化沥青防水涂料、阳离子乳化高腊石油沥青防水涂料等。

3. 高聚合物改性沥青防水涂料

高聚合物改性沥青防水涂料是以沥青为基料，用合成高分子聚合物进行改性配制而成的水乳型、溶剂型或热熔型防水涂料。常用的品种有氯丁橡胶改性沥青涂料、丁基橡胶改性沥青涂料、丁苯橡胶改性沥青涂料、SBS 改性沥青涂料和 APP 改性沥青涂料等。

与沥青基防水涂料相比，高聚合物改性沥青防水涂料在柔韧性、抗裂性、强度、耐高低温性能、使用寿命等方面都有较大的改善。

热熔改性沥青涂料，是将沥青、改性剂、各类助剂和填料，在工厂事先进行合成，制成高聚合物改性沥青涂料物体，送至现场进行熔化，将熔化的热涂料直接刮涂于找平层上一次成膜达到设计需要的厚度。热熔改性沥青涂料不但防水性能好，耐老化好，价格低，而且在南方多雨地区施工更便利，它不需要养护、干燥时间，涂料冷却后就可以成膜，达到设计要求的防水能力；同时能在气温 10 ℃以内的低温条件下施工，这也大大降低了施工对环境的条件要求。该涂料是一种弹塑性材料，在黏附于基层的同时，可随基层变形而延展，避免了受基层开裂影响而破坏防水层的现象出现，具有良好的抗变形能力，成膜后形成连续无接缝的防水层，防水质量的可靠性大大提高。

4. 合成高分子防水涂料

合成高分子防水涂料是指以合成橡胶或合成树脂为成膜物质制成的单组分或多组分的防水涂料，并逐渐成为防水涂料的主流产品。

其是以多种高分子聚合材料为主要成膜物质，添加触变剂、防流挂剂、防沉淀剂、增稠剂、流平剂、防老剂等添加剂和催化剂，经过特殊工艺加工而成的合成高分子水性乳液防水涂膜，具有优良的高弹性和绝佳的防水性能。该产品无毒、无味，安全环保。涂膜耐水性、耐碱性、抗紫外线能力强，具有较高的断裂延伸率、拉伸强度和自动修复功能。其中以 AST 合成高分子防水涂料为代表。常用品种有聚氨酯防水涂料、丙烯酸酯防水涂料、环氧树脂防水涂料和有机硅防水涂料等。

材料特点如下：

(1)耐老化性能优良。产品在紫外线、光、热和氧的作用下性能稳定，材料使用寿命在 20 年以上。

(2)黏结力强。产品对混凝土基层、玻璃、陶瓷、塑料、金属、石棉瓦、楼面瓦及原有防水材料基面等常用建材均有极好的修补和粘结性能，黏结力极强。在外力作用下不剥离、不分层，能形成稳定的防水整体。

(3)折叠渗透性好。由于材料渗透性好，涂刷材料时可以渗透到水泥基材料的孔隙中，堵塞渗水通道，防水效果可靠。折叠延伸率好，产品断裂伸长率≥600%，其抗裂性优良，对基层的裂缝有很高的遮蔽作用，即使基层因外界因素产生微小裂缝，也不会发生断裂和渗漏现象。耐高、低温性好，产品耐高温可达 170 ℃不流淌，低温−20 ℃不脆裂。

(4)产品具有鲜艳的色彩。产品可根据设计要求和用户需要调配色彩，具有极佳的隔热保温和装饰美化效果。因而产品属于装饰性和多功能性防水材料。

产品在任何规则或不规则的基面上刷、刮均能形成连续不断的防水层。可在潮湿基面上施工，产品不起泡、成膜效果好，固化快，能有效缩短工期。

5. 胎体增强材料

胎体增强材料是指在涂膜防水层中增强用的聚酯无纺布、化纤无纺布、玻纤网格布等材料。

2.3.2 涂膜防水屋面施工

1. 基层处理

涂膜防水层的找平层宜设 20 mm 宽的分格缝，并嵌填密封材料。分格缝应留设在板端缝处，其纵横缝的最大间距为：水泥砂浆或细石混凝土找平层，不宜大于 6 m；沥青砂浆找平层，不宜大于 4 m。基层转角处应抹成圆弧形，其半径不小于 50 mm。严格要求平整度，以保证涂膜防水层的厚度，保证和提高涂膜防水层的防水可靠性和耐久性。涂膜防水层是满粘于找平层的，找平层开裂(强度不足)易引起防水层的开裂，因此涂膜防水层的找平层应有足够的强度，尽可能避免裂缝的产生，出现裂缝应进行修补。涂膜防水层的找平层宜采用掺膨胀剂的细石混凝土，强度等级不低于 C20，厚度不少于 30 mm，一般为 40 mm。

2. 施工准备

(1)分格缝应在浇筑找平层时预留，分格缝应符合设计要求，与板端缝或板的搁置部位对齐，均匀顺直，嵌填密封材料前清扫干净。分格缝处应空铺带胎体增强材料的附加层，其宽度为 200～300 mm。

(2)天沟、檐沟、檐口等部位，均应加铺有胎体增强材料的附加层，宽度不小于 200 mm。

(3)水落口周边应作密封处埋，管口周围 500 mm 范围内应加铺有胎体增强材料的附加增强层，涂膜伸入水落口的深度不得小于 50 mm。

(4)泛水处应加铺有胎体增强材料的附加层，此处的涂膜附加层宜直接涂刷至女儿墙压顶下，压顶应采用铺贴卷材或涂刷涂料等作防水处理。

(5)涂膜防水层的收头应用防水涂料多遍涂刷或用密封材料封固严密。

3. 防水层施工

(1)施工方法及工艺要求。涂膜防水层施工可采用冷涂刷、热熔刮涂、冷喷涂、热喷涂等施工方法。

(2)涂膜防水层施工工艺流程如图 1-2-19 所示。

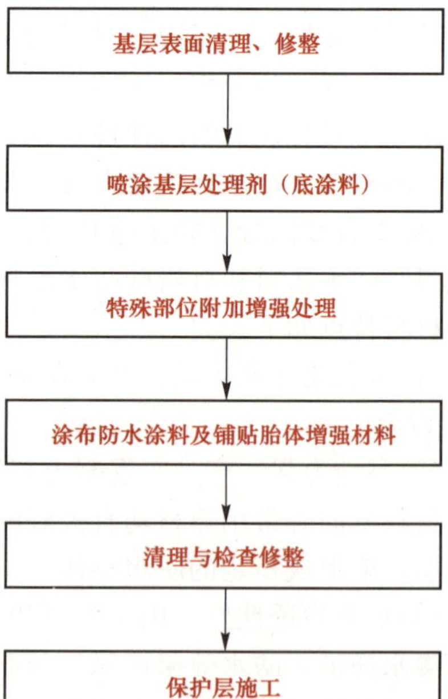

图 1-2-19 涂膜防水层施工工艺流程

(3)涂膜防水层的施工也应按"先高后低，先远后近"的原则进行。如遇高低跨屋面时，一般先涂布高跨屋面，后涂布低跨屋面；相同高度屋面，要合理安排施工段，先涂布距上料点远的部位，后涂布近处；同一屋面上，先涂布排水较集中的水落口、天沟、檐沟、檐口等节点部位，再进行大面积涂布。

(4)屋面涂膜防水施工工艺。水泥砂浆找平层必须按设计要求挂线或做标志找坡，并安装好分格缝板条。水泥砂浆找平收水后应进行二次压光，使表面平整密实，并充分养护，屋面转角处要求用圆角抹子抹出圆弧。

1)水落口四周 50 mm 直径范围内的找平层要抹成凹坑。

2)分格缝可完全断开，也可上部 1/2 分缝，下部不断开，分格缝内嵌填密封材料。

3)防水层施工前，必须将基层上的尘土、砂粒、碎石、杂物、油污及砂浆疙瘩清除干净。

4)当有高、低跨时，防水层施工应按先高后低的原则施工，在同一跨中应按先远后近的原则，从最低处开始。

5)涂膜防水层施工前必须对基层的干燥程度进行测试，测试时将 1 m^2 防水卷材或塑料膜平坦地铺在找平层上，静置 3～4 h 后掀开检查，找平层覆盖部位与防水卷材或塑料膜上未见水印即可施工。

6)大面积涂膜施工前，应先对水落口、阴阳角、天沟、檐口等部位作附加增强处理。

7)合成高分子防水涂膜厚度应大于或等于 2 mm，改性沥青防水涂膜应大于或等于 3 mm，沥青基防水涂膜应大于或等于 8 mm。

8)防水涂膜应分遍涂刷，涂刷时应待先涂的涂料干燥成膜后，方可涂刷后一遍涂料，每遍涂刷的方向和前一遍相垂直。

9)在转角和立面涂刷防水层时应复涂多遍，不得有流淌、堆积现象。

10)屋面女儿墙内侧及压顶必须按设计和规范要求做好防水处理。

11)当用水泥砂浆、块体或细石混凝土作保护层时，应待涂膜完全干燥，并铺抹隔离层后，方可抹水泥砂浆或浇筑细石混凝土。

砂浆或细石混凝土要压光，并按要求分格。分格缝纵横间距不宜大于 6 m，缝宽为 10 mm，并用密封材料嵌填密实。

(5)需铺设胎体增强材料时，如坡度小于 15%可平行屋脊铺设；坡度大于 15%应垂直屋脊铺设，并由屋面最低标高处开始向上铺设。胎体增强材料长边搭接宽度不得小于 50 mm，短边搭接宽度不得小于 70 mm。采用两层胎体增强材料时，上、下层不得互相垂直铺设，搭接缝应错开，其间距不应小于幅宽的 1/3。

(6)在涂膜防水屋面上如使用两种或两种以上不同防水材料时，应考虑不同材料之间的相容性(即亲和性大小、是否会发生侵蚀)，如相容则可使用，否则会造成相互结合困难或互相侵蚀引起防水层短期失效。

涂料和卷材同时使用时，卷材和涂膜的接缝应顺水流方向，搭接宽度不得小于 100 mm。

涂膜防水屋面应设置保护层。保护层材料可采用细砂、云母、蛭石、浅色涂料、水泥砂浆或块材等。采用水泥砂浆或块材时，应在涂膜与保护层之间设置隔离层。当用细砂、云母、蛭石时，应在最后一遍涂料涂刷后随即撒上，并用扫帚轻扫均匀、轻拍粘牢。当用浅色涂料作保护层时，应在涂膜固化后进行。

任务 2.4　刚性防水屋面施工

2.4.1　材料要求

刚性防水层的细石混凝土宜用普通硅酸盐水泥或硅酸盐水泥，用矿渣硅酸盐水泥时应采取减少泌水性措施。水泥强度等级不宜低于32.5级。不得使用火山灰质水泥。防水层的细石混凝土和砂浆中，粗集料应采用质地坚硬、级配良好的砾石碎石，粒径一般为5～15 mm，含泥量不大于1%；细集料应采用中砂或粗砂，含泥量不应大于2%；拌和用水应采用不含有害物质的洁净水，用自来水或天然水即可。混凝土水胶比不应大于0.55，每立方米混凝土水泥最小用量不应小于330 kg，含砂率宜为35%～40%，灰砂比应为1∶(2～2.5)，并宜掺入外加剂；混凝土强度不得低于C20。普通细石混凝土、补偿收缩混凝土的自由膨胀率应为0.05%～0.1%。

屋面防水施工

块体刚性防水层使用的块体应无裂纹、无石灰颗粒、无灰浆泥面、无缺棱掉角，质地密实，表面平整。

2.4.2　基层处理与准备

1. 基层要求

当基层为钢筋混凝土板时，应用强度等级不小于C20的细石混凝土灌缝，灌缝的细石混凝土宜掺膨胀剂。当屋面板板缝宽度大于40 mm或上窄下宽时，板缝内必须设置构造钢筋，板端缝应进行密封处理。

2. 隔离层施工

设置隔离层是为了减少结构层变形及温度变化对防水层的不利影响。宜在结构层与防水层间设一隔离层使二者脱开，使结构层和防水层变形互不受约束，以减少混凝土产生拉应力而导致混凝土防水层开裂。隔离层可采用铺纸筋灰、低强度等级砂浆，或薄砂层上干铺一层油毡等做法。当防水层中加有膨胀剂类材料时，其抗裂性有所改善，也可不做隔离层。做好隔离层继续施工时，要注意对隔离层加强保护。防水层混凝土运输时不能直接在隔离层表面进行，应采取垫板等保护措施。绑扎钢筋时不得扎破表面，浇捣混凝土时更不能振酥隔离层。

3. 分格缝的设置

设置一定数量的分格缝可将单块混凝土防水层的面积减小，从而减少其伸缩和翘曲变形，可有效地防止和限制裂缝的产生。其位置一般应设在结构应力变化较突出的部位，如结构层屋面板的支承端、屋面转折处、防水层与凸出屋面结构的交接处，并应与板缝对齐。分格缝的纵横间距不宜大于6 m。屋脊处应设一纵向分格缝；横向分格缝每开间设一道，并与装配式屋面板的板缝对齐；沿女儿墙四周也应设分隔缝。其他凸出屋面的结构物四周均应设置分格缝。分格缝的一般做法是在施工刚性防水层前，先在隔离层上定好分格缝位置，再安放分格条，然后按分隔板块浇筑混凝土，待混凝土初凝后，将分格条取出即可。分格缝处可采用嵌填密封材料并加贴防水卷材的办法进行处理，以增加防水的可靠性。

2.4.3 防水层施工

1. 普通细石混凝土防水层施工

(1)绑扎钢筋网片。钢筋(或钢丝)要调直，不得有弯曲、锈蚀和油污。钢筋网片可绑扎或点焊成型，绑扎钢筋端头应做弯钩，搭接长度必须大于 30 倍钢筋直径，冷拔低碳钢丝的搭接长度必须大于 250 mm。绑扎网片的钢丝应弯到主筋下，防止丝头露出混凝土表面引起锈蚀，形成渗漏点。焊接成型时搭接长度不应小于 25 倍钢筋直径。同一截面内，钢筋接头不得超过钢筋面积的 1/4。钢筋网片的位置应处于防水层的中偏上，但保护层厚度不应小于 15 mm。分格缝处钢筋应断开，使防水层在该处能自由伸缩。钢筋直径、间距应满足设计要求，当设计无明确要求时，可采用 $\phi^b 4@150\sim200$。为保证钢筋位置准确，可先在隔离层上满铺钢筋，然后绑扎成型，再按分格缝位置剪断并弯钩。

(2)安放分格缝木条和支边模。配筋细石混凝土防水层在屋面板支承端处、屋面转折处、防水层与凸出屋面结构的交接处均应设置分格缝，其纵横间距不大于 6 m，无配筋细石混凝土防水层除在上述部分留置分格缝外，板块中间也应留置分格缝，分格缝最大距离不超过 2 m，分格缝深度不小于混凝土厚度的 2/3，缝宽 10～20 mm，缝中嵌填密封材料，上面设置保护层。分格缝木条应按缝的宽度和防水层的厚度加工或选用，一般上口宽度为 30 mm，下口宽度为 20 mm。木条应质地坚硬，规格正确。分格缝木条和边模在使用前应先用水浸泡，并刷一道废机油或脱模剂。也可以在木条两侧覆贴塑料板，既增加木条刚度，又能减少木条取出时混凝土的摩擦阻力，保证分块边角整齐美观。为保证分格缝位置准确，应在隔离层上弹线定位，再用水泥素灰或水泥砂浆固定木条，要求尺寸、位置准确。细石混凝土防水层与女儿墙、山墙交接处施工时在离墙 250～300 mm 处留置分格缝，缝内嵌硅胶或玻璃胶等密封材料。

(3)浇筑防水层混凝土。混凝土搅拌时应按设计配合比投料，原材料必须称量准确。运送混凝土的器具应严密，不可漏浆，运送过程中应防止混凝土分层离析，料车不能直接在找平层、隔离层和已绑扎好的钢筋网片上行走。混凝土的浇捣应按先远后近、先高后低的顺序，逐个分格进行。一个分格缝内的混凝土必须一次浇捣完成，严禁留施工缝。手推车内的混凝土应先倒在钢板上，再用铁锹铺设，不能直接往隔离层上倾倒。如用浇灌斗吊运时，倾倒高度不应高于 1 m，且宜分散倒于屋面，不能过于集中。混凝土铺设前应先标出浇筑厚度，再用靠尺刮铺平整，保证防水层的厚度一致。铺设时边铺边提钢筋网片，使其处于正确位置，不得贴靠屋面或有露筋现象。盖缝式分格缝上部的反口直立部分和屋面泛水也应和防水板块同时浇筑，不留施工缝。混凝土从搅拌出料至浇筑完成的间隔时间不宜超过 2 h。

(4)混凝土振捣、收光和养护。防水层混凝土宜用高频平板振捣器振捣，捣实后再用质量为 40～50 kg、长 600 mm 左右的辊筒来回碾压，直至混凝土密实和表面泛浆为止。在分格缝处，宜在两边同时铺设混凝土后再振捣，以避免分格条变位。在浇捣过程中，用 2 m

靠尺随时检查，并把表面刮平，便于抹压。混凝土振捣、碾压泛浆后，按设计厚度要求抹平压实，使表面平整，符合排水要求。待收水初凝后，取出分格条，用铁抹子进行第一次抹光，并用水泥砂浆修补分格缝边缘的缺损部分，使之平直整齐。终凝前进行第二次抹光，使混凝土表面平整、光滑、无抹痕。抹光时不得在表面洒水、撒干水泥或加水泥浆。必要时还应进行第三次抹光。混凝土终凝(一般在浇筑后 12～24 h)后即应进行养护。一般可采用淋水或覆盖草帘、砂、锯末等，使其保持充分湿润，有条件时也可以采用蓄水养护，蓄水深度 50 mm 左右。养护时间不得少于 14 d，养护期间禁止上人踩踏，避免防水层受到损坏。屋面泛水应严格按设计要求施工，如设计无明确要求时，墙体迎水面的泛水高度不应小于 240 mm，非迎水面不宜小于 180 mm。通气管等迎水面泛水高度不小于 150 mm，非迎水面不小于 120 mm。泛水与防水层一次浇捣完成，转角处要做成圆弧或钝角。

(5)泛水处理。刚性防水层与山墙、女儿墙交接处，应留宽度为 30 mm 的缝隙，并应用密封材料嵌填；泛水处应铺设卷材或涂膜附加层。

(6)分格缝施工。分格缝的嵌填应待防水层混凝土干燥并达到设计强度后进行，其做法大致有盖缝式、灌缝式和嵌缝式三种，盖缝式只适用于屋脊分格缝和顺水流方向的分格缝。

分格缝施工步骤如下：

1)当浇筑防水层时，分格缝两侧应做成高出防水层表面 120～150 mm 的直立反口。

2)防水层混凝土硬化后，用清缝机或钢丝刷清理分格缝内的浮砂、尘土等物，再用吹尘器吹干净。

3)缝内用沥青砂浆或水泥砂浆填实。

混凝土浇筑 12～24 h 后应进行养护，养护时间不应少于 14 d。养护初期屋面不得上人。施工时的气温宜在 5 ℃～35 ℃，以保证防水层的施工质量。

2. 补偿收缩混凝土防水层施工

补偿收缩混凝土就是在细石混凝土中掺入微膨胀剂，利用混凝土在有约束条件下的膨胀，来抵消混凝土的全部或大部分干缩，并使混凝土密实，避免了裂缝的产生，提高了混凝土的抗裂性和抗渗性。所以其施工要点与细石混凝土的施工要点在许多方面是相同的，但要根据补偿收缩混凝土的特性，掌握以下几个关键问题：

(1)混凝土膨胀剂掺量的控制。由于膨胀剂的类型不同，配筋的约束条件不同，膨胀剂的掺量也就不一样。因为一般混凝土的干缩值在 0.04%左右，因此要求掺入膨胀剂后使混凝土微膨胀，膨胀率稍大于 0.04%，达到补偿混凝土收缩的目的。如膨胀率过大，将会使混凝土遭到破坏；如掺量过小，则起不到补偿收缩的作用。而掺量的多少又和混凝土的强度、施工时的气温、水胶比、水泥品种、配筋率及养护条件等因素有关，故应根据试验结果严格计量，准确控制。要求补偿收缩混凝土满足以下技术要求：自由膨胀率：0.05%～0.10%；约束膨胀率：稍大于 0.04%(配筋率为 0.25%)；自应力值：0.2～0.7 MPa。

(2)膨胀剂掺入方法和混凝土搅拌时间。在混凝土搅拌投料时，膨胀剂应与水泥同时加入，以便充分混合均匀，发挥膨胀的效果。同时为了搅拌均匀，应适当延长混凝土的搅拌时间，搅拌时间应不少于 3 min。

(3)如采用 U 型膨胀剂可与减水剂、缓凝剂、抗冻剂、早强剂等复合使用。

(4)做好补偿收缩混凝土的养护工作。这是搞好补偿收缩混凝土施工的重要环节，因为膨胀剂与水泥充分混合后，只有通过水泥的充分水化，才能达到所要求的膨胀率。如养护不充分，混凝土中的水分迅速蒸发，水泥不能充分水化，膨胀剂的作用也就不能充分发挥。

这不仅会影响混凝土的强度和抗渗性能，而且有的还会在混凝土表面出现起砂掉面现象，降低混凝土的防水性能。

任务 2.5　其他防水屋面施工

2.5.1　架空隔热屋面

架空隔热屋面是指用烧结黏土或混凝土制成的薄型制品，覆盖在屋面防水层上并架设一定高度的空间，利用空气流动加快散热，起到隔热作用的屋面。架空通风屋顶在我国夏热冬冷地区广泛采用，尤其是在气候炎热多雨的夏季，这种屋面构造形式更显示出它的优越性。通风屋顶的原理是在屋顶设置通风间层，一方面利用通风间层的外层遮挡阳光，如设置带有封闭或通风的空气间层遮阳板拦截直接照射到屋顶的太阳辐射热，使屋顶变成两次传热，避免太阳辐射热直接作用在围护结构上；另一方面利用风压和热压的作用，尤其是自然通风，将遮阳板与空气接触的上、下两个表面所吸收的太阳辐射热转移到空气随风带走，风速越大，带走的热量越多，隔热效果也越好，大大地提高了屋盖的隔热能力，从而减少室外热作用对内表面的影响。

通风间层屋顶的优点有很多，如省料、质轻、材料层少、防雨、防漏、经济、易维修等。最主要的是其构造简单，比实体材料隔热屋顶降温效果好，甚至一些瓦面屋顶也加砌架空瓦用以隔热，保证白天能隔热，晚上又易散热。

通风屋面和风道长度不宜大于 15 m，空气间层以 200 mm 左右为宜。通风屋面基层上面应有保证节能标准的保温隔热基层，一般按冬季节能传热系数进行校核。架空平台的位置在保证使用功能的前提下应考虑平台下部形成良好的通风状态，可以将平台的位置选择在屋面的角部或端部。当建筑的纵向正迎夏季主导风向时，平台也可位于屋面的中部，但必须占满屋面的宽度；当架空平台的长度大于 10 m 时，宜设置通风桥改善平台下部的通风状况。架空隔热板与山墙间应留出 250 mm 的距离。防水层可以采用一道或多道(复合)防水设防，但最上面一道宜为刚性防水层，要特别注意刚性防水层的防腐蚀处理，防水层上的裂缝可用一布四涂盖缝，分格缝的嵌缝材料应选用耐腐蚀性能良好的油膏，另外，还应根据平台荷载的大小，对刚性防水层的强度进行验算。在架空隔热层的施工过程中，要做好已完工防水层的保护工作。

2.5.2　瓦屋面

瓦屋面防水的依据是屋面坡度大、水向下流的道理，采取以排为主、以防为辅的原则。瓦块上下左右互为搭压，并不封闭，故为构造防水。所以，瓦屋面是古老而简单的形式。瓦屋面防水是我国传统的屋面防水技术。它的种类较多，有平瓦屋面、青瓦屋面、筒瓦屋面、石板瓦屋面、石棉水泥瓦屋面、玻璃钢波形瓦屋面、油毡瓦屋面、薄钢板屋面、金属压型夹芯板屋面等。下面介绍目前使用较多、具有代表性的几种瓦屋面。

1. 平瓦屋面

平瓦屋面采用黏土、水泥等材料制成的平瓦铺设在钢筋混凝土或木基层上进行防水。它适用于防水等级为Ⅰ、Ⅱ级以及坡度不小于20%的屋面。

冷摊瓦屋面是平瓦屋面最简单的做法。其构造简单、经济，但保温效果差，雨雪容易飘入。做法为：在椽子钉挂瓦条后直接挂瓦，挂瓦条尺寸视椽子间距而定，间距为400 mm时挂瓦条可用20 mm×25 mm立放；间距再大时，挂瓦条也需适当加大。

平瓦屋面施工应注意以下几个问题：

(1)陶瓦块小，互相叠搭成片，依赖于屋面坡度排水，属构造防水，只要一处搭接不合适就会渗漏。瓦块经受雨雪及冬冷夏热的气候变化，时有发生破碎断裂，故瓦下必须另设防水层。

(2)如果在混凝土望板上预留筋固定顺水条，可以采用防水涂料防水。

(3)如果先做防水层，后钉顺水条，那么柔性防水层要用4 mm厚SBS改性油毡，此材料对于钢钉握裹力好，防止水沿钉杆渗入。

(4)平瓦屋面坡度不宜小于50%(25°)。

(5)保温层宜设在望板下，做内保温。如果做外保温，应设在防水层之下，不宜设在防水层之上。保温材料密度不应大于200 kg/m³。

(6)望板尽量采用钢筋混凝土板，不用木材，以节省木材资源。

2. 石棉水泥瓦屋面、玻璃钢波形瓦屋面

石棉水泥瓦屋面、玻璃钢波形瓦屋适用于防水等级为Ⅰ级的屋面防水。石棉水泥瓦是利用石棉纤维与水泥为原料经制板加压而成的屋顶防水材料，从规格上共分为大波、中波、小波三种。另外，还有分别与这三种瓦配套的覆盖屋脊用的人字形背瓦。石棉瓦的特点是单张面积大，有效利用面积大，还具有防火、防潮、防腐、耐热、耐寒、质轻等特性，而且制作生产简便，造价低，用途广。石棉作为建材，若在良好的状况下留在原来位置不受干扰，石棉不会分裂释出石棉纤维而浮游于空气中，但当工作人员进行保养、翻新、拆卸或其他任何工程时，都会扰动含石棉物料，例如，美国纽约世贸大楼崩毁后，灾难现场就持续被监测到有石棉污染问题，故开始限制温石棉的使用。铺设波形瓦时，注意瓦楞与屋脊垂直，铺盖方向要与当地常年主导风雨方向相反，以避免搭口缝飘雨漏水。钉挂波形瓦时，相邻两波形瓦搭接处的每张盖瓦上，都应设一个螺栓或螺钉，并应设在靠近波形瓦搭接部分的盖瓦波峰上。波形瓦应采用带橡胶衬垫等防水垫圈的镀锌弯钩螺栓固定在金属椽条或混凝土椽条上，或用镀锌螺钉固定在木椽条上。固定波形瓦的螺栓或螺钉不应拧得太紧，以整圈稍能转动为宜。

3. 油毡瓦屋面

油毡瓦是以玻璃纤维毡为基体，经过浸涂优质石油沥青面后，一面覆盖彩色矿物粒料，另一面撒以隔离材料而制成的新型片状屋面防水瓦材。它适用于防水等级为Ⅰ级、Ⅱ级以及坡度不小于20%的屋面。

油毡瓦瓦片平面搭接，搭接缝易吸水，因此，若坡度不大时，瓦下必须另加一道有效防水层。这道防水层可以是改性沥青卷材，也可以是聚合物水泥基防水涂料，根据屋面坡度及设防等级而定。经常有大风的地区，油毡瓦搭接部分应采用沥青胶粘合，并且增加与望板的钉数。油毡瓦的屋面构造基本与平瓦相同，只是不设挂瓦条和顺水条。层次顺序为：

油毡瓦→卷材或涂膜防水层→砂浆找平层→保温层→望板。固定油毡瓦的钉子，其长短视保温层有无和厚薄而定。油毡瓦块上下搭接，搭接处易虹吸渗水，为此应用胶粘剂粘合，同时，也可以防止大风揭起。胶粘剂一般选用沥青基材料。如果建筑为四级，可不设保温层，也不必满铺一道防水层，只需在边角、檐边、天沟处附加防水卷材。油毡瓦施工时一般上下瓦搭接 191 mm，下留 142 mm。但搭接多少也可以变通，如坡度大些可以少搭压，如小于 30% 则应多搭压。檐口铺贴时，先将附加垫层粘贴在基层上。其加层可以用油毡瓦，但应将切槽反向向上。油毡瓦下端出檐 60 mm。由于檐口油毡瓦受风吹力度大，所以应增加钉数。

天沟做法有两种：一种是使两侧铺过来的瓦互为搭接；另一种是瓦材至沟帮处切断。近排水沟的油毡瓦应满粘在附加层上，封口要严，防止暴雨时沟满溢水进入瓦缝。附加层为二层，上层附加层为 1 m 宽，下层附加层为 0.5 m 宽，均满粘在望板上。

国内流行的几种屋面瓦种类对比

2.5.3 金属压型夹芯板屋面

金属压型夹芯板屋面是金属板材屋面中使用较多的一种，它是由两层彩色涂层钢板、中间加硬质自熄性聚氨酯泡沫组成，通过辊轧、发泡、黏结一次成型。它适用于防水等级为Ⅰ级、Ⅱ级的屋面单层防水，尤其是工业与民用建筑轻型屋盖的保温防水屋面。

铺设压型钢板屋面时，相邻两块板应顺年最大频率风向搭接，可避免刮风时冷空气贯入室内。

上、下两排板的搭接长度，应根据板型和屋面坡长确定。所有搭接缝内应用密封材料嵌填封严，防止渗漏。

2.5.4 蓄水屋面

蓄水屋面即在刚性防水屋面上蓄一层水，其目的是利用水蒸发时带走大量水层中的热量，大量消耗屋面的太阳辐射热，从而有效地减弱了屋面的传热量和降低屋面温度，是一种较好的隔热措施，又可保护防水层。池内常年蓄水深度为 200～500 mm，通过水的蒸发和隔热作用，起到阻止夏季日晒高温从屋面向室内传递的目的。并可在水池中种植浮萍等水生植物，达到更好的隔热效果。为方便管理，可在水池中部及四周铺设走道板。蓄水屋面适用于南方地区，北方寒冷易结冰地区、地震地区均不宜采用。

蓄水屋面与普通平屋顶防水屋面不同的是增加了“一壁三孔”，所谓“一壁”是指屋面蓄水池的仓壁，“三孔”是指溢水孔、泄水孔、过水孔。

蓄水屋面的防水层宜采用刚柔结合的方案，柔性防水层应采用具有一定强度和延伸率，较强的耐腐蚀、耐霉烂、耐穿刺性能力和一定的厚度的卷材或涂料；并应全面设防，覆盖整个屋面。表面应有细石混凝土保护层，也可以将细石混凝土做成细石混凝土防水层，其分格缝间距可适当放大至 6～10 m，格墙也设于此；细石混凝土可按刚性细石混凝土防水层的要求进行配筋、厚度控制和施工。蓄水屋面还应按设计要求设置溢水口和溢水管，在大雨时使多余水能排入天沟水落管，各分隔墙底部还应有连通管，屋面最低处应设排水管，便于长期积水后清洗蓄水池。

2.5.5 种植屋面

种植屋面是在屋面防水层上覆土或铺设锯末、蛭石等松散材料，并种植植物，起到隔热作用的屋面。

针对重型屋顶花园，种植屋面防水采取双层防水系统，第一层为普通防水层，可有效地解决渗漏水的问题；第二层为种植用抗根防水层，该防水层具有化学阻根的作用，可有效地解决植物根系刺穿防水层的问题。

针对轻型屋顶花园，因种植系统整体自重轻，可采取具有物理阻根性能的高分子防水卷材，解决防水与植物根系穿刺的问题。

2.5.6 倒置式屋面

倒置式屋面又称倒置式保温屋面，是将憎水性保温材料设置在防水层上的屋面。其构造层次(自上而下)为保温层、防水层、结构层。这种屋面对采用的保温材料有特殊的要求，应当使用吸湿性低、耐气候性强的憎水材料作为保温层(如聚苯乙烯泡沫塑料板)，并在保温层上加设钢筋混凝土、卵石、砖等较重的覆盖层。

倒置式屋面的定义中，特别强调了“憎水性”保温材料，工程中常用的保温材料如水泥膨胀珍珠岩、水泥蛭石、矿棉岩棉等都是非憎水性的，这类保温材料如果吸湿后，其导热系数将陡增，所以才出现了普通保温屋面中需在保温层上做防水层，在保温层下做隔汽层，从而增加了造价，使构造复杂化。其次，防水材料暴露于最上层，加速其老化，缩短了防水层的使用寿命，故应在防水层上加做保护层，这又将增加额外的投资。再次，对于封闭式保温层而言，施工中因受天气、工期等影响，很难做到其含水率相当于自然风干状态下的含水率，如因保温层和找平层干燥困难而采用排汽屋面的话，则由于屋面上伸出大量排汽孔，不仅影响屋面使用和观瞻，而且人为地破坏了防水层的整体性，排汽孔上防雨盖又常常容易碰踢脱落，反而使雨水灌入孔内。即使是按规范设排汽道、排汽孔有时还会出现防水层起泡现象。这其中一个根本的问题是保温材料中的含水率。过去采用水泥膨胀珍珠岩(或水泥蛭石)等无机胶结材料在现场拌和做屋面保温层，加上找平层也是湿作业，施工中用水量较大，要保证及时蒸发以达到自然风干状态下的含水率常常难以做到，这不仅影响到防水工程的施工质量，更大大影响了实际保温效果。虽然采用树脂等有机胶结材料的保温层，如防水树脂珍珠岩等逐渐在市场上广泛应用，但由于市场上压价竞争，质量良莠不齐，其实际含水大大超过其测试报告，质量关难以把握。

(1)倒置屋面防水做法方法一：采用发泡聚苯乙烯水泥隔热砖用水泥砂浆直接粘贴于防水层上。其优点是构造简单，造价低，效果很好；缺点是使用过程中会有自然损坏，维修时需要凿开，且易损坏防水层。发泡聚苯乙烯虽然密度、导热系数和吸水率均较小，且价格便宜，但使用寿命相对有限，不能与建筑物寿命同步。

(2)倒置屋面防水做法方法二：采用挤塑聚苯乙烯保温隔热板(以下简称保温板)直接铺设于防水层上，上做配筋细石混凝土，如需美观，还可再做水泥砂浆粉光、粘贴缸砖或广场砖等。这种做法适用于上人屋面，经久耐用，缺点是不便维修。

(3)倒置屋面防水做法方法三：采用保温板直接铺设于防水层，再敷设纤维织物一层，上铺卵石或天然石块或预制混凝土块。优点是施工简便，经久耐用，方便维修。

任务 2.6　屋面防水工程施工质量标准与检验

屋面防水工程为一个分部工程，为了保证屋面防水工程的质量，应按工序或分项工程进行验收。分项工程应按构成分项工程划分的检验批进行验收。检验批的质量应按主控项目和一般项目进行验收。

2.6.1　屋面工程质量要求

(1)防水层不得有渗漏或积水现象。

(2)使用的材料应符合设计要求和质量标准的规定。

(3)找平层表面应平整，不得有酥松、起砂、起皮现象。

(4)保温层的厚度、含水量和表观密度应符合设计要求。

(5)天沟、檐沟、泛水和变形缝等构造，应符合设计要求。

(6)卷材铺贴方法和搭接顺序应符合设计要求，搭接宽度正确，接缝严密，不得有皱褶、鼓泡和翘边现象。

(7)涂膜防水层的厚度应符合设计要求，涂层无裂纹、皱褶、流淌、鼓泡和露胎体现象。

(8)刚性防水层表面应平整、压光，不起砂，不起皮，不开裂。分格缝应平直，位置正确。

(9)嵌缝密封材料应与两侧基层粘牢，密封部位光滑、平直，不得有开裂、鼓泡、下塌现象。

(10)平瓦屋面的基层应平整、牢固，瓦片排列整齐、平直，搭接合理，接缝严密，不得有残缺瓦片。

2.6.2　屋面工程隐蔽验收内容

屋面工程在施工过程中，应认真进行隐蔽工程的质量检查和验收，及时做好隐蔽验收记录。隐蔽验收内容应包括以下内容：

(1)卷材、涂膜防水层的基层。

(2)密封防水处理部位。

(3)天沟、檐沟、泛水和变形缝等细部做法。

(4)卷材、涂膜防水层的搭接宽度和附加层。

(5)刚性保护层与卷材、涂膜防水层之间设置的隔离层。

2.6.3　防水层主控项目与一般项目检验

1. 卷材防水层质量检验

屋面卷材防水质量主要是要求其施工质量在耐用年限内不得渗漏。其质量检验项目、要求及检验方法见表 1-2-12。

表 1-2-12　卷材防水层质量检验

检验项目及要求		检验方法
主控项目	1. 卷材防水层所用卷材及其配套材料必须符合设计要求	检查出厂合格证、质量检验报告和现场抽样复验报告
	2. 卷材防水层不得有渗漏或积水现象	雨后观察或淋水、蓄水试验
	3. 卷材防水层在天沟、檐沟、檐口、泛水、变形缝、水落口和伸出屋面管道等细部做法必须符合设计要求	观察检查
一般项目	1. 卷材防水层的搭接缝应粘(焊)牢固、密封严密，并不得有皱褶、翘边和扭曲	观察检查
	2. 防水层的收头应与基层黏结、钉压应牢固，密封应严密	观察检查
	3. 卷材的铺设方向应正确，卷材的搭接宽度允许偏差为－10 mm	观察检查和尺量检查
	4. 屋面排汽构造的排汽道应纵横贯通，不得堵塞；排汽管应安装牢固，位置正确，封闭严密	观察检查

2. 涂膜防水层质量检验

涂膜防水层质量检验的项目、要求和检验方法见表 1-2-13。

表 1-2-13　涂膜防水层质量检验

检验项目及要求		检验方法
主控项目	1. 防水涂料和胎体增强材料的质量必须符合设计要求	检查出厂格证、质量检验报告和进场检验报告
	2. 涂膜防水层不得有渗漏或积水现象	雨后观察或淋水、蓄水试验
	3. 涂膜防水层在天沟、檐沟、檐口、泛水、变形缝、水落口和伸出屋面管道等细部做法必须符合设计要求	观察检查
	4. 涂膜防水层的平均厚度符合设计要求，且最小厚度不应小于设计厚度的 80%	针测法或取样量测
一般项目	1. 涂膜防水层与基层应黏结牢固，表面应平整，涂刷均匀，无流淌、皱褶、露胎体、起泡等缺陷	观察检查
	2. 涂膜防水层的收头应用防水涂料多遍涂刷	观察检查
	3. 铺贴胎体增强材料应平整顺直，搭接尺寸应准确，应排除气泡，并应与涂料黏结牢固；胎体增强材料的搭接宽度的允许偏差为－10 mm	观察检查

2.6.4　使用功能检验

根据《建筑工程施工质量验收统一标准》(GB 50300—2013)的规定，对涉及结构安全和使用功能的重要分部工程进行抽样检测。屋面工程验收时，应检查屋面有无渗漏、积水和排水系统是否畅通。检查屋面有无渗漏，应在雨后或持续淋水 2 h 后进行。能够做蓄水检验的屋面，其蓄水时间不应少于 24 h。

蓄水试验

屋面蓄水

蓄水

屋面工程质量验收规范

绿城屋面标准工程施工工艺图解

复习思考题

1. 常见的找平层的质量缺陷有哪些？如何修补？

2. 试分析屋面工程中，卷材防水层开裂的原因及其防治措施。

3. 试分析屋面工程中，卷材防水层起鼓的原因及其防治措施。

4. 试述高聚合物改性沥青卷材的冷粘法和热熔法的施工过程。

5. 柔性防水层的做法有卷材防水层和涂膜防水层两种，试分析它们的优、缺点及其适用范围。

6. 改性沥青防水卷材的外观质量要求有哪些？

7. 合成高分子防水卷材的外观质量要求有哪些？

8. 屋面防水工程功能检验方法是什么？

项目3 防水工程季节性施工及安全技术

知识目标

了解季节(冬期、雨期)的含义及其季节性防水工程施工的规定；熟悉季节期间施工过程中的技法及其内在规律；熟悉季节性施工期间的安全技术；掌握季节期间防水工程施工方案及其施工工艺，特别是细部处理。

能力目标

能够正确选择季节性施工机具；具备指导工程的安全施工及验收能力；具有编制施工方案的能力。

项目导入

季节性施工是指工程建设中按照季节的特点进行相应的建设，考虑到自然环境所具有的不利于施工的因素存在，应该采取措施来避开或者减弱其不利影响，从而保证工程质量、工程进度、工程费用、施工安全等各项均达到设计或者规范要求。在工程建设中，季节性施工主要是指雨期和冬期的施工，当然因地而异。

当室外日平均气温连续5 d稳定低于5 ℃即进入冬期施工，冬季气温下降，不少地区温度在0 ℃之下(即负温)，混凝土、砂浆等所含的水分冻结，建筑材料容易脆裂，给建筑施工带来许多困难。连续5日平均气温低于5 ℃或日最低气温低于−3 ℃时，就要采取冬期施工措施，以保证工程质量。

雨期施工：工程在雨季修建，需要采取防雨措施。

夏期施工：指的是工程在高温季修建，需要采取一定的温控措施以保证施工质量。

任务3.1 防水工程季节性施工

3.1.1 屋面防水工程冬期施工

(1)冬季混凝土特点。当温度为0 ℃～4 ℃时，混凝土的凝结时间比15 ℃延长3倍，当温度降到0.3 ℃～0.5 ℃时，混凝土开始冻结后，反应停止；当温度降到−10 ℃时，水化反应完全停止，混凝土强度不再增长。在负温条件下混凝土中的游离水结冰，体积增加9%，硬化的混凝土结构遭到冻胀破坏。

(2)冬期施工不安全、质量风险大。天气寒冷、场地结冰、升温取暖等方面易引发安全事故。防寒保温稍有疏漏会产生混凝土冻胀、裂缝(纹)、结构疏散、表面泛霜等质量问题。

(3)冬期施工成本投入高。冬期施工需要从混凝土原材料开始至混凝土浇筑完成的全过程实施防寒保温，这些措施需投入大量的保温材料、设施、设备和能源。

(4)施工生产效率低下。寒冷气候条件下劳动生产率大幅下降，防寒保温消耗工时多，工序间工艺和组织间隙时间多，混凝土强度增长慢等因素造成生产效率低下。

(5)冬期施工的弊端。冬期施工由于施工条件及环境不利，是施工事故易发的多发季节，而且质量事故具有隐蔽性和滞后性。

屋面防水工程施工前，施工单位应组织技术管理人员会审屋面工程图纸，掌握施工图中的细部构造及有关技术要求，并根据实际情况和冬期施工的气温环境编制屋面防水的施工方案或技术措施。

材料进入施工现场后，施工单位应按规定抽样复试，经复试合格，提出复试报告方可在防水工程中应用。严禁在工程中使用不合格的防水材料。

1. 卷材防水屋面冬期施工

卷材是建筑防水材料中的主导产品，占防水材料总用量的80%左右，它包括沥青防水卷材、高聚合物改性沥青防水卷材与合成高分子防水卷材三大系列产品。

卷材防水屋面冬期施工要求

(1)沥青防水卷材施工。纸胎石油沥青油毡不宜在负温条件下施工，如必须在负温施工时，则应严格控制沥青胶的配合比、熬制温度、使用温度，同时，还应对储运沥青胶的容器采取保温或加热以及对油毡进行解冻、保暖等措施，以确保沥青胶的施工温度和油毡开卷时不产生裂纹，使沥青卷材防水层的冬期施工质量达到常温施工的质量要求。

1)冬期施工准备。

①不宜在负温下施工，如必须在负温下施工时将卷材移入温度高于15 ℃的室内或暖棚中进行解冻保温，时间应不少于48 h，以保证开卷温度高于10 ℃以上。在温室内按所需长度下料，并反卷成卷，保温运到现场，随用随取，以防因低温脆硬折裂。

②热沥青胶的配制。黏结各层沥青油毡、黏结绿豆砂保护层采用的热沥青胶的标号应根据屋面的使用条件、坡度和当地历年极端最高气温，按表1-3-1选定。

表 1-3-1　热沥青胶的标号

材料名称	屋面坡度	历年极端最高气温	沥青胶标号
热沥青胶	2%～3%	小于38 ℃	S-60
		38 ℃～41 ℃	S-65
		41 ℃～45 ℃	S-70
	3%～15%	小于38 ℃	S-65
		38 ℃～41 ℃	S-70
		41 ℃～45 ℃	S-75
	15%～25%	小于38 ℃	S-75
		38 ℃～41 ℃	S-80
		41 ℃～45 ℃	S-85

③在配制热沥青胶时，可掺入10%～25%的粉状填充料或5%～10%的纤维状填充料。填充料宜采用滑石粉、板岩粉、云母粉、石棉粉等。

④配制方法是将沥青按配合比用量投入锅中熔化脱水至不再起沫后，在搅拌的条件下，慢慢加入经过预热干燥处理的粉状或纤维状填充料。另外，应对沥青玛瑞脂的储运容器进行保温或在施工现场进行二次加温，以确保沥青玛瑞脂的使用温度不低于190 ℃，加热温度不应高于240 ℃。

2)冬期施工要点。

①宜在干净、干燥的基层表面上涂刷基层处理剂(俗称冷底子油)，干燥12 h以上，才能进行铺贴卷材防水层的施工。基层处理剂一般由30～40份30号建筑石油沥青溶解于70～60份(质量比)汽油中制成。施工时可用长把滚刷蘸取基层处理剂，均匀涂刷在基层表面上。

②沥青卷材屋面防水冬期施工，应选择有太阳照射，日间较高的气温时间内进行。铺贴卷材一般采用浇油法，即用带保温的油壶将190 ℃～240 ℃的热沥青胶左右来回在经过解冻保温处理的卷材前浇油，浇油宽度比卷材每边少10～20 mm，边浇油边滚铺卷材，并使卷材两边有少量沥青胶挤出，控制沥青胶的厚度在1～1.5 mm。铺贴卷材时，应沿基准线滚铺，以避免铺斜或扭曲。卷材应存放在15 ℃以上的保温室内，铺贴时应随用随取，以防变冷开卷脆裂，影响防水工程质量。

3)保护层的施工。

①用绿豆砂作保护层时，应将冲洗干净粒径为3～5 mm的绿豆砂，放在铁锅或钢板上烤干并预热至100 ℃～120 ℃。在清扫干净的卷材防水层表面上涂刷190 ℃～240 ℃的热沥青胶，控制沥青胶的厚度在2～3 mm，立即趁热铺撒预热的绿豆砂。绿豆砂应铺撒均匀并随即进行滚压，使其粒径的一半左右镶嵌到热沥青胶中，对未黏结的绿豆砂应及时用竹扫把清扫干净。

②用水泥砂浆作保护层时，应用掺防冻外加剂的1∶(2.5～3)(体积比)水泥砂浆，水泥强度等级不应低于42.5级，砂浆厚度不小于20 mm，表面应抹平压光，并要设置表面分格缝，分格面积宜为1 m^2 左右。同时还要留置分格缝，分格缝纵横间距不宜大于6 m。砂浆保护层完工后，白天应覆盖黑色塑料布养护，晚间再加盖草帘子等进行保温养护。

③用细石混凝土作保护层时，混凝土中应掺防冻外加剂，拌制混凝土的用水及砂、石宜进行加热，浇捣混凝土时，其温度应在10 ℃以上。混凝土的强度等级不应低于C15，混凝土应振捣密实，表面抹平压光，并留设分格缝，分格缝的纵横间距不宜大于6 m。其养护方法与砂浆保护层相同。

④用块体材料作保护层时，块体材料宜用掺防冻外加剂的保温砂浆铺砌，表面应平整，并留设分格缝，分格缝宽度不宜小于20 mm，分格缝的纵横间距不宜大于10 m。

(2)高聚合物改性沥青防水卷材施工。高聚合物改性沥青防水卷材的低温柔性好，一般适宜于在－10 ℃左右的气温环境下，采用热熔法进行施工作业，其防水工程质量可以达到常温施工的质量要求。

1)冬期施工要点。

①配制和涂刷基层处理剂(冷底子油)的方法与沥青防水卷材的施工要求相同。

②冬期施工宜采用热熔法作业，施工时可按卷材的配置方案，把卷材展铺在预定的位置上，将卷材末端用火焰加热器加热熔融涂盖层，并粘贴固定在预定的基层表面上，然后把卷材的其余部分重新卷成一卷，再用火焰加热器对准卷材与基层表面的夹角(图1-3-1)，

均匀加热卷材表面的高聚合物改性沥青涂盖层至开始熔化并呈光亮黑色状态时，即可边加热边滚铺卷材，滚铺时应排除卷材与基层之间的空气，使之平展并黏结牢固，卷材的搭接缝边缘以均匀地挤出少量热熔的改性沥青为宜。如为上、下两层卷材组成防水层时，上层卷材的接缝必须与下层卷材的接缝错开 1/3～1/2 幅宽，以确保防水工程质量。上层卷材的铺贴方法与下层卷材的铺贴方法相同。

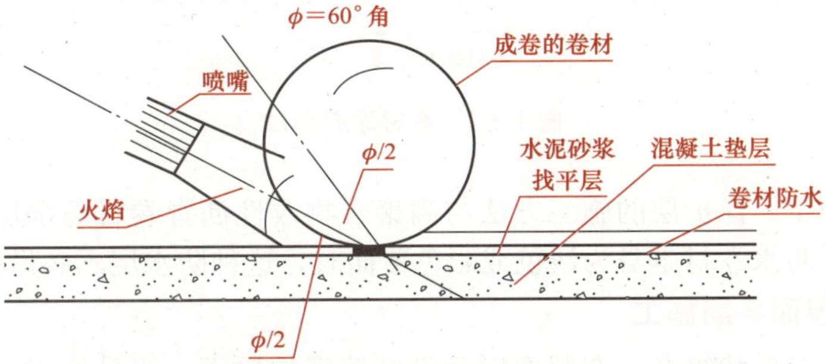

图 1-3-1　熔焊火焰与成卷卷材和基层表面的相对位置

2)保护层的施工。可采用溶剂型浅色涂料作保护层，在卷材防水层检验合格并清扫后，采用长把滚刷均匀涂刷与卷材相溶的溶剂型浅色涂料。涂刷时要求涂膜厚薄均匀，不允许有露底或堆积的现象存在，并应与卷材防水层黏结牢固。如高聚合物改性沥青防水卷材本身为页岩片或铝箔覆面时，这种防水层不必另做保护层。

合成高分子卷材铺贴

(3)合成高分子防水卷材施工。合成高分子防水卷材的材性指标较高，如优异的弹性和抗拉强度，使卷材对基层变形的适应性增强；优异的耐候性能，使卷材在正常的维护条件下，使用年限更长，可减少维修、翻新的费用。建筑防水材料在低温下应具有足够的弹塑性，不脆断；在高温下具有足够的强度和稳定性，在 80 ℃～130 ℃时不流淌；聚合物处于高弹态时，有良好的弹塑性，且不粘流。高分子防水材料在－20 ℃或－40 ℃～80 ℃或 100 ℃的温度区间处于高弹态。在低温－20 ℃以下还具有柔性，有的可高达－45 ℃(如 EPDM)，适宜于寒冷地区使用。耐腐蚀性能良好，耐酸、碱、盐等化学物质的侵蚀作用，优异的耐臭氧、耐紫外线、耐气候老化等性能，耐久性能好，色泽鲜艳，可冷粘贴施工，污染小，防水效果极佳。

1)冬期施工要点。

①在干净、干燥的基层表面上涂刷与合成高分子卷材相容的基层处理剂(处理剂配合比为聚氨酯防水涂料的甲料：乙料：二甲苯＝1：1.5：3)。待基层处理剂经 4 h 以上完全固化干燥后，才能铺粘卷材；也可以采用喷浆机压力喷涂氯丁胶乳处理基层，并须干燥 12 h 以上，方可铺贴卷材。

②涂刷基层胶粘剂时，先将与卷材相容的专用配套胶粘剂搅拌均匀，方可进行涂布施工；将合成高分子卷材展开摊铺在平坦、干净的基层上，用长把滚刷蘸取已经搅拌均匀的基层胶粘剂，均匀涂刷在卷材表面上，涂刷时不得漏涂，也不允许堆积，且不能往返多次涂刷。但搭接部位的长边和短边各 80 mm 处不涂刷基层胶粘剂(图 1-3-2)，涂胶后静置 20 min 左右，待胶膜基本干燥，指触不粘时，即可进行铺贴施工。

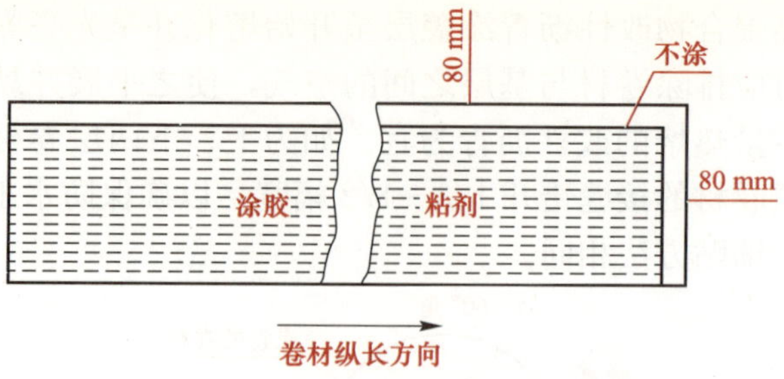

图 1-3-2　卷材涂胶部位

2)保护层的施工。保护层的施工方法与高聚合物改性沥青卷材防水层的保护层做法相同。如合成高分子防水卷材本身为浅色或彩色覆面时，这种防水层不必另做保护层。

2. 涂膜防水屋面冬期施工

涂膜防水具有对形状复杂、变截面以及设施较多的屋面，容易施工并能形成连续、弹性、无缝、整体防水层的特点，但是涂膜的厚度却很难做到均匀一致。因此，施工时需按照《屋面工程质量验收规范》(GB 50207—2012)的要求，精心操作，严格控制使用范围和涂膜防水层的厚度，以确保防水工程质量。

(1)溶剂型高聚合物改性沥青防水涂膜施工。溶剂型高聚合物改性沥青防水涂料，是以沥青为基料，用合成高分子聚合物进行改性，溶解于有机溶剂中制成的防水涂料，可在最低气温－10 ℃以内进行施工。该涂料与聚酯纤维无纺布或玻璃纤维网格布等胎体增强材料复合铺粘在屋面上，经干燥固化形成无缝、整体的涂膜防水层。

1)冬期施工要点。采用溶剂型高聚合物改性沥青防水涂料作涂膜防水层时，宜选用“两布六涂”。其工艺流程如下：

清理基层→涂刷基层处理剂$\xrightarrow[4\ \text{h}]{\text{实干}}$涂刷第一遍涂料$\xrightarrow[24\ \text{h}]{\text{实干}}$涂刷第二遍涂料$\xrightarrow{\text{紧接}}$铺贴第一层胎体增强材料$\xrightarrow[4\ \text{h}]{\text{实干}}$涂刷第三遍涂料$\xrightarrow[24\ \text{h}]{\text{实干}}$涂刷第四遍涂料$\xrightarrow{\text{紧接}}$铺贴第二层胎体增强材料$\xrightarrow[4\ \text{h}]{\text{实干}}$涂刷第五遍涂料$\xrightarrow[24\ \text{h}]{\text{实干}}$涂刷第六遍涂料$\xrightarrow[48\ \text{h}]{\text{实表干}}$做保护层。

①把不符合设计要求的基层表面的尘土杂物认真清扫干净。如遇砂浆疙瘩等凸起物也应铲除并清理干净。

②在干净、干燥的基层表面上涂刷与溶剂型高聚合物改性沥青防水涂料相容的基层处理剂。一般是将溶剂型高聚合物改性沥青防水涂料与汽油按 1∶1(质量比)稀释，经搅拌溶解均匀后，再用长把滚刷蘸取这种经过稀释处理的防水涂料，均匀地涂刷在基层表面上进行基层处理。涂刷时不得漏刷，也不允许有堆积的现象存在，待基层处理剂完全干燥固化后(一般需 4 h 以上)，才能进行下道工序施工。

③把防水涂料搅拌均匀，用滚刷均匀涂刷第一遍涂料，经 24 h 干燥至指触基本不粘时，再用同样方法涂刷第二遍涂料，紧接着铺贴第一层胎体增强材料，铺贴时边铺贴边用橡胶刮板将其刮平，排除气泡，并使涂料浸透胎体增强材料，经表面干燥 4 h 后，再涂刷第三遍涂料。

第三遍涂料实干后再用同样方法涂刷后三遍涂料和铺贴第二层胎体增强材料。“两布六涂”完成后涂膜总厚度不应小于 3 mm。

2)保护层施工。当涂膜总厚度达到 3 mm，并经完全干燥后即可进行保护层施工。在采用细砂、云母或蛭石等撒布材料作保护层时，可在涂刷最后一遍涂料过程中，边涂刷涂料边撒布已筛除粉料的撒布材料，撒布时应均匀，不得露底。当涂料干燥后，应将未粘牢的多余撒布料清除干净。

在采用砂浆、块材或细石混凝土作保护层时，其施工方法与卷材防水的保护层做法相同。

(2)聚氨酯防水涂膜施工。聚氨酯涂膜防水材料是双组分化学反应固化型的高弹性防水涂料，甲、乙两个组分按一定比例配合搅拌均匀，涂布在基层表面上，经常温交联固化，形成一种没有接缝、具有橡胶状高弹性的整体涂膜防水层。

1)冬期施工要点。

①涂膜混合材料的配制：将聚氨酯甲料、乙料和二甲苯按 1∶1.5∶(0.1～0.2)比例配合，注入拌料桶中，用电动搅拌器强力搅拌均匀备用。混合料应随用随配，配制好的混合料宜于 2 h 内用完。

②涂膜防水层的涂布施工：用长把滚刷蘸取配制好的聚氨酯混合料，顺序涂布在基层处理剂已固化且干净的基层表面上，涂布时应厚薄均匀一致。在前一道涂膜固化至指触基本不粘时才能涂布下道涂膜。一般平面以涂布 3～4 遍为宜，每遍涂布量为 0.6～0.8 kg/m^2；立面以涂布 4～5 遍为宜，每遍涂布量为 0.5～0.6 kg/m^2。涂膜防水层的总厚度不应小于 2 mm。

2)保护层的施工。保护层与溶剂型高聚合物改性沥青防水涂膜保护层的施工方法相同。

3. 刚性防水屋面冬期施工

刚性防水层面主要适用于防水等级为Ⅱ级的屋面防水层，也可用作Ⅰ级屋面多道防水设防中的一道防水层；不适用于设有松散保温层的屋面以及受振动或冲击的建筑屋面防水。

(1)刚性防水屋面的一般要求。

1)刚性防水屋面应采用“以刚为主、以柔为辅、刚柔结合”的技术措施，即刚性防水层与山墙、女儿墙和凸出屋面结构的交接处，均应进行柔性密封处理；刚性防水层应设置分格缝，分格缝的纵横间距不宜大于 6 m，分格缝内应嵌填弹性或弹塑性的密封材料；刚性防水层与基层之间宜设置隔离层。

2)防水层的细石混凝土宜掺膨胀剂、防冻外加剂等，并应采用机械搅拌和机械振捣。细石混凝土防水层的厚度不应小于 40 mm，并应配置直径为 $\phi4$～$\phi6$，间距为 100～200 mm 的双向钢筋网片。钢筋网片在分格缝处应断开，其保护层厚度不应小于 10 mm。

3)细石混凝土防水层的分格缝应设在屋面板的支承端、屋面转角处、防水层与凸出屋面结构的交接处。

4)掺膨胀剂的细石混凝土(简称补偿收缩混凝土)防水层的强度等级不应小于 C20，其自由膨胀率应为 0.05%～0.1%。

(2)冬期施工要点。

1)刚性防水屋面一般选用补偿收缩混凝土，所用水泥强度等级不应低于 42.5，并应内掺水泥用量 10%～12%的水泥膨胀剂(如 LJEA 水泥膨胀剂等)和 2%～5%的防冻外加剂(如 NC 复合防冻早强剂、MS-F 复合防冻减水剂等)，混凝土的水胶比不应大于 0.55，每立方米混凝土中水泥用量不应小于 330 kg，含砂率宜为 35%～40%，灰砂比宜为 1∶2～1∶2.5。

2)施工时，防水混凝土的钢筋网片应放在混凝土的中部靠上部位；分格条安放位置应准确，分格缝宜做成上宽下窄，起分格条时，应避免损坏分格缝两侧的混凝土。

3)拌制补偿收缩防水混凝土时，宜在暖棚内进行，其配合比应准确计量，搅拌投料时膨胀剂应与水泥同时投入，防冻剂应溶解在加热至 60 ℃的水中，并用这种热的水溶液拌制混凝土，混凝土的连续搅拌时间不应小于 3 min。

4)用保温车将拌制好的混凝土及时运到现场进行浇捣，混凝土运输过程中，应防止漏浆和离析。每个分格板块的混凝土必须一次浇筑完成，不允许留设施工缝，振捣及抹压时不得在表面洒水、加水泥浆或撒干水泥。混凝土收水后应进行二次压光。

5)混凝土表面抹平压光后，白天应覆盖黑色塑料布进行养护，晚上再加盖草帘子等进行保温养护，用这种养护制度循环养护时间不应小于 14 d，养护初期屋面不得上人。

6)在分格缝内嵌填密封材料。

冬期施工方案

3.1.2 屋面防水工程雨期施工

卷材防水屋面尽量在雨季前施工，并同时安装屋面的落水管；雨天严禁油毡屋面施工，油毡、保温材料不准水淋；雨期屋面工程应采用湿铺法施工工艺。湿铺法就是在潮湿的基层上铺设卷材，先喷刷 1～2 道冷底子油，喷刷工作宜在水泥砂浆凝结初期进行操作，以防基层浸水。如基层浸水，应在基层表面干燥后方可铺贴油毡。

雨期屋面防水工程施工宜采用“湿铺法”施工工艺，所谓“湿铺法”就是在“潮湿”的基层上铺贴卷材，先喷刷 1～2 道冷底子油，喷刷工作应在水泥砂浆凝结初期进行操作，以防止基层浸水。

任务 3.2 防水工程施工安全技术

3.2.1 屋面工程安全技术措施

1. 基本安全要求

(1)材料应存放于专人负责的库房，严禁烟火并应挂醒目的警告标志。

(2)施工现场和配料场地应通风良好，操作人员应穿软底鞋、工作服，扎紧袖口，并应佩戴手套及鞋套。涂刷处理剂和胶粘剂时，必须戴防毒口罩和防护眼镜。外露皮肤应涂擦防护膏。操作时严禁用手直接揉擦皮肤。

(3)患有皮肤病、眼病、刺激过敏者，不得参加防水作业。工作人员在施工过程中发生恶心、头晕、过敏等现象时，应停止作业。

(4)用热玛瑢脂粘铺卷材时，浇油和铺毡人员应保持一定距离。浇油时，檐口下方不得有人行走或停留。

(5)使用液化气喷枪及汽油喷灯点火时，火嘴不准对人。汽油喷灯加油不得过满，打气不能过足。

(6)装卸溶剂的容器，必须配软垫，不准猛推猛撞。使用容器后，其容器盖必须及时盖严。

(7)进行屋面周围边沿和预留孔洞高处作业时，必须按“洞口、临边”防护规定进行安全防护。

(8)防水卷材采用热熔黏结，使用明火(如喷灯)操作时，应申办用火证，并设专人看火，配有灭火器材，周围 30 m 以内不准有易燃物。

(9)雨、雪、霜天应待屋面干燥后施工。六级以上大风天气应停止室外作业。

(10)下班清洗工具，未用完的溶剂必须装入容器，并将盖盖严。

(11)熬油炉灶必须距建筑物 10 m 以上，上方不得有电线，地下 5 m 内不得有电缆，炉灶应设在建筑物的下风方向。

(12)炉灶附近严禁放置易燃、易爆物品，并应配备锅盖或钢板、灭火器、砂袋等消防器材。

2. 卷材铺贴的安全要求

(1)盛装热沥青的铁勺、铁壶、铁桶要用咬口接头，严禁用锡进行焊接，桶宜加盖，装油量不得超过上述容器容积的 2/3。

(2)油桶要平放，不得二人抬运。在运输途中，应注意平稳，精神集中，防止不慎跌倒造成伤害。

(3)垂直运输热沥青，应采用运输机具，运输机具应牢固可靠。如用滑轮吊运，上面的操作平台应设置防护栏杆，提升时要系拉牵绳，防止油桶摆动，油桶下方 10 m 半径范围内禁止站人。

(4)禁止直接用手传递，也不准工人沿楼梯挑上。接料人员应用钩子将油桶钩放在平台上放稳，不得过于探身用手接触油桶。

(5)在坡度较大的屋面运热沥青时，应采取专门的安全措施(如穿防滑鞋、设防滑梯等)，油桶下面应加垫，保证油桶放置平稳。

(6)屋面四周没有女儿墙和未搭设外脚手架时，施工前必须搭设好防护栏杆，其高度应高出边沿 1.2 m。防护栏杆应牢固可靠。

(7)浇倒热沥青时，必须注意屋面的缝隙和小洞，防止沥青漏落。浇倒屋面四周边沿时，要随时拦扫下淌的沥青，以免流落下方，并应通知下方人员注意避开。檐口下方不得有人行走或停留，以防沥青流落伤人。

(8)浇倒热沥青与铺贴卷材的操作人员应保持一定距离，并根据风向错位，壶嘴要向下，不准对人，浇至四周边沿时，要侧身操作，以避免热沥青飞溅烫伤。

(9)避免在高温烈日下施工。

(10)运上屋面的材料，如卷材、鱼眼砂等，应平均分散堆放，随用随运，不得集中堆料。在坡度较大的屋面上堆放卷材时，应采取措施，防止滑落。

(11)配制速凝剂时，操作人员必须戴口罩和手套。

(12)处理漏水部位，需用手接触掺有促凝剂的砂浆时，要戴胶皮手套或胶皮手指套。

(13)向喷灯内灌汽油时，要避免溢出流在地上，以防点火时引起火灾。施工现场以及库房必须设有明显的“严禁烟火”的标志。操作人员必须佩戴防护用具，以免烫伤。使用喷灯时，应清除周围的易燃物品；必须远离冷底子油，严禁在涂刷冷底子油区域内使用喷灯。喷灯装煤油不得过满，打气不应过足，并必须在用火地点备有防火器材。当使用喷灯进行卷材热熔黏结时，必须有人看火，使用明火设备必须有动火证。

(14)铺贴垂直墙面卷材，其高度超过 1.5 m 时，应搭设牢固的脚手架。

3. 瓦屋面的安全要求

(1)悬空作业处应有牢靠的立足处，并必须视具体情况，配制防护网、栏杆或其他安全设施。

(2)凡不符合高空作业的人员一律禁止高空作业，并严禁酒后高空作业。

(3)凡有严重心脏病、高血压、神经衰弱症及贫血症等不适于高空作业者不得进行屋面工程施工。高空作业者在上屋面前应检查有关安全设施，如栏杆、安全网等是否牢固，检查合格后才能进行高空作业。

(4)在屋架承重的结构上施工时，运瓦上屋面要两坡同时进行，脚要踏在椽条或桁条上，不得踏在挂瓦条中间。禁止穿硬底易滑的鞋上屋面操作，在屋面踩踏行动时应特别注意安全，谨防绊脚跌倒，在平瓦屋面上行走，要踩踏在瓦头处，不得在瓦片中间部位踩踏。

(5)冬期施工要有防滑措施，屋面霜雪必须先清扫干净，必要时应系好安全带。

(6)碎瓦、杂物工具等应集中下运，不能随意乱丢乱掷。

(7)石棉水泥、玻璃钢波形屋面施工除应遵守有关屋面高空操作安全要求外，施工时必须搭设临时走道板，走道板宜长一些，搁置在桁条上。架设和移动走道板时，必须特别注意安全，屋面上操作人员不宜过多。在波瓦上行走时，应踩踏在钉位或桁条上边，不应在两桁之间的瓦面上行走，严禁在瓦面上跳动、踩踏或随意敲打等。石棉波瓦质量应严格检查，凡裂纹超过质量要求规定者不得使用，在边缘操作人员必须系好安全带。

(8)在坡屋面上钉铺薄钢板时必须用带楞的防滑板梯，没有屋面板的工程，必须将防滑板反面两头钉牢挂钩及木楞。

(9)无论何时剪下的碎钢板，都应及时进行清除，以免刺伤腿脚。

3.2.2 防水工程安全技术措施

1. 涂料防水安全技术措施

(1)悬空作业处应有牢靠的立足处，并必须视具体情况配置防护网、栏杆或其他安全设施。

(2)悬空作业所用的索具、脚手板、吊篮、吊笼、平台等设备均需经过技术鉴定或验证方可使用。

(3)配制材料的现场应有安全及防火措施，遵守安全操作要求。

(4)配制胶泥的稳定剂有的是有毒粉末，应防止吸入鼻内。

(5)配制、施工操作时应戴手套、口罩，穿工作服等。

(6)搅拌材料时，加料口及出料口要关严，传动部件加防护罩。

2. 地下防水、堵漏安全技术措施

(1)现场施工必须戴好安全帽、口罩、手套等防护用品，必须穿软底鞋，不得穿硬底或带钉子的鞋。

(2)防水施工所用的材料属易燃物质，储存、运输和施工现场必须严禁烟火，通风良好，还必须配备相应的消防器材。

(3)熬制、配制防水灌浆堵漏材料时，必须穿戴规定的防护用品，皮肤不得外露。

(4)地下室防水施工的照明用电，其电源电压应不大于 36 V，在特别潮湿的场所，其电源电压不得大于 12 V。

(5)处理漏水部位，用手接触掺促凝剂的砂浆时，需戴橡胶手套或橡胶手指套。

(6)只有厚度在 4 mm 以上的新型沥青防水卷材可用热熔法施工，施工前要有动火申请审批手续。

(7)热熔施工时必须戴墨镜，并防止烫伤。施工现场应保持良好通风。

(8)在用运送混凝土的小车运送细石混凝土或水泥砂浆进行保护层的施工时，小车的铁

脚必须用旧橡胶车胎或橡胶制品裹垫捆绑牢固，严防铁脚损坏防水层。如发现防水层被施工器件损伤，必须用卷材修补密封后再继续进行浇筑。

3. 灌浆堵漏安全技术措施

(1)装卸、搬动、熬制、配制灌浆堵漏材料时，必须穿戴规定的防护用品，皮肤不得外露。

(2)灌浆施工前应严格检查工具、管路及接头处的牢靠程度，以防压力爆破伤人。

(3)有机化工材料均具有一定的刺激和腐蚀性，操作人员在配制浆液和灌浆时应戴眼镜、口罩、手套等劳保用品，以防浆液误入口、眼中或溅到皮肤上。

(4)在氰凝配制及灌浆施工中应采取以下安全措施：

1)配制浆液和灌浆时操作人员应戴防护眼镜、口罩和橡胶手套等，以防浆液碰到皮肤上、溅到眼睛里。如碰到皮肤上，可先用丙酮或酒精清洗再用稀氨水或肥皂水洗净，涂上油脂膏。溅到眼睛里应立即请医生处理。

2)在通风不良的地方进行灌浆施工时，应有通风和排气设备以保证安全。

3)因氰凝是由有机材料制成，具有易燃性，故施工现场应严禁火种、严禁吸烟，以防火灾发生。

(5)丙凝粉剂及浆液具有一定毒性，如经常与之接触会影响中枢神经系统。丙凝浆液聚合成凝胶后无毒性，除非凝胶中尚有少量未起聚合反应的材料。因此，要求接触粉剂的人员应戴口罩及橡胶手套，配制浆液和灌浆时应穿工作服或胶靴，避免皮肤接触。如已沾上粉末或浆液，应立即用肥皂水洗涤。

(6)过硫酸铵能使衣服褪色或破坏纤维、刺激皮肤、腐蚀钢铁，应引起注意和采取相应防护措施。

4. 加工和浇筑环氧树脂安全技术措施

(1)环氧树脂、硬化剂等有毒化学药品应集中保管。

(2)配制复合物时应在通风良好场所进行，人在上风地点搅拌。施工人员避免连续工作，一般工作 2～3 d 换班一次。

(3)施工人员在施工时应戴塑料手套或医用手套，工作完毕后用酒精和肥皂洗手。当皮肤接触固化剂时应立即用水冲洗或用酒精擦净再用水洗。禁止用丙酮、甲苯或香蕉水洗手。

(4)施工人员在工作时间内不得抽烟、不得吃东西，如发现头晕或疲劳时，应离开工作岗位到通风的地方休息。

5. 防腐剂、焊料灌注加工安全技术措施

(1)患有皮肤病或结膜炎的人不得接触防腐剂。

(2)加热防腐剂、焊料、绝缘胶等料剂时，须在离开建筑物的空旷地点，容器须支架牢固，禁止闲人、动物接近。

(3)工作地点应通风良好。熬制绝缘胶的温度不宜超过 180 ℃。工作地点附近不得放置易燃物品，并备有砂袋、麻袋布、水桶及灭火器等消防设施。绝缘胶溢出起火时应用湿麻袋及砂袋扑灭，不得直接浇水。

(4)加热料剂时应使用没有焊缝的容器，其容积应比料剂容积大 50%～100%，加热时应指定专人负责。工作人员应戴手套、口罩及防护墨镜，不得离开加热地点，时刻注意加热情况，预防料剂起火或溢出锅外。

(5)搬动加热好的料剂时，必须使用坚固的工具。传递时应将容器放在地上，不得手与手直接传递，以免由于没有拿稳而翻倒。

(6)烧热的绝缘胶(或焊锡)中，应注意防止水滴或潮湿的工具落入，以防爆炸飞溅发生烫伤。

(7)熬制绝缘胶和焊料的用具，必须预先加热，烘干水分。灌注填充剂料时，所灌注的设备必须充分干燥，防止有水分发生爆炸。

(8)加工完毕或收工时，将火扑灭，并确认不能自行复燃时方能离开。将粘有料剂的地面用土覆盖，妥善处理。

6. 防腐蚀安全技术措施

(1)树脂类防腐蚀工程中的许多原料都具有不同程度的毒性或刺激性，使用时或配制时要有良好的通风。操作人员应在施工前进行体格检查，患有气管炎、心脏病、肝炎、高血压者以及对某些物质有过敏反应者均不得参加施工。研磨筛分、搅拌粉状填料最好在密封箱内进行。操作人员应戴防尘口罩、防护眼镜、手套，穿工作服等防护用品，工作完毕后应冲洗沐浴。

(2)施工过程中不慎与腐蚀或刺激性物质接触后，要立即用水或乙醇擦洗。采用毒性较大的材料施工时，应适当增加操作人员的工间休息。施工前制订有效的安全防护措施，并应遵照安全技术及劳动防护制度执行。

(3)在配制使用乙醇、苯甲酮等易燃材料的施工现场，应严禁烟火并应配置消防器材，还要有适当的通风。

(4)配制硫酸时应将酸注入水中，严禁将水注入酸中。在配制现场应备有10%的碱液和纯碱水溶液，以备中和洒出的酸液用。配制硫酸乙醇时，应将硫酸慢慢注入酒精中，并充分搅拌，温度不可超过60 ℃，以防止酸雾飞出。配制量较大时应设有间接冷却装置，如循环水浴槽。

(5)生漆毒性较大，能使接触者产生过敏性皮炎。严重者手脚、面部形成水肿，生出疮疹。因此，操作人员必须穿戴好防护用品，操作时严防生漆接触皮肤，面部可涂防护油膏保护。

屋面工程施工质量通病案例分析

(6)使用毒性或刺激性较大的涂料时，操作人员除应穿戴好防护用品，执行有关安全技术及劳动保护制度外，现场应注意通风，并适当采取操作人员轮换、工间休息、下班后冲洗沐浴等安全防护措施。

(7)施工现场应注意防火，严禁吸烟和使用电炉等。

(8)材料库存应能适当通风并配备消防器材。

复习思考题

1. 试述卷材铺贴的安全要求。
2. 聚氨酯防水涂膜冬期施工的要求有哪些？
3. 简述合成高分子防水卷材冬期施工的要点。
4. 溶剂型高聚合物改性沥青防水涂料作涂膜防水层时的工艺流程是什么？
5. 试述沥青防水卷材冬期施工准备事项。

工程实例

某南方住宅小区，平顶屋面防水设计时，考虑为了减少环境污染，改善劳动条件，施工简便，选择耐候性好(当地温差大)、耐老化、对基层伸缩或开裂适应性强的卷材，最终决定选用高分子防水卷材——三元乙丙橡胶防水卷材。完工后，发现屋面有积水和渗漏。施工单位为了总结使用新型防水卷材的施工经验，从施工作业准备到施工操作工艺，进行了全面调查。

1. 原因分析

(1)屋面积水。找平层采用材料找坡，排水坡度小于2%并有少数凹坑。

(2)屋面渗漏。

1)基层面、细部构造原因。基层面有少量鼓泡；基层含水率大于9%；基层表面尘土杂物清扫不彻底；女儿墙、变形缝、通气孔等凸起物与屋面相连接的阴角没有抹成圆弧形，檐口、排水口与屋面连接处出现棱角。

2)施工工艺原因。涂布基层处理剂涂布量随意性太大(应以 0.15～0.2 kg/m^2 为宜)，涂刷底胶后，干燥时间小于 4 h。

涂布基层胶粘剂不均匀，涂胶后与卷材铺贴间隔时间不一(一般为 10～20 min)，局部反复多次涂刷，咬起底胶；卷材接缝，搭接宽度小于 100 mm，在卷材重叠的接头部位，填充密封材料不实。铺贴完卷材后，没有及时将表面尘土杂物清除，着色涂料涂布卷材没有完全封闭，发生脱皮。细部构造加强防水处理马虎，忽视了最易造成节点渗漏的部位。

2. 施工方案

(1)工艺流程：基层表面复检→涂刷胶粘层→节点细部作附加层处理→定位、弹线、试铺贴→铺贴卷材→收头处理、节点密封→清理、检查、修补→保护层施工。

(2)细部构造施工。

1)天沟的处理。沟底按设计规定的排水坡度抹好找平层，在两侧阴角抹成圆弧，沟上口抹成钝角，裁一条 200 mm 宽的卷材，上口单边粘贴，空铺在沟壁与屋面交接处，起变形缓冲作用，如图训-1 所示。

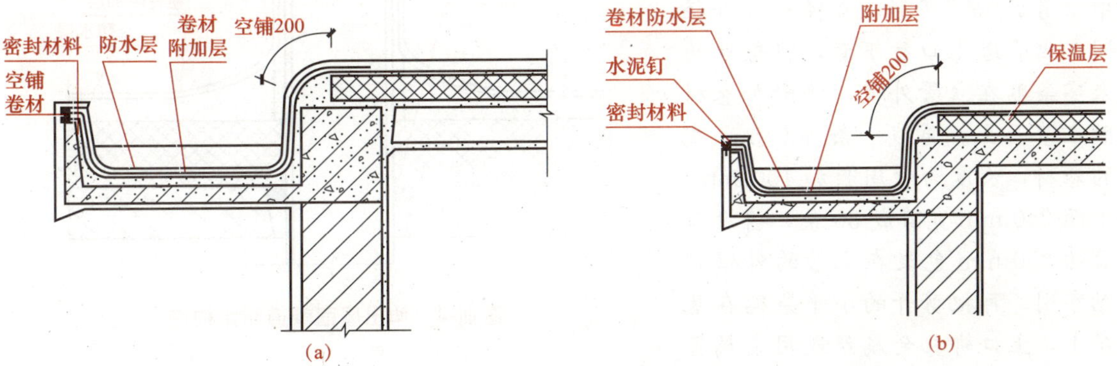

图训-1　天沟防水构造

(a)檐沟防水构造；(b)屋面檐沟

2)水落口的口杯附加层处理。施工前安装好水落口的口杯，口杯面高要比沟底面低30 mm。水落口口杯与沟底接触处的缝隙用砂浆振捣密实，上口留10 mm×10 mm的缝，用密封材料嵌填密实。裁一条宽度为300 mm、长度为水落口内径周长加100 mm的卷材，卷成圆筒状，圆筒外壁涂100 mm高的胶粘剂。卷材插入杯口内粘贴牢固，露出口外的卷材剪开成30 mm宽的小条，涂胶后外翻，平实地贴在口外周围的平面上。再裁一块大于600 mm^2 的方形卷材，对准水落口杯的中心剪成“米”字形后，涂胶粘剂沿口内壁下插贴牢，如图训-2所示。

3)屋面反梁过水孔的附加层处理(图训-3)。过水孔管道两端周围与混凝土接触处留凹槽，用密封膏嵌实填平。卷材附加层贴在水孔处两端，管口处剪开贴向管内。

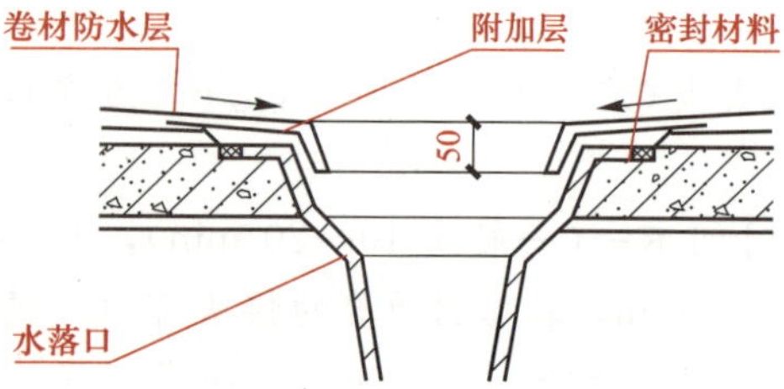

图训-2　水落口防水构造

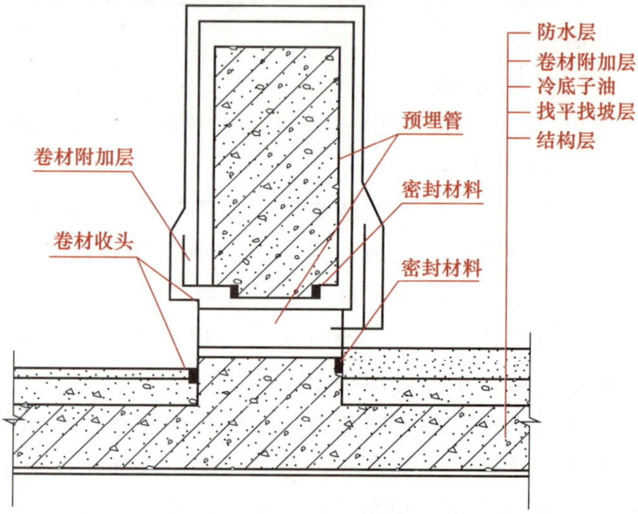

图训-3　反梁过水孔防水构造

4)伸出屋面管道防水附加层处理(图训-4)。管道穿过屋面结构层处的缝隙用水泥砂浆填充密实，上口留20 mm深凹槽，用密封膏嵌满。施工找平层时，将管道四周抹成圆弧形。裁800 mm^2 方形卷材，中心剪成“米”字形，直径和管外径同，由管道上口往下套，将剪开的米字条贴在立管外壁，将附加卷材贴在基层上。再裁一条500 mm宽的卷材，长度为管周长加100 mm，下面250 mm宽剪成30条，将没有剪的250 mm包裹在立管的外壁粘贴牢固，再把剪开的小平条贴在基层上，上口绑扎金属丝或用金属箍卡牢，并用密封膏密封。

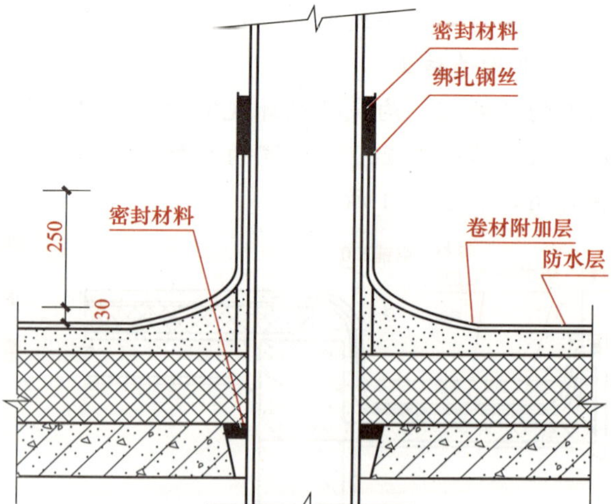

图训-4　伸出屋面管道防水构造

5)山墙、女儿墙根部的附加层处理(图训-5)。山墙、女儿墙砌到高出屋面 250 mm 时，收进一层砖，缩进宽度为 40 mm，凹槽内抹斜角，根部的阴角先空铺一条 300 mm 宽的卷材作缓冲层，再增铺一层附加层。层面防水层铺贴好后，将卷材裁齐，压入槽口内收头，用胶粘剂和强度等级为 52.5 级的水泥调成糊状腻子填嵌密实。

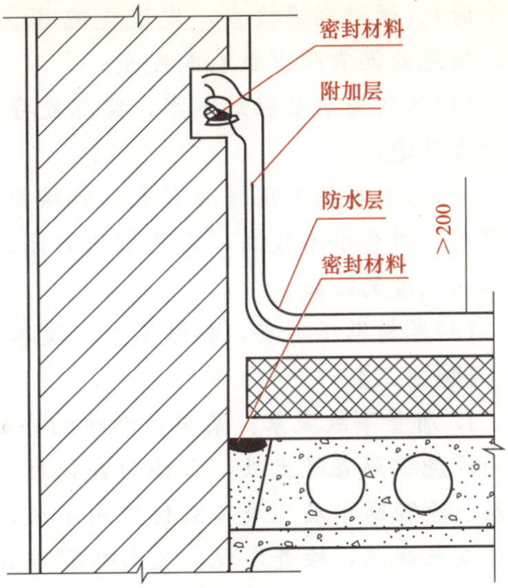

图训-5　砖墙卷材泛水收头及女儿墙根部防水构造

(3)整体卷材防水层施工。

1)检查节点细部附加层质量，并做好记录。复查施工基层，达到平整、干燥、干净、无尘土。

2)根据工程设计要求和卷材特点，采用点粘法、冷操作施工。铺贴卷材时，每平方米黏结不少于 5 个点，每点面积为 100 mm^2；搭接缝及屋面周边 800 mm 全粘贴。

3)卷材铺贴平行屋脊，"先低后高，先远后近"逆主导风向进行，以使卷材接缝顺主导风向粘贴牢固。

4)铺贴卷材时切忌拉伸过紧，应将卷材完全退卷在基层，以松弛卷材的应力。按卷材铺贴位置要求，将卷材一端对折于另一端，把搅拌均匀的基层胶粘剂以 300 g/m^2 的配套用量，采用点粘法均匀涂刷于卷材和基层表面，将卷材平整、自然地粘贴在基层上(保持胶粘剂厚为 0.8 mm)并立即压实；再将卷材的另一端对折于铺好的另一端，以同样的方法粘贴。

每铺贴完一张卷材，立即用干净的长把滚刷，从卷材的一端开始朝其横向顺序用力滚压一遍，以便将空气彻底排除，然后用质量为 30 kg、长 30 cm 的外包橡皮的铁辊滚压一遍，立面用手持压辊滚压贴实。

5)卷材搭接缝宽度，纵向 60 mm，横向 80 mm，搭接结合面应清洗干净，控制好黏结间隔时间(以胶粘剂基本不粘手为宜)，排净缝内空气，定面黏结，平整铺贴，辊压粘牢，压实。沿卷材搭接缝边缘用特制胶粘剂 42.5 级水泥密封膏密封，其宽度不小于 10 mm。

卷材搭接缝宜留在屋面或天沟侧面，不宜留在沟底。铺贴平面与立面相连接的卷材应由下向上进行，使卷材紧贴阴阳角，杜绝空鼓或粘贴不实现象。

实训思考题

请根据所给出的工程实例及下列质量事故原因，写出合理的施工方案及其施工工艺。

【题目一】

1. 质量事故现象：某单层单跨(跨距 18 m)装配车间，屋面结构为 1.5 m×6 m 预应力大型屋面板。按设计要求，屋面板上设 120 mm 厚沥青膨胀珍珠岩保温层、20 mm 厚水泥砂浆找平层、二毡三油一砂卷材防水层。保温层、找平层分别于 8 月中旬、下旬完成施工，9 月中旬开始铺贴第一层卷材。第一层卷材铺贴 2 d 后，发现 20%卷材起鼓，找平层也出现不同程度鼓裂。起泡直径大小不一，起泡高度最高达 60 mm，起泡直径最大达 4.5 m。

2. 原因分析：据当时气象记录记载，白天气温平均为 35 ℃，屋面表测温度为 48 ℃(下午2时)。通过剥离检查，发现气泡85%以上出现在基层与卷材之间，鼓泡潮湿、有小水珠，鼓泡处沥青胶少数表面发亮。

(1)卷材与基层黏结不牢，空隙处存有水分和气体，受到炎热太阳光照射，气体急骤膨胀形成鼓泡。

(2)保温层施工用料没有采取机械搅拌，有沥青团，现浇时遇雨又没有采取防雨措施，保温层材料含水率较高，又是采用封闭式现浇保温层，气体水分受到热源膨胀，造成找平层不同程度的鼓裂。

(3)卷材贴压不实，黏结不牢，使卷材与基层之间出现少量鼓泡。

【题目二】

1. 质量事故现象：某单位新建的办公大楼，砖混结构，六层。屋面采用涂膜防水，屋面为现浇钢筋混凝土板。六楼为会议厅。考虑夏日炎热，分别设置了保温层(隔热层)、找平层、涂膜防水层。竣工交付使用不久，晴天吊顶潮湿，遇雨天更为严重。一年后，外墙面抹灰层脱落，检查发现，屋面略有积水，防水层无渗漏。

2. 原因分析。

(1)屋面积水是由于找平层不平所致，材料找坡，为减轻屋面荷载，坡度小于2%。

(2)搅拌保温材料时，不符合配合比要求，加大了用水量；在保温层完工后，既没有采取防雨措施，又没有及时做找平层。找平层做好后，保温层积水不易挥发，渗漏是保温层内存水受压所致。

(3)保温层内部积水，冬季女儿墙根部被积水冻胀，产生外根部裂缝，抹灰脱落，遇雨时由外向室内渗漏。

【题目三】

1. 质量事故现象：某影剧院工程，一层地下室作为停车库，采用结构自防水钢筋混凝土。该结构用作承重和防水。当主体封顶后，地下室积水深度达300 mm，抽水排干，发现渗漏水多数从底板部位和止水带下部流入。后经过补漏处理，仍有渗漏。

2. 原因分析。

(1)根据施工日志记载表明，施工前没有做技术交底。施工工人对变形缝的作用都不甚了解，更不懂得止水带的作用，操作马虎。止水带的接头没有进行密封黏结。

(2)底板部位和转角处的止水带下面，钢筋过密，振捣不实，形成空隙。

(3)使用泵送混凝土时，施工现场发生多起因泵送混凝土管道堵塞事故，临时加大用水量，水胶比过大，导致混凝土收缩加剧，出现开裂。

(4)变形缝的填缝用材不当，没有采用高弹性密封膏嵌填。封缝也没有采用抗拉强度、延伸率高的高分子卷材。

(5)在处理渗漏水时，使用的聚合物水泥砂浆抗拉强度低，不能适应结构变形的需要。

【题目四】

1. 质量事故现象：某城镇兴建一栋住宅楼，地下室为砖混结构。考虑降低成本，防水层采用纸胎防水卷材。交付使用半年后，多处发现渗漏。

2. 原因分析：地下建筑工程防水层按规范要求，严禁使用纸胎防水卷材。胎基吸油率小，难以被沥青浸透。长期被水浸泡，容易膨胀、腐烂，失去防水作用。加之强度低，延伸率小，地下结构不均匀沉降，温差变形容易被撕裂。

第二篇

装饰装修工程施工

项目 4　装饰装修工程概述

建筑装饰工程，也称为建筑装修工程或建筑装饰装修工程，是为保护建筑物的主体结构、完善建筑物的使用功能和美化建筑物，采用装饰装修材料或饰物，对建筑物的内外表面及空间进行的各种处理过程。

建筑装饰装修工程、住宅装饰装修工程以及通常意义上的室内设计和装潢工程，均是现代建筑工程的有机组成部分，是现代建筑工程的延伸、深化和完善。由于建筑是以若干体量围合组成的空间，必须依托自然环境进行建造，而且人们在使用和观赏建筑时大多是要处于活动状态，所以，建筑空间是一种环境空间，建筑的装饰装修艺术即是一种环境艺术。为此，人们对于建筑及其装饰装修工程的涵盖广泛和蕴藏深刻的精神价值，即审美意义的要求，也就更趋迫切。因此，建筑物及其空间环境的技术与艺术水平承载着现代人的物质和精神的双重寄托，除要求具构造合理、施材得当、结构符合力学公式、内部适应人体工程学原则等基本因素外，人们还要求它具备诸如情感显示、象征表现、人文内涵、历史风貌、民族风格及趣味欣赏等属于造型艺术创作范畴的内容。旨在完善建筑物使用功能的同时，着重追求空间环境艺术效果的现代建筑装饰装修工程，就是在这样的时代背景和历史使命的促使之下而随之兴盛并相对独立地发展起来。

任务 4.1　建筑装饰装修工程施工的任务及范围

4.1.1　建筑装饰装修工程施工的任务

建筑装饰装修工程施工的根本任务是严格遵循国家现行有关标准和规范的规定按设计要求而“照图施工”，即通过对于设计图纸及其他相关文件资料的充分理解和熟悉，采用既定的装饰装修构造、材料选择、工艺技术处理手段和规范的操作过程，以正确实现设计的意图而达到工程所要求的具体目标，并在竣工后经过工程验收程序确认合格。

设计者将其成熟的创意构思和符合国家标准的设计方案反映在图纸上，施工人员则把图纸转化为工程实践。但是，装饰装修施工的过程并不是截然被动的操作过程，它是装饰装修艺术的再创作过程；是对装饰装修设计质量的检验和进一步完美化的过程。由于设计方案及其图纸产生于工程施工之先，对于最终的效果尚缺乏准确的实感，而装饰装修施工的每一道工序都是在切合实际地检验并完善着设计的科学性、合理性及其可操作性。

4.1.2 建筑装饰装修工程施工的范围

1. 国家标准规定的施工范围

建筑装饰装修工程属于建筑工程，它是建筑工程的分部工程。其子分部工程分别是：地面工程、抹灰工程、门窗工程、吊顶工程、轻质隔墙工程、饰面板(砖)工程、幕墙工程、涂饰工程、裱糊与软包工程、细部工程。

2. 建筑装饰装修工程所涉及的建筑部位范围

建筑物的内外表面及其空间，凡是由于使用功能的需要以及与人的视觉和触觉相关的部位，都是装饰装修施工的重要部位。在室外，其主要部位是外墙面、屋顶、檐口、腰线(或其他横向线型)、门窗、建筑入口、柱体(或其他竖向构饰件)、雨篷、阳台、勒脚、台阶及各细部和各种装饰小品等；在室内，主要部位有顶棚、内墙面、柱面、隔墙或隔断、门窗、地(楼)面、中庭和各衔接过渡空间的景园式装饰、楼梯、栏河，以及各种为满足使用需要的固定装饰设置等部位范围。

3. 建筑功能所要求的装饰装修工程范围

房屋建筑的主体框架、墙体、楼板、顶板等承重部分，除承担结构荷载外，还需要通过装饰装修施工赋予其防水、防潮、防渗漏、隔声、吸声、防火、保温和绝热等各种功能；建筑结构体及其围护材料本身，也需要依靠装饰施工以保证其使用的耐久性。钢铁材料的锈蚀与变形，混凝土材料的拉裂和疏松，某些轻质材料的耐大气不稳定性和缺乏整体刚性与强度，覆面材料抵御恶劣环境条件的能力不足等，均必须通过装饰装修施工予以克服。另外，现代建筑的内、外空间需要满足多方面的使用要求，同时要配备复杂的设施，也必须通过装饰装修施工采取适当的处理以协调其相互关系，并弥补各方面的局限性。为此，对于工程的建筑结构、营造的建筑空间、所用的建筑材料，乃至配置的设备和设施等一系列的功能性处理，都直接或间接地属于装饰装修施工的范围。

任务 4.2 建筑装饰装修工程施工的作用和特性

4.2.1 建筑装饰装修工程施工的主要作用

1. 优化环境，创造使用条件

建筑装饰装修工程施工对于改善建筑内外空间的清洁卫生条件，以及提高建筑物的热工、声学、光照等物理性能，并结合抗震、防火、防盗、防水等各种安全措施的完善，对于优化人类生活和工作的物质环境，具有显著的功能作用。同时，通过装饰装修工程施工对建筑空间的合理规划与分隔，配以各类方便使用并具有装饰艺术价值的固定设置和家具等，对于充分利用建筑物的有效面积，创造完备的使用条件，有着无可替代的最为切合实际的意义。

2. 保护结构体，延长使用年限

建筑物在设计规定期限内的使用过程中，造成损毁的主要原因有两个方面：一是在自然条件下结构构件和建筑材料的损坏，例如，水泥制品由于大气的作用而变得疏松，金属制品因为氧化而被锈蚀，竹木等有机材料会因微生物的侵蚀而腐朽；二是人为的影响，如由于碰撞、磨损以及因为水、火、酸、碱的作用而造成结构构件的破坏。建筑装饰装修工程即是依靠相应的现代装饰建材和科学合理的工艺技术，对建筑结构体进行有效的构造处理与包覆施工，以达到使之避免直接经受风吹雨打、有害介质的侵袭和机械作用的伤害等保护建筑主体的目的，从而保证建筑物的完好并延长其使用寿命。

3. 美化建筑空间，增强艺术效果

建筑属于造型艺术的范畴，被形容为“凝固的音乐”，甚至被称作“艺术之母”，而建筑装饰装修工程施工即是构成建筑艺术特质和环境美的重要手段与主要因素。建筑的装饰和装修处于人们能够直接感受到的空间范围之内，时刻影响着人们的视觉、触觉、意识和情感。人们通常要求的建筑及其环境艺术的民族和地域特征、历史和时代特征及思想文化特征等，在很大程度上都是通过装饰装修工程施工所营造的效果而反射给人们，可以说，装饰装修的技术与艺术同人类的物质文明和精神生活休戚相关。

由于装饰装修艺术的内涵日益丰富，其造型设计的构成空间也日趋博大，它不仅拥有空间序列、比例、尺度、色彩、质感、线型和风格样式等充分运用的艺术语言，还能够融合绘画、雕塑、工艺美术、园艺、音响、光、电等其他艺术形式及各种现代科技成果，所以，建筑装饰装修工程具有综合艺术的特点，其艺术效果和所形成的空间环境艺术氛围，强烈地、深刻地或潜移默化地影响着人们的审美情操，甚至影响着人们的意志和行为。装饰造型的优美，色调的华丽或典雅，饰面纹理和独特的质感，装饰线脚与花饰图案的巧妙处理等，能够直接反映建筑及其空间的艺术质量。成功的装饰装修设计方案，优质而美观的装饰装修材料以及规范、精细的工程施工，可以使建筑获得理想的艺术价值而富有永恒的魅力。

另外，建筑及其空间环境的认知功能，也主要是依赖装饰装修工程得以展现。例如，不同的购物商店，不同特色的餐饮店、休闲娱乐或办公场所以及幼儿园等各类建筑的外观特征和专业区别，就需要通过装饰装修施工予以形象鲜明的反映。

4. 综合处理，协调错综关系

现代建筑为满足使用功能的要求，需要大量的构配件和各种设备进行纵横布置与安装组合，致使建筑空间形成管线穿插、设备和设施交错、各局部各工种之间关系错综复杂的客观状况，这种现象最为有效的理顺方法就是依靠装饰装修施工。通过装饰装修工程，可以根据功能要求与审美理想的结合处理而协调相互间的矛盾，使之布局合理，主次有序，穿插得当，隐显安排有所遵循，既方便使用又美观和谐。例如，通过吊顶装修施工即可综合解决空调三风、灯具照明、音响、消防烟感报警及自动喷淋灭火系统等室内上部空间的复杂装设问题。其他诸如架空活动地板、局部或全高护墙板、装饰包柱、门窗套、轻质隔墙或装饰隔断，以及暖气柜、壁橱等固定装设处理措施和装修项目，均能满足室内空间的适用与美观相统一的要求，而且可以更有效地保护建筑设备及其控制系统。

5. 繁荣市场，服务经济建设

建筑装饰装修业的蓬勃发展，标志着国力增强和经济发达，人民生活安居富裕。建筑

装饰装修业的发展为社会增加了大量就业机会。同时，现代建筑装饰装修材料的研制开发及其有关电子、冶金、轻工、化工和机械等应用产品的拓展，进一步培育和扶持了更多的相关企业，创造了一个欣欣向荣的崭新局面。

4.2.2 建筑装饰装修工程施工的特性

1. 建筑装饰装修工程施工的建筑性

建筑装饰装修工程是建筑工程的主要组成部分，建筑装饰装修施工是建筑施工的延续与深化而并非是单纯的艺术创作。与建筑工程密切关联的任何艺术加工，均不可只顾及主观上的装饰艺术表现而漠视对于建筑主体的维护与保养。在工程实践中，特别是二次装修工程，违背施工规范的粗率蛮干，对建筑结构体肆意錾凿、重锤敲击，随便移接既有的建筑设备管线，封堵消防安全通道，随意在结构或设备上进行重物悬吊、搭建和开洞埋设等现象，均会影响建筑物的使用安全并给装饰装修工程造成隐患。

对于建筑装饰装修施工，必须是以保护建筑结构主体及安全适用为基本原则，进而通过装饰造型、装修饰面和设置装配等工艺操作以达到既定目标。这就要求设计人员与施工操作者均应熟悉建筑工程，了解环境艺术，在装饰装修工程实践中能够客观、合理并综合地权衡建筑主体、空间条件、使用功能、工程造价、业主要求及施工工艺技术等多方面复杂的关系，不断总结经验，充分利用建筑及其装饰装修艺术的要素，选择安全适宜和方便施工的装修构造方案，开创时代新风，推动装饰装修施工的高工程质量、高技术水平和高艺术造诣的稳步发展。

2. 建筑装饰装修工程施工的规范性

建筑装饰装修工程是建筑工程的分部工程，即使作为独立的单位工程或分项工程时也同样是一种工程建设项目，一种必须依靠合格的建筑材料与构、配件等通过设计要求的构造做法并由建筑主体结构予以稳固支承的构建工程。其施工安装的一切工艺操作及工序处理，均应遵循国家颁发的有关工程施工和工程验收的规范规定，而不能毫无顾忌地片面追求美化，没有制约而随心所欲地进行构筑变形和与主体结构有关的装饰装修加工。对于重要的装饰装修工程，从工程设计、工程招标投标、工程施工、工程监理到工程竣工验收等一系列程序，必须按国家或地方的有关法规的相应规定操作运行；小规模的室内工程或家庭住宅装修，也应遵照有关标准、规范和规定进行，必须确认施工队伍的资质水平及其施工能力，确保工程质量和使用安全。工程监理监督及工程质量的检查验收应贯穿施工过程的始终，包括每一道工序和每一个工种操作；所采用的各种主辅材料，所有构件与零配件，均应符合相应的国家标准或行业标准的各项规定；围绕装饰装修工程施工的一切活动，都应该处于有关标准和规范的严格制约之下。

3. 建筑装饰装修工程施工的专业性

由于装饰装修工程的施工项目类别比较繁杂琐细，且装饰装修艺术大多是以饰面美化为最终效果，所以许多处于隐蔽部位而对工程质量起着关键作用的项目和操作工序很容易被忽略，或者其质量弊病被表面的华丽装饰所掩盖。大量的预埋件、连接件、锚固件、骨架杆件、焊接工件、内衬加强件、饰面板内部的基层或基面处理，以及防水、防腐、防潮、防渗漏、防火、防虫、保温绝热和吸声隔声等功能性的构造与处理措施，包括零部件的规格、质量，连接紧固件的设置部位、数量、埋入深度等，如若作业者盲目无知并采取应付敷衍态度，或是偷减工序、偷工减料、野蛮操作，就势必给工程留下隐患。为此，装饰装修工程施工的从业人员应该是经过专业技术培训和受到职业道德教育的持证上岗人员，其技术骨干应具备一定的美学知识、审图能力和鉴赏水平，并具备娴熟的专业技能和忠于职守的道德情操，具有严格执行国家方针政策和法律法规的强烈意识。

4. 建筑装饰装修工程施工管理的复杂性

建筑装饰装修工程的施工工序繁多，每一道工序都需要具备专门知识和技能的专业人员担当技术骨干。施工操作人员中的工种也十分复杂，装修一套房间往往需要水、电、暖、卫、木、泥水、砌筑、玻璃、油漆、金属等多个工种。对于较大规模的工程，常常是几十道工序再加上消防、音响、通信、有线电视和安全防范等系统工程的交叉或轮流作业。施工现场的供水、用电、预制加工、垂直与水平运输、材料的临时放置、施工机具的频繁搬动等，经常会造成拥挤滞塞及其他各种矛盾。特别是室内工程，由于可以利用的空间有限，场地狭窄，势必出现更为拥堵的局面。要使施工现场有条不紊，工序与工种间衔接紧凑，既保证工程质量又能够提高工效，就必须依靠具备专业知识和施工经验的组织管理人员，并以施工组织设计作为指导性文件和切实可行的科学管理方案。施工组织管理者应熟悉施工组织设计并能够控制各项进度指标。施工工长或班长一般需要担当多个工种的技术员，其素质要求不仅是掌握比较全面而系统的工艺技术，还应通晓工艺检查的方法和质量标准，具有及时发现问题和解决问题的能力，能够有效处理施工过程中的技术难点。较复杂工程的施工组织管理人员，还应做好现场指挥，在把握进度计划的同时，还应控制人工、材料和施工机具的调度管理。

5. 建筑装饰装修工程施工的技术经济性

建筑装饰装修工程的使用功能及艺术性的体现与扩展，所反映的科学技术水平和时代精神，特别是其工程造价，在很大程度上均是受到装饰建材以及现代声、光、电与其控制系统的制约。我国现代建筑及其装饰装修工程，应全面贯彻“适用、安全、经济、美观”的方针，应选用材质、工艺与美学为一体的性能优良、模数协调、经济耐用和造型美观的装饰装修材料。在工程实践中应做好工程预算和估价工作，认真研究工程材料、建筑设备及施工工艺的经济性、安全牢固性、施工的简易性和装修质量的耐久性等全面因素，控制工程成本，加强装饰装修施工企业的经济管理和经济活动分析，进一步提高经济效益和装饰装修工程质量，更高标准地提升现代建筑的装饰装修施工技术水平。

任务 4.3 装饰工程与相关工程的关系

建筑装饰是建筑工程的深化、再创造，其必然与建筑、结构、设备等多方面有着密切的联系。

4.3.1 与建筑的关系

建筑装饰是对建筑物的装扮和修饰，因此，对建筑要有一个准确的理解和认识，如对建筑的属性、艺术风格、建筑空间性质和特性等应有较好的把握，才能更好的发挥，使建筑艺术与人们的审美观协调一致，从而在精神上给人们以艺术享受。

4.3.2 与建筑结构的关系

建筑装饰与建筑结构的关系有两层：一是建筑结构给装饰再创造提供了充分发挥的舞台，装饰在充分发挥结构空间的同时，又保护了结构构件；二是与结构矛盾时的处理，结构是传递荷载的构件，在设计时充分考虑了受力情况，要经计算而定。装饰需要改变结构或在结构上开洞或取舍，必将影响结构，所以，规范规定不得在结构上任意开洞或取舍，如必须改变，则应进行计算核实。因此，建筑装饰与结构的关系是密切的，且是互相依赖和补充的。

4.3.3 与建筑设备的关系

建筑装饰不仅要处理好装饰与结构的关系，而且还必须认真解决好装饰与设备的关系，否则影响建筑装饰空间的处理，同时，也影响设备的正常运行和使用，特别是装饰工程大部分是界面处理，因此，与建筑设备的空调、水暖、监控、消防、强弱电、管线以及照明设备等各方面的协调配合必须处理好。

4.3.4 与环境保护的关系

建筑装饰虽然给人们提供了一个生活、学习、工作的美好环境，但由于用料和施工工艺不当也会造成环境的二次污染，有的甚至还很严重。因此，装饰施工必须严格执行国家规范，控制因建筑装饰材料选择不当，以及工程的勘察、设计、施工过程中造成的室内环境污染。

(1)《住宅装饰装修工程施工规范》(GB 50327—2001)规定控制的室内环境污染物为：氡(^{222}Rn)、甲醛、氨、苯和挥发性有机物(TVOC)。

(2)住宅装饰装修室内环境污染控制除应符合《住宅装饰装修工程施工规范》(GB 50327—2001)外，还应符合《民用建筑工程室内环境污染控制规范(2013 版)》(GB 50325—2010)等现行国家标准的规定。设计、施工应选用低毒性、低污染的装饰装修材料。

(3)对室内环境污染控制有要求的，可按有关规定对以上两条内容全部或部分进行检测，其污染物浓度限值应符合表 2-4-1 的要求。

表 2-4-1　民用建筑工程室内环境污染物浓度限量

污染物	Ⅰ类民用建筑工程	Ⅱ类民用建筑工程
氡/($Bq\cdot m^{-3}$)	≤200	≤400
甲醛/($mg\cdot m^{-3}$)	≤0.08	≤0.1
苯/($mg\cdot m^{-3}$)	≤0.09	≤0.09
氨/($mg\cdot m^{-3}$)	≤0.2	≤0.2
TVOC/($Bq\cdot m^{-3}$)	≤0.5	≤0.6

注：1. 表中污染物浓度限量，除氡外均指室内测量值扣除同步测定的室外上风向空气测量值(本底值)后的测量值。
2. 表中污染物浓度测量值的极限值判定，采用全数值比较法。

任务 4.4　装饰装修工程质量检验方法

检查装饰装修工程质量时，应熟悉规范、规程，并且要求具有一定的施工经验，且经质量检查的培训，能够按照标准的规定，评定出正确的质量等级。

装饰装修工程质量检验方法有以下几种。

4.4.1　目测

如墙面的平整、顶棚的平顺、线条的顺直、色泽的均匀、图案的清晰等都是靠人们的视觉判定。为了确定装饰效果和缺陷的轻重程度，又规定了正视、斜视和不等距离的观察。

4.4.2　手感

如表面是否光滑、刷浆是否掉粉等，要用手摸检查；为了确定饰面或饰件安装或镶贴是否牢固，需要手扳或手摇检查。在检查过程中要注意成品的保护，手摸时要“轻摸”，防止因检查造成表面的污染和损坏。

4.4.3　听声音

为了判定装饰面层安装或镶贴得是否牢固，是否有脱层、空鼓等不牢固现象，需要手敲、用小锤轻击，听声音来鉴别。在检查过程中应注意“轻敲”和“轻击”，防止成品表面出现麻坑、斑点等缺陷。

4.4.4　查资料

装饰工程技术资料要比主体结构工程少一些。为了确保工程质量，必要时，要查对设计图纸、材料产品合格证、材料试验报告或测试记录等，借助有关技术资料，来正确地评定工程质量等级。

4.4.5　施行检测

装饰工程质量主要是观察检查，有时只凭眼睛看还不行，需要实测实量，将目测与实测结合起来进行“双控”，评定出的质量等级更为合理。

项目5　抹灰工程施工

知识目标

掌握内墙、外墙、顶棚一般抹灰的施工工艺和工艺要求；掌握抹灰工程的质量标准和检查方法；熟悉抹灰工程的概念、分类和组成；熟悉装饰抹灰的施工工艺和工艺要求；了解抹灰工程常用的材料和工具；了解抹灰工程细部做法。

抹灰工程施工

能力目标

能够正确选择抹灰工程施工机具；具备指导抹灰工程的施工及验收能力；具有编制施工方案的能力。

项目导入

抹灰工程是将各种砂浆、装饰性石屑浆、石子浆直接涂抹在建筑物的墙面、顶棚、地面上，既具有保护建筑结构的功能，又可作为基本饰面或作为各类装饰装修的施工基层(底层、基面、找平层等)及黏结构造层；还可以通过相应的材料配合与操作工艺使之成为装饰抹灰。

任务5.1　抹灰工程的基本知识

5.1.1　抹灰工程的分类、组成

抹灰工程

1. 抹灰工程的分类

抹灰工程按使用的材料及其装饰效果可分为一般抹灰和装饰抹灰。

(1)一般抹灰。一般抹灰采用的材料主要为石灰砂浆、混合砂浆、水泥砂浆、麻刀(玻纤)灰、纸筋灰和石膏灰等。

按建筑物的标准，一般抹灰分为高级抹灰和普通抹灰两个级别，见表2-5-1。

表 2-5-1　一般抹灰的分类

级别	适用范围	做法要求
高级抹灰	适用于大型公共建筑、纪念性建筑物（如剧院、礼堂、宾馆、展览馆等和高级住宅）以及有特殊要求的高级建筑等	一层底灰，数层中层和一层面层。阴阳角找方，设置标筋，分层赶平、修整，表面压光。要求表面光滑、洁净，颜色均匀，线角平直，清晰美观、无纹路
普通抹灰	适用于一般居住、公用和工业建筑（如住宅、宿舍、教学楼、办公楼）以及建筑物中的附属用房，如汽车库、仓库、锅炉房、地下室、储藏室等	一层底灰，一层中层和一层面层（或一层底灰，一层面层）。阳角找方，设置标筋，分层赶平、修整，表面压光。要求表面洁净，线角顺直、清晰，接槎平整

（2）装饰抹灰。装饰抹灰按所使用的材料、施工方法和表面效果又可分为拉条灰、拉毛灰、水刷石、水磨石、干粘石、剁斧石等。

除了一般抹灰和装饰抹灰以外，还有采用特种砂浆进行的具有特殊要求的抹灰。如钡砂（重晶石）砂浆抹灰，对 X 和 γ 射线有阻隔作用，常用作 X 射线探伤室、X 射线治疗室、同位素实验室等墙面抹灰。还有应用膨胀珍珠岩、膨胀蛭石作为集料的保温隔热砂浆抹灰，不但具有保温、隔热、吸声性能，还具有无毒、无臭、不燃烧、质量密度轻的特点。

2. 抹灰工程的组成

为保证抹灰平整、牢固，避免龟裂，抹灰应分层次进行，每层不宜太厚。各种抹灰层的厚度应视基层材料的性质、所选用的砂浆种类和抹灰质量的要求而定。抹灰类饰面一般应由底层、中间层、饰面层三部分组成。其分层构造如图 2-5-1 所示。

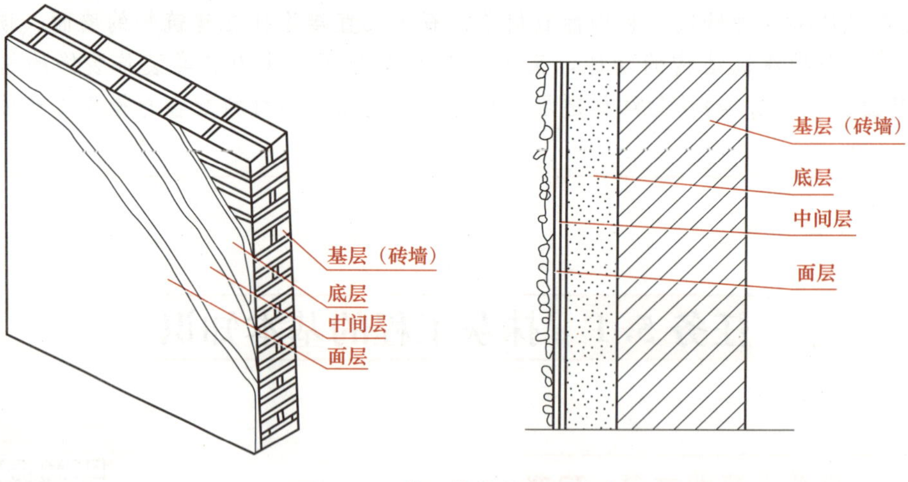

图 2-5-1　墙面抹灰的分层构造

（1）底层。底层主要起与基层的黏结作用，兼起初步找平作用。底层抹灰所使用砂浆的稠度为 100～120 mm。底层所使用材料随基层不同而异，室内砖墙面常用石灰砂浆、水泥混合砂浆；室外砖墙面和有防潮防水的内墙面常用水泥砂浆或水泥混合砂浆；对混凝土基层宜先刷素水泥浆一道，采用混合砂浆或水泥砂浆打底，更易于黏结牢固；高级装饰工程的混凝土板顶棚宜用乳胶水泥砂浆打底；加气混凝土基层打底前先刷一道胶水溶液，宜采用水泥混合砂浆、聚合物水泥砂浆或掺增稠粉等水泥砂浆打底；木板条、金属网基层等用混合砂浆、麻刀灰和纸筋灰并将灰浆挤入基层缝隙内，保证黏结牢固；平整光滑的混凝土基层，如顶棚、墙体基层，可不抹灰，采用刮粉刷石膏或刮腻子处理。

(2)中层。中层主要起找平作用。中层抹灰所使用砂浆的稠度为 70～80 mm，根据基层材料的不同，其做法基本上与底层的做法相同，砖墙则采用麻刀灰、纸筋灰或粉刷石膏。按照施工质量要求可以一次抹成，也可以分遍进行。

(3)面层。面层主要起装饰作用。砂浆的稠度为 100 mm。要求平整、无裂纹、颜色均匀。室内一般采用麻刀灰、纸筋灰、玻璃丝灰或粉刷石膏；高级墙面用石膏灰。保温、隔热墙面应按设计要求施工。室外常用水泥砂浆、水刷石、干粘石等饰面层。

5.1.2 抹灰工程常用材料和工具

1. 抹灰的常用材料

(1)水泥。常用的水泥有硅酸盐水泥、普通硅酸盐水泥和矿渣硅酸盐水泥等，强度等级不应小于 32.5 级。水泥使用前必须对其凝结时间和安定性进行复验，同一生产厂家、同一等级、同一品种、同一批号且连续进场的水泥，袋装不超过 200 t 为一批，散装不超过 500 t 为一批，经检验合格后方可使用。不同品种的水泥不得混用，不得采用未作处理的受潮、结块水泥，出厂已超过 3 个月的水泥应经复验后方可使用。

(2)石灰。石灰是将以碳酸钙($CaCO_3$)为主要成分的岩石如石灰岩、贝壳石灰岩等，经适当煅烧、分解、排出二氧化碳(CO_2)而制得的块状材料。其主要成分为氧化钙(CaO)，其次为氧化镁(MgO)，通常把这种白色轻质的块状物质称为块灰；以块灰为原料经粉碎、磨细制成的生石灰称为磨细生石灰粉或建筑生石灰粉。

1)石灰的主要技术性质。石灰具有较强的保水性，利用这一性质，将其掺入水泥砂浆，配合成混合砂浆，克服了水泥砂浆容易泌水的缺点；凝结硬化慢、强度低、吸湿性强；体积收缩大，其收缩变形会使制品开裂，因此，石灰不宜单独用来制作建筑构件及制品；耐水性差，石灰胶凝材料不宜用于潮湿环境及易受水浸泡的部位；化学稳定性差，石灰及含石灰的材料长期处在潮湿空气中，容易与二氧化碳作用生成碳酸钙，这种作用称为“碳化”，石灰材料还容易遭受酸性介质的腐蚀。

2)石灰的熟化。石灰的熟化指的是生石灰(CaO)加水之后水化为熟石灰[$Ca(OH)_2$]的过程。生石灰具有强烈的水化能力，水化时放出大量的热，其放热量和放热速度比其他胶凝材料大得多。生石灰水化的另一个特点为：质量为一份的生石灰可生成 1.31 份质量的熟石灰，其体积增大 1～2.5 倍。煅烧良好、氧化钙含量高、杂质含量低的生石灰(块灰)，其熟化速度快、放热量大、体积膨胀也大。

生石灰熟化的方法有淋灰法和化灰法。淋灰法就是在生石灰上均匀加入生石灰量 70%左右的水，便可得到颗粒细小、分散的熟石灰粉。工地上调制熟石灰粉时，每堆放半米高的生石灰块，淋 60%～80%的水，再堆放再淋，使之成粉且不结块为止。目前，多用机械方法将生石灰熟化为熟石灰粉。化灰法是在生石灰中加入适量的水(为块灰质量的 2.5～3 倍)，得到的浆体称为石灰乳，石灰乳沉淀后除去表面多余水分后得到的膏状物称为石灰膏。调制石灰膏通常在化灰池和储灰坑中完成。为了消除过火石灰在使用中造成的危害，石灰膏(乳)应在储灰坑中存放半个月以上，然后方可使用。这一过程叫作陈伏。陈伏期间，石灰浆表面应敷盖一层水，以隔绝空气，防止石灰浆表面碳化。

3)石灰的作用。石灰膏可用来粉刷墙壁和配制石灰砂浆或水泥混合砂浆。用熟化并陈伏好的石灰膏，稀释成石灰乳，可用作内、外墙及顶棚的涂料，一般多用于内墙涂刷。由于石灰乳为白色或浅灰色，具有一定的装饰效果，还可掺入碱性矿质颜料，使粉刷的墙面具有需要的颜色，以石灰膏为胶凝材料，掺入砂和水后，拌和成砂浆，称为石灰砂浆。它作为抹灰砂浆可用于墙面、顶棚等大面积暴露在空气中的抹灰层。

在抹灰工程中采用的石灰为块状生石灰经熟化陈伏后淋制成的石灰膏。为保证过火生石灰的充分熟化，以避免后期熟化引起抹灰层的起鼓和开裂，生石灰的熟化时间一般应不少于 15 d，如用于拌制罩面灰，则应不少于 30 d。如果采用磨细的生石灰粉代替，生石灰粉仍要经一定时间的熟化，用于拌制罩面灰时熟化时间不小于 3 d，以避免出现干裂和爆灰现象。当要求抹灰层具有防水、防潮功能时，应采用防水砂浆。

(3)砂。一般抹灰砂浆采用普通中砂(细度模数为 3.0～2.6)，或与粗砂(细度模数为 3.7～3.1)混合掺用。抹灰用砂要求颗粒坚硬洁净，含黏土、淤泥不超过 3%，在使用前需过筛，去除粗大颗料及杂质。应根据现场砂的含水率及时调整砂浆拌和用水量。

(4)石粒。装饰抹灰面层所用的材料有彩色水泥、白水泥和各种颜料及石料，石粒中较为常用的是大理石石粒，具有多种色泽。

(5)纤维材料。麻刀、纸筋、玻璃纤维是抹灰砂浆中常掺加的纤维材料，在抹灰层中主要起拉结作用，以提高其抗裂能力和抗拉强度，同时可增加抹灰层的弹性和耐久性，使其不易脱落。麻刀应均匀、干燥、不含杂质，长度以 20～30 mm 为宜，用时将其敲打松散。纸筋分干、湿两种，拌和纸筋灰用的干纸筋应用水浸透、捣烂，湿纸筋可直接掺用，罩面纸筋应机碾磨细。玻璃纤维丝配制抹灰浆可耐热、耐久、耐腐蚀，其长度以 10 mm 左右为宜，但使用时要采取保护措施，以防其刺激皮肤。

2. 抹灰砂浆的配制

抹灰砂浆拌和时要严格按照设计要求。抹灰砂浆的拌制可采用人工拌制或机械拌制。一般中型以上工程均采用机械搅拌。机械搅拌可采用纸筋灰搅拌机和灰浆搅拌机。搅拌不同种类的砂浆应注意不同的加料顺序。拌制水泥砂浆时应先将水和砂子共拌，然后按配合比加入水泥，继续搅拌至均匀、颜色一致、稠度达到要求为止。

内墙抹灰分层常用做法见表 2-5-2，顶棚抹灰分层常用做法见表 2-5-3，外墙抹灰分层常用做法见表 2-5-4。

表 2-5-2　内墙抹灰分层常用做法

序号	灰浆种类	适用范围	分层做法
1	石灰砂浆	纸灰浆面层	1. 底层　1∶3 石灰砂浆 2. 面层　纸筋灰
2	混合砂浆	砖墙基层和混凝土基层 涂刷面层	1. 底层　1∶1∶6 或 1∶2∶9 2. 面层　1∶0.5∶5
3	水泥砂浆	涂料、裱糊、踢脚线	1. 底层　1∶2.5 或 1∶3 2. 面层　1∶2
4	纸(麻刀) 筋灰砂浆	板条墙	1. 底层　1∶2.5 2. 面层　细纸(麻刀)筋灰
5	混合砂浆	贴砖墙面	1. 底层　1∶0.5∶4 2. 中层　1∶0.5∶2.5(纸筋、麻刀) 3. 结合层　水泥浆

续表

序号	灰浆种类	适用范围	分层做法
6	水泥砂浆	钢网墙面	1. 底层　1∶0.5∶3 2. 中层　1∶2.5∶3或1∶3 3. 面层
7	混合砂浆	钢网墙面	1. 底层　1∶1∶6 2. 中层　1∶1.5∶7.5 3. 面层　1∶0.5∶4
8	石膏灰	墙面	1. 底层　1∶2.5或1∶3(麻刀) 2. 面层　1∶0.5或1∶0.6(石膏掺入白灰)
9	石灰砂浆	墙面	1. 底层　1∶3石灰砂浆 2. 面层　纸筋灰浆

表 2-5-3　顶棚抹灰分层常用做法

序号	灰浆种类	适用范围	分层做法
1	白灰砂浆	板条顶棚	1. 底层　1∶2纸筋(麻刀)灰砂浆 2. 面层　细纸筋(麻刀)灰压光
2	混合砂浆	混凝土顶棚	1. 底层　1∶2或1∶3水泥麻刀灰砂浆 2. 中层　1∶2粗纸筋灰砂浆 3. 面层　细纸筋(麻刀)灰压光
3	水泥砂浆	混凝土顶棚	1. 底层　1∶0.5∶3水泥纸筋(麻刀)灰浆 2. 面层　细纸筋(麻刀)灰压光
4	白灰浆	钢网平顶	1. 底层　1∶1∶4水泥麻刀灰砂浆 2. 中层　1∶2麻刀灰浆 3. 面层　细纸筋(麻刀)灰浆压光

表 2-5-4　外墙抹灰分层常用做法

序号	灰浆种类	适用范围	分层做法
1	石灰黏土砂浆	土坯(砖)墙、板条墙	1. 草泥打底，分两遍成活 2. 1∶3石灰黏土罩面
2	混合砂浆	砖墙基层	1. 底层　1∶1∶6或1∶2∶9 2. 面层　1∶1∶6或1∶2∶9
3	水泥砂浆	砖墙或混凝土基层	1. 底层　1∶2.5或1∶3 2. 面层　1∶2或1∶2.5
4	石灰砂浆	砖墙基层 加气混凝土砖块或条板基体	1. 底层　1:3或1∶2.5 2. 面层　1∶1(石灰膏∶草酸)
5	水刷石	砖墙基层 混凝土墙体基层	1. 底层　1∶2.5或1∶3(水泥砂浆两遍成活) 2. 中层　纯水泥砂浆结合层1∶2.5或1∶1.5水泥浆

3. 常用工具

施工前应根据工程特点准备好抹灰工具。

(1)抹灰常用手工工具。

1)平抹子。抹灰工常用的平抹子有铁抹子、钢皮抹子、塑料抹子、木抹子、压子和小压子等(图 2-5-2)。

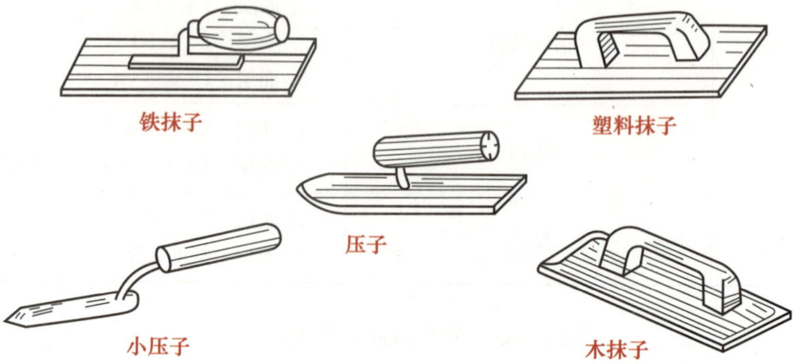

图 2-5-2　平抹子种类

①铁抹子(也称铁板):一般用于抹底子灰或水刷石、水磨石面层。

②钢皮抹子:与铁抹子的外形相同,但是比较薄,弹性较大,适用于抹水泥砂浆面层和地面压光,纸筋灰、石膏灰面层收光等。

③塑料抹子:用聚乙烯硬质塑料做成,适用于纸筋灰面层的压光。

④木抹子(也称木蟹):用红、白松木做成,适用于砂浆的搓平压实。

⑤压子:一般适用于压光水泥砂浆面层及纸筋灰等罩面。

⑥小压子:用途同压子,适用于小面积缝隙压光。

2)做角抹子。常用的做角抹子有阴角抹子、圆阴角抹子、塑料阴角抹子、阳角抹子、圆阳角抹子及捋角器等(图 2-5-3)。

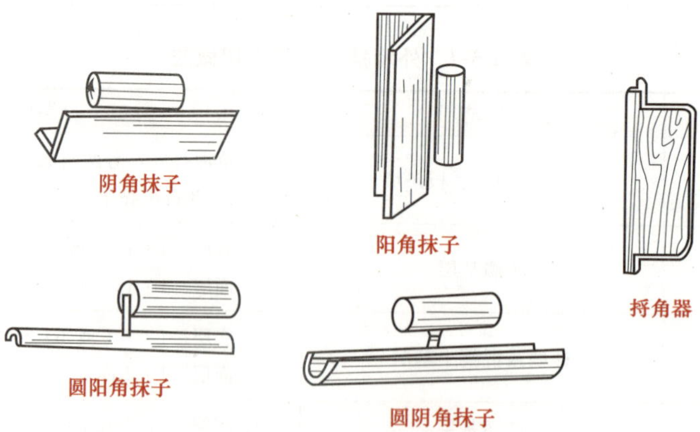

图 2-5-3　做角抹子

①阴角抹子(也称阴抽角器):适用于阴角压光,分为尖角和小圆角两种。

②圆阴角抹子(也称明沟铁板):适用于水池阴角和明沟压光。

③塑料阴角抹子:适用于纸筋灰等罩面层的阴角压光。

④阳角抹子(也称阳抽角器)：适用于压光阳角和护角线，分为尖角与小圆角两种。

⑤圆阳角抹子：适用于楼梯踏步防滑条的捋光压实。

⑥捋角器：适用于捋水泥抱角，作护角。

3)木制工具(图 2-5-4)。

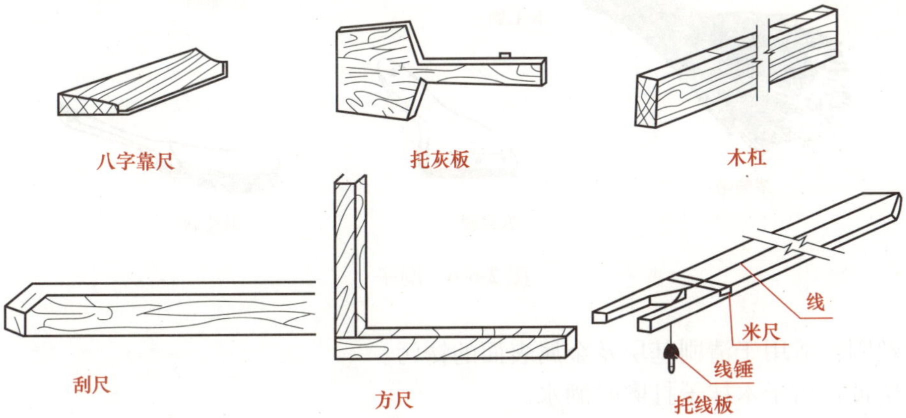

图 2-5-4　木制工具

①八字靠尺(也称引条)：一般作为做棱角的依据，其长度按需要截取。

②托灰板：用于抹灰时承托砂浆。

③木杠和刮尺：木杠分为长、中、短三种。长木杠为 2.5～3.5 m，一般用于冲筋。中木杠为 2～2.5 m，短木杠为 1.5 m 左右，木杠断面一般为矩形。刮尺断面操作一边为平面，另一面为弧形，均用于刮平地面或墙面的抹灰层。

④方尺(也称兜尺)：用于测量阴阳角方正。

⑤托线板：主要用于测量墙面垂直，其规格为 15 mm×120 mm×2 000 mm，板中间有标准线，标准线两侧有刻度尺。

4)搅拌工具。人工搅拌常用工具有铁锨(铁锹)、灰镐、灰耙(拉耙)、灰叉子、筛子等。其中，筛子的常用孔径有 10、8、5、3、1.5、1(mm)等几种(图 2-5-5)。

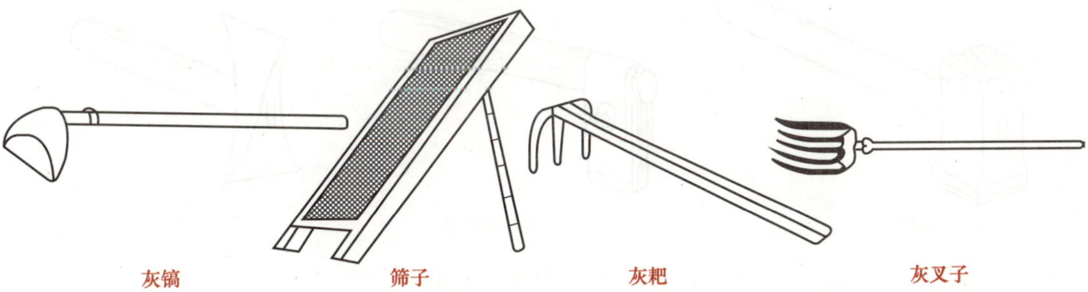

图 2-5-5　搅拌工具

5)刷子(图 2-5-6)。

①长毛刷(又称软毛刷子)：在室内、外抹灰洒水用。

②猪棕刷：适用于刷水刷石、水泥拉毛等。

③鸡腿刷：适用于阴角处和长毛刷子刷不到的地方。

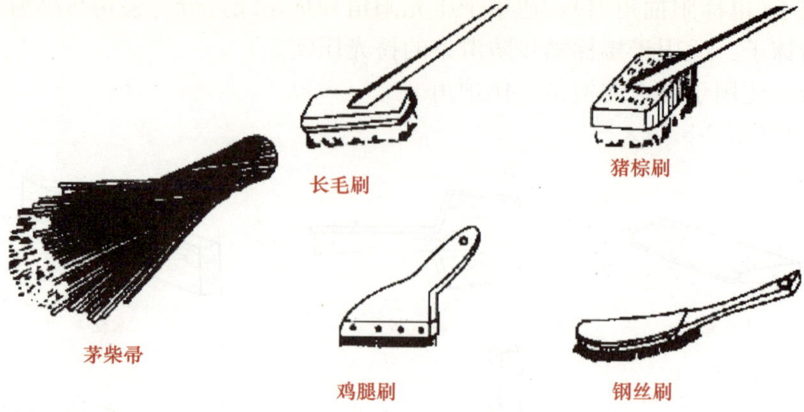

图 2-5-6　刷子

④钢丝刷：适用于清刷基层及金属表面的锈污。
⑤茅柴帚：用于木抹子打磨时洒水。
6)饰面安装专用工具(图 2-5-7)。

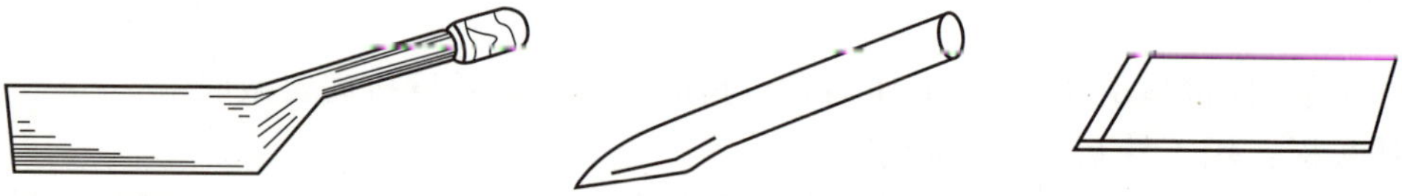

图 2-5-7　饰面安装专用工具

①小铁铲：用于铲灰。
②錾子(凿子)：有平头和尖头两种，适用于剔凿板材、块材。
③开刀：用于陶瓷马赛克拨缝。
7)斩假石工具(图 2-5-8)。

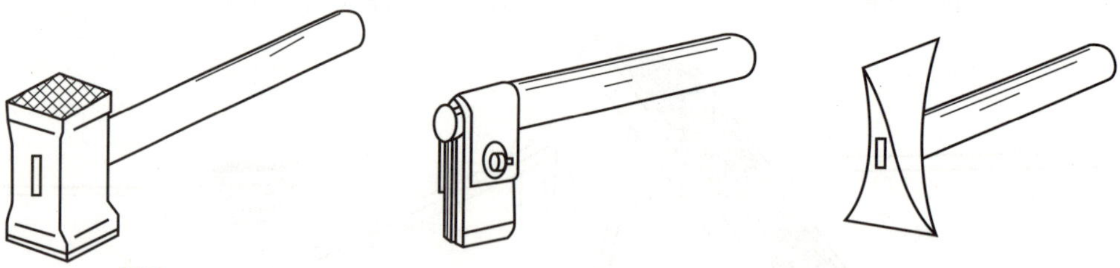

图 2-5-8　斩假石工具

①花锤：石工常用的工具，也用于斩假石。
②单刀或多刀：多刀由几个单刀组成，用于剁斩假石。
③斩斧(剁斧)：适用于剁斩假石，也可以用于清理混凝土基层。
8)其他工具(图 2-5-9)。
①滚筒：用于抹水磨石地面和细石地面压实。

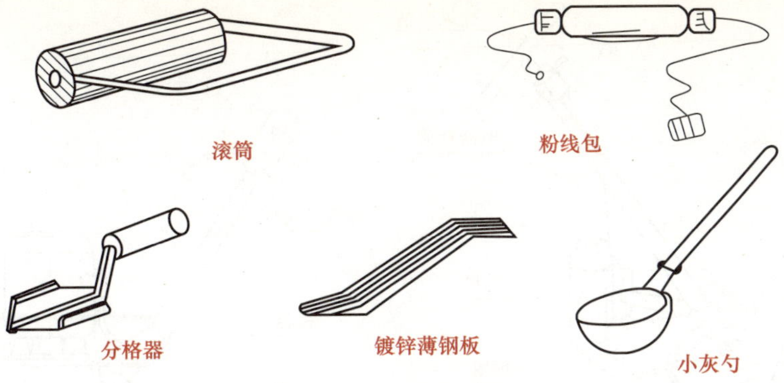

图 2-5-9　其他工具

②粉线包：用于弹线。

③分格器：用于分缝、分格。

④镀锌薄钢板：用弹性较好的薄钢板镀锌制成，用于小面积或铁抹子伸不进去的地方的抹灰或修理。

⑤小灰勺：用于抹灰时舀砂浆。

(2)抹灰常用小型机具。

1)砂浆搅拌机。砂浆搅拌机的种类较多，一般常用的规格有 200～325 L，每台班搅拌砂浆的产量为 18～26 m^3。其外形如图 2-5-10 所示。

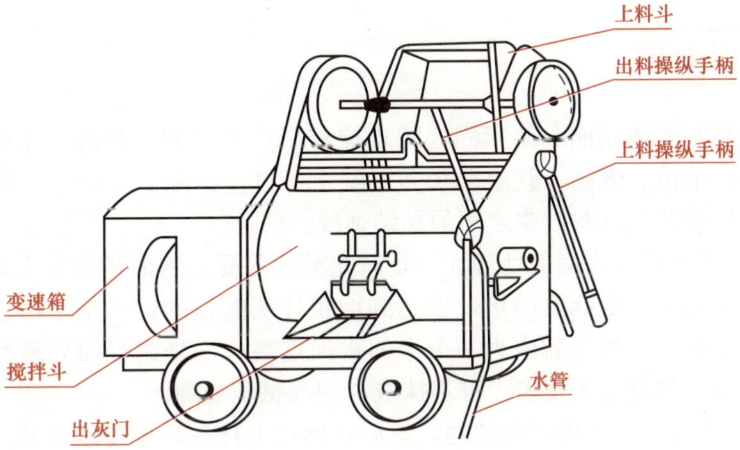

图 2-5-10　砂浆搅拌机

2)地面压光机(又称地平收光机、水泥抹光机)。在转子中部的十字架底面安装 2～4 片抹刀，抹刀的倾斜方向与转子旋转方向一致，转子外缘装有三角皮带，由电动机带动三角皮带使抹刀转子旋转。操作时，先握住操作手柄，启动电动机，抹刀即旋转对水泥地面进行抹光。其外形如图 2-5-11 所示。

3)地面磨石机。地面磨石机有单盘、双盘和手提式电动磨石机。单盘磨石机的工作原理是：由电动机通过减速箱带动磨石转盘旋转，转盘底部装有 2～3 套磨石夹具，能夹牢 2～3 块三角磨石，当转盘旋转时，带动磨石工作，同时，由水管向磨石喷注清水进行冷却。其外形如图 2-5-12 所示。

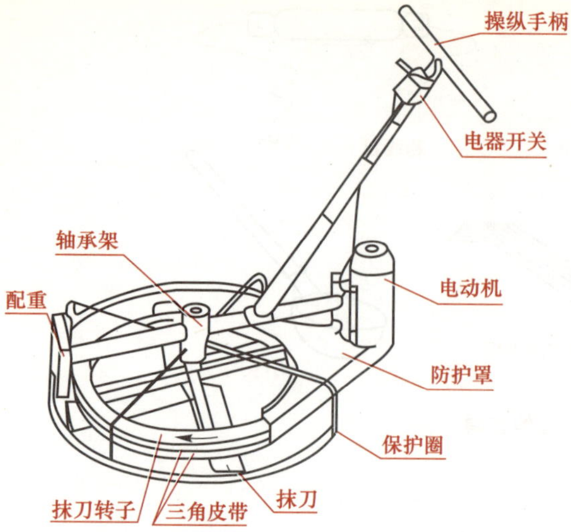

图 2-5-11　地面压光机

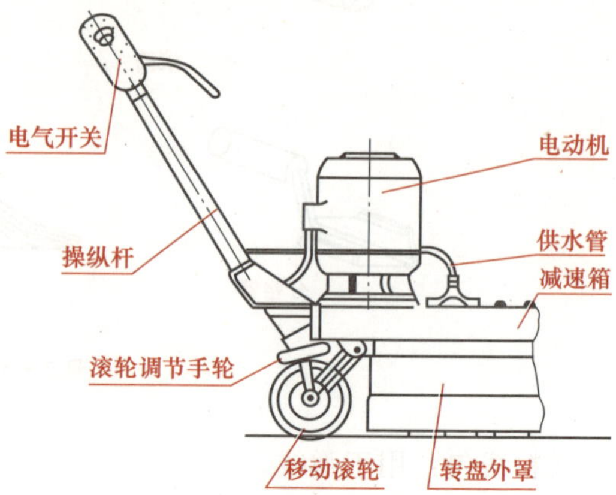

图 2-5-12　单盘磨石机

任务 5.2　抹灰工程的施工准备

5.2.1　基体处理

为使抹灰砂浆与基体表面黏结牢固，防止抹灰层产生空鼓、脱落，抹灰前应对基体表面的灰尘、污垢、油渍、碱膜、跌落砂浆和混凝土等进行清除。不同材质的基体表面应有相应的处理，以增强其与抹灰砂浆之间的黏结强度。

(1)光滑的混凝土基体表面的处理。一是对光滑的混凝土表面进行凿毛处理，即用扁铲或錾子在混凝土表面凿密密麻麻的坑，以达到增粗挂灰的目的；二是采用甩浆法，即把素水泥浆撒到混凝土面上，凝固后成为一个个的水泥疙瘩；三是刷界面处理剂，以增加基层与抹灰层的黏结力。如设计无要求，可不抹灰，用刮腻子处理。

(2)轻质混凝土基层可采用钉钢丝网，然后在网格上抹灰，也可以在基层刷上一道增加基层与抹灰层黏结力的封闭层，再抹灰。

(3)不同材料基体交接处表面的抹灰，如木结构与砖石砌体、混凝土结构等相接处，应采取防止开裂的加强措施，当采用加强网时，加强网与各基体间的搭接宽度每侧不应小于100 mm。

5.2.2　其他准备工作

(1)门窗框与墙体交接处缝隙应用水泥砂浆或混合砂浆分层嵌堵，并做好下列项目的隐蔽记录：

1)预埋件和锚固件。

2)隐蔽部位的防腐、填嵌处理。

(2)对墙面上的脚手眼、孔洞等要用砌块补砌，对电线管等剔槽要用水泥砂浆进行填嵌。

(3)在屋面防水层及楼面面层已经施工完毕，穿过顶棚的各种管道已经安装就绪，顶棚与墙体间及管道安装后遗留空隙已经清理并填堵严实后方可进行顶棚抹灰。

(4)在主体结构施工完毕，外墙所有预埋件、嵌入墙体内的各种管道已安装完毕，阳台栏杆已装好，大板结构外墙面接缝防水已处理完毕，脚手架已搭设好之后方可进行外墙抹灰。

任务 5.3　一般抹灰的工艺过程

5.3.1　内墙抹灰

1. 设置标筋

为有效地控制抹灰厚度，特别是保证墙面垂直度和整体平整度，在抹底、中层灰前应设置标筋作为抹灰的依据。

设置标筋即找规矩，分为做灰饼和做标筋两个步骤。做灰饼前，应先确定灰饼的厚度。用托线板和靠尺检查整个墙面的平整度和垂直度，根据检查结果确定灰饼的厚度，一般最薄处不应小于 7 mm。先在墙面距地 1.5 m 左右的高度距两边阴角 100～200 mm 处，按所确定的灰饼厚度用抹灰基层砂浆各做一个 50 mm×50 mm 见方的矩形灰饼，然后用托线板或线锤在此灰饼面吊挂垂直，做对应上、下的两个灰饼。上方和下方的灰饼应距顶棚和地面 150～200 mm，其中下方的灰饼应在踢脚板上口以上。随后在墙面上方和下方的左右两个对应灰饼之间，用钉子钉在灰饼外侧的墙缝内，以灰饼为准，在钉子间拉水平横线，沿线每隔 1.2～1.5 m 补做灰饼，如图 2-5-13 所示。

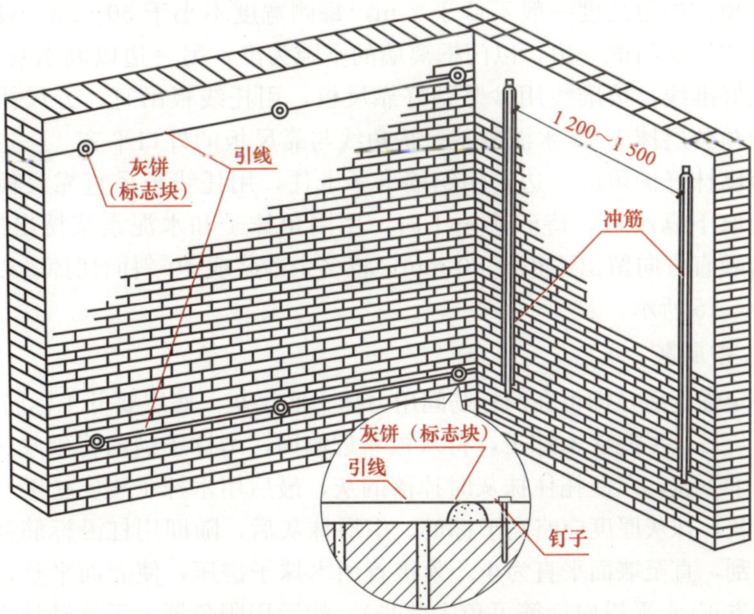

图 2-5-13　挂线做标志块及标筋

标筋是以灰饼为准在灰饼间所做的灰埂，作为抹灰平面的基准。具体做法是用与底层抹灰相同的砂浆在上、下两个灰饼间先抹一层，再抹第二层，形成宽度为 100 mm 左右，厚度比灰饼高出 10 mm 左右的灰埂，然后用木杠紧贴灰饼搓动，直至把标筋搓得与灰饼齐平为止。最后要将标筋两边用刮尺修成斜面，以便与抹灰面接槎顺平。标筋的另一种做法是采用横向水平标筋。此种做法与垂直标筋相同。同一墙面的上、下水平标筋应在同一垂直面内。标筋通过阴角时，可用带垂球的阴角尺上下搓动，直至上、下两条标筋形成相同且角顶在同一垂线上的阴角。阳角可用长阳角尺同样合在上、下标筋的阳角处搓动，形成角顶在同一垂线上的标筋阳角。水平标筋的优点是可保证墙体在阴、阳转角处的交线顺直，并垂直于地面，避免出现阴、阳交线扭曲不直的弊病。同时水平标筋通过门窗框，有标筋控制，墙面与框面可结合平整。横向水平标筋示意如图 2-5-14 所示。

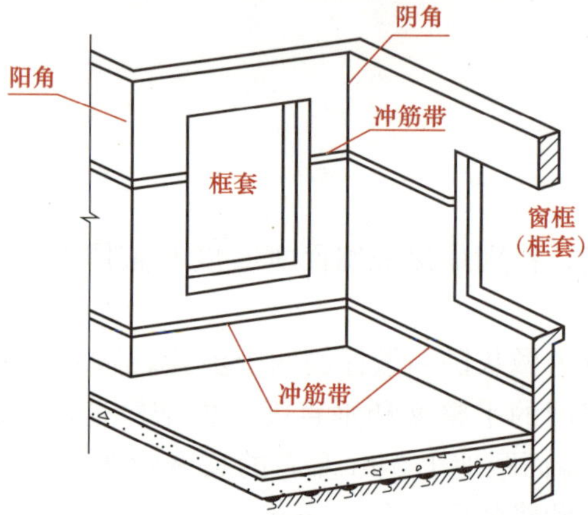

图 2-5-14　横向水平标筋示意

2. 做护角

为保护墙面转角处不易遭碰撞损坏，在室内抹面的门窗洞口及墙角、柱面的阳角处应做水泥砂浆暗护角。护角高度一般不低于 2 m，每侧宽度不小于 50 mm。具体做法是：先将阳角用方尺规方，靠门框一边，以门框离墙的空隙为准，另一边以墙面灰饼厚度为依据。最好在地面上划好准线，按准线用砂浆粘好靠尺板，用托线板吊直，方尺找方。然后在靠尺板的另一边墙角分层抹 1∶2 水泥砂浆，护角线与靠尺板的外口平齐。一边抹好后，然后把靠尺板移动至已抹好护角的一边，用钢筋卡子卡住，用托线板吊直靠尺板，把护角的另一面分层抹好。取下靠尺板，待砂浆稍干时，用阳角抹子和水泥素浆捋出护角的小圆角，最后用靠尺板沿顺直方向留出不小于 50 mm，将多余砂浆成 40°斜面切掉，以便抹面时与护角接槎，如图 2-5-15 所示。

3. 抹底层、中层灰

待标筋有一定强度后，即可在两标筋间用力抹上底层灰，底层要低于标筋，由上往下抹，用一手握住灰板，另一手握住木抹子，将灰板靠近墙面，木抹子横向将砂浆抹在墙面上。灰板要时刻接在抹子下边，以便托住抹灰时掉落的灰，最后用木抹子压实槎毛。待底层灰收水后，即可打中层灰，抹灰厚度应略高于标筋。中层抹灰后，随即用杠沿标筋刮平，不平处补抹砂浆，然后再刮，直至墙面平直为止。紧接着用木抹子搓压，使表面平整密实。阴角处先用方尺上下核对方正(水平横向标筋可免去此步)，然后用阴角器上下抽动抹平，使室内四角方正为止，如图 2-5-16 所示。需要注意的是，无论底层抹灰还是中层抹灰，抹灰层每遍的涂抹厚度均要满足如下要求：水泥砂浆每遍宜为 5～7 mm，水泥混合砂浆和石灰砂浆每遍宜为 7～9 mm。当抹灰层的总厚度大于或等于 35 mm 时，应采取防止开裂的加强措施。

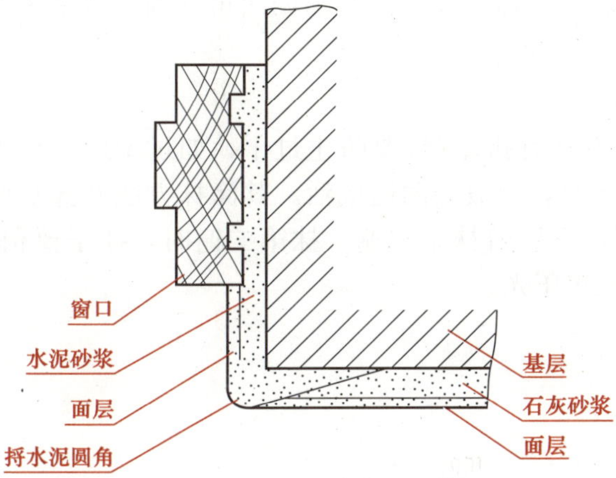

图 2-5-15　护角

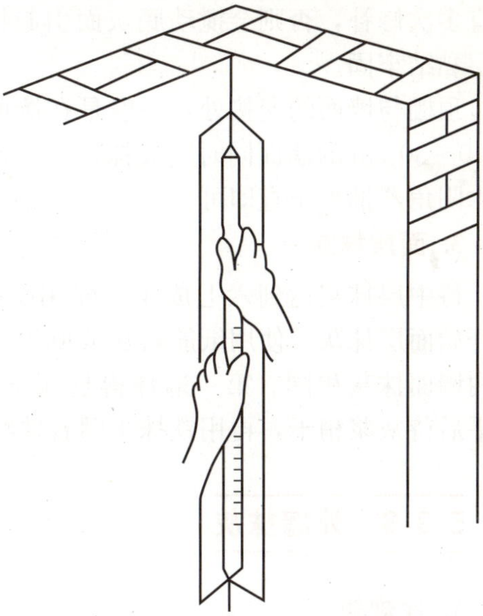

图 2-5-16　阴角的扯平找直

4. 抹面层灰

一般室内墙面常采用纸筋灰石、麻刀石灰、石灰砂浆、水泥砂浆等，待中层灰有六七成干时，即可抹面层灰。操作一般从阴角或阳角处开始，自左向右进行。一个在前抹面灰，另一人在后找平整，并要压平溜光。压光后，用排笔蘸水横刷一遍，使表面色泽一致，再用铁抹子压实赴光，面层则会更为细腻光滑。阴、阳角处用阴、阳角抹子捋光，并随手用毛刷蘸水将门窗边口阳角、墙裙和踢脚板上口等处刷干净。面层抹灰经过赶光压实后的厚度，麻刀灰不得大于 3 mm，纸筋灰、石膏灰不得大于 2 mm。

5.3.2　顶棚抹灰

1. 找规矩

顶棚抹灰通常不做标志块和标筋，而用目测的方法控制其平整度，以无明显高低不平及接槎痕迹为准。先根据顶棚的水平面，确定抹灰厚度，然后在墙面的四周与顶棚交接处弹出水平线，作为抹灰的水平标准。

2. 底、中层抹灰

一般底层砂浆采用配合比为水泥∶石灰膏∶砂＝1∶0.5∶1 的水泥混合砂浆或水胶比为 0.4 的素水泥浆刷一遍作为结合层，底层抹灰厚度不易太厚。底层抹灰后紧跟着就抹中层砂浆，其配合比一般采用水泥∶石灰膏∶砂＝1∶3∶9 的水泥混合砂浆或 1∶3 水泥砂浆，抹后用软刮尺刮平赶匀，随刮随用长毛刷子将抹印顺平，再用木抹子搓平。顶棚管道周围用小工具顺平。

抹灰的顺序一般是由前往后退，并注意其方向必须同基体的缝隙(混凝土板缝)成垂直方向。这样，容易使砂浆挤入缝隙与基底牢固结合。

抹灰时，厚薄应掌握适度，随后用软刮尺赶平。如平整度欠佳，应再补抹和赶平，但不宜多次修补，否则会搅动底灰而引起掉灰。如底层砂浆吸水快，应及时洒水，以保证与底层黏结牢固。

顶棚与墙面的交接处，一般是在墙面抹灰完成后再补做，也可在抹顶棚时，先将距顶棚 20～30 cm 的墙面同时完成抹灰，方法是用铁抹子在墙面与顶棚交角处添上砂浆，然后用木阴角器抽平压直即可。

3. 面层抹灰

待中层抹灰达到六七成干，即用手按不软有指印时(要防止过干，如过干应稍洒水)，再开始面层抹灰。使用纸筋石灰或麻刀石灰时，一般分两遍成活。其涂抹方法及抹灰厚度与内墙面抹灰相同。第一遍抹得越薄越好，紧跟着抹第二遍。抹第二遍时，抹子要稍平，抹平后待灰浆稍干，再用铁抹子顺着抹纹压实压光。

5.3.3 外墙抹灰

1. 找规矩

同内墙抹灰。但要在相邻两个抹灰面相交处挂垂线。

2. 挂线、做灰饼

由于外墙抹灰面大，且门窗、阳台、明柱、腰线等要横平竖直，外墙面抹灰应先上部后下部，先檐口再墙面。因此，外墙抹灰找规矩要在四角先挂好由上至下的垂直通线。垂直吊好后，根据大致决定的抹灰厚度，每步架大角两侧最好弹上控制线，直拉水平通线，根据控制线与水平线做灰饼，竖向每步架做一个灰饼，然后做标筋。

3. 铺抹底、中层灰

底层、中层灰操作方法与内墙面相同。若为水泥混合砂浆，配合比为水泥∶石灰膏∶砂=1∶1∶6；如为水泥砂浆，配合比为水泥∶砂=1∶3。底层砂浆凝固具有一定强度后，再抹中层，为提高与其面层的附着力应将其灰面用木抹子搓平后扫毛或用铁抹子顺手划毛，浇水养护。

4. 弹线粘分格条

室外抹灰时，为了增加墙面美观，避免罩面砂浆收缩后产生裂缝及大面积热膨胀而空鼓脱落，要设置分格缝，分格缝处粘贴分格条。分格条现常用塑料条，规格有 20 mm、25 mm、30 mm 等几种。为了粘贴牢固，在水泥浆中应掺一些胶。待中层灰六七成干后，按要求弹分割线，分割条两侧用黏稠素水泥浆与墙面抹成 45°角，分格条布置应横平竖直，分格条的上表面和将来的面层灰的上表面在同一面，分格条永久留在外墙。

5. 抹面层灰

外墙抹灰层要求有一定的耐久性。抹面层时先用 1∶2.5 水泥砂浆薄薄刮一遍；抹第二遍时，与分格条抹齐平，然后按分格条厚度刮平、搓实、压光，再用刷子蘸水按同一方向轻刷一遍，以达到颜色一致，并清刷分格条上的砂浆。抹灰完成 24 h 后要注意养护，宜淋水养护 7 d 以上。

另外，外墙面抹灰时，在窗台、窗楣、雨篷、阳台、檐口等部位应做流水坡度。设计无要求时，可做10%的泛水。下面应做滴水线或滴水槽，滴水槽的宽度和深度均不小于10 mm。要求棱角整齐，光滑平整，起到挡水作用。

5.3.4 细部抹灰

一般室内外抹灰有踢脚板、墙裙、勒脚、窗台、压顶、檐口、阳台、坡道、散水等多种细部抹灰。

1. 踢脚板、墙裙及外墙勒脚

内外墙、厨房和厕所的墙脚是经常潮湿和易受碰撞的部位，要求防水、防潮、坚硬。因此，抹灰时往往在室内设踢脚板或墙裙，在外墙底部设勒脚，厕所、厨房，通常用1∶3水泥砂浆抹底、中层，用1∶2或1∶2.5水泥砂浆抹面层。

抹灰时，根据墙上施工的水平基线用墨斗或粉线包弹出踢脚板、墙裙或勒脚高度尺寸水平线，并根据墙面抹灰厚度，决定勒脚板、墙裙的厚度。凡阳角处，用方尺规方，最好在阳角处弹上直角线。

规矩找好后，进行基层处理，尤其要注意和墙体的相接处，否则会由于两种材料的线膨胀系数不同产生空鼓、开裂。基层处理干净后，浇水湿润。按弹好的水平线，将八字靠尺板粘嵌在上口，靠尺板表面正好是踢脚板、墙裙或勒脚的抹灰面。用1∶3水泥砂浆抹底、中层，再用木抹子搓平、扫毛、浇水养护。待底、中层砂浆六七成干时，就应进行面层抹灰。面层用1∶2.5水泥砂浆先薄刮一遍，再抹第二遍。先抹平八字靠尺、搓平、压光，然后起下八字靠尺，用小阳角抹子捋光上口，再用铁压子压光。

另一种方法是在抹底、中层砂浆时，先不嵌靠尺板，而在抹完罩面灰后用粉线包弹出踢脚板、墙裙或勒脚的高度尺寸线，把靠尺板靠在线上口用抹子切齐，再用小阳角抹子捋光上口，然后再压光。

2. 窗台

一般窗台分为外窗台和内窗台。

抹内窗台时，先将窗台基体清理洁净，并将松动部位修整好，深划砖缝，用水冲洗透，然后用细石混凝土铺实，其厚度控制为25 mm，窗台两端抹灰要超过窗口6 cm，24 h以后刷素水泥浆，接着用1∶2.5水泥砂浆抹面层，窗台板下口要求平直，不得有毛刺。待面层脱水、颜色开始变白时，浇水养护3～4 d。

抹外窗台和抹内窗台做法相同，但应注意解决以下几个问题：

(1)外窗台板要比内窗台板低10 mm左右。

(2)外窗台板必须有顺水坡，防止倒泛水。

(3)外窗台板抹灰一般在底面做滴水槽或滴水线，以阻止雨水沿窗台往墙面上淌。滴水槽的做法通常在底面距边口2 cm处粘贴分格条(滴水槽的宽度及深度均不小于10 mm，要整齐一致)。窗台的平面应向外呈流水坡度。滴水线的做法是将窗台下边口的直角改成锐角，并将角往下伸约10 mm，形成滴水，如图2-5-17所示。

(4)要求表面要平整光洁，棱角清晰；与相邻窗台的高度进出要一致，横竖都要成一条线；排水通畅，不渗水，不湿墙。

(5)及时覆盖和浇水养护，防止日晒失水、干裂。

3. 压顶

压顶一般为女儿墙顶现浇的混凝土板带(也有用砖砌的)。压顶要求表面平整光洁，棱角清晰，水平成线，凸出一致。因此，抹灰前一定要拉水平通线，对于高低进出不上线的要凿掉或补齐。但因其两面有檐口，在抹灰时一面要做流水坡度，两面都要设滴水线，如图 2-5-18 所示。

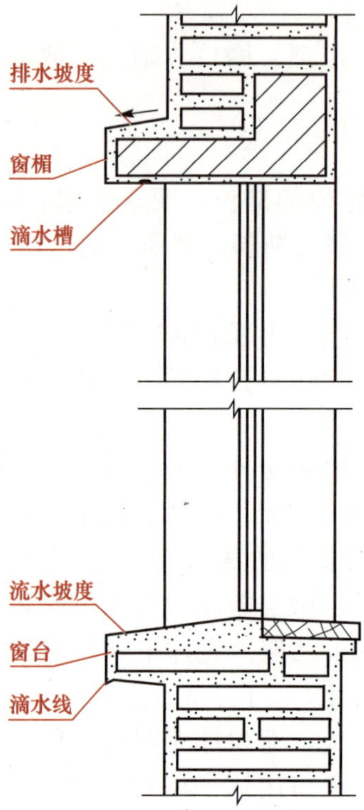

图 2-5-17　滴水线

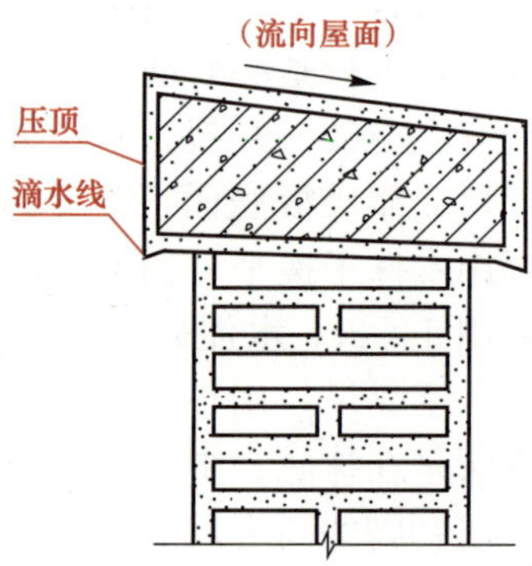

图 2-5-18　压顶抹灰

4. 阳台

阳台抹灰是室外装饰的重要部分，要求各阳台上下成垂直线，左右成水平线，进出一致，各个细部统一，颜色一致。抹灰前要注意清理基层，把混凝土基层清扫干净并用水冲洗，用钢丝刷子将基层刷到露出混凝土新槎。

阳台抹灰找规矩的方法是：由最上层阳台凸出阳角及靠墙阴角往下挂垂线，找出上下各层阳台进出误差及左右垂直误差，以大多数阳台进出及左右边线为依据，对于误差小的，可以上下左右顺一下，对于误差太大的，要进行必要的结构处理。

对于各相邻阳台要拉水平通线，对于进出及高低差太大的要进行处理。

根据找好的规矩，确定各部位大致抹灰厚度，再逐层逐个找好规矩，做灰饼抹灰。最上层两头抹好后，以下都以这两个挂线为准做灰饼。抹灰还应注意阳台地面排水坡度方向，要顺向阳台两侧的排水孔，不要抹成倒流水。

阳台底面抹灰与顶棚抹灰相同。清理基层、湿润、刷素水泥浆，分层抹底层、中层水泥砂浆，面层有抹纸筋灰，也有刷白灰水的。

阳台上面用 1∶3 水泥砂浆做面层抹灰，留好排水坡度。

阳台挑梁和阳台梁，也要按规矩抹灰，高低、进出要整齐一致，棱角清晰。

任务 5.4　装饰抹灰的工艺过程

装饰抹灰的底层和中层与一般抹灰做法基本相同，其装饰面层按所使用的材料、施工方法和表面效果又可分为水刷石、斩假石、干粘石、喷涂、滚涂、弹涂等。

装饰抹灰

5.4.1　水刷石施工

水刷石是常用的一种外墙装饰抹灰。面层材料的水泥可采用白水泥或普通水泥。颜料应选耐碱、耐光、分散性好的矿物颜料。集料可选用中、小八厘石粒，玻璃碴、粒砂等，集料颗粒应坚硬、均匀、洁净，色泽一致。

1. 抹底、中层灰

(1)抹底层灰。

1)砖基体。采用1∶3水泥砂浆，分两遍成活，其厚度以12 mm为宜。抹灰时应将水泥砂浆压入砖缝内，使其与基体结合牢固，并用抹子压实搓平，将表面搓成毛面，成活24 h后浇水养护。

2)混凝土基体。首先刷素水泥浆一道，然后抹1∶3水泥砂浆，表面应扫毛，24 h后浇水养护。

(2)抹中层灰。底层砂浆达到强度后，上下拉垂直线、拉水平线、套方、冲筋，即采用1∶3水泥砂浆刮平，搓平压实。

2. 弹线、贴分格条

中间层砂浆达到一定强度后，按照设计要求或规定的数据弹线，确定分格条的位置。木质分格条应在粘贴前放入水中浸透。粘贴时应在分格条两侧用素水泥浆以45°抹成八字形。分格条的粘贴应横平竖直，交接紧密平顺。

3. 抹面层石子浆

待中层砂浆初凝后，酌情将中层抹灰层润湿，马上用水胶比为0.4的素水泥浆满刮一遍，随即抹面层石子浆。石子浆面层稍收水后，用铁抹子将面层浆满压一遍，把露出的石子棱尖轻轻拍平，然后用刷子蘸水刷一遍，再通压一遍。如此反复刷压不少于三遍，最后用铁抹子拍平，使表面石子大面朝外，排列紧密均匀。

4. 冲刷面层

冲刷面层是影响水刷石质量的关键环节。凝结前应用清水自上而下洗刷，并采取措施防止污染墙面。待面层开始凝结，手指按上去不显指痕，刷表面而石粒不掉时，紧跟着用喷雾器向四周相邻部位喷水。喷头离墙面100～200 mm，喷水顺序应由上至下，喷水压力要合适，喷水要均匀密布，一般以喷洗到石子露出灰浆面的1～2 mm为宜。前道工序完成后用清水(水管或水壶)从上到下冲净表面。冲刷的时间要严格掌握，过早或过度则石子显露过多，易脱落；冲刷过晚则水泥浆冲刷不净，石子显露不够或饰面浑浊，影响美观。冲刷上段时，下段墙面可用牛皮纸或塑料布遮盖，将冲刷的水泥浆外排。若墙面面积较大，则应先罩面先冲洗，后罩面后冲洗。罩面顺序也是先上后下，这样既可保证各部分的冲刷时间，又可保护下段墙面不受到损坏。在冲洗表面灰浆时，若面层出现局部石渣颗粒不均匀的现象，应用铁抹子轻轻拍压，使表面石渣颗粒均匀一致。如有干裂、风裂，要用铁抹子抹压，以防止裂缝渗水造成坍塌。

5. 起分格条

冲刷面层后，适时起出分格条，用小线抹子顺线溜平，然后根据要求用素水泥浆做出凹缝并上色。

5.4.2 斩假石施工

斩假石是一种在硬化后的水泥石子浆面层上用斩斧等专用工具斩琢，形成有规律剁纹的一种装饰抹灰方法。其集料宜采用小八厘或石屑，成品的色泽和纹理与细琢面花岗石或白云石相似。

1. 抹面层

抹底、中层灰，弹线，贴分格条和水刷石一样。抹面层水泥石子浆是在已硬化的水泥砂浆中层上洒水湿润，用素水泥浆刷一遍，随即抹面层。面层石粒浆的配合比为 1∶1.25 或 1∶1.5，稠度为 5～6 cm，集料采用 2 mm 粒径的米粒石，内掺 0.3 mm 左右粒径的白云石屑。面层抹面厚度为 10 mm，抹后用木抹子打磨拍平，不要压光，但要拍出浆，石渣浆应与分格条相平，抹完后，随即用软毛刷蘸水将剁水泥浆轻刷掉露出石粒。但注意不要用力过重，以免石粒松动。抹完 24 h 后浇水养护。

2. 斩剁面层

在正常温度(15 ℃～30 ℃)下，面层养护 2～3 d，低温(5 ℃～15 ℃)下，面层养护 4～5 d 后即可试剁，剁石之前应洒水润湿，以免石渣爆裂。试剁以石粒不脱掉、较易剁出斧迹为准。斩剁的顺序一般为先上后下，由左至右，先剁转角和四周边缘，后剁大面。斩剁前应先弹顺线，相距约为 10 cm，按线斩剁，以免剁纹跑斜。剁纹深度一般以 1/4～1/3 石粒粒径为宜。为了美观，一般在分格缝和阴、阳角周边留出 15～20 mm 的边框线不剁。斩剁完后，墙面应用清水冲刷干净，起出分格条，用钢丝刷刷净分格缝处。按设计要求，可在缝内做凹缝并上色。

5.4.3 干粘石施工

干粘石是将干石子直接粘在砂浆层上的一种装饰抹灰做法。装饰效果与水刷石差不多，但湿作业量小，节约原材料，又能明显提高工效。

干粘石面层操作方法和施工要点如下。

1. 抹黏结层

待中层水泥砂浆干至七成左右，洒水湿润后，粘分格条，待分格条粘牢后，在墙面刷水泥浆一遍，随后按格抹砂浆黏结层(1∶3 水泥砂浆，厚度为 4～6 mm，砂浆稠度≤8 cm)，黏结层砂浆一定要抹平，不显抹纹，按分格大小，一次抹一块或数块，应避免在块中甩槎。

2. 甩石子

干粘石所选石子的粒径比水刷石要小些，一般为 4～6 mm。黏结砂浆抹平后，应立即甩石子，先甩四周易干部位，然后甩中间，要做到大面均匀，边角和分格条两侧不漏粘，由上而下快速进行。石子使用前应用水冲洗干净晾干，甩时用托盘盛装，托盘底部用窗纱钉成，以便筛净石子中的残留粉末。如发现饰面上石子有不匀或过稀现象，应用抹子或手直接补贴，否则会使墙面出现死坑或裂缝。

3. 压石子

当黏结砂浆表面均匀地粘上一层石子后，用抹子或辊子轻轻压一下，使石子嵌入砂浆的深度不小于1/2的石子粒径。拍压后石子表面应平整坚实，拍压时用力不宜过大，否则容易翻浆糊面，出现抹子或滚子轴的印迹。阳角处应在角的两侧同时操作，否则当一侧石子粘上后再粘另一侧时不易粘上，出现明显的接槎黑边。

干粘石也可用机械喷石代替手工甩石，施工时利用压缩空气和喷枪将石子均匀有力地喷射到黏结层上。喷头对准墙面距墙300～400 mm，气压以0.6～0.8 MPa为宜。在黏结层硬化期间，应洒水养护，保持湿润。

4. 起分格条与修整

干粘石墙面达到表面平整，石子饱满，即可将分格条取出，取分格条应注意不要掉石子。如局部石子不饱满，可立即刷108胶水溶液，再甩石子补齐。将分格条取出后，随用小溜子和素水泥浆将分格缝修补好，使之顺直清晰。

虽然干粘石操作简便，但久经风吹雨打易产生脱粒现象，现在已不多采用。

5.4.4 聚合物水泥砂浆的喷涂、滚涂与弹涂施工

1. 喷涂

喷涂是把聚合物水泥砂浆用砂浆泵或喷斗将砂浆喷涂于外墙面形成的装饰抹灰。

(1)材料要求。浅色面层用白水泥，深色面层用普通水泥；细集料用中砂或浅色石屑，含泥量不大于3%，过3 mm孔筛。

聚合物砂浆应用砂浆搅拌机进行拌和。先将水泥、颜料、细集料干拌均匀，再边搅拌边顺序加入木质素磺酸钠(先溶于少量水中)、108胶和水，直至全部搅拌均匀为止。如是水泥石灰砂浆，应先将石灰膏用少量水调稀，再加入水泥与细集料的干拌料中。拌和好的聚合物砂浆，宜在2 h内用完。

喷涂聚合物砂浆的主要机具设备有空气压缩机(0.6 m^3/min)、加压罐、灰浆泵、振动筛(5 mm筛孔)、喷枪、喷斗、胶管(25 mm)、输气胶管等。波面喷涂使用喷枪。第一遍喷到底层灰变色即可，第二遍喷至出浆不流为度，第三遍喷至全部出浆，表面均匀呈波状，不挂流，颜色一致。喷涂时枪头应垂直于墙面，相距为30～50 cm，其工作压力，在用挤压式灰浆泵时为0.1～0.15 MPa，空压机压力为0.4～0.6 MPa。喷涂必须连续进行，不宜接槎。粒状喷涂使用喷斗。第一遍满喷盖住底层，收水后开足气门喷布碎点，快速移动喷斗，勿使出浆，第二、三遍应有适当间隔，以表面布满细碎颗粒、颜色均匀不出浆为原则。喷斗应与墙面垂直，相距40～60 cm(图2-5-19)。

(2)喷涂时应注意以下事项：

1)门窗和不做喷涂的部位应事先遮盖，防止污染。

2)干燥的底层灰，在喷涂前应洒水湿润。在底层灰面上刷涂层108胶水溶液后应随即

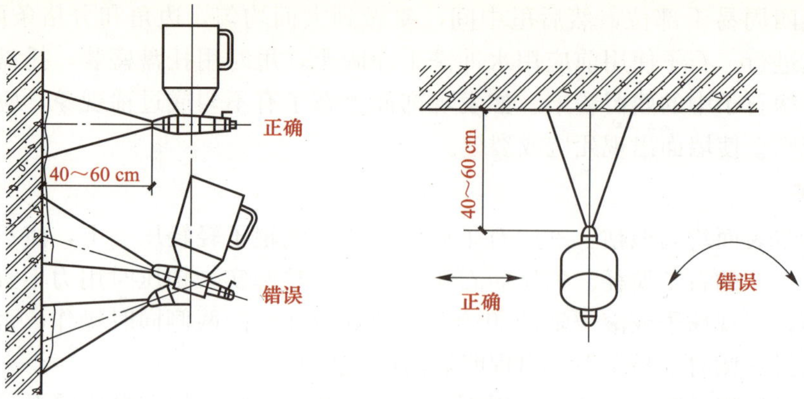

图 2-5-19　喷涂墙面示意

进行喷涂。

3)喷涂时环境温度不宜低于－5 ℃。

4)大面积喷涂，宜在墙面上预先粘贴分格条，分格区内喷涂应连续进行。面层结硬后取出分格条，用水泥砂浆勾缝。

5)喷涂面层的厚度宜控制在 3～4 mm。面层干燥后应涂一遍甲基硅醇钠憎水剂。

2. 滚涂

滚涂是将 2～3 mm 厚带色的聚合物水泥砂浆均匀地涂抹在底层上，用平面或刻有花纹的橡胶、泡沫塑料滚子在罩面层上直上直下施滚涂拉，并一次成活滚出所需花纹。

滚涂饰面的底、中层抹灰与一般抹灰相同。中层一般用 1∶3 水泥砂浆，表面搓平实。然后根据图纸要求，将尺寸分匀以确定分格条位置，弹线后贴分格条。抹灰面干燥后，喷涂有机硅溶液一遍。滚涂操作有干滚和湿滚两种。干滚法是滚子不蘸水，滚子上下来回后再向下滚一遍，达到表面均匀拉毛即可，滚出的花纹较粗，但工效较高；湿滚法为滚子蘸水上墙，并保持整个表面水量一致，滚出的花纹较细，但比较费工。

3. 弹涂

弹涂是利用弹涂器将不同色彩的聚合物水泥砂浆弹在色浆面层上，形成类似于干粘石效果的装饰面。

弹涂基层除砖墙基体应先用 1∶3 水泥砂浆抹找平层并搓平外，一般混凝土等表面较为平整的基体，可直接刷底色浆后弹涂。基体应干燥、平整、棱角规矩。弹涂时，先将基层湿润刷(喷)底色浆，然后用弹涂器将色浆弹到墙面上，形成直径为 1～3 mm 大小的图形花点，弹涂面层厚为 2～3 mm，一般 2～3 遍成活，每遍色浆不宜太厚，不得流坠，第一遍应覆盖 60%～80%，最后罩一遍甲基硅醇钠憎水剂。弹涂应自上而下、从左向右进行。先弹深色浆，后弹浅色浆。喷涂、滚涂、弹涂饰面层，要求颜色一致，花纹大小均匀，不显接槎。

4. 假面砖

假面砖又称仿面砖，适用于装饰外墙面，远看像贴面砖，近看是彩色砂浆抹灰层上分格。

假面砖抹灰层由底层灰、中层灰、面层灰组成。底层灰宜用 1∶3 水泥砂浆，中层灰宜用 1∶1 水泥砂浆，面层灰宜用 5∶1∶9 水泥石灰砂浆(水泥∶石灰膏∶细砂)，按色彩需要掺入适量矿物颜料，成为彩色砂浆。面层灰厚为 3～4 mm。

待中层灰凝固后，洒水湿润，抹上面层彩色砂浆，要压实抹平。待面层灰收水后，用铁梳或铁辊顺着靠尺由上而下划出竖向纹，纹深约 1 mm，竖向纹划完后，再按假面砖尺寸，弹出水平线，将靠尺靠在水平线上，用铁刨或铁钩顺着靠尺划出横向沟，沟深为 3～4 mm。全部划好纹、沟后，清扫假面砖表面。

5. 仿石

仿石适用于装饰外墙。仿石抹灰层由底层灰、结合层及面层灰组成。底层灰用 12 mm 厚 1∶3 水泥砂浆，结合层用水泥浆(内掺水重 3%～5%的 108 胶)，面层用 10 mm 厚 1∶0.5∶4 水泥石灰砂浆。

仿石施工要点：

(1)底层灰凝固后，在墙面上弹出分块线，分块线按设计图案而定，使每一分块呈不同尺寸的矩形或多边形。

(2)洒水湿润墙面按照分块线，将木分格条用稠水泥浆粘贴在墙面上。

(3)在各分块涂刷水泥浆结合层，随即抹上水泥石灰砂浆面层灰，用刮尺沿分格条刮平，再用木抹搓平。

(4)待面层稍收水后，用短直尺紧靠在分格条上，用竹丝帚将面灰扫出清晰的条纹。各分块之间的条纹应一块横向、一块竖向，竖横交替。若相邻两块条纹方向相同，则其中一块可不扫条纹。

(5)扫好条纹后，应立即起出分格条，用水泥砂浆勾缝，进行养护。

(6)面层干燥后，扫去浮灰；再用胶漆刷涂两遍，分格缝不刷漆。

任务 5.5 抹灰工程施工质量标准和检验方法

5.5.1 一般规定

(1)抹灰工程验收时应检查下列文件和记录：

1)抹灰工程的施工图、设计说明及其他设计文件。

2)材料的产品合格证书、性能检测报告、进场验收记录和复验报告。

3)隐蔽工程验收记录。

4)施工记录。

(2)抹灰工程应对水泥的凝结时间和安定性进行复验。

(3)抹灰工程应对下列隐蔽工程项目进行验收：

1)抹灰总厚度大于或等于 35 mm 时的加强措施。

2)不同材料基体交接处的加强措施。

(4)各分项工程的检验批应按下列规定划分：

1)相同材料、工艺和施工条件的室外抹灰工程每 500～1 000 m^2 应划分为一个检验批，不足 500 m^2 也应划分为一个检验批。

2)相同材料、工艺和施工条件的室内抹灰工程每 50 个自然间(大面积房间和走廊按抹灰面积 30 m^2 为一间)应划分为一个检验批，不足 50 间也应划分为一个检验批。

(5)检查数量应符合下列规定：

1)室内每个检验批应至少抽查10%，并不得少于3间；不足3间时应全数检查。

2)室外每个检验批每100 m^2 应至少抽查一处，每处不得小于10 m^2。

(6)抹灰层与基层之间及各抹灰层之间必须黏结牢固。

(7)检查数量应符合下列规定：

1)室内每个检验批应至少抽查10%，并不得少于3间；不足3间时应全数检查。

2)室外每个检验批每100 m^2 应至少抽查一处，每处不得小于10 m^2。

5.5.2 一般抹灰质量标准和检验方法

1. 主控项目

(1)抹灰前基层表面的尘土、污垢、油渍等应清除干净，并洒水润湿。

检验方法：检查施工记录。

(2)抹灰所用材料的品种和性能应符合设计要求。水泥的凝结时间和安定性复验合格。砂浆的配合比应符合设计要求。

检验方法：检查产品合格证书、进场验收记录、复验报告和施工记录。

说明：材料质量是保证抹灰工程质量的基础，因此，抹灰工程所用材料如水泥、砂、石灰膏、石膏、有机聚合物等应符合设计要求及国家现行产品标准的规定，并应有出厂合格证；材料进场时应进行现场验收，不合格的材料不得用在抹灰工程上，对影响抹灰工程质量与安全的主要材料的某些性能如水泥的凝结时间和安定性进行现场抽样复验。

(3)抹灰工程应分层进行。当抹灰总厚度大于或等于35 mm时，应采取加强措施。不同材料基体交接处表面的抹灰，应采取防止开裂的加强措施，当采用加强网时，加强网与各基体的搭接宽度不应小于100 mm。

检验方法：检查隐蔽工程验收记录和施工记录。

说明：抹灰厚度过大时，容易产生起鼓、脱落等质量问题；不同材料基体交接处，由于吸水和收缩性不一致，接缝处表面的抹灰层容易开裂，上述情况均应采取加强措施，以切实保证抹灰工程的质量。

(4)抹灰层与基层之间及各抹灰层之间必须黏结牢固，抹灰层应无脱层、空鼓，面层应无爆灰和裂缝。

检验方法：观察；用小锤轻击检查；检查施工记录。

说明：抹灰工程的质量关键是黏结牢固，无开裂、空鼓与脱落。如果黏结不牢，出现空鼓、开裂、脱落等缺陷，会降低对墙体的保护作用，且影响装饰效果。经调研分析，抹灰层之所以出现开裂、空鼓和脱落等质量问题，主要原因是基体表面清理不干净，如基体表面尘埃及疏松物、脱模剂和油渍等影响抹灰黏结牢固的物质未彻底清除干净；基体表面光滑，抹灰前未作毛化处理；抹灰前基体表面浇水不透，抹灰后砂浆中的水分很快被基体吸收，使砂浆质量不好，使用不当；一次抹灰过厚，干缩率较大等，都会影响抹灰层与基体的黏结牢固。

2. 一般项目

(1)一般抹灰工程的表面质量应符合下列规定：

1)普通抹灰表面应光滑、洁净、接槎平整，分格缝应清晰。

2)高级抹灰表面应光滑、洁净、颜色均匀、无抹纹，分格缝和灰线应清晰美观。

检验方法：观察；手摸检查。

(2)护角、孔洞、槽、盒周围的抹灰表面应整齐、光滑；管道后面的抹灰表面应平整。

检验方法：观察。

(3)抹灰层的总厚度应符合设计要求；水泥砂浆不得抹在石灰砂浆层上；罩面石膏灰不得抹在水泥砂浆层上。

检验方法：检查施工记录。

(4)抹灰分格缝的设置应符合设计要求，宽度和深度应均匀，表面应光滑，棱角应整齐。

检验方法：观察；尺量检查。

(5)有排水要求的部位应做滴水线(槽)。滴水线(槽)应整齐顺直，滴水线应内高外低，滴水槽宽度和深度均不应小于 10 mm。

检验方法：观察；尺量检查。

(6)一般抹灰工程质量的允许偏差和检验方法应符合表 2-5-5 的规定。

表 2-5-5　一般抹灰的允许偏差和检验方法

项次	项目	允许偏差/mm		检验方法
		普通抹灰	高级抹灰	
1	立面垂直度	4	3	用 2 m 垂直检测尺检查
2	表面平整度	4	3	用 2 m 靠尺和塞尺检查
3	阴阳角方正	4	3	用直角检测尺检查
4	分格条(缝)直线度	4	3	拉 5 m 线，不足 5 m 拉通线，用钢直尺检查
5	墙裙、勒脚上口直线度	4	3	拉 5 m 线，不足 5 m 拉通线，用钢直尺检查

注：1. 普通抹灰，本表第 3 项阴角方正可不检查。
2. 顶棚抹灰，本表第 2 项表面平整度可不检查，但应平顺。

5.5.3　装饰抹灰质量标准和检验方法

1. 主控项目

(1)抹灰前基层表面的尘土、污垢、油渍等应清除干净，并应洒水润湿。

检验方法：检查施工记录。

(2)装饰抹灰工程所用材料的品种和性能应符合设计要求。水泥的凝结时间和安定性复验应合格。砂浆的配合比应符合设计要求。

检验方法：检查产品合格证书、进场验收记录、复验报告和施工记录。

(3)抹灰工程应分层进行。当抹灰总厚度大于或等于 35 mm 时，应采取加强措施。不同材料基体交接处表面的抹灰，应采取防止开裂的加强措施，当采用加强网时，加强网与各基体的搭接宽度不应小于 100 mm。

检验方法：检查隐蔽工程验收记录和施工记录。

(4)各抹灰层之间及抹灰层与基体之间必须黏结牢固，抹灰层应无脱层、空鼓和裂缝。

检验方法：观察；用小锤轻击检查；检查施工记录。

2. 一般项目

(1)装饰抹灰工程的表面质量应符合下列规定：

1)水刷石表面应石粒清晰、分布均匀、紧密平整、色泽一致，应无掉粒和接槎痕迹。

2)斩假石表面剁纹应均匀顺直、深浅一致，应无漏剁处；阳角处应横剁并留出宽窄一致的不剁边条，棱角应无损坏。

3)干粘石表面应色泽一致、不露浆、不漏粘，石粒应黏结牢固、分布均匀，阳角处应无明显黑边。

4)假面砖表面应平整、沟纹清晰、留缝整齐、色泽一致，应无掉角、脱皮、起砂等缺陷。

检验方法：观察；手摸检查。

(2)装饰抹灰分格条(缝)的设置应符合设计要求，宽度和深度应均匀，表面应平整光滑，棱角应整齐。

检验方法：观察。

(3)有排水要求的部位应做滴水线(槽)。滴水线(槽)应整齐顺直，滴水线应内高外低，滴水槽的宽度和深度均不应小于 10 mm。

检验方法：观察；尺量检查。

(4)装饰抹灰工程质量的允许偏差和检验方法应符合表 2-5-6 的规定。

表 2-5-6　装饰抹灰的允许偏差和检验方法

项次	项目	允许偏差/mm				检验方法
		水刷石	斩假石	干粘石	假面砖	
1	立面垂直度	5	4	5	5	用 2 m 垂直检测尺检查
2	表面平整度	3	3	5	4	用 2 m 靠尺和塞尺检查
3	阳角方正	3	3	4	4	用直角检测尺检查
4	分格条(缝)直线度	3	3	3	3	拉 5 m 线，不足 5 m 拉通线，用钢直尺检查
5	墙裙、勒脚上口直线度	3	3	—	—	拉 5 m 线，不足 5 m 拉通线，用钢直尺检查

复习思考题

1. 试述抹灰工程的分类。
2. 试述抹灰层的基本组成。
3. 简述内墙抹灰的施工工艺。
4. 简述外墙抹灰的施工工艺。
5. 简述顶棚抹灰的施工工艺。
6. 抹灰工程验收时应检查哪些文件和记录？
7. 混凝土基体抹灰前应如何处理？
8. 简述水刷石斩假石的施工工艺。

项目 6 · 门窗工程施工

知识目标

了解木门窗、铝合金门窗、塑料门窗的制作；掌握门窗的安装工艺；熟悉门窗工程施工质量标准和检验方法。

能力目标

能够指导门窗工程施工及验收；具有编制门窗施工方案的能力。

项目导入

门窗作为建筑艺术造型的重要组成因素之一，其作用是不容忽视的。门有通行疏散、围护、美化的作用，而窗具有采光、通风的作用，因此，门窗工程是建筑装饰工程的重点。并且，门窗设置较为显著地影响着建筑物的形象特征，建筑外立面的门窗，特别是高层建筑的外窗，其制品规格形式、框料和玻璃的色彩与质感，经过拼樘组合或采用不同排列方式之后所构成的平面和立体图案，以及它们的视觉综合特性同建筑外墙(包括屋面)饰面相配合而产生的外观效果，往往十分强烈地展示着建筑设计所追求的艺术风格。

门窗是建筑物的主要组成部分。门的主要作用是交通联系，同时具有采光和通风功能。窗的主要作用是采光、通风和日照。在构造上，门窗还具有保温、隔声、防雨、防火和防风沙的作用。近几年来，随着科学的进步，新材料、新工艺的不断出现，门窗的生产和应用也紧紧跟随装饰行业高速发展，不仅有满足功能要求的装饰门窗，而且还有满足特殊功能要求的特种门窗。

任务 6.1 门窗工程的基本知识

6.1.1 门窗的分类

1. 按不同材质分类

门窗按不同材质，可以分为木门窗、铝合金门窗、钢门窗、塑料门窗、全玻璃门窗、复合门窗、特殊门窗等。钢门窗又可分为普通钢窗、彩板钢窗和渗铝钢窗三种。

2. 按不同功能分类

门窗按不同功能，可以分为普通门窗、保温门窗、隔声门窗、防火门窗、防盗门窗、防爆门窗、装饰门窗、安全门窗、自动门窗等。

门窗工程

3. 按不同结构分类

门窗按不同结构，可以分为推拉门窗、平开门窗、弹簧门窗、旋转门窗、折叠门窗、卷帘门窗、自动门窗等。

4. 按不同镶嵌材料分类

窗按不同镶嵌材料分类，可分为玻璃窗、纱窗、百叶窗、保温窗、防风沙窗等。玻璃窗能满足采光的功能要求；纱窗在保证通风的同时，可以防止蚊蝇进入室内；百叶窗一般用于只需通风而不需采光的房间。

6.1.2 门窗的构造组成

1. 门的组成

门一般由门框(门樘)、门扇、亮子、五金零件及其他附件组成。门的基本构造组成如图 2-6-1 所示。门框一般由边框和上框组成，当其高度大于 2 400 mm 时，在上部可加设亮子，需增加中横框。当门宽度大于 2 100 mm 时，需增设一根中竖框。有保温、防水、防风、防沙和隔声要求的门应设下槛。

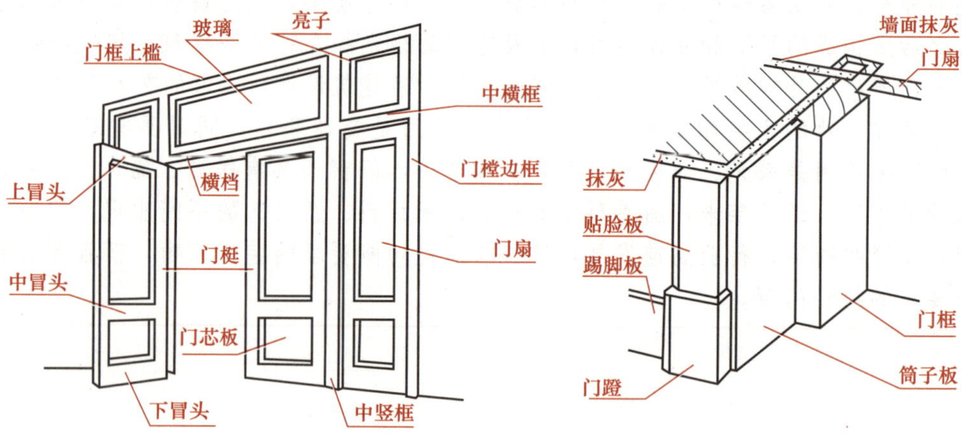

图 2-6-1 门的基本构造组成

2. 窗的组成

窗是由窗框(窗樘)、窗扇、玻璃和五金配件组成。窗的基本构造组成如图 2-6-2 所示。窗框是由边框、上框、中横框、中竖框等组成；窗扇是由上冒头、下冒头、边梃、窗芯子、玻璃等组成。

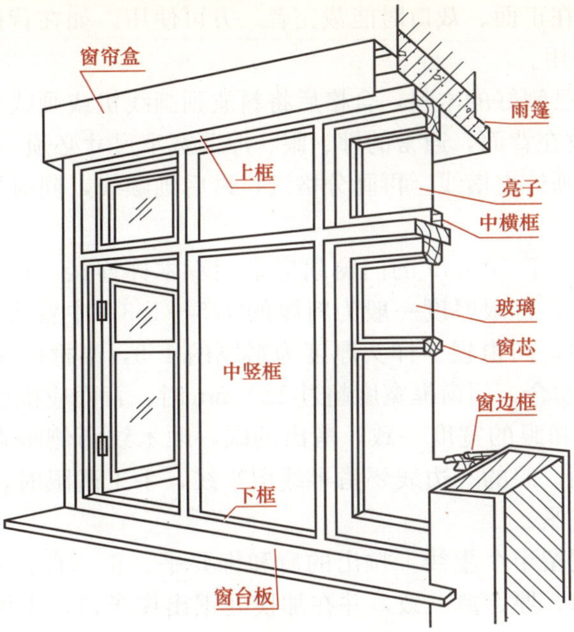

图 2-6-2　窗的基本构造组成

任务 6.2　木门窗的制作与安装

6.2.1　木门窗的制作

1. 普通木门窗的制作工艺流程

木门窗的制作有工厂制作和现场加工制作两种，一般木门窗制作的工艺流程为：放样→配料→截料→刨料→画线→凿眼→开榫→整理线角→堆放→拼装。

门窗工程

2. 制作要点及要求

(1)榫要饱满、眼要方正，半榫的长度可比半眼的深度短 2 mm，拉肩不得伤榫，割角要严密整齐，画线必须正确，线条要平直、光滑、清秀、深浅一致。刨面不得有刨痕、戗槎及毛刺，遇有活节、油节，应进行挖补，挖补要配同样的树种、同木色，花纹要近似，不得用木塞。

(2)配料及截料要特别注意精打细算，配套下料，不得大材小用，长材短用；采用马尾松、大麻黄、桦木、杨木等易腐朽、虫蛀的树种时，整个构件应作防腐、防虫药剂处理。

(3)要合理确定加工余量，一面刨光者留 3 mm，两面刨光者留 5 mm，如长度在 50 cm 以下构件，加工余量可留 3～4 cm。

(4)门窗框料有顺弯时，其弯度一般应不超过 4 mm，扭弯者一般不准使用。

(5)青皮、倒棱如在正面、裁口时能裁完者，方可使用。如在背面超过木料厚的 1/6 和长的 1/5，一般不准使用。

(6)画线前应检查已刨好的木料，合格后将料放到画线机或画线架上，画线时要选光面作为表面，有缺陷的放在背面，通常的榫、眼、厚薄宽窄尺寸必须一致。

(7)画线顺序：先画外皮横线，再画分格线，最后画顺线，同时用方尺画两端头线、冒头线、棂子线等。

(8)门窗框及厚度大于 50 mm 的门窗扇应采用双木榫连接，冒头料宽度大于 180 mm 时，一般画上、下双榫，榫眼厚度一般为料厚的 1/5～1/3。中冒头大面宽度大于 100 mm 者，榫头必须大进小出，门窗棂子样头厚度为料厚的 1/3，半榫眼深度一般不大于料宽的 1/3，冒头拉肩应和榫吻合，门窗框宽度超过 120 mm 时，背面应推凹槽，以防卷曲。

(9)打眼的凿刀应和眼的宽度一致，凿出的眼，顺木纹两侧垂直，不得错茬，打通眼时，先打背面后打正面，眼的一边线要凿半线留半线，手工凿眼时，眼内上下端中部应稍凸，以便拼装时加楔打紧。

(10)拉肩、开榫要留半个墨线。拉出的肩和榫要平、正、直、方、光，不得变形；开出的榫要与眼的宽、窄，厚、薄一致，并在加楔处锯出楔子口，半榫的长度要比眼的深度短 2 mm。拉肩不得伤榫。

(11)裁口、起线必须方正、平直、光滑、线条清晰、深浅一致，不得戗槎、起刺、凹凸不平。裁口处有节疤时，不准用斧砍，要用凿剔平后刨光；起线刨使用时应加导板，以使线条平直，操作时应一次推完线条。

(12)门窗拼装成形。拼装前对各部件进行检查，尺寸、规格、式样均应符合设计要求，拼装时下面用棱木垫平，放好零部件，榫眼对正，用斧轻轻敲击打入。所有榫头应加楔，每个榫两个楔，楔宽和楔一致，打入前应粘胶。

(13)胶合板门(纤维板门)制作时，边框、横槽应在平面上，面层与边框横槽应加压胶结，同时，在横棱和上、下冒头各钻两个以上透气孔，以防受潮脱胶起鼓。

(14)窗框靠墙面应刷防腐油。拼装好的成品应在明显处编写号码，用楞木四角垫起，离地 20～30 cm 水平放置并加以覆盖。

6.2.2 木门窗的安装

1. 立门窗框(立口)

(1)立门窗框前须对成品加以检查，进行校正规方，钉好斜拉条(不得少于两根)，无下坎的门框应加钉水平拉条，以防在运输和安装中变形。

施工工艺：门及门套

(2)立门窗框前要事先准备好撑杆、木橛子、木砖或倒刺钉并在门窗框上钉好护角条。

(3)立门窗框前要看清门窗框在施工图上的位置、标高、型号、门窗框规格、门扇开启方向，门窗框是里平、外平或是立在墙中等，按图立口。

(4)立门窗框时要注意拉通线，撑杆下端要固定在木橛子上。

(5)立框子时要用线坠找直吊正，并在砌筑砖墙时随时检查是否倾斜或移动。

2. 塞门窗框(塞口)

(1)塞门窗框前要预先检查门窗洞口的尺寸、垂直度及木砖数量，如有问题，应事先修理好。

(2)门窗框应用钉子固定在墙内的预埋木砖上，每边的固定点应不少于两处，其间距应不大于 1.2 m。门窗框与墙体的固定方式如图 2-6-3 所示。

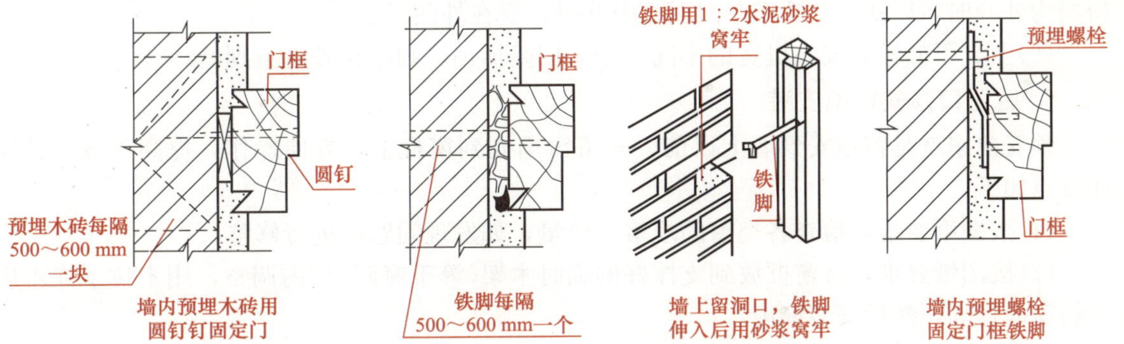

图 2-6-3　后塞口木门窗框与墙体的固定方式

(3)在预留门窗洞口的同时，应留出门窗框走头(门窗框上、下坎两端伸出口外部分)的缺口，在门窗框调整就位后，封砌缺口；当受条件限制，门窗框不能留走头时，应采取可靠措施将门窗框固定在墙内木砖上。

(4)塞门窗框时需注意水平线要直。多层建筑的门窗在墙中的位置，应在一直线上。安装时，横竖均拉通线。

(5)寒冷地区门窗框与外墙间的空隙，应填塞保温材料。

3. 木门窗扇安装

(1)安装前应检查门窗扇的型号、规格、质量是否合乎要求，如发现问题，应事先修好或更换。

(2)安装前应先量好门窗框的高低、宽窄尺寸，然后在相应的扇边上画出高低、宽窄线，双扇门窗要打叠(自由门除外)，先在中间缝处画出中线，再画出边线，并保证梃宽一致，上、下冒头也要画线刨直。

(3)画好高低、宽窄线后，用粗刨刨去线外部分，再用细刨刨至光滑、平直，使其符合设计尺寸要求。

(4)将扇放入框中，试装合格后，按扇高的 1/8～1/10 在框上按合页大小画线，并剔出合页槽，槽深一定要与合页厚度相适应，槽底要平。

(5)门窗扇安装的留缝宽度，应符合有关标准的规定。

木门窗扇的安装

4. 木门窗小五金安装

(1)有木节处或已填补的木节处，均不得安装小五金。

(2)安装合页、插销、L 铁、T 铁等小五金时，先用锤将木螺钉打入其长度的 1/3，然后用螺钉旋具将木螺钉拧紧、拧平，不得歪扭、倾斜，严禁打入全部深度。采用硬木时，应先钻 2/3 深度的孔，孔径为木螺钉直径的 0.9 倍，然后再将木螺钉由孔中拧入。

(3)合页距门窗上、下端宜取立梃高度的 1/10，并避开上、下冒头。安装后应开关灵活。门窗拉手应位于门窗高度中点以下，窗拉手距地面 1.5～1.6 m 为宜，门拉手距地面 0.9～1.05 m 为宜，门拉手应内外一致。

(4)门锁不宜安装在中冒头与立梃的结合处，以防伤榫。门锁位置一般宜高出地面 900～950 mm。

(5)门窗扇嵌 L 铁、T 铁时应加以隐蔽，做凹槽，安装完后应低于表面 1 mm 左右。门窗扇为外开时，L 铁、T 铁安在内面；内开时，安在外面。

(6)上、下插销要安在梃宽的中间；如采用暗插销，则应在外梃上剔槽。

5. 后塞口预安窗扇安装

预安窗扇就是窗框安到墙上以前，先将窗扇安到窗框上，方便操作，提高工效。其操作要点如下：

(1)按图纸要求，检查各类窗的规格、质量；如发现问题应进行修整。

(2)按图纸要求，将窗框放到支撑好的临时木架(等于窗洞口)内调整，用木拉子或木楔子将窗框稳固，然后安装窗扇。

(3)对推广采用外墙板施工者，可以将窗扇和纱窗扇同时安装好。

(4)有关安装技术要点，与现场安装窗扇要求一致。

(5)装好的窗框、扇，应将插销插好，风钩用小圆钉暂时固定，把小圆钉砸倒，并在水平面内加钉木拉子，码垛垫平，防止变形。

(6)已安好五金的窗框，将底油和第一道油漆刷好，以防止受湿变形。

(7)在塞放窗框时，应按图纸核对，做到平整方直，如窗框边与墙中预埋木砖有缝隙，应加木垫垫实，用大木螺钉或圆钉与墙木砖连接紧固，并将上冒头紧靠过梁，下冒头垫平，用木楔夹紧。

任务 6.3 金属门窗制作与安装

金属门窗包括钢门窗、铝合金门窗、涂色镀锌钢板门窗等。这里以铝合金门窗为例介绍其制作与安装。

铝合金门窗是将经过表面处理的型材，通过下料、打孔、铣槽等工序，制作成门窗框料构件，然后再与连接件、密封件、开闭五金件一起组合装配而成。其组成包括型材、防腐材料、填缝材料、密封材料、防锈漆、水泥、砂、连接板、五金配件等。

6.3.1 铝合金门窗的特点、类型

1. 铝合金门窗的特点

(1)轻质高强。在保证使用强度的要求下，门窗框料的断面制成空腹薄壁组合断面，使其减轻了铝合金型材的质量，一般铝合金门窗较钢门窗轻 50%左右。

(2)密闭性能好。密闭性能为门窗的重要指标，铝合金门窗和普通门窗相比，其气密性、水密性和隔声性能俱佳。推拉门窗比平开门窗的密闭性稍差，因此，推拉门窗在构造上加设了尼龙毛条，以增强其密闭性能。

(3)使用中变形小。一是因为型材的刚度好；二是由于其制作过程中采用冷连接。冷连接同钢门窗的电焊连接相比，可以避免在焊接过程中因受热不均而产生的变形现象，从而确保制作精度。

(4)立面美观。一是造型美观；二是色调美观。

(5)耐腐蚀、使用维修方便。铝合金门窗不需要涂漆，不褪色，不脱落，表面不需要维修。

(6)使用价值高。铝合金门窗强度高，刚性好，坚固耐用，开闭轻便灵活，无噪声。特别是对于高层建筑和高档的装饰工程，从装饰效果、空调运行及年久维修等方面综合权衡，铝合金门窗的使用价值是优于其他种类门窗的。

(7)便于工业化生产。铝合金门窗框料型材加工、配套零件的制作，均可在工厂内进行大批量工业化生产，有利于实现门窗设计标准化、产品系列化和零配件通用化，以及门窗产品商业化。

2. 铝合金门窗的类型

根据结构与开启形式的不同，铝合金门窗可分为推拉门、推拉窗、平开门、平开窗、固定窗、悬挂窗、回转门、回转窗等几种。按门窗型材截面的宽度尺寸不同，可分为许多种系列，常用的有 40、45、50、55、60、65、70、80、90、100 系列等。推拉门窗可选用 90 系列铝合金型材。平开窗多采用 38 系列型材。平开门常安上地弹簧，做成地弹门，可选用 45 系列型材。

一般建筑所用的窗料板壁厚度不宜小于 1.6 mm，门料板壁厚度不宜小于 2 mm。根据氧化膜色泽的不同，铝合金门窗料有银白色、金黄色、青铜色、古铜色、黄黑色等。氧化膜的厚度应满足设计要求，室外门窗氧化膜应厚一些，沿海地区由于受海风侵蚀较内陆严重，氧化膜应厚一些；建筑的等级不同，氧化膜厚度也不一样。所以，氧化膜厚度的确定，应根据气候条件、使用部位、建筑物的等级等因素综合考虑。

6.3.2 铝合金门窗的制作

铝合金门窗制作的施工工艺流程为：断料→钻孔→组装→保护和包装。

1. 断料

断料用铝合金切割机，规格与型号可根据加工型材而定。应确保切割的精度，否则，组装的方正会受到影响。

2. 钻孔

由于门窗的组装采用螺钉连接，所以无论是横竖杆件的组装，还是配件的固定，均需要钻孔。

型材杆件钻孔，批量生产宜使用小型台钻，目前用得较多的是 13 mm 的台钻。另外，手枪式电钻操作灵活，携带方便，在钻孔操作中，使用也较普遍。安装拉锁、执手圆锁的较大孔洞，在工厂多用铣床。在现场由于设备的限制，往往是先钻孔，然后再用手锯切割，最后用锉刀修平。

钻孔位置要准确，钻孔前要先在工作台上画好线，不可在型材表面反复更改钻孔。钻孔孔位、孔距的偏差应控制在±0.5 mm 内，沉头螺钉的沉孔尺寸偏差，应符合现行相关国家标准规定。

3. 组装

根据门窗的类型，铝合金门窗有不同的组装方式。常用的有 45°对接、直角对接、垂直插接三种，如图 2-6-4 所示。横竖杆件的固定，一般均采用专用连接件或角铝，用螺钉、螺栓、铝拉钉固定。

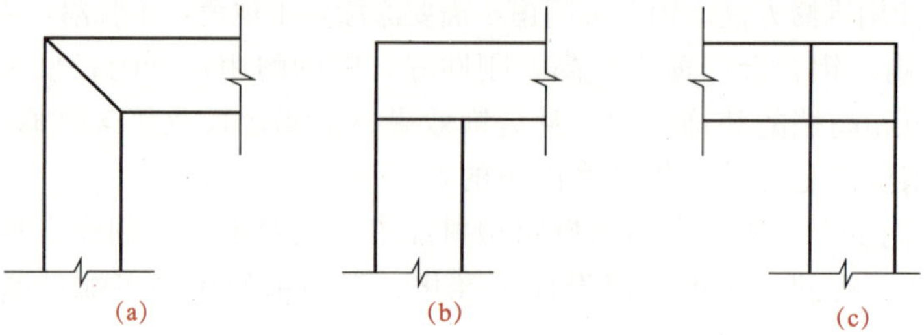

图 2-6-4　对接形式示意

(a)45°对接；(b)直角对接；(c)垂直插接

4. 保护和包装

门窗组装完毕，应对其进行保护。目前常用的方法是用塑料胶纸将所有的型材表面包起来，也可用厚一些的塑料薄膜将型材外包。如果加工完毕的门窗，需运输或托运，还应对门窗进行包装。包装前，质检部门按设计要求及有关规定，逐件进行检查，合格后，签发出厂合格证，才能包装，并应将产品型号、规格、数量，用颜色笔标注在型材表面。

6.3.3　铝合金门窗的安装

铝合金门窗装入洞口应横平竖直，外框与洞口应弹性连接牢固，不得将门窗外框直接埋入墙体。门窗安装节点及缝隙处理如图 2-6-5 所示。

门窗工程

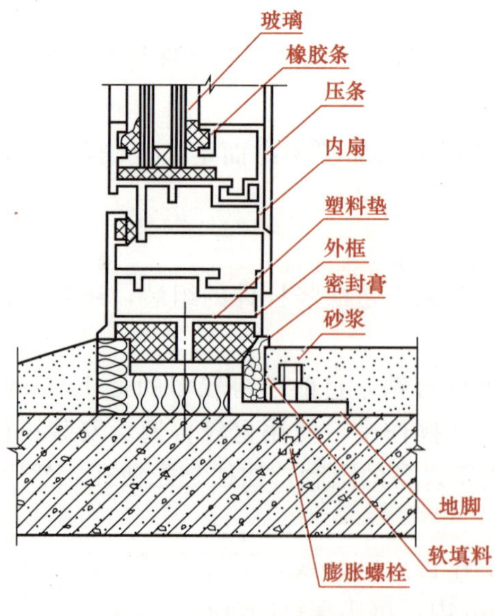

图 2-6-5　铝合金门窗安装节点及缝隙处理示意

1. 铝合金门窗安装前的准备工作

(1)洞口质量检查。由于门窗框采用塞口施工，因此，铝合金门窗安装前应对洞口进行检查，洞口尺寸应大于门窗框尺寸，其差值视不同材料而有所区别。一般情况下，门窗洞口尺寸应符合表 2-6-1 的规定。门窗洞口尺寸允许偏差：宽度和高度为 5 mm；对角线长度为5 mm；洞口下表面水平标高为 5 mm；垂直偏差为 1.5/1 000；洞口中心线与建筑物基准轴线偏差为 5 mm。另外，有预埋件的门窗洞口，还应检查预埋件的数量、位置以及埋设方法是否符合设计要求，如有问题应及时处理。

表 2-6-1　门窗洞口尺寸　　mm

墙面装饰类型	宽度	高度	
一般粉刷面	门窗框宽度+50	窗框高度+50	门框高度+25
玻璃马赛克贴面	门窗框宽度+60	窗框高度+60	门框高度+30
大理石贴面	门窗框宽度+80	窗框高度+80	门框高度+40

(2)检查铝合金门窗框、扇质量。检查门窗框、扇的尺寸是否符合设计要求，有无变形和扭曲，并检查方正。

(3)检查各种配件。检查铝合金门窗各种配件的数量、品种、规格是否符合设计和施工要求。

2. 铝合金门窗安装方法

铝合金门窗的安装

(1)施工工艺。铝合金门窗安装施工工艺流程为：弹线→门窗框安装→洞口四周嵌缝→抹面→门窗扇安装→安装玻璃→清理→质量检验。

1)弹线。按设计要求在门窗洞口弹出门窗位置线，同一立面的门窗的水平及垂直方向应该做到整齐一致。高层或超高层建筑的外墙窗口，需用经纬仪从顶到底逐层施测边线，再定中心线，水平方向和垂直方向偏差均不超过 5 mm。对于门，除上面提到的确定位置外，还要特别注意室内地面的标高。

2)固定门窗框。按照弹线位置，先将门窗框临时用木楔固定，待检查立面垂直，左右间隙、上下位置符合要求后，再用射钉将镀锌锚固板固定在结构上。镀锌锚固板是铝合金门窗框固定的连接件。锚固板的一端固定在门窗框的外侧，另一端可以用射钉、膨胀螺栓、燕尾铁脚等固定在结构上，锚固板厚度为 1.5 mm，长度可根据需要加工。锚固板的形状如图 2-6-6 所示。锚固板与墙体固定方法如图 2-6-7 所示。

锚固板应固定好，不得有松动现象。射钉选择要合理。锚固板的间距应不大于 50 cm，其方向宜内外交错布置。

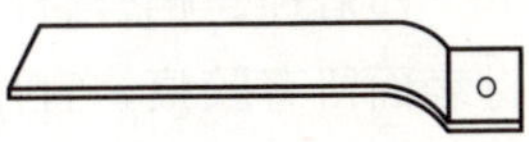

图 2-6-6　锚固板

3)填缝。铝合金门窗框在填缝前经过平整度、垂直度等的安装质量复查后，再将框四周清扫干净、洒水湿润基层。对于较宽的窗框，仅靠内外挤灰时挤进一部分灰是不能饱满的，应专门进行填缝。填缝所用的材料，原则上按设计要求选用，但无论使用何种材料，均应达到密闭、防水的目的。

4)抹面。铝框四周的塞灰砂浆达到一定的强度后(一般需 24 h)，才能轻轻取下框旁的木楔，继续补灰，然后才能抹面层，压平抹光。

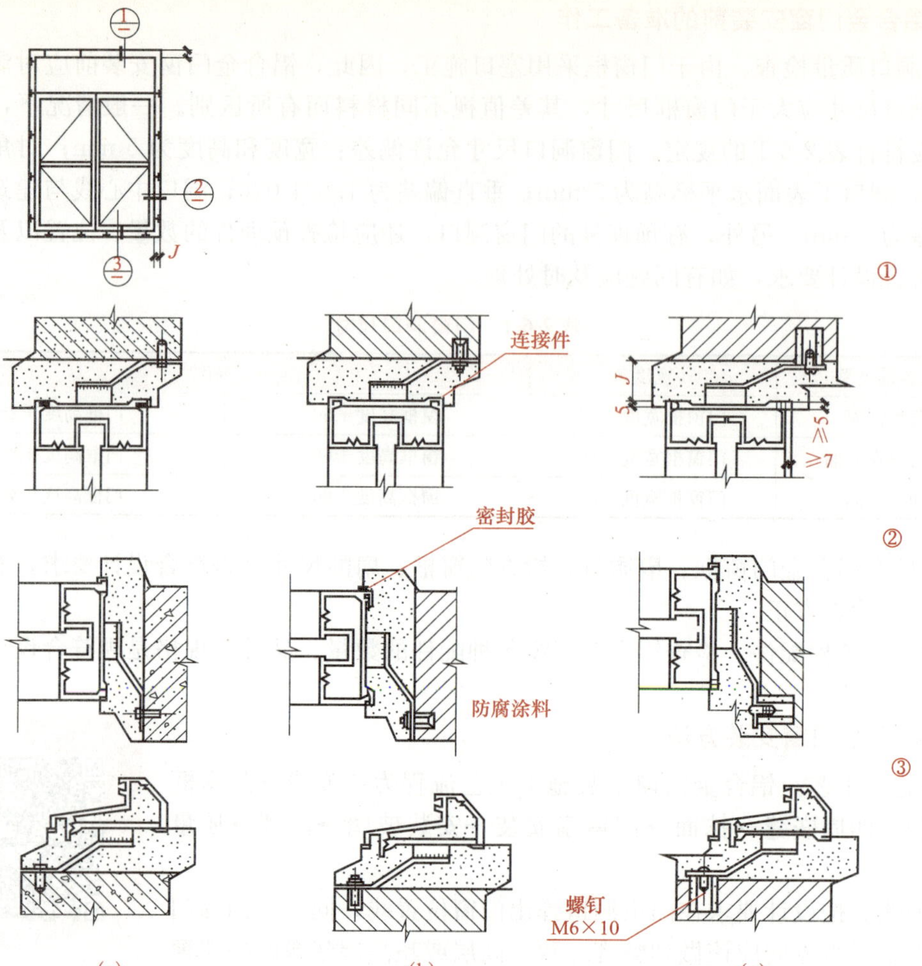

图 2-6-7　锚固板与墙体固定方法

(a)射钉固定法；(b)膨胀螺栓固定法；(c)燕尾铁脚固定法

5)门窗扇安装。铝合金门窗扇安装，应在室内外装饰基本完成后进行。

6)玻璃安装。玻璃安装是门窗安装的最后一道工序，其内容包括玻璃裁割、玻璃就位、玻璃密封与固定。

7)清理。铝合金门窗交工前，应将型材表面的塑料胶纸撕掉。如果发现塑料胶纸在型材表面留有胶痕，宜用香蕉水清理干净。玻璃应进行擦洗，对浮灰或其他杂物，应全部清理干净。待定位销孔与销对上后，再将定位销完全调出，并插入定位销孔中。最后，用双头螺杆将门拉手固定在门扇边框两侧。

安装铝合金门的关键是要保持上、下两个转动部分在同一个轴线上。

3. 质量要求

(1)所用铝合金门窗的品种、规格、开启方向及安装位置应符合设计要求。

(2)铝合金门窗安装必须牢固，横平竖直，高低一致。框与墙体缝隙应填嵌饱满密实，表面平整光滑、无裂缝，填塞材料与方法应符合设计要求。

(3)预埋件的数量、位置、埋设连接方法必须符合设计要求。

任务 6.4　塑料门窗制作与安装

塑料门窗是一种新型材料的门窗，具有良好的保温隔热性、气密性、水密性、耐腐蚀性、耐水性、耐老化性和装饰性，线条挺拔、清晰，造型美观，有良好的装饰性。

6.4.1　塑料门窗的材料质量要求

(1)塑料门窗的规格、型号应符合设计要求，五金配件配套齐全，并具有出厂合格证。

(2)玻璃、防腐材料、嵌缝材料等应符合设计要求和有关标准的规定。

(3)进场前应先对塑料门窗进行验收检查，不合格者不准进场。运到现场的塑钢门窗应分型号、规格以不小于70°的角度立放于整洁的仓库内，下部放置垫木。仓库内的环境温度应小于50 ℃；门窗与热源的距离不应小于1 m，并不得与腐蚀物质接触。

(4)五金配件的型号、规格和性能应符合现行国家标准的有关规定。滑撑铰链不得使用铝合金材料。

(5)塑料门窗与洞口密封所用的嵌缝膏(建筑密封胶)，应具有弹性和粘结性。

6.4.2　塑料门窗的安装

1. 施工准备

(1)主要机具准备。塑料门窗安装所用的主要机具有电锤、电钻、射钉枪、经纬仪、手锤、扁铲、钢卷尺、螺丝刀、水平尺、线坠、楔子、粉线包等。

塑钢门窗的安装

(2)作业条件准备。

1)主体结构已施工完毕，墙面抹灰完成。工种之间的交接手续已办完。

2)按图纸尺寸弹好门窗位置线，并根据已弹好的+50 cm水平线，确定好安装标高。

3)校核已留置的门窗洞口尺寸及标高是否符合设计要求，有问题的应及时修正。

4)检查塑料门窗安装时的连接位置排列是否符合要求。

5)检查门窗表面色泽是否均匀，是否有裂纹、麻点、气孔和明显擦伤。

2. 施工工艺流程

塑料门窗的安装工艺流程为：检查门窗洞口→补贴保护膜→框上找中线→框进洞口→调整定位→门窗框固定、盖工艺孔帽及密封处理→装拼樘料→打聚氨酯发泡胶→洞口抹灰→打密封胶→装玻璃(或门窗扇)→表面清理及去掉保护膜。

(1)检查门窗洞口。门窗安装前，应对门窗洞口尺寸进行检验。应测出各窗洞口中线，并应逐一作出标记。对于同类型的门窗洞口，上下、左右方向位置偏差应符合表2-6-2的要求；门窗洞口宽度或高度尺寸的允许偏差应符合表2-6-3的规定；门窗的构造尺寸应考虑预留洞口与待安装门窗框的伸缩缝间隙及墙体饰面材料的厚度。门窗洞口与门窗框伸缩缝间隙应符合表 2-6-4 的规定。

表 2-6-2　同类型的门窗洞口位置偏差

mm

位置	中心线位置偏差	左右位置相对偏差	
		建筑高度 $H<30$ m	建筑高度 $H\geqslant 30$ m
同一垂直位置	10	15	20
同一水平位置	10	15	20

表 2-6-3　门窗洞口宽度或高度尺寸的允许偏差

mm

门窗洞口类型＼门窗洞口宽度或高度		<2 400	2 400～4 800	>4 800
不带附框洞口	未粉刷墙面	±10	±15	±20
	已粉刷墙面	±5	±10	±15
已安装附框的洞口		±5	±10	±15

表 2-6-4　门窗洞口与门窗框伸缩缝间隙

mm

墙体饰面层材料	门窗洞口与门窗框的伸缩缝间隙
清水墙及附框	10
墙体外饰面抹水泥砂浆或贴陶瓷马赛克	15～20
墙体外饰面贴釉面瓷砖	20～25
墙体外饰面贴大理石或花岗石板	40～50
外保温墙体	保温层厚度＋10
注：窗下框与洞口的间隙可根据设计要求选定。	

(2)补贴保护膜。安装前，塑钢门窗扇及分格杆件宜做封闭型保护。门窗框应采用三面保护，框与墙体连接面不应有保护层。保护膜脱落的，应补贴保护膜。

(3)框上找中线。应根据设计图纸确定门窗框的安装位置及门扇的开启方向。当门窗框装入洞口时，其上下框中线应与洞口中线对齐。

(4)框进洞口。应根据设计图纸确定门窗框的安装位置及门扇的开启方向。当门窗框装入洞口时，其上下框中线与洞口中线对齐；门窗的上下框四角及中横梃的对称位置用木楔或垫块塞紧做临时固定。

(5)调整定位。安装时，应先固定上框的一个点，然后调整门框的水平度、垂直度和直角度，并应用木楔临时定位。

(6)门窗框固定、盖工艺孔帽及密封处理。

1)当门窗框与墙体间采用固定片固定时，应使用单向固定片，固定片应双向交叉安装。与外保温墙体固定的边框固定片，宜朝向室内。固定片与窗框连接应采用十字槽盘头自钻自攻螺钉直接钻入固定，不得直接锤击钉入或仅靠卡紧方式固定，如图 2-6-8(a)所示。

2)当门窗框与墙体间采用膨胀螺栓直接固定时，应按膨胀螺栓规格先在窗框上打好基孔。安装膨胀螺栓时，应在伸缩缝中膨胀螺栓位置两边加支撑块，如图 2-6-8(b)所示。

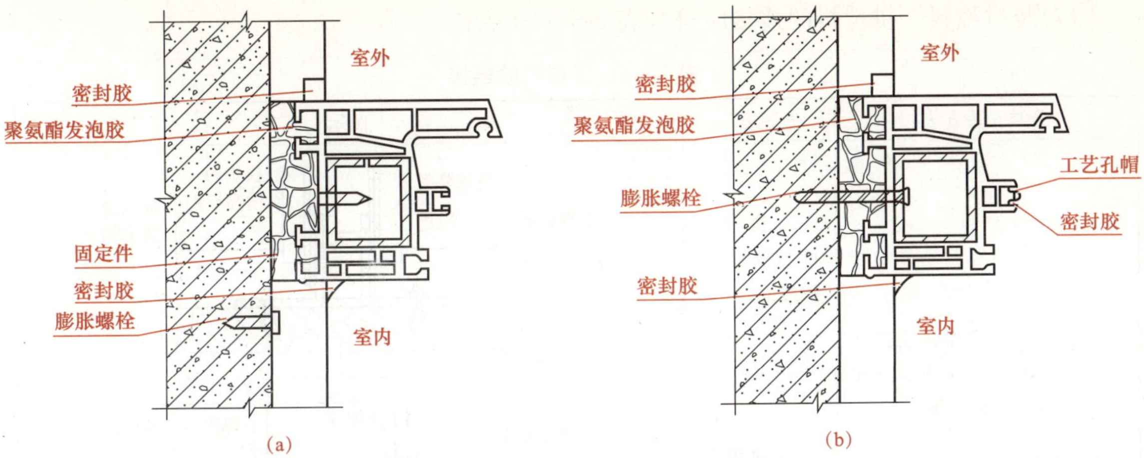

图 2-6-8　门窗框与墙体间固定方式

3)固定片或膨胀螺栓的位置应距门窗端角、中竖梃、中横梃 150～200 mm，固定片或膨胀螺栓之间的间距应符合设计要求，并不得大于 60 mm，如图 2-6-9 所示。不得将固定片直接装在中横梃、中竖梃的端头上。平开门安装铰链的相应位置宜安装固定片或采用直接固定法固定。

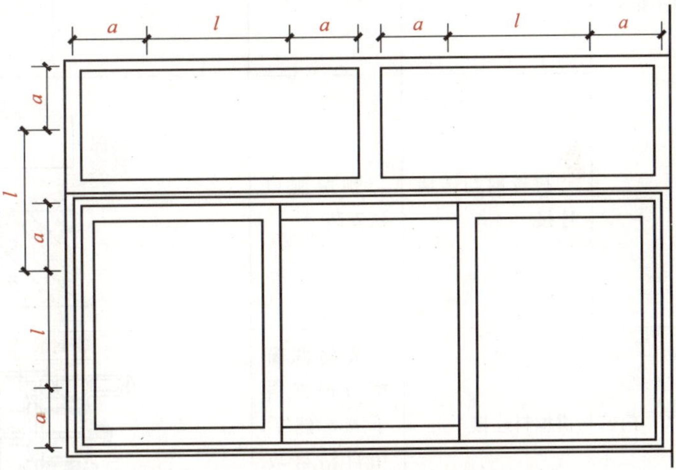

图 2-6-9　固定片或膨胀螺栓的安装位置

a—端头(或中框)至固定片(或膨胀螺栓)的距离，

l—固定片(或膨胀螺栓)之间的距离

4)目前，建筑外墙基本都采用外保温材料，根据墙体材料不同，塑料窗的固定连接方法不同，具体连接方式如图 2-6-10 所示。

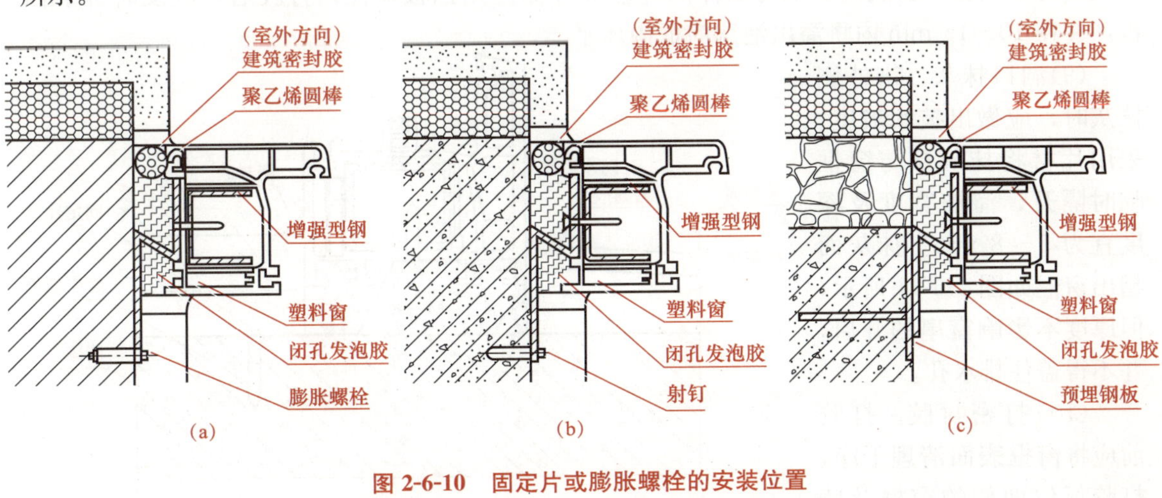

图 2-6-10　固定片或膨胀螺栓的安装位置

(a)螺栓连接；(b)射钉连接；(c)预埋件焊接连接

(7)装拼樘料。拼樘料的连接应符合表 2-6-5 的要求。

表 2-6-5　拼樘料的连接

分类安装方法		安装方法	图示
拼樘料与洞口的连接	拼樘料连接件与混凝土过梁或柱的连接	拼樘料可与连接件搭接	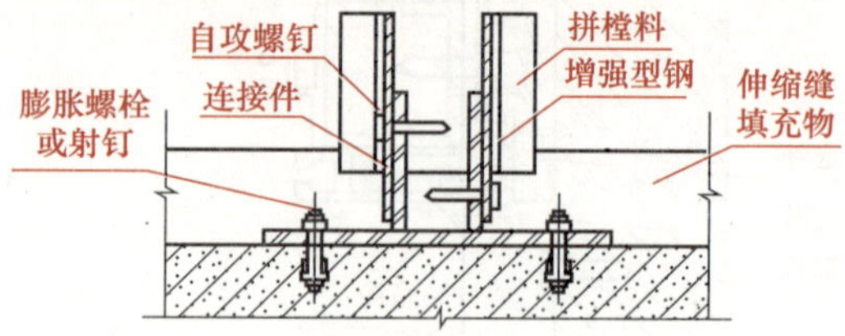
		与预埋件或连接件焊接	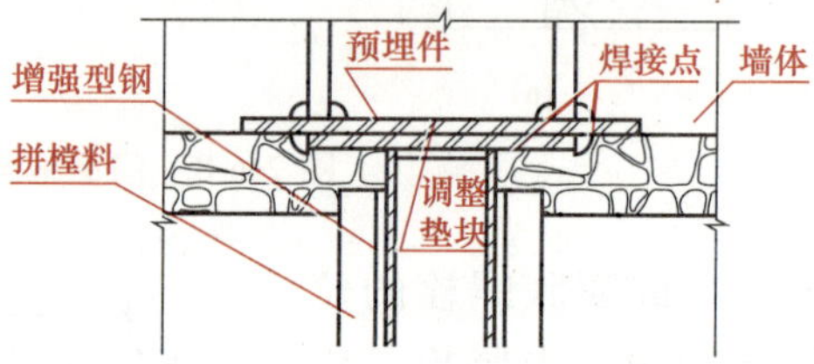
	拼樘料与砖墙连接	预留洞口法安装	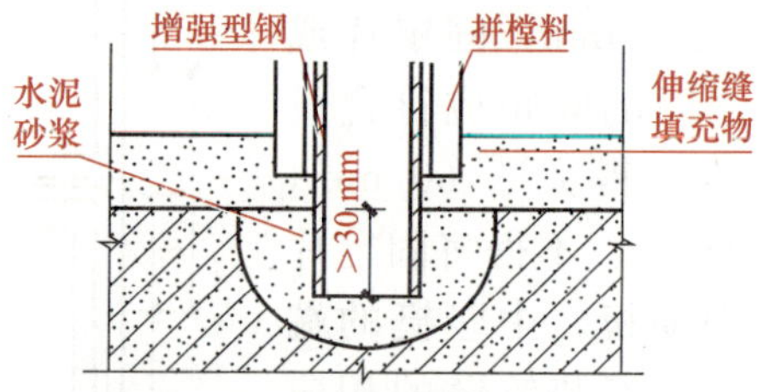
门窗与拼樘料连接		先将两窗框与拼樘料卡接，然后用自钻自攻螺钉拧紧	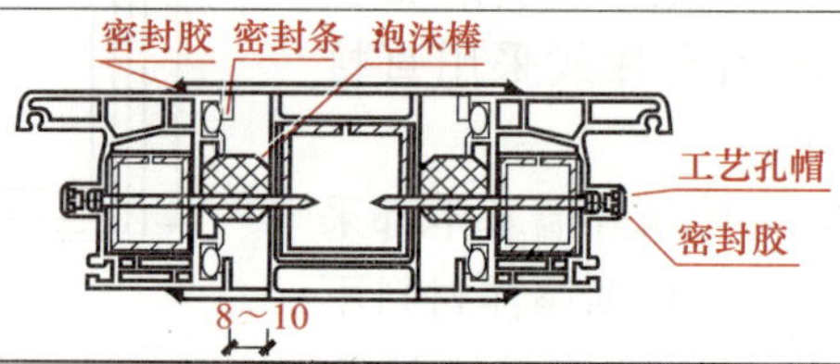

(8)打聚氨酯发泡胶。窗框与洞口之间的伸缩缝内应采用聚氨酯发泡胶填充，发泡胶填充应均匀、密实。打胶前，框与墙体间伸缩缝外侧应用挡板盖住；打胶后，应及时拆下挡板，并在 10～15 min 内将溢出泡沫向框内压平。

(9)洞口抹灰。当外侧抹灰时，应做出披水坡度。采用片材将抹灰层与窗框临时隔开，溜槽宽度及深度宜为 5～8 mm。抹灰面超出窗框如图 2-6-11 所示，但厚度不影响窗扇的开启，并不得盖住排水孔。

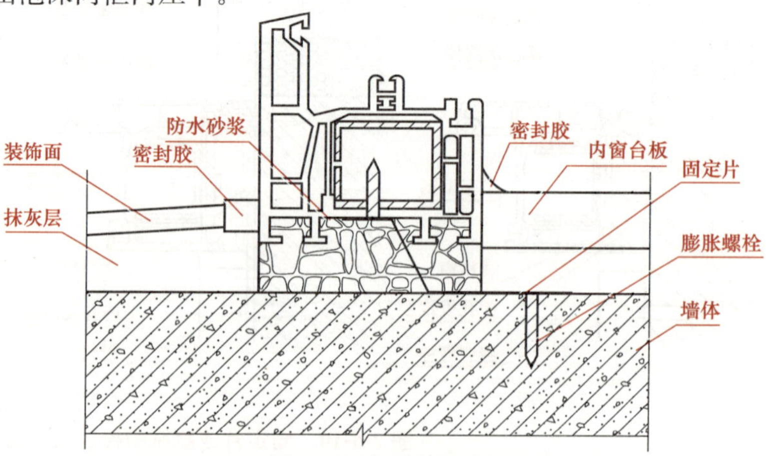

图 2-6-11　窗下框与墙体固定节点

(10)打密封胶。打胶前应将窗框表面清理干净，打胶部位两侧的窗框及墙面均用遮蔽条遮盖严密，密封胶的打注应饱满，表面应平整、光滑，刮胶缝的余胶不得重复使用。密封胶抹平后，应立即揭去两侧的遮蔽条。

(11)装玻璃(或门窗扇)。玻璃应平整，安装牢固，不得有松动现象。安装好的玻璃不得直接接触型材，应在玻璃四边垫上不同作用的垫块。中空玻璃的垫块宽度应与中空玻璃的厚度相匹配，其垫块位置宜按图 2-6-12 放置。

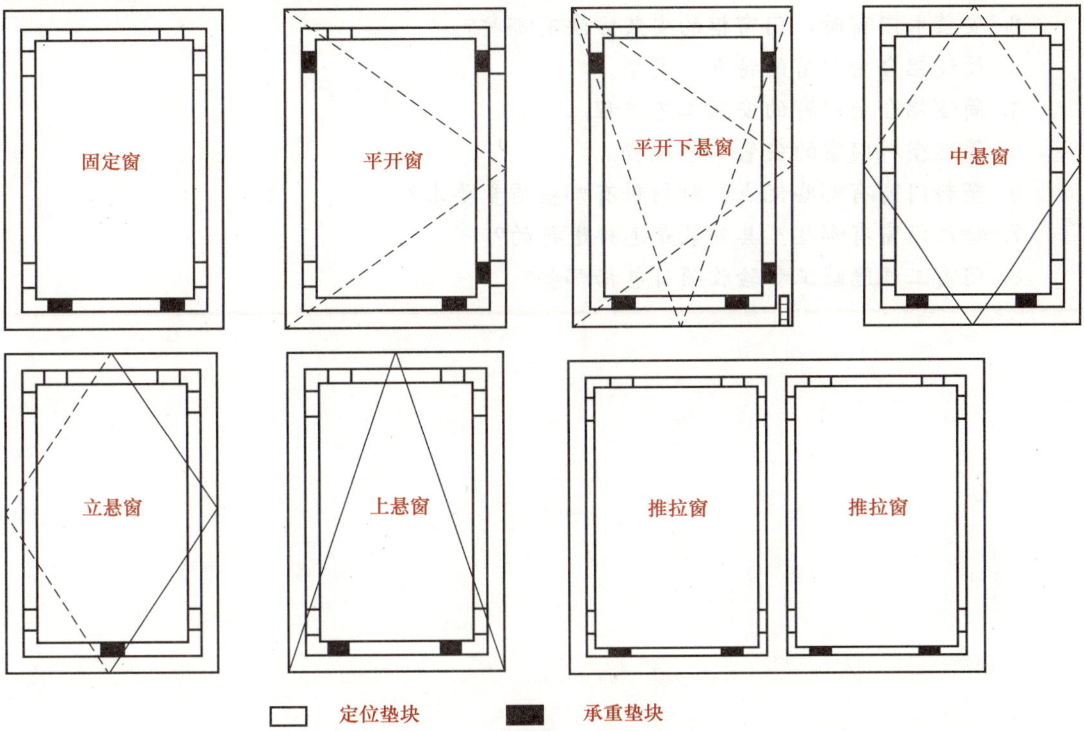

图 2-6-12　承重垫块和定位垫块位置

(12)表面清理及去掉保护膜。在所有工程完工后及装修工程验收前去掉保护膜。

任务 6.5　门窗工程施工质量标准及检验

门窗工程施工质量标准及检验

复习思考题

1. 门窗有哪些类型？
2. 安装木门窗时，门窗框的安装方法有哪些？
3. 简述铝合金门窗的特点、类型。
4. 简述铝合金门窗的安装工艺流程。
5. 简述塑料门窗的安装工艺流程。
6. 塑料门窗有哪些优点？对材料有哪些质量要求？
7. 特殊门窗有哪些？其安装是怎样进行的？
8. 门窗工程隐蔽工程验收项目包括哪些？

项目7　吊顶工程施工

知识目标

了解吊顶的功能形式；熟悉暗龙骨、明龙骨吊顶工程质量验收标准；掌握轻钢龙骨吊顶、铝合金龙骨吊顶、木龙骨吊顶及饰面材料的安装工艺流程及质量检验方法等。

能力目标

能够熟练地选用吊顶施工机具，合理选择吊顶材料；能编制轻钢龙骨吊顶、铝合金龙骨吊顶、木龙骨吊顶施工工艺，并能根据施工现场条件，正确组织指导现场施工；能用质量验收标准与检验方法对吊顶装饰工程进行质量验收，并具有独立分析问题和解决问题的能力。

项目导入

建筑物室内吊顶是现代室内装饰处理的重要部位，它是室内空间除墙体、地面以外的另一主要部分。它的装饰效果优劣，直接影响整个建筑空间的装饰效果。吊顶还起到吸收和反射音响，安装照明、通风和防水设备的功能作用。采用龙骨杆件作骨架同时配以吊挂和紧固措施，然后在骨架上安装吊顶板材，是众多现代建筑物所采用的室内上部空间的构造装设手法。吊顶按照施工工艺不同可分为暗龙骨吊顶、明龙骨吊顶等。

任务7.1　吊顶工程的基本知识

吊顶又称顶棚、天棚、天花板，是位于建筑物楼屋盖下表面的装饰构件，也是室内空间重要的组成部分，其组成了建筑室内空间三大界面的顶界面，在室内空间中具有十分重要的位置。它是指在室内空间的上部通过不同的构造做法，将各种材料组合成不同的装饰组合形式，是室内装饰工程施工的重点。

7.1.1　吊顶的功能

1. 装饰美化室内空间

吊顶是室内装饰中一个重要的组成部分，其以不同形式的造型、丰富多变的光影、绚丽多姿的材质为整个室内空间增强了视觉感染力，使顶面处理富有个性，烘托了整个室内环境气氛。

吊顶选用不同的造型及处理方法，会产生不同的空间感觉。有的可以延伸出大空间感，有的可以使人感到亲切、温暖，从而满足人们不同的生理和心理方面的需求；同样，也可通过吊顶来弥补原建筑结构的不足，如建筑的层高过高，会使人感觉房间比较空旷，可以用吊顶来降低高度，如果层高过低，会显得很压抑，也可以通过吊顶不同的处理方法，利用视觉的误差，使房间“变”高。

吊顶也能够丰富室内光源层次，产生多变的光影形式，达到良好的照明效果，弥补一些建筑空间原照明线路单一，照明灯具简陋，无法创造理想的光照环境等劣势。通过吊顶的处理，能产生点光、线光、面光相互辉映的光照效果及丰富的光影形式，增添空间的装饰性；吊顶也可以将许多管线隐藏起来，保证整个顶棚的平整、干净；在材质的选择上，可选用一些不同色彩、不同纹理质感的材料搭配，改善室内的美化效果。

2. 改善室内环境，满足室内功能需求

在进行吊顶处理时，不仅要考虑室内的装饰效果及艺术要求，还要综合考虑室内的照明、保温、隔热、通风、吸声或反射、音箱、防火等功能需求。结合实际需求情况进行吊顶处理是十分必要的，如顶楼的住宅无隔温层，夏季阳光直射屋顶，室内的温度会很高，可以通过吊顶作为一个隔温层，起到隔热降温的作用。冬天，又可成为一个保温层，使室内的热量不易通过屋顶流失。

3. 安置设备管线

随着科技水平的进步，各种设备日益增多，空间的装饰要求也趋向多样化，相应的设备管线也增多，吊顶为这些设备管线的安装提供了良好的条件，并且将这些设备管线隐藏起来，从而保证顶面的平整统一。

除此以外，吊顶也是分割空间的手段之一。通过吊顶，可以使原来层高相同的两个相连的空间变得高低不一，从而划分出两个不同的区域，增添空间的层次感。如客厅与餐厅，通过吊顶分割，既可以使两部分分工明确，又使下部空间保持连贯、通透。

综上所述，吊顶装饰工程是技术需求比较复杂，施工难度较大的一项工程项目。在具体施工中应结合建筑空间的大小、装饰要求、经济条件、设备安装、技术要求及安全问题等方面进行综合考虑。

7.1.2 吊顶的形式和种类

1. 按吊顶结构层的显露状况分类

吊顶根据吊顶结构层的显露状况分为开敞式吊顶和隐蔽式吊顶。

(1)开敞式吊顶。开敞式吊顶的饰面是敞开的。吊顶的单体构件，一般同室内灯光照明的布置结合起来，有的甚至全部用灯具组成吊顶，并加以艺术造型，使其变成装饰品。

(2)隐蔽式吊顶。隐蔽式吊顶是指龙骨不外露，罩面板表面呈整体的形式(又称暗龙骨吊顶)。罩面板与龙骨的固定有三种方式：用螺钉拧在龙骨上；用胶粘剂粘在龙骨上；将罩面板加工成企口形式，用龙骨将罩面板连接成一整体。使用较多的是第一种。

吊顶工程

隐蔽或吊顶的龙骨，一般采用轻钢或镀锌铁片挤压成型，吊杆可选用钢筋或型钢，规格和连接构件均应经计算确定，吊杆一般应吊在主龙骨上，如果龙骨无主、次之分，则吊杆应吊在通长的龙骨上。

2. 按安装方式分类

吊顶根据安装方式不同可分为直接式吊顶、悬吊式吊顶和配套组装式吊顶。

(1)直接式吊顶。直接式吊顶是在屋面板或楼板结构基层上直接进行抹灰、喷刷、裱糊等装饰处理形成吊顶饰面。这种方法简便、经济，且不影响室内原有的净高。但是，这种形式的吊顶处理对设备管线的敷设、艺术造型的表现等不能满足相应的要求。

(2)悬吊式吊顶。悬吊式吊顶是目前广泛采用的吊顶形式，它是指在楼板结构层之下通过设置吊筋形成的与楼板有一定垂直距离的吊顶。悬吊式吊顶要结合灯具、通风口、音响、消防设施等进行整体设计，这种吊顶形式能够改善室内环境，为满足不同使用功能要求创造了较为宽松的前提条件。但是，这种吊顶施工工期长、造价高，且要求建筑空间有较大的层高。具体在进行吊顶装饰设计时，应结合空间的尺度大小、装饰要求、经济因素来综合考虑。一般来说，悬吊式顶棚的装饰效果较好，形式变化丰富，适用于中、高档次的建筑吊顶装饰。

悬吊式吊顶的构造主要有基层、悬吊件、龙骨和面层。

1)基层。基层为建筑物结构构件，主要为混凝土楼(顶)板和屋架。

2)悬吊件。悬吊件是悬吊式吊顶与基层连接的构件，一般埋在基层内，属于悬吊式吊顶的支承部分。其材料可以根据顶棚不同的类型选用镀锌钢丝、钢筋、型钢吊杆(包括伸缩式吊杆)等。

3)龙骨。龙骨是固定吊顶面层的构件，并将所受面层的重量传递给支承部分。

4)面层。面层是吊顶的装饰层，使吊顶达到既具有吸声、隔热、保温、防火、装饰等功能，又有美化环境的效果。

(3)配套组装式吊顶。配套组装式吊顶由两部分组成：一部分是饰面部分，如面板和面板配套的龙骨，以及配套的连接件，由厂家配套生产；另一部分是吊装部分，可吊装龙骨架，施工是在现场进行组合拼装即可。

任务 7.2　木龙骨吊顶的施工

木龙骨吊顶是吊顶的结构骨架全部或主要采用木质材料构成的吊顶。这种吊顶形式施工灵活，适应性强，但受空气中潮气影响较大，容易引起干缩湿涨变形，使饰面受损。木龙骨吊顶适用于小空间和空间界面造型复杂多变的吊顶工程中。

7.2.1　吊顶材料及机具

1. 木龙骨吊顶材料

(1)木料。木龙骨常用松木或杉木。木材骨架料必须是烘干、无扭曲的红、白松，并严格控制含水量，新鲜的方料不宜直接用于结构部位，经干燥处理后方可使用。方料也要按设计要求进行防火、防潮处理。

木龙骨的断面一般为方形或矩形，钉接或栓接在吊杆上，主龙骨的间距一般为1.2～1.5 m；主龙骨的底部钉装次龙骨，其间距可根据饰面板的规格确定，龙骨与龙骨之间的连接可采用钉接或榫接的方式。吊顶的吊筋可采用小方木或ϕ6的钢筋。为节省空间的高度，主次龙骨也可采用榫接处理，拼接处再钉牢，使主次龙骨的下表面成为在同一平面的单层结构。

吊顶

木龙骨的规格应根据使用时龙骨受力的刚度、稳定性、跨度和面层材料的质量来考虑，以及主龙骨、副(次)龙骨的分布情况来确定。副(次)龙骨一般的规格为20 mm×30 mm，25 mm×30 mm，30 mm×30 mm，30 mm×40 mm；主龙骨一般的规格为30 mm×40 mm，40 mm×60 mm，50 mm×70 mm。

(2)饰面板材及压条。饰面板材及压条按设计要求选用，应符合国家规范要求。饰面板不仅要具有良好的质量，也要具有良好的观感要求，如颜色、花形、质感等。

(3)其他材料。其他材料包括圆钉、ϕ6或ϕ8螺栓、射钉、膨胀螺栓、胶粘剂、木材防腐剂、防锈漆、防火涂料、专用嵌缝石膏和8号镀锌钢丝。

2. 木龙骨吊顶工具

木龙骨吊顶工具包括小电锯、小台刨、手枪钻、木刨、扫槽刨、水平尺、吊线坠等。

木龙骨吊顶

7.2.2 木龙骨吊顶施工准备

(1)现浇钢筋混凝土板中，按设计预埋吊顶固定件，如设计无要求时，可预埋ϕ6或ϕ8钢筋，间距为1 000 mm左右。

(2)顶棚上部的电气布线、空调管道、消防管道、供水管道等均已安装就位，并基本调试完毕。

(3)直接接触土建结构的木龙骨，应预先刷防腐剂。

(4)吊顶房间需做完墙面及地面的湿作业和屋面防水等工程。

(5)施工机具准备齐全，搭好顶棚施工操作平台架及木料加工工作台，该工作台一般现场自制。

(6)根据图纸制订施工方案。

7.2.3 木龙骨吊顶施工工艺

木龙骨吊顶施工方法较多，但结构上却大同小异，都需要解决稳固和平整这两大问题。而吊顶稳固的关键在于吊点的稳固、吊杆的强度、连接方式的正确。在施工中，必须紧紧抓住这个问题进行工艺操作。

木龙骨吊顶施工工艺流程为：放线→龙骨拼装→安装吊点、吊筋→固定沿墙龙骨→龙骨吊装固定→饰面板安装。

吊顶工程施工

1. 放线

放线是技术性较高的工作，是吊顶施工中的要点。放线的作用主要包括两个方面：一方面使施工有了基准线，便于下一道工序确定施工位置；另一方面能够检查吊顶以上部位的管道对标高位置的影响。

放线的内容主要是确定吊顶标高线、造型位置线、吊点布置线、大中型灯位线等。放线的要求如下：

(1)确定标高线。室内吊顶装饰施工中的标高，可以以装饰好的楼地面上表面标高为基准，以此基准线为起点，根据设计要求在墙(柱)面上量出吊顶的垂直高度，作为吊顶的底标高；也可使用水准仪或充水胶管测出室内水平线，水平线的标高值一般为 500 mm，以此基准线作为确定吊顶标高的参考依据。

(2)确定造型位置线。对于规则的建筑空间，应根据设计要求，先以一个墙面为基准量出吊顶造型位置距离，并按该距离在顶面画出平行于墙面的直线，再从另外三个墙面，用同样的方法画出直线，便可以得到造型位置外框线。如吊顶有高低迭级造型，则应在墙面一一弹出迭级处高低不同的标高点。

(3)确定吊点位置。吊点间距一般为 900～1 200 mm，灯位处、承载部位、龙骨与龙骨相接处及迭级吊顶的迭级处均应增设吊点。

2. 龙骨拼装

吊顶的龙骨架在吊装前，应在楼(地)面上进行拼装，拼装的面积一般控制在 10 m^2 以内，否则不便吊装。拼装时，先拼装大片的龙骨骨架，再拼装小片的局部骨架，接口处应涂胶并用钉子固定。

3. 安装吊点、吊筋

吊点的固定应根据楼板的类型不同有所区别，吊点可采用膨胀螺栓、射钉、预埋铁件等方法，具体安装方法如图 2-7-1 所示。用冲击电钻在建筑结构面上打孔，然后放入膨胀螺栓。用射钉将角钢等固定在建筑结构底面。

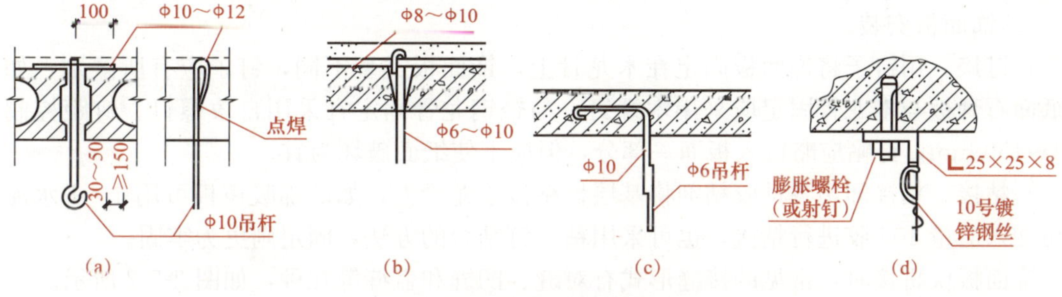

图 2-7-1　木龙骨吊顶的吊点固定方法

(a)预制楼板内预埋短钢筋，另设弯钩钢筋钩于其上；(b)预制楼板内预埋通长钢筋，另设吊筋钩于其上；(c)预制楼板内预埋钢筋弯钩；(d)用膨胀螺栓或射钉固定角钢连接件

吊筋常采用钢筋、角钢、扁铁或方木，其规格应满足承载要求，吊筋与吊点的连接可采用焊接、钩挂、螺栓或螺钉的连接等方法。吊筋安装时，应作防腐、防火处理。

4. 固定沿墙龙骨

沿吊顶标高线固定沿墙龙骨，一般是用冲击钻在标高线以上 10 mm 处墙面打孔，孔径为 12 mm，孔距为 400～600 mm，孔内塞入木楔，将沿墙龙骨钉固在墙内木楔上，沿墙木龙骨固定后，其底边与其他次龙骨底边标高一致。

5. 龙骨吊装固定

龙骨吊装固定的做法有多种，视选用的吊杆及上部吊点构造而定，如以 Φ6 钢筋吊杆与吊点的预埋钢筋焊接，利用扁铁与吊点角钢以 M6 螺栓连接，利用角钢做吊杆与上部吊点角钢连接等。吊点与龙骨的连接，根据吊杆材料的不同可分别采用绑扎、钩挂及钉固等。如扁铁及角钢杆件与木龙骨可用两个木螺钉固定。

6. 饰面板安装

(1)饰面板类型。饰面板的作用是装饰室内空间，常常还需要具有一些特定的功能如吸声、光反射等。另外，饰面层的构造设计还要结合灯具、风口布置等一起进行。吊顶常用饰面板材料有以下几种：

1)木质板。木质板主要有实木板、胶合板、纤维板等。其中胶合板的适用最广泛。在胶合板吊顶中，所用的木杆件必须经过严格的防腐、防火处理，前者可涂氟化钠防腐剂1～2 道，后者应涂防火涂料 3 道。对于一般的胶合板不可用于吊顶，应使用阻燃型两面刨光的一级胶合板。阻燃型胶合板的各种加工性能，与一般胶合板完全相同。胶合板与龙骨的固定，可采用钉子、螺钉或胶粘剂等来连接。

2)石膏板。石膏板主要有装饰石膏板、纸面石膏板、吸声石膏板等。这种类型的板材具有质量轻、吸声、防火、保温、隔热等特点，其加工性能好，可锯、钉、粘贴，施工方便。但这种板材不宜用在湿度大的房间，否则必须采取相应的防潮措施。

3)金属板。金属板主要有金属装饰板、金属吸声板等。这种板材材质的种类，有不锈钢、铝合金等多种，其性能具有质量轻、强度高、耐高温、耐腐蚀、防火、防潮、组装方便等特点，适用于各类公共建筑。

4)其他板材主要有矿棉板、塑料板、复合板等。

选用饰面板时，不但要考虑装饰效果及耐久性，而且还要考虑防火、吸声、隔热、保温等技术性能要求。

(2)饰面板安装。

1)钉接。用钉子将饰面板固定在木龙骨上，饰面板类型不同，钉子应有所区别，如选用纸面石膏板与木龙骨固定应采用木螺钉，与轻钢龙骨固定宜采用自攻螺钉。钉距控制在100～150 mm，钉帽应略钉入板面一部分，但应不使纸面破坏为宜。

2)粘接。粘接即用各种胶粘剂将基层板粘接于龙骨上，如矿棉吸声板可用 1∶1 水泥石膏粉加入适量 108 胶进行粘接，也可采用粘、钉结合的方法，固定则更为牢固。

饰面板块拼接时，常见的接缝形式有对缝、凹缝和盖缝等几种，如图 2-7-2 所示。

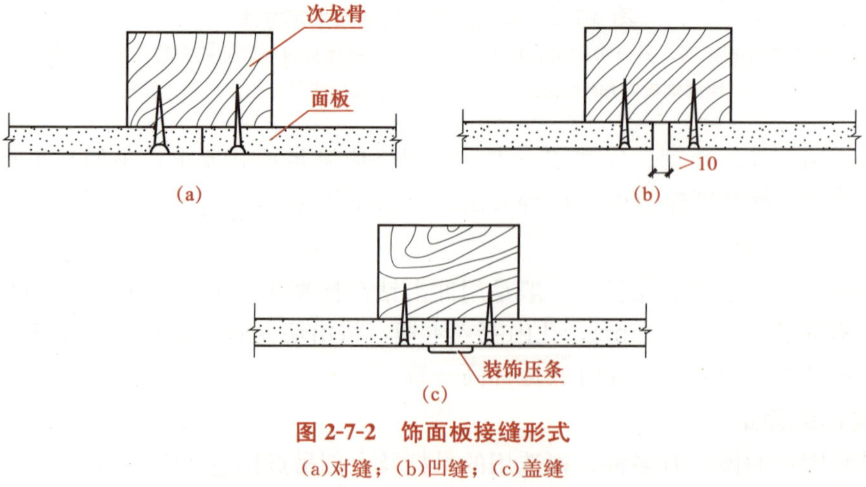

图 2-7-2　饰面板接缝形式

(a)对缝；(b)凹缝；(c)盖缝

7.2.4 木龙骨吊顶节点细部处理

1. 木吊顶各面之间的节点处理

(1)阴角节点。阴角是指两面相交内凹部分，其处理方法通常是用木角线钉压在角位上，如图 2-7-3 所示。固定时用直钉枪，在木线条的凹部位置打入直钉。

(2)阳角节点。阳角是指两相交面外凸的角位，其处理方法也是用木角线钉压在角位上，将整个角位包住，如图 2-7-4 所示。

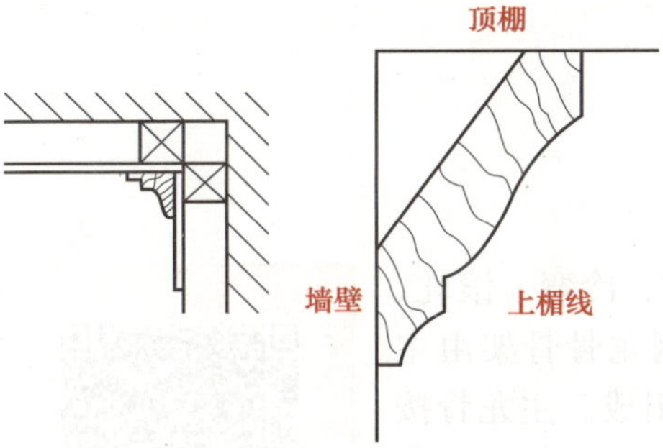

图 2-7-3 吊顶面阴角处理

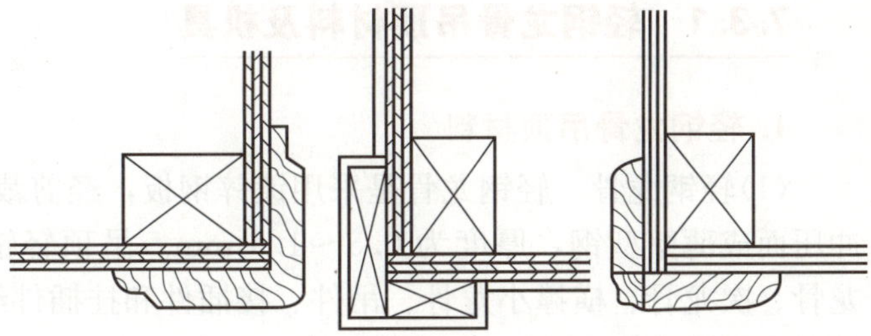
图 2-7-4 吊顶面阳角处理

(3)过渡节点。过渡节点是指两个落差高度较小的面接触处或平面上，两种不同材料的对接处。其处理方法通常是用木线条或金属线条固定在过渡节点上。木线条可直接钉在吊顶面上，不锈钢等金属条则用粘贴法固定，如图 2-7-5 所示。

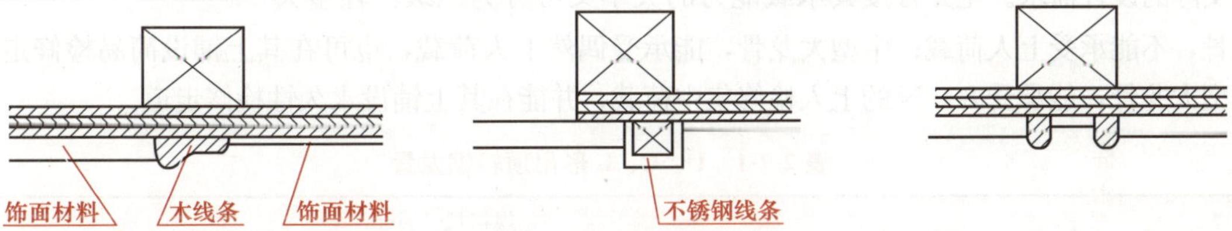

图 2-7-5 吊顶面过渡处理

2. 木吊顶与设备之间节点处理

(1)吊顶与灯光盘节点。灯光盘在吊顶上安装后，其灯光片或灯光格栅与吊顶之间的接触处需作处理。其方法通常用木线条进行固定，如图 2-7-6 所示。

(2)吊顶与检修孔节点处理，通常是在检修孔盖板四周钉木线条，或在检修孔内侧钉角铝，如图 2-7-7 所示。

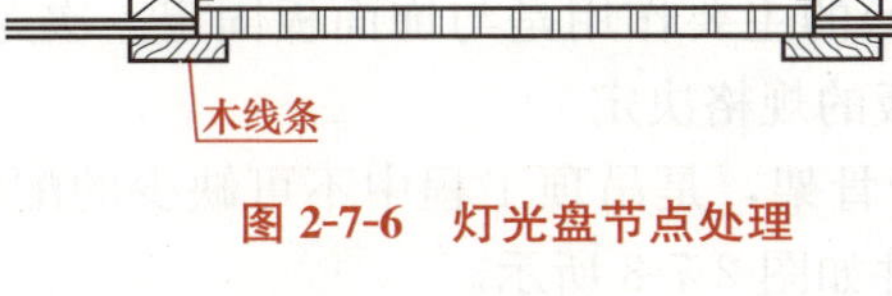

图 2-7-6 灯光盘节点处理

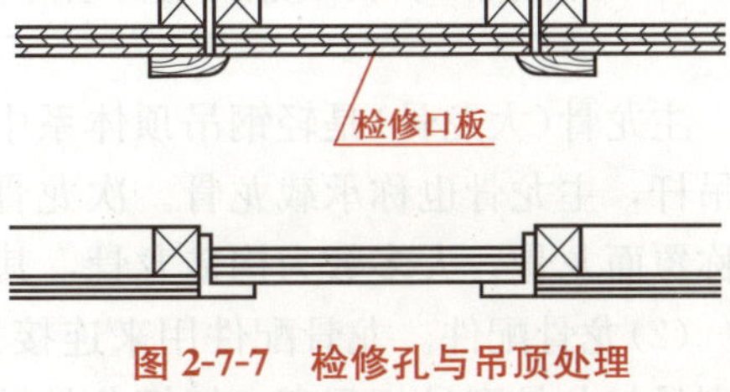

图 2-7-7 检修孔与吊顶处理

任务 7.3 轻钢龙骨吊顶安装施工

轻钢龙骨吊顶是在现阶段建筑装饰工程中普遍使用的一种吊顶形式。其具有装饰性好、自重轻、强度高、防火及耐腐蚀性能好、安装方便等特点，广泛应用在公共及住宅空间。轻钢龙骨吊顶由轻钢龙骨和纸面石膏板两部分组成，在纸面石膏板面层可进行其他饰面装饰，如涂刷、粘贴等。

7.3.1 轻钢龙骨吊顶材料及机具

1. 轻钢龙骨吊顶材料

金属吊顶

(1)轻钢龙骨。轻钢龙骨是采用镀锌钢板，经剪裁、冷弯、滚轧、冲压而成薄壁型钢，厚度为 0.5～1.5 mm。吊顶轻钢龙骨骨架由主龙骨、次龙骨、横撑小龙骨、吊件、接插件和挂插件组成。主龙骨按其截面形状分为 U 形、C 形和 L 形，一般多为 U 形。主龙骨按承载能力分为 38 系列、50 系列、60 系列，具体规格尺寸见表 2-7-1。38 系列的龙骨一般适用于吊点间距为 900～1 200 mm 的不上人吊顶；50 系列的龙骨适用于吊点间距为 900～1 200 mm 的上人吊顶；60 系列的龙骨可用于吊点间距为 1 500 mm 的上人吊顶，不同系列龙骨的选用要符合实际的设计需求。主龙骨按其承载能力的大小又可分为三级：轻型大龙骨，不能承受上人荷载；中型大龙骨，能承受偶然上人荷载，也可在其上铺设简易检修走道；重型大龙骨，能承受 800 N 的上人检修集中荷载，并能在其上铺设永久性检修走道。

表 2-7-1 U、C、L 形吊顶轻钢龙骨

名称	规格尺寸/mm					
	D38		D50		D60	
	A	*B*	*A*	*B*	*A*	*B*
U 形龙骨(承载龙骨)	38		50		60	
C 形龙骨(覆面龙骨)	38		50		60	
L 形龙骨(边龙骨)						

注：1. 承载龙骨、覆面龙骨的尺寸 *B*，无明确规定。
2. 边龙骨的尺寸 *A*、尺寸 *B*，均无明确规定。
3. 不同规格尺寸的承载龙骨、覆面龙骨、边龙骨，可以根据需要配合使用。

主龙骨(大龙骨)是轻钢吊顶体系中的主要受力构件。整个吊顶的荷载通过主龙骨传递给吊杆，主龙骨也称承载龙骨。次龙骨(中、小龙骨)的主要作用是与饰面板固定。次龙骨也称覆面龙骨，大多数为构造龙骨，其间距由饰面板的规格决定。

(2)龙骨配件。龙骨配件用来连接龙骨组成一个骨架，是吊顶工程中不可缺少的配件。其型号与龙骨型号相配套，轻钢龙骨吊顶常用的配件如图 2-7-8 所示。

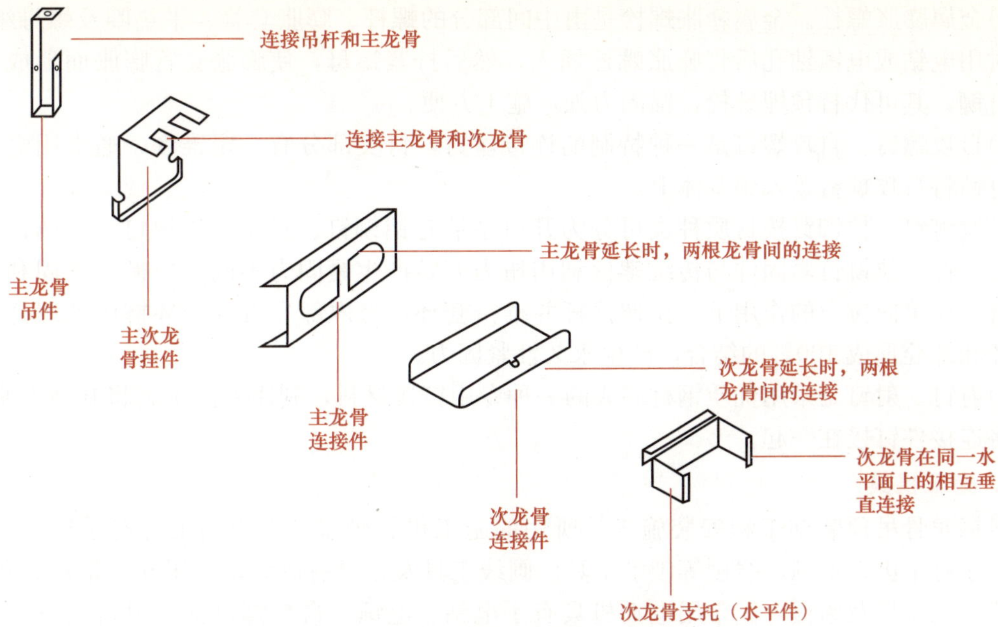

图 2-7-8　轻钢龙骨吊顶常用配件

(3)罩面材料。轻钢龙骨吊顶的罩面材料品种很多，主要有装饰石膏板、纸面石膏板、吸声穿孔石膏板、嵌装式装饰石膏板等。建筑装饰工程上最常用的是纸面石膏板，它是以石膏和纤维做板芯，用特殊的纸做护面而制成的板材，具有质轻、高强、抗震、防火、隔声、收缩率小等性能，并可锯、钉、钻。纸面石膏板由于板纸的增强作用，因此也具有较高的抗弯强度。其主要用于吊顶面层或轻质隔墙的墙板，经特殊处理的防潮、防火纸面石膏板更可用于厨卫及防火要求较高的场所。

纸面石膏板的品种很多，根据性能要求不同可分为普通纸面石膏板、耐火纸面石膏板和耐水纸面石膏板等；按纸面石膏板的棱边形状又可分为矩形棱边纸面石膏板、楔形棱边纸面石膏板、圆角边纸面石膏板等几种。

纸面石膏板的常见尺寸：长 2 400 mm、2 700 mm、3 000 mm、3 300 mm、3 600 mm；宽 1 200 mm；厚 9 mm、12 mm、15 mm、18 mm、21 mm、25 mm。

(4)连接与固结材料。轻钢龙骨吊顶常用的固结材料有金属膨胀螺栓(金属胀管)、自攻螺钉、抽芯铝铆钉、射钉等，如图 2-7-9 所示。

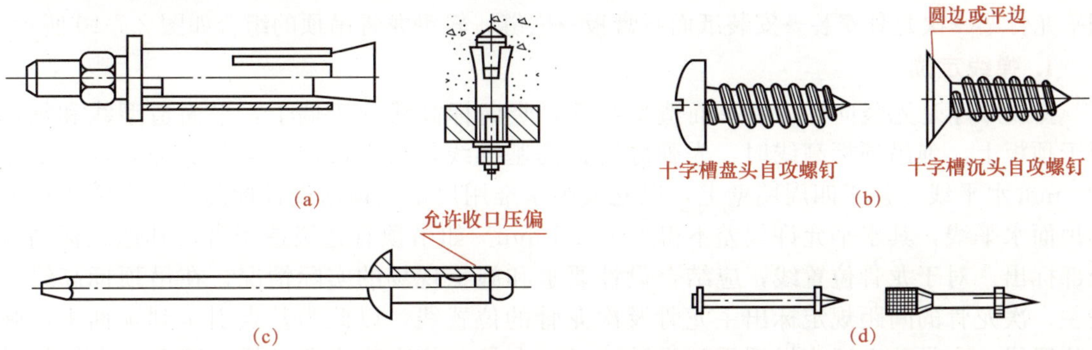

图 2-7-9　轻钢龙骨吊顶固结材料

(a)金属膨胀螺栓；(b)自攻螺钉；(c)抽芯铝铆钉；(d)射钉

1)金属膨胀螺栓。金属膨胀螺栓是由中间部分的螺杆、膨胀套管、平垫圈及螺母组成。施工时用电钻或电锤钻孔后将膨胀螺栓插入，然后拧紧螺母，使膨胀套管膨胀而形成紧固螺栓自铆，其可代替预埋螺栓，锚固力强，施工方便。

2)自攻螺钉。自攻螺钉是一种特制的连接丝钉，钉尖部分有一定锥度，通常用电动自攻螺钉钻将自攻螺钉攻入到基体上。

3)拉铆钉。拉铆钉按材质种类可分为开口型抽芯铝铆钉、封闭型铝拉钉、不锈钢拉钉和烤漆拉钉。拉铆钉紧固件与传统螺栓利用扭力旋转产生紧固力不同，拉铆钉紧固利用专用设备，在单向拉力的作用下，拉伸栓杆并推挤套环，将内部光滑的套环挤压到螺杆凹槽使套环和螺栓形成100%的结合，产生永久性紧固力。

4)射钉。射钉是采用优质钢材制成的一种专用钉接材料，利用专门工具将其射入基体，从而将连接件钉接在一起。

2. 施工机具

轻钢龙骨吊顶装饰工程安装施工，所用的施工机具较多。常用的工具有手锯、刀锯、线锯，还有平刨、槽刨、线刨等刨削工具。画线工具及量具有画线笔、墨斗、量尺、角尺、水平尺、三角尺及铅锤等。常用电动机具有手电钻、电锤、自攻螺钉钻和射钉枪及电动十字旋具等。

7.3.2 轻钢龙骨吊顶施工准备

(1)吊顶内的通风、水电、消防管道等均已安装就位，并基本调试完毕。

(2)各种材料及工具齐备。

(3)墙顶需找补的槽、孔、洞等湿作业完成。

(4)大面积施工前，对起拱、预留检修口等节点构造处理及固定方法，经验收认可后，方可进行大面积施工。

(5)搭好吊顶施工操作平台架子。

顶棚装饰工程施工

7.3.3 轻钢龙骨吊顶施工工艺

轻钢龙骨纸面石膏板吊顶施工工艺流程为：弹线定位→吊筋制作安装→主龙骨安装→调平龙骨架→次龙骨安装→安装纸面石膏板→嵌缝。轻钢龙骨吊顶的组合如图 2-7-10 所示。

1. 弹线定位

弹线顺序是先竖向标高后平面造型细部，竖向标高线弹于墙上，平面造型线和细部弹于顶板上。弹吊顶标高线时，先弹施工标高基准线，根据设计和工程实际要求，确定500 mm水平线，弹于四周墙壁上，以此线为基准用尺量至顶面设计标高线，在四周墙面弹顶面水平线，其水平允许偏差不得大于±5 mm。如吊顶有迭级造型者，其迭级标高应全部标出。对于龙骨位置线，应结合设计要求和施工现场的实际情况，在吊顶标高线上按主、次龙骨的间距规定标出主龙骨及次龙骨的位置线，以此为基点引至到顶面上，弹出位置线。在吊顶上还应根据平面设计要求，在吊顶依次弹出造型线，墙面弹出迭级标高线。

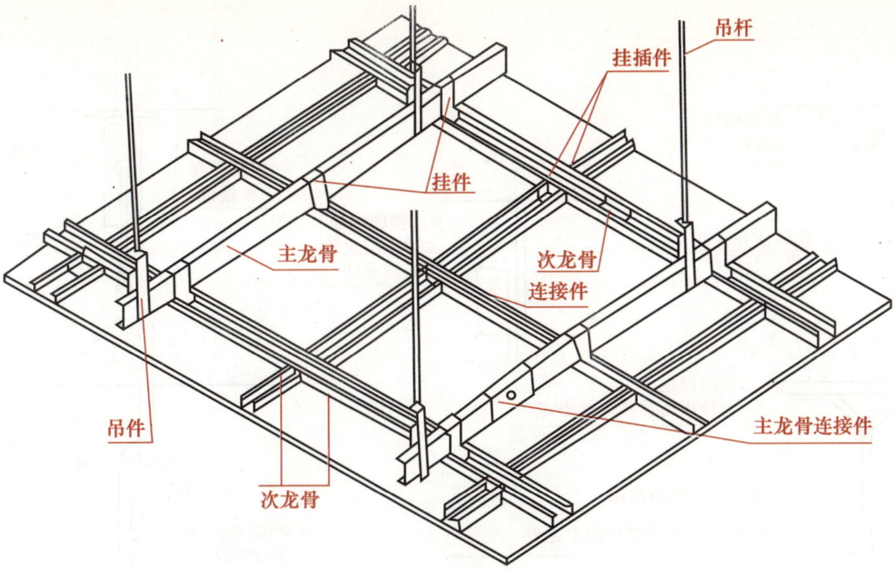

图 2-7-10　轻钢龙骨吊顶的组合

吊点的位置线，根据设计要求，在顶板主龙骨位置线上按吊点规定间距确定吊点的位置，并弹于顶板上。除此之外，根据具体设计要求，在顶部上弹附加吊杆位置线，将吊顶检修口、通风口、柱子周边及大型灯具、电扇具处的吊杆位置一一测出，并弹于楼板板底上。吊杆距主龙骨端部距离不得大于 300 mm，当大于 300 mm 时应增加吊杆，并且当吊杆与设备相遇时，应调整并增设吊杆，不得与设备共用吊杆。一般情况下，吊杆长度最大限度 Φ6 吊杆不大于 1 200 mm，Φ8 吊杆不大于 1 500 mm。若吊顶设计标高距原结构顶面高度，超过吊杆限度时，会产生吊杆不稳、不垂直现象，造成吊顶龙骨不平直，影响整个吊顶的安装质量。

2. 吊筋的制作与固定

轻钢龙骨的吊筋一般用 Φ6 或 Φ8 钢筋制作，吊筋的上端与楼板连接。吊筋的固定做法根据楼板的种类不同而不同，如在预制钢筋混凝土楼板中设吊筋时，应在主体施工时预埋吊筋。如无预埋时应用膨胀螺栓固定，并保证连接强度；在设吊筋时，一是预埋吊筋；二是用膨胀螺栓或射钉固定吊筋，或用电焊、钩挂等方法来固定。无论何种做法均应满足设计位置和强度的要求。图 2-7-11 是现浇钢筋混凝土楼板吊筋几种不同的固定方法。现在吊顶时也可采用成品通扣镀锌吊杆，与膨胀螺栓配合使用，且无须防锈漆涂刷，如图 2-7-12 所示。采用这种成品吊筋，施工方法简单，施工速度快。

3. 安装轻钢龙骨架

吊杆安装完毕后，可进行龙骨骨架的安装。可先将龙骨中变形翘曲部分进行选材校正，严重变形部分进行切除。然后根据设计要求，在墙面标高线位置处固定沿墙龙骨，龙骨底面与标高线对齐。龙骨与墙体之间可用螺钉或射钉固定。

(1)安装轻钢主龙骨。先装配好吊杆螺母，在主龙骨上预先安装好吊挂件，将组装吊挂件的大龙骨，按弹线位置将吊挂件穿入相应的吊杆螺母，拧好螺母。待全部主龙骨安装就位后，拉线进行调直调平、定位校正。待龙骨校正平直后，将吊筋上的调平螺母拧紧，龙骨中间部分按具体设计起拱(一般起拱高度不得小于房间短向跨度的 0.3%)。

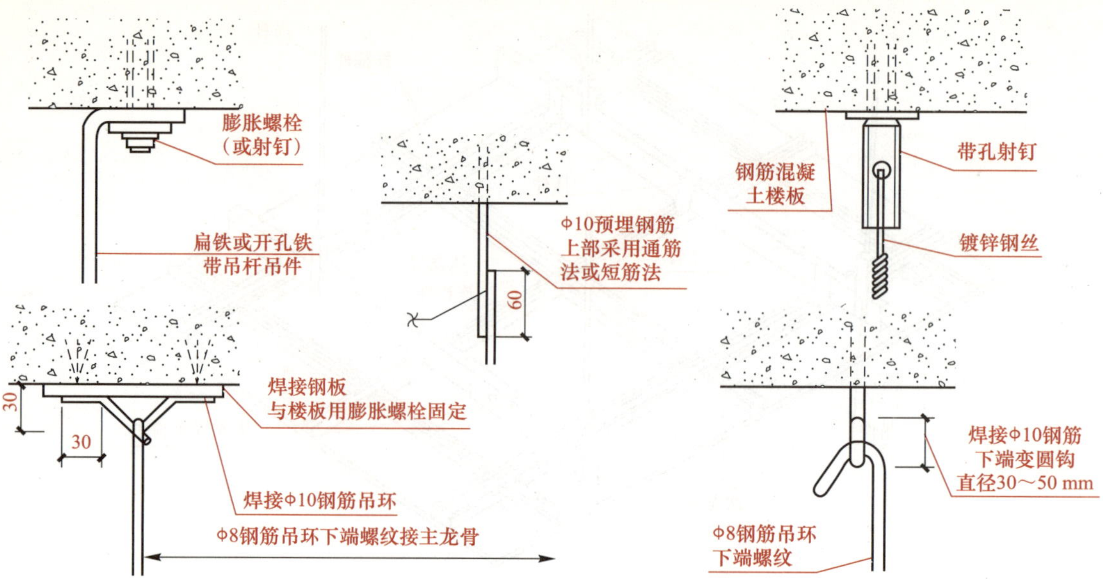

图 2-7-11　轻钢龙骨吊筋固定方法

图 2-7-12　成品通扣镀锌吊杆

(2)安装副龙骨。主龙骨安装完毕即可安装副龙骨。按已弹好的副龙骨位置线，卡放副龙骨吊挂件。按设计规定的副龙骨间距，将副龙骨通过吊挂件，吊挂在大龙骨上，设计无要求时，一般间距为 500～600 mm。当副龙骨长度需多根延续接长时，用副龙骨连接件，在吊挂副龙骨的同时相连，调直固定。

副龙骨有通长和截断两种。通长龙骨布置与主龙骨垂直，截断龙骨(也称横撑龙骨)与通长龙骨垂直布置。副龙骨紧贴主龙骨安装，并与主龙骨扣牢，不得有松动及安装歪曲不直之处。副龙骨安装时应从主龙骨一端开始，高低迭级吊顶应先安装低跨部分。

4. 安装纸面石膏板

龙骨安装完毕后，应检查龙骨平整、牢固，配件安装是否正确，主、副龙骨是否顺直，并在顶棚内各种安装(空调、消防、通信、照明)等隐蔽工程完毕后方可进行石膏板安装。

纸面石膏板在具体布置时，原则上长边方向应与主龙骨平行，从吊顶的一端向另一端开始错缝安装，逐块排列，余量放在最后安装，或从顶棚中心向周围铺设。铺设时首先要根据龙骨间距在石膏板面上弹出龙骨中心线，以便固定石膏板时使用，固定石膏板的高强自攻螺栓间距不大于 150～170 mm，固定时应从石膏板中部开始向两侧展开，自攻螺栓距纸面石膏板板边应控制距离为 10～15 mm，短边控制为 15～20 mm，钉头应略低于板面沉入板内 1～2 mm，但不得损坏纸面。钉头应作防锈处理，并用石膏腻子腻平。

纸面石膏板安装时还应注意留 3 mm 左右的板缝(短边留 4～6 mm 板缝)，四周墙边留 10 mm 左右缝隙以防伸缩变形。纸面石膏板拼装时要注意应错位安装(错开半板左右)，防止出现通缝，影响吊顶的牢固性。

纸面石膏板在安装固定时，无论是纸面的还是无纸的，其板材都固定在次龙骨上。纸面石膏板固定方式包括挂接形式、卡接形式和钉接方式。采用挂接形式固定纸面石膏板时，先在石膏板周边加工成企口缝，然后挂在T形或I形次龙骨上，因次龙骨不外露，故又称暗龙骨悬吊式吊顶；采用卡接形式固定纸面石膏板时，纸面石膏板直接放在T形次龙骨的边翼上，并用弹簧卡子卡紧，次龙骨露于吊顶外部，故又称明龙骨悬吊式吊顶；采用钉接方式固定纸面石膏板时，可将纸面石膏板固定于次龙骨上，方法是用自攻螺钉直接将板材钉固于龙骨上，如图2-7-13所示。

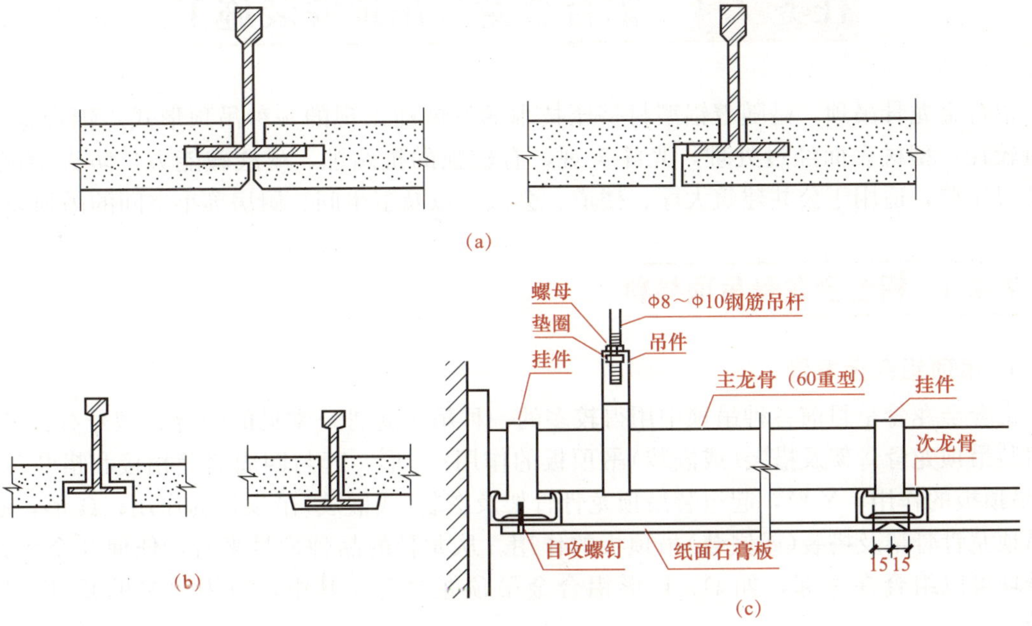

图2-7-13　纸面石膏板与龙骨固定方式

(a)挂接；(b)卡接；(c)钉接

5. 嵌缝

纸面石膏板安装质量经检查或修理合格后，根据纸面石膏板板边类型及嵌缝规定进行嵌缝。常用的嵌缝材料包括接缝带和嵌缝腻子。接缝带有良好的自黏结能力和强度，在板接缝处起加强筋的作用。嵌缝腻子不但要有很好的强度、粘结性，而且还要有一定的韧性和好的施工性能，但是要注意，无论使用什么腻子，均应保证有一定的膨胀性。施工中常用石膏腻子，一般施工做法如下：

(1)直角边纸面石膏板嵌缝。直角边纸面石膏板顶棚之缝均为平缝，嵌缝时应用刮刀将嵌缝腻子均匀、饱满地嵌入板缝中，并将腻子刮平(与石膏板面齐平)。纸面石膏板如需进行装饰时，应在腻子完全干燥后施工。

(2)楔形边纸面石膏板嵌缝。楔形边纸面石膏板顶棚嵌缝可先用刮刀将嵌缝腻子均匀、饱满地嵌入缝中，将浸湿的穿孔纸带贴于缝处，用刮刀将纸带用力压平，使腻子从孔中挤出，并在石膏板表面所有钉孔上覆盖腻子一道；待第一道嵌缝腻子完全干燥后再刮第二道嵌缝腻子，使之略高于石膏板表面。腻子宽200 mm左右，另外，在钉孔上应再覆盖腻子一道，宽度较钉孔扩大25 mm左右；待第二道嵌缝腻子完全干燥后，再薄压嵌缝腻子一层，用清水刷湿边缘后用抹刀拉平，使石膏板面平滑，钉孔第二道腻子上应再覆盖嵌缝腻子一层，并用力抚平使之与石膏板面交接平滑。

上述第三道嵌缝腻子完全干燥后，用 2 号砂纸安装在手动或电动打磨器上，将嵌缝腻子打磨光滑，打磨时不得将护纸磨破。

嵌缝的纸面石膏板吊顶应妥善保护，不得损坏、碰撞，不得有任何污染。如石膏板表面有饰面时，应按具体设计进行装饰。

任务 7.4　铝合金龙骨吊顶安装施工

铝合金龙骨吊顶，是随着铝型材挤压技术的发展而出现的一种吊顶形式。铝合金龙骨质量较轻，型材表面经过处理，光泽美观，有较强的抗腐蚀、耐酸碱能力，防火性能好，安装很简单，适用于公共建筑大厅、楼道、会议室以及卫生间、厨房等小空间的吊顶装修。

7.4.1　铝合金龙骨吊顶材料

1. 吊顶铝合金龙骨

铝合金龙骨是目前各种吊顶中用得较多的一种吊顶龙骨，常见的铝合金型号有：T 形，起组装吊顶龙骨骨架及搭装（或嵌装）吊顶板的作用；I 形，起与四周墙壁相接和搭装（或嵌装）吊顶板的作用；Y 形，起组装吊顶龙骨骨架及搭装（或嵌装）吊顶板的作用；Ω 形，起组装吊顶龙骨骨架及搭装（或嵌装）吊顶板的作用。从龙骨的品种型号来看，任何几个形式的龙骨均可以组合在一起，如 Ω、L 形铝合金吊顶龙骨等。其中，应用最多的是 T、L 形龙骨。

T、L 形铝合金吊顶主龙骨（大龙骨）的侧面有长方形孔和圆形孔。长方形孔供次龙骨穿插连接，圆形孔供悬吊固定，其断面及立面如图 2-7-14 所示。次龙骨的长度，根据饰面板的规格进行下料，在次龙骨的两端，为了便于插入主龙骨的方眼中，要加工成“凸头”形状。次龙骨断面及立面如图 2-7-15 所示。为了使多根次龙骨在穿插连接中保持顺直，在次龙骨的凸头部位弯一个角度，使两根次龙骨在一个方眼中保持中心线重合。L 形边龙骨也称封口角铝，其作用是吊顶毛边及检查部位等封口，使边角部位保持整齐、顺直。边龙骨有等肢和不等肢两种。一般常用等肢角边龙骨，色彩应与板的色彩相同。

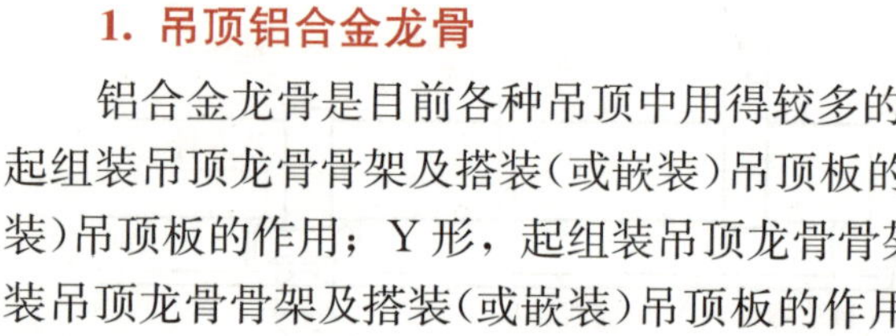

图 2-7-14　主龙骨断面及立面

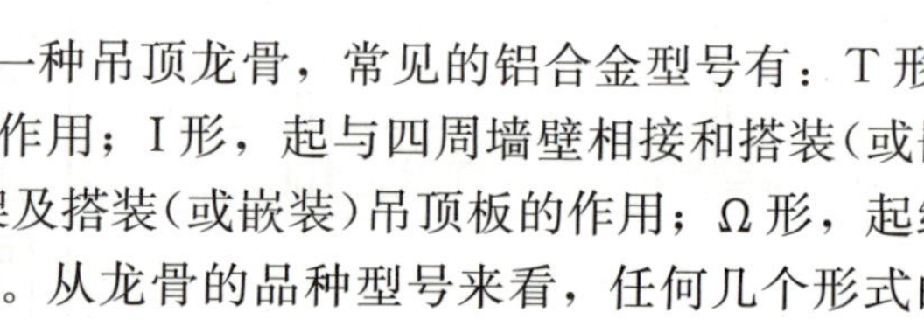

图 2-7-15　次龙骨断面及立面

2. 吊顶饰面材料

吊顶饰面材料可采用各种装饰饰面板，如常用的矿棉吸声板、装饰石膏板等。其形状有矩形或正方形，施工时可直接搁置在 T 形的两翼上。吊顶饰面材料常用的尺寸有 500 mm×500 mm、600 mm×600 mm、300 mm×600 mm、600 mm×900 mm 等。

3. 其他材料

铝合金龙骨吊顶的其他材料，主要包括龙骨连接件、固定材料(膨胀螺栓、射钉等)和吊杆(钢筋或镀锌钢丝等)及吊件，施工时可根据施工设计要求选择。

7.4.2 T、L 形铝合金龙骨吊顶施工工艺

铝合金龙骨吊顶的施工准备同轻钢龙骨吊顶。铝合金龙骨吊顶的施工工艺比较简单，其施工工艺流程为：放线定位→固定悬吊件→安装、调平龙骨→安装饰面板。

单独由 T 形(或 L 形)铝合金龙骨装配的吊顶，只能是无附加荷载的装饰性单层轻型吊顶，它适用于室内大面积平面吊顶的装饰。与轻钢 U 形、C 形龙骨单层吊顶的主要区别在于：它可以比较灵活地将饰面材料平放搭装，而不必进行封闭式钉固安装，饰面板与龙骨可采用明装形式，形成外露纵、横骨架；也可以采用暗装(板材边部为企口、嵌装后骨架隐藏)的形式，如图 2-7-16 所示。

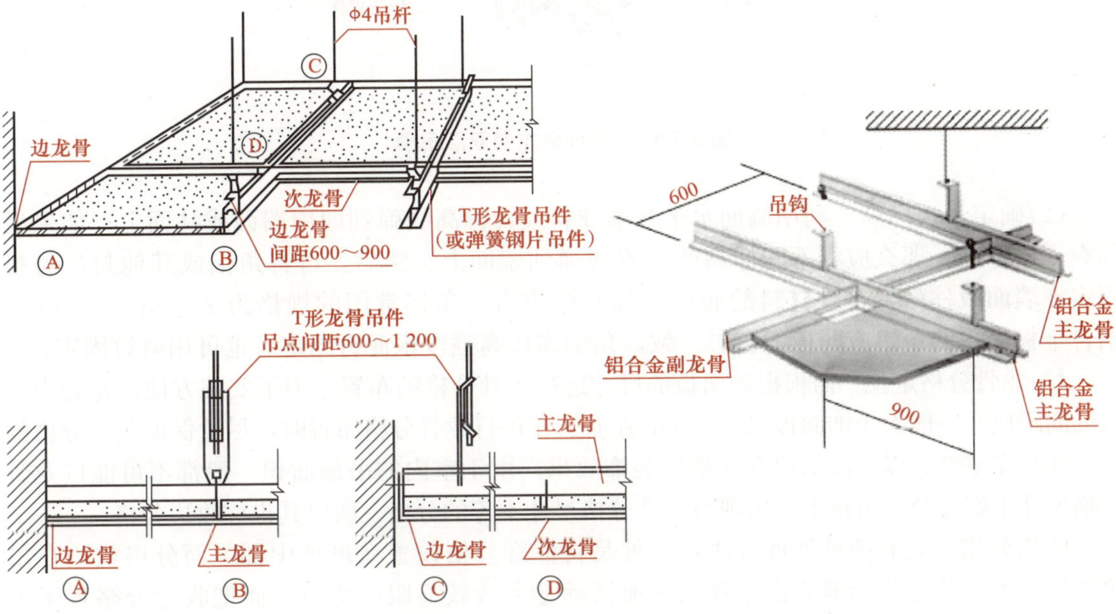

图 2-7-16　铝合金龙骨单层吊顶

当必须满足吊顶的一定承载能力时，则需要与轻钢 U 形、C 形承载龙骨相配合，即成为双层吊顶构造，如图 2-7-17 所示。

铝合金龙骨吊顶的具体施工工艺如下。

1. 放线定位

铝合金龙骨吊顶的放线定位，主要是弹标高线和龙骨的布置线。这是吊顶施工的主要依据和标准，必须符合设计的要求。

(1)根据设计图纸，结合具体情况，将龙骨及吊点位置弹到楼板底面上。吊顶龙骨间距和吊杆间距，一般都控制在 1.0～1.2 m 以内。弹出的所有线均应条理清晰，位置准确无误。

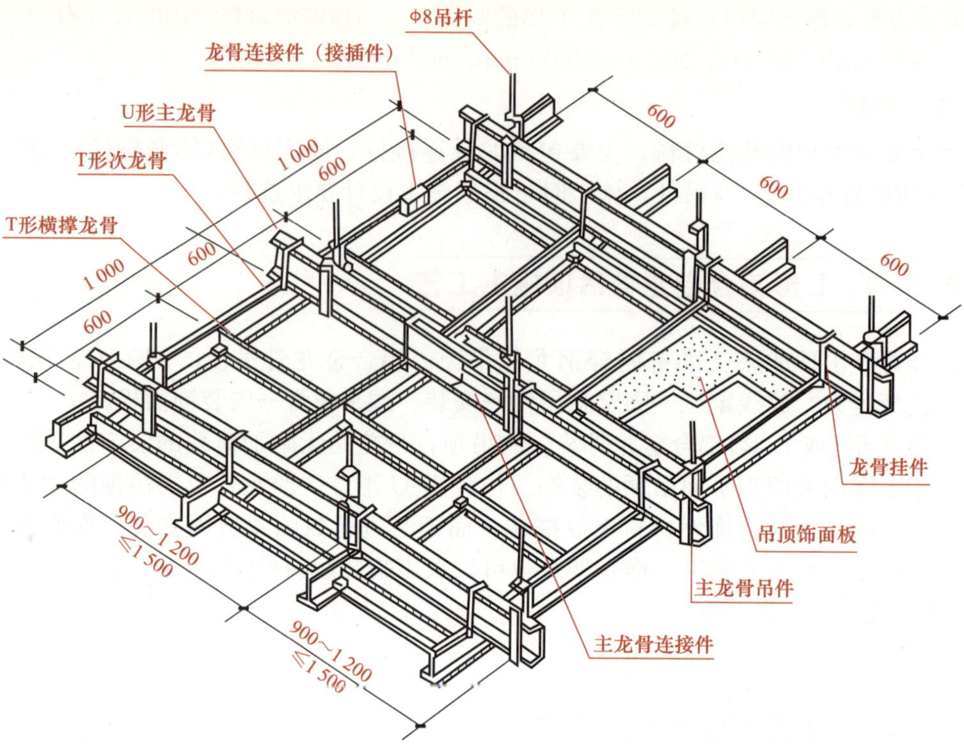

图 2-7-17　铝合金龙骨双层吊顶

(2)确定吊顶标高。利用墙面水平基准线将设计标高线弹到四周墙面或柱面上；如果吊顶有不同标高，那么应将不同标高的位置线弹到墙面上。然后，再将角铝或其他封口材料固定在墙面或柱面，封口材料的底面与标高线重合。角铝常用的规格为 25 mm×25 mm，铝合金板吊顶的角铝应同板的色彩一致。角铝多用高强度水泥钉固定，也可用射钉固定。

(3)龙骨分格定位。需根据饰面板的尺寸进行龙骨分格的布置。为了安装方便，龙骨中心线的间距尺寸一般大于饰面板尺寸 2 mm 左右。在进行龙骨分格布置时，尽量保证龙骨分格的均匀性和完整性，以保证吊顶有规整的装饰效果。由于室内的吊顶面积一般都不可能按龙骨分格尺寸正好等分，吊顶上会出现与标准分格尺寸不等的分格，所以其也称收边分格。

收边分格一般有两种处理方法：一种是将标准分格设置在吊顶中部，而分格收边在吊顶四周；另一种是将标准分格布置在人流活动量大或较显眼的部位，而把收边分格置于不被人注意的次要位置。

当确定好分格位置后，可先按比例在纸上画出吊顶面积，再按龙骨布置的原则在纸上对吊顶龙骨进行分格安排。确定好后，再将定位的位置弹在墙面上。

2. 固定悬吊件

固定悬吊件的方法主要有镀锌钢丝悬吊、伸缩式吊杆悬吊和简易伸缩吊杆悬吊。

(1)镀锌钢丝悬吊。由于活动式装配吊顶一般不做上人考虑，所以在悬吊体系方面也比较简单。目前用得最多的是用射钉将镀锌钢丝固定在结构上，另一端同主龙骨的圆形孔绑牢。镀锌钢丝不宜太细，如若单股使用，不宜用小于 14 号的钢丝。

(2)伸缩式吊杆悬吊。伸缩式吊杆的形式较多，用得较为普遍的是将 8 号镀锌钢丝首先调直，用一个带孔的弹簧钢片将两根钢丝连接起来，调节与固定主要是靠弹簧钢片。用力压弹簧钢片时，将弹簧钢片两端的孔中心重合，吊杆就可伸缩自由。当手松开后，孔中心错位，与吊杆产生剪力，将吊杆固定，操作非常方便。形状如图 2-7-18 所示。

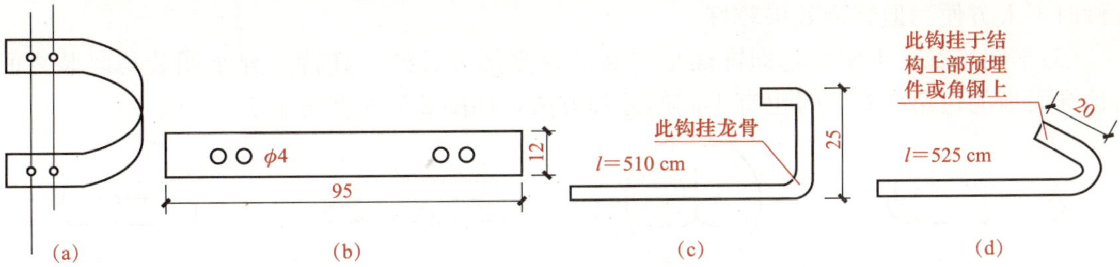

图 2-7-18　伸缩式吊杆

(3)简易伸缩吊杆悬吊。简易伸缩吊杆悬吊如图 2-7-19 所示。伸缩与固定原理和图 2-7-18 相同，只是在弹簧钢片的形状上有些差别。

除以上几种固定形式外，也可采用成品通扣镀锌吊杆与膨胀螺栓配合使用，施工方法较为简单，施工速度快。

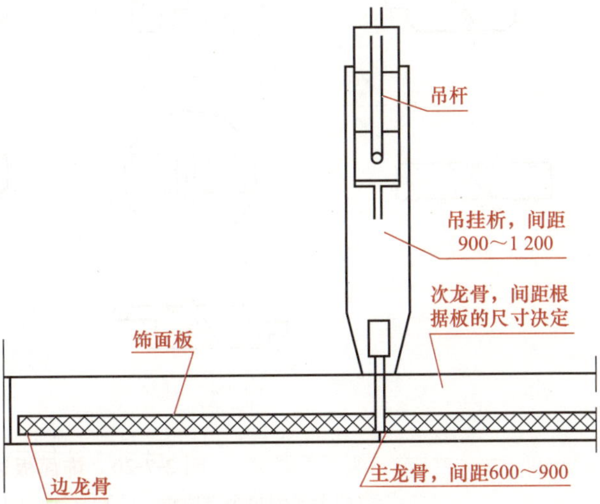

图 2-7-19　简易伸缩吊杆悬吊

3. 安装、调平龙骨

主、次龙骨宜从同一方向同时安装，其施工工艺流程为：就位→调平调直→边龙骨固定→主龙骨接长。

(1)就位：安装时，根据已确定的主龙骨(大龙骨)位置及确定的标高线，先大致将其基本就位。次龙骨(中、小龙骨)应紧贴主龙骨安装就位。

(2)调平调直：龙骨就位后，然后再满拉纵横控制标高线(十字中心线)，从一端开始，一边安装、一边调整，最后再精调一遍，直到龙骨调平和调直为止。如果面积较大，在中间还应考虑水平线适当起拱。调平时应注意一定要从一端调向另一端，要做到纵横平直。

特别对于铝合金吊顶，龙骨的调平调直是施工工序比较麻烦的一道，龙骨是否调平，也是板条吊顶质量控制的关键。因为只有龙骨调平，才能使板条饰面达到理想的装饰效果；否则，波浪式的吊顶表面，宏观看上去很不美观。

(3)边龙骨固定：边龙骨宜沿墙面或柱面标高线钉牢。固定时，一般常用高强度水泥钉，钉的间距不宜大于 50 cm。如果基层材料强度较低，紧固力不好，应采取相应的措施，改用胀管螺栓或加大钉的长度等办法。边龙骨一般不承重，只起封口作用。

(4)主龙骨接长：一般选用连接件接长。连接件可用铝合金，也可用镀锌钢板，其表面冲成倒刺，与主龙骨方孔相连。全面校正主、次龙骨的位置及水平度，连接件应错位安装。

4. 安装饰面板

铝合金龙骨吊顶安装饰面板，可分为明装、暗装和半明半隐(简称半隐)三种形式。

(1)明装。明装即纵横 T 形龙骨骨架均外露，饰面板只需搁置在 T 形两翼上即可。其安装方法简单，施工速度较快，维修比较方便，但装饰性稍差。

(2)暗装。暗装即饰面板边部有企口，嵌装后骨架不暴露。其安装方法比明装稍复杂，维修时不太方便，但装饰效果较好。

(3)半明半隐。半明半隐即饰面板安装后外露部分骨架。其特点介于明装与暗装之间，吊顶饰面板的边角在安装时也有不同的处理方法，如图 2-7-20 所示。

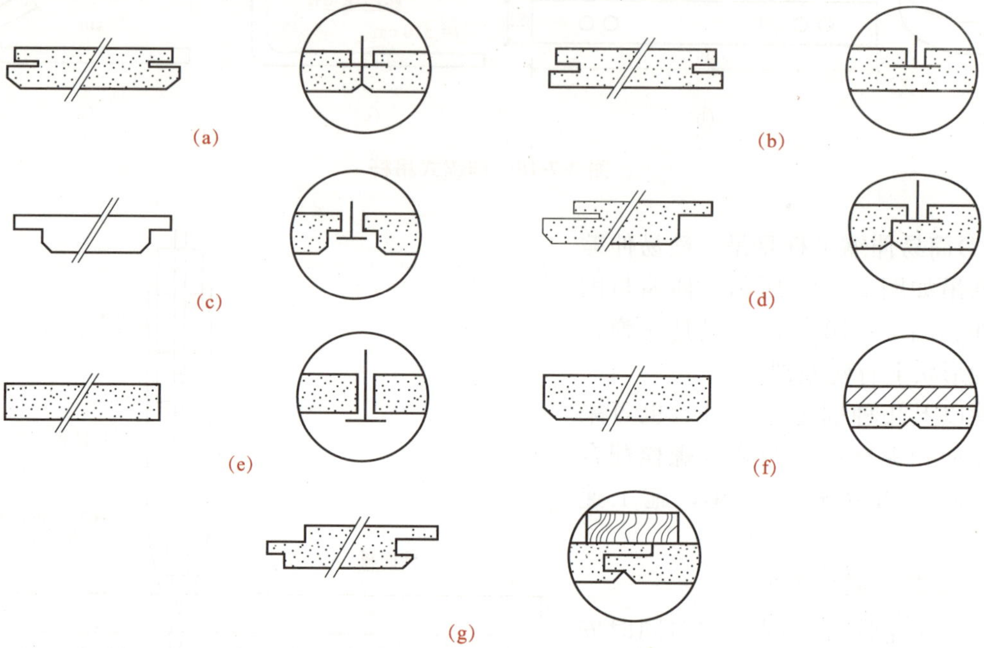

图 2-7-20　饰面板边角处理

(a)卡式倒角企口边角；(b)卡式企口边角；(c)搁置式倒角边角；
(d)混合式倒角边角；(e)搁式边角；(f)粘式倒角边角；(g)钉式倒角企口边角

任务 7.5　吊顶工程施工质量标准及检验

吊顶工程施工
质量标准及检验

复习思考题

1. 吊顶的功能有哪些？
2. 吊顶龙骨体系中主龙骨、次龙骨分别承担什么作用？
3. 在吊顶安装施工中，请说明弹线的基本步骤和方法。
4. 木龙骨吊顶常用材料及机具有哪些？其施工工艺是什么？
5. 轻钢龙骨纸面石膏板吊顶常用材料及机具有哪些？其施工工艺是什么？
6. 铝合金龙骨吊顶饰面板的安装形式有哪几种？
7. 吊顶安装工程施工质量验收的质量标准有哪些？一般分为哪些项目和要求？
8. 吊顶什么情况下需要起拱？其目的何在？起拱高度如何取值？

项目8　轻质隔墙工程施工

知识目标

了解隔墙的基本功能及在现代空间设计中的用途与作用；了解现在一般隔墙的种类及材质选择；掌握轻钢龙骨隔墙及木龙骨隔墙的施工技术，并能对隔墙装饰工程进行质量验收。

能力目标

能够正确选用隔墙材料施工机具；指导隔墙工程的施工操作与质量验收。

项目导入

现代建筑，其框架式结构越来越需要室内设计的专业人员进行重新分区，而装饰施工工程中，隔墙工程不仅能起到这样的作用，还可以更好地为室内空间服务。

隔墙主要作用为分隔空间。要求其自重轻，厚度薄，刚度大。有些还要求隔声、耐火、耐温、耐腐蚀以及通风、采光、便于拆线等。

隔墙按使用状况可分为永久性隔墙(适用于公共建筑的隔墙需要)、可拆装隔墙和可折叠隔墙三种形式。按构造方式可分为块材式隔墙(砖、砌块、玻璃砖等)、主筋式隔墙(龙骨式隔墙)和板材式隔墙(加气混凝土条板砖、石膏板)，这些都属于永久性隔墙。

当然，现在施工技术及材料科技的发展，推柱式隔墙和多功能活动半隔墙也是近期发展的新型隔墙形式。像多功能活动半隔墙是由许多个矮隔墙板进行拼装起来的一种新型办公设施，主要适用于大型开放式办公空间等。

任务8.1　轻质隔墙工程的基本知识

轻质隔墙是分隔建筑物内部空间的非承重构件，通常可分为砌块隔墙、板材隔墙、骨架隔墙和玻璃隔墙等。

8.1.1 砌块隔墙

砌块隔墙是指用加气混凝土砌块、空心砌块及各种小型砌块等砌筑而成的非承重墙，具有防潮、防火、隔声、取材方便、造价低等特点。传统砌块隔墙由于自重大、墙体厚、需现场湿作业、拆装不方便，在工程中已逐渐少用。目前，装饰装修工程中采用的玻璃砖砌筑隔墙，是一种强度高，外观整洁、美丽而光滑，易清洗，保温、隔热、隔声性能好的优质砌块隔墙。它不仅能分隔空间，而且还可以作为一种采光的墙壁，具有较强的装饰效果。

玻璃砖常用的规格有 150 mm×150 mm×40 mm、200 mm×200 mm×90 mm、220 mm×220 mm×90 mm 等。玻璃砖隔墙，高度宜控制在 4.5 m 以下，长度不宜过长，四周要镶框，最好是金属框，也可以是木质框。砌筑时一边铺水泥砂浆，一边将玻璃砖砌上，而且上下左右每三块或四块要放置 Φ6 钢筋，以增强稳定性，尤其是纵向砖缝内一定要灌满水泥砂浆。玻璃砖之间的缝宽视玻璃砖的排列调整而定，一般为 10～20 mm，待水泥砂浆硬化后，用白水泥勾缝，白水泥中可掺入一些胶水，以避免龟裂。玻璃砖隔墙构造如图 2-8-1 所示。

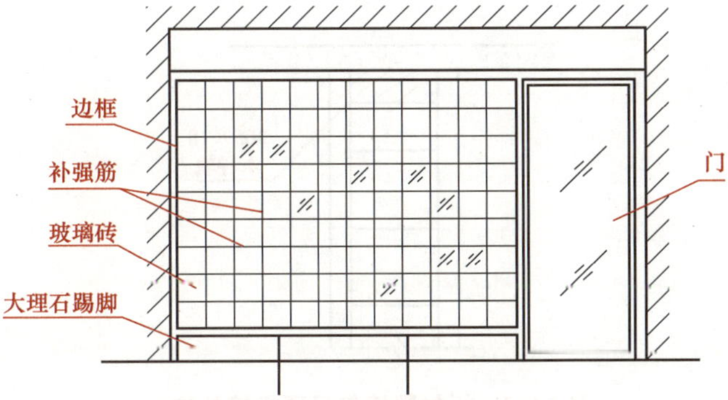

图 2-8-1 玻璃砖隔墙构造

8.1.2 板材隔墙

板材隔墙是用各种板状材料直接拼装而成的隔墙。这种高隔间隔墙一般不用骨架，有时为了提高其稳定性也可设置竖向龙骨。隔墙所用板材一般为等于房间净高的条形板材，通常分为复合板材、单一材料板材、空心板材等类型。常见的有金属夹芯板、石膏夹芯板、石膏空心板、泰柏板、增强水泥聚苯板(GRC 板)、加气混凝土条板、水泥陶粒板等。板材隔墙墙面上均可做喷浆、油漆、贴墙纸等多种饰面。

1. 板材隔墙与楼(地)面固定

板材隔墙与楼(地)面固定一般有四种方式，即板材与楼(地)面直接固定、板材用木肋与楼(地)面固定、板材用木楔与楼(地)面固定和板材用混凝土肋与楼(地)面固定，如图 2-8-2 所示。

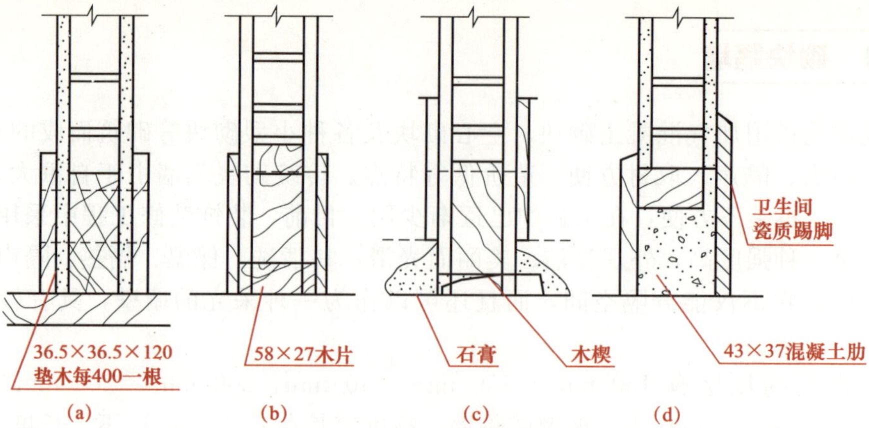

图 2-8-2　板材隔墙与楼(地)面固定构造

(a)直钉式；(b)加套式；(c)加楔式；(d)砌筑式

2. 板材隔墙与吊顶相接处的构造

板材与吊顶相接处一般设 365 mm×18 mm 通长木导轨与隔墙板的上部缺口嵌接，如图 2-8-3 所示。

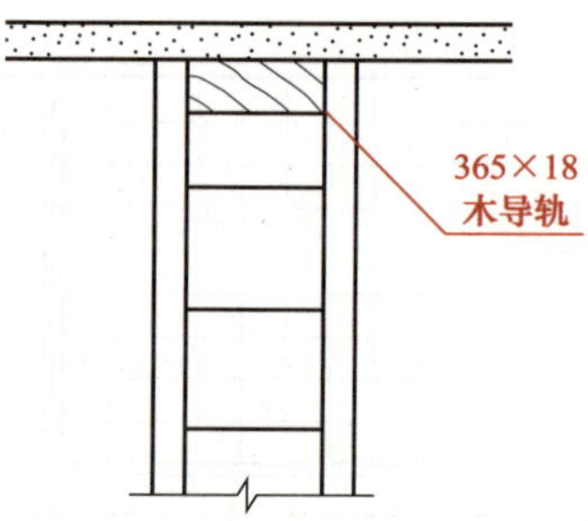

图 2-8-3　板材隔墙与吊顶相接处构造

3. 板材隔墙板缝的处理

板材隔墙板与板之间的缝隙可盖木制或塑料压条，也可用金属嵌条作装饰或用胶粘剂粘结，如图 2-8-4 所示。

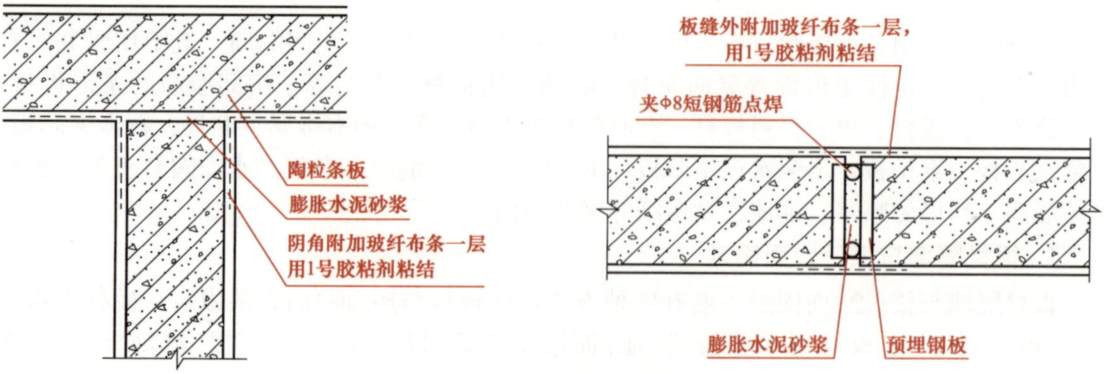

图 2-8-4　板材隔墙板缝处理构造

8.1.3 骨架隔墙

骨架隔墙是指由骨架(龙骨)和饰面材料组成的轻质隔墙。常用的骨架有木骨架和金属骨架，饰面有抹灰饰面和板材饰面。

抹灰饰面骨架隔墙，是在骨架上加钉板条、钢板网、钢丝网，然后做抹灰饰面，还可在此基础上另加其他饰面，这种抹灰饰面骨架隔墙已很少采用。板材饰面骨架隔墙自重轻、材料新、厚度薄、干作业、施工灵活方便，目前室内采用较多。

1. 木骨架隔墙

木骨架隔墙是由上槛、下槛、立柱(墙筋)、横挡或斜撑组成骨架，然后在立柱两侧铺钉饰面板。这种隔墙质轻、壁薄、拆装方便，但防火、防潮、隔声性能差，并且耗用木材较多。

(1)木骨架。木骨架通常采用 50 mm×(70～100)mm 的方木。立柱之间沿高度方向每 1.5 m 左右设横挡一道，两端与立柱撑紧、钉牢，以增加强度。立柱间距一般为 400～600 mm，横挡间距为 1.2～1.5 m。有门框的隔墙，其门框立柱加大断面尺寸或双根并用。木骨架的固定多采用金属胀管、木楔圆钉、水泥钢钉等。另外，木骨架还应作防火、防腐处理。

(2)饰面板。木骨架隔墙的饰面板多为胶合板、纤维板等木质板。饰面板可经油漆涂饰后直接作隔墙饰面，也可作其他装饰面的衬板或基层板，如镜面玻璃装饰的基层板，壁纸、壁布裱糊的基层板，软包饰面的基层板、装饰板及防火板的粘贴基层板。

饰面板的固定方式有两种：一种是将面板镶嵌或用木压条固定于骨架中间，称为嵌装式；另一种是将面板封于木骨架之外，并将骨架全部掩盖，称为贴面式，如图 2-8-5 所示。贴面式饰面板要在立柱上拼缝，常见的拼缝方式有明缝、暗缝、嵌缝和压缝，如图 2-8-6 所示。

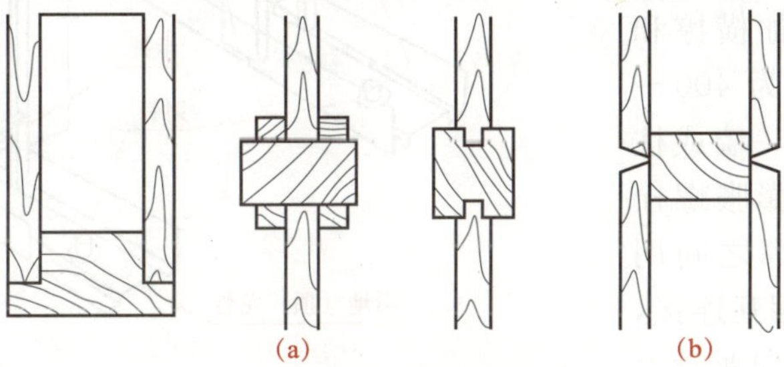

图 2-8-5 木骨架饰面板固定方式

(a)嵌装式；(b)贴面式

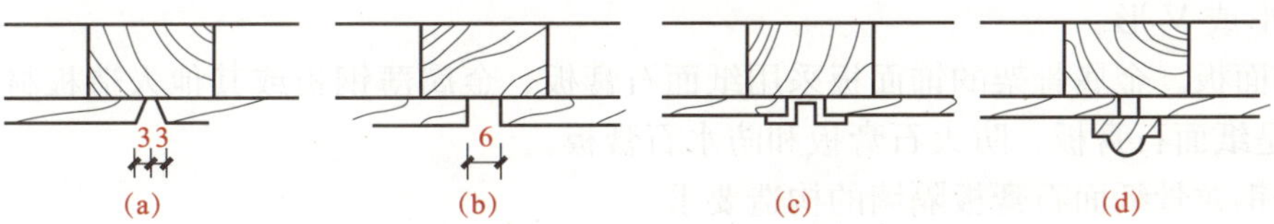

图 2-8-6 贴面式木骨架隔墙饰面板拼缝方式

(a)坡缝；(b)凹缝；(c)嵌缝；(d)压缝

2. 金属骨架隔墙

金属骨架隔墙一般采用薄壁轻型钢、铝合金或拉眼钢板做骨架，两侧铺钉饰面板，如图 2-8-7 所示。这种隔墙因其材料来源广泛、强度高、质轻、防火、易于加工和大批量生产等特点，近几年得到了广泛的应用。

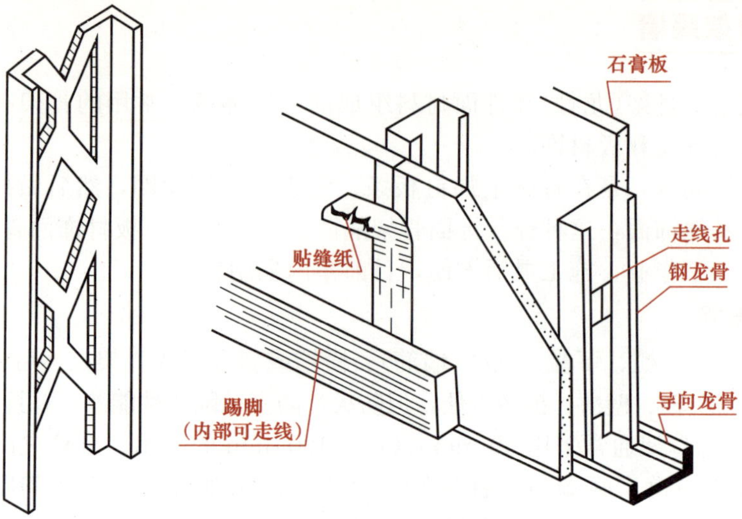

图 2-8-7　金属骨架隔墙的组成

(1)金属骨架。金属骨架由沿顶龙骨、沿地龙骨、竖向龙骨、横撑龙骨和加强龙骨及各种配件组成。通常做法是将沿顶和沿地龙骨用射钉或膨胀螺栓固定，构成边框，中间设竖向龙骨，如需要还可加横撑和加强龙骨，龙骨间距为 400～600 mm。骨架和楼板、墙或柱等构件连接时，多用膨胀螺栓固定，竖向龙骨、横撑之间用各种配件或膨胀铆钉相互连接，如图 2-8-8 所示。在竖向龙骨上每隔 300 mm 左右预留一个准备安装管线的孔。龙骨的断面多数用 T 形或 V 形。

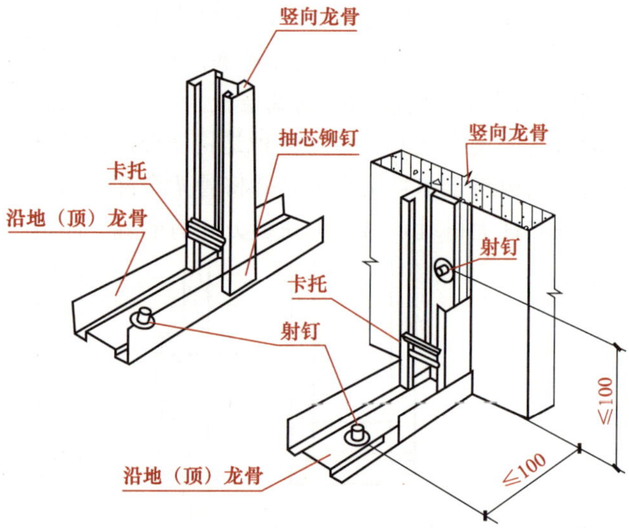

图 2-8-8　金属骨架的相互连接

(2)饰面板。金属骨架的饰面板采用纸面石膏板、金属薄钢板或其他人造板材。目前应用最多的是纸面石膏板、防火石膏板和防水石膏板。

(3)轻钢龙骨纸面石膏板隔墙的构造要求。

1)当隔墙高度大于纸面石膏板的板长时，在横接缝处应设一根横撑，以增强隔墙的稳定性。当隔墙高大于 3.6 m 时，应在竖向龙骨的上、下方各装一排横撑，以保证两侧纸面石膏板错缝排列。

2)为利于防火，纸面石膏板应纵向安装。

3)纸面石膏板分正反面，通常有打字标记的一面为反面，应该将反面一侧面对轻钢龙骨。

4)纸面石膏板与龙骨的连接采用钉、粘、夹具卡等方式，其中用自攻螺钉固定应用较多。

5)纸面石膏可采用单层、双层和多层，安装双层或多层纸面石膏板时，相邻两层板的接缝应错开，如图 2-8-9 所示。

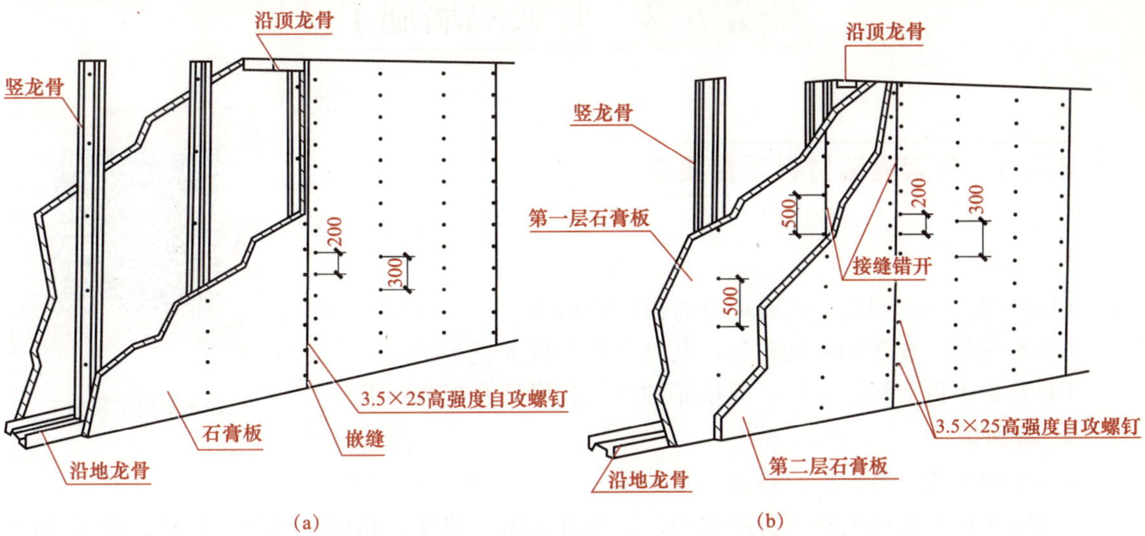

图 2-8-9　轻钢龙骨纸面石膏板的单、双层安装

(a)单层纸面石膏板安装；(b)双层纸面石膏板安装

6)为避免纸面石膏板吸水变形，应在纸面石膏板安装后立即作防潮处理。防潮处理一般有两种方法：一种是用涂料防潮；另一种是刮腻子、裱壁纸或进行其他装饰。

7)纸面石膏板之间的接缝有明缝和暗缝两种。明缝一般适用于公共建筑大房间的隔墙；暗缝适用于居住建筑小房间的隔墙。明缝的做法是：安装板材时留 8～12 mm 的间隙，再用石膏油腻子嵌入并用勾缝工具勾成凹缝，或在明缝中嵌入铝合金压条。暗缝的做法是：将板边缘刨成斜面倒角，再与龙骨固定，安装后在接缝处填腻子，待初凝后再抹一层腻子，然后粘贴穿孔纸带，在水分蒸发后，用腻子将纸带压住，与墙抹平，如图 2-8-10 所示。

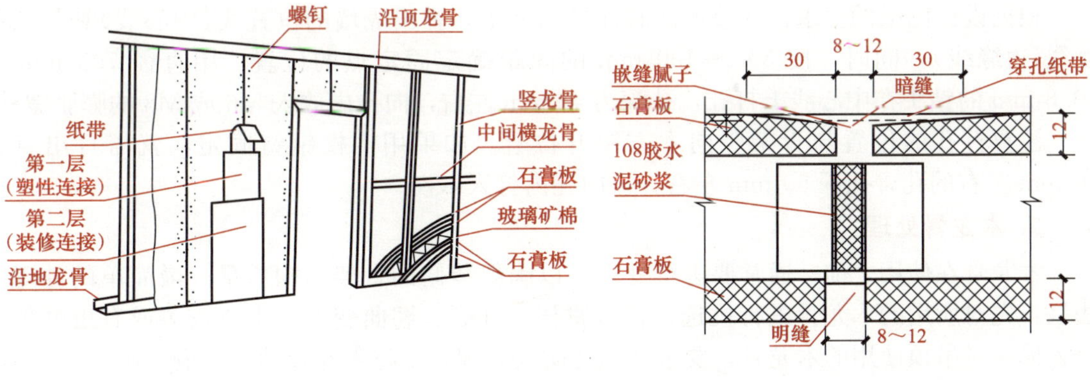

图 2-8-10　板材隔墙板缝处理构造

砌块隔墙厚度由砌块尺寸决定，一般为 90～120 mm。砌块墙吸水性强，故在砌筑时应先在墙下部实砌 3～5 皮烧结普通砖再砌砌块。砌块不够整块时宜用烧结普通砖填补。砌块隔墙的其他加固构造方法同普通砖隔墙。

任务 8.2　骨架隔墙施工

轻质隔墙工程施工

8.2.1　骨架隔墙材料质量要求

1. 骨架

(1)轻钢龙骨、铝合金龙骨应具有出厂合格证。

(2)木龙骨一般选用针叶树类，其含水率不得大于 18%。

(3)龙骨不得变形、生锈，规格品种应符合设计及规范要求。

2. 罩面板

(1)罩面板应具有出厂合格证。

(2)罩面板表面应平整、边缘整齐，不应有污垢、裂纹、起皮、翘曲、缺角、色差和图案不完整等缺陷。

(3)骨架式隔墙工程罩面板所使用的螺钉、钉子宜镀锌，其他如胶粘剂等，其材料品种、规格、断面尺寸、颜色、物理及化学性质应符合设计及现行标准要求。

8.2.2　木龙骨隔墙施工

木龙骨隔墙主要是采用木龙骨和木质罩面板、石膏板及其他一些板材组装的一种形式。其特点在于安装方便，成本低，使用价值高，广泛用于家装及普通空间。

木龙骨隔墙施工工艺流程为：墙位放线、打孔→木龙骨处理→安装木龙骨→粘钉石膏板→护缝、护角处理。

1. 墙位放线、打孔

根据设计图纸的要求，在楼地面和建筑墙面上，弹出隔墙的位置线(中心线)和隔墙厚度线(边缘线)，同时，按 300～400 mm 的间距确定固定点的位置，用直径 7.8 mm 或 10.8 mm 的钻头在中心线上打孔，孔深为 45 mm 左右，向孔内放入 M6 或 M8 的膨胀螺栓。

注意打孔的位置与骨架竖向木方错开位置。如果用木楔钢钉固定，就需打出直径 20 mm 左右的孔，孔深 50 mm 左右，再向孔内打入木楔。

2. 木龙骨处理

木龙骨在使用之前，通常要进行处理，以确保装修的骨架结构质量。最简单的处理方法是：先对所用的木龙骨进行挑选，将有腐朽、开裂、翘曲变形、木节较多或有虫蛀的部分去掉。对吊顶使用的木龙骨，要求必须经防火处理，即将木龙骨的四面刷或喷 1～2 遍防火涂料；最后在木龙骨上以间距 300 mm、400 mm 开槽，槽口深为木龙骨截面的 1/2 左右。

3. 安装木龙骨

首先用冲击钻在地上弹线的交叉点位置上钻孔。孔距 600 mm 左右，深度不小于 60 mm，在钻出的孔中打入木楔。通过校正、固定、调整等使木楔安装稳固。如果遇到木骨架与墙面有缝隙，用木片或木块垫实。

吊装木龙骨时，可先将预先拼装好的成片木骨架托至吊顶的标高位置，而后用细钢丝等先临时将木骨架固定，待整片木骨架按基准线调平后，先将靠墙的木骨架沿墙固定在龙骨上，而后再将各连接点固定牢固。对木骨架各片的结合处，要将对接的各端头对正，再固定牢固。

4. 粘钉石膏板

石膏板用自攻螺钉固定。沿石膏板周边螺钉间距不应大于 200 mm，中间部分螺钉间距不应大于 300 mm，螺钉与板边缘的距离应为 10～16 mm。

5. 护缝、护角处理

石膏板一般要求倒边，成半角或半弧角，有利于嵌缝止水胶带的施工。

8.2.3 轻钢龙骨隔墙施工

用于隔墙的轻钢龙骨有 C50、C75 和 C100 三种系列，各系列轻钢龙骨由沿顶龙骨、沿地龙骨、竖向龙骨、加强龙骨和横撑龙骨及配件组成，如图 2-8-11 所示。

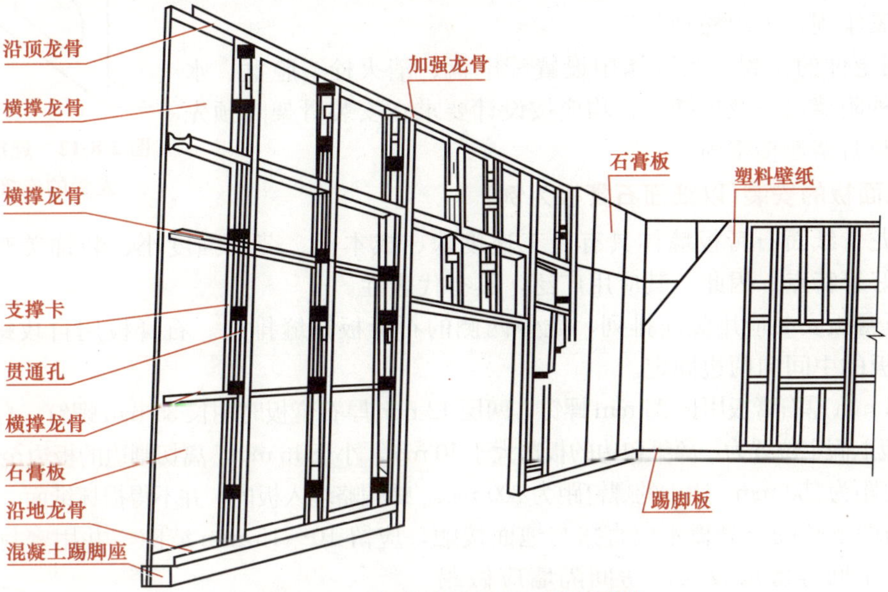

图 2-8-11　轻钢龙骨纸面石膏板隔墙

轻钢龙骨隔墙施工工艺流程为：基层处理与清理→墙位放线→墙垫施工→轻钢龙骨安装→铺设活动地板面层→罩面板的安装→暗接缝处理。

1. 墙位放线

根据设计图纸，在室内地上放出墙的位置线，并将线引至吊顶和侧墙。在地上放墙线应放双线，即墙的两个垂面在地面的投影线。

2. 踢脚台施工

当设计要求设置踢脚台(墙垫)时，应先对楼地面基层进行清理，并涂刷 YJ302 型界面处理剂一道，随即浇筑 C20 素混凝土踢脚台。踢脚台上表面应平整，两侧应垂直。踢脚台内是否设置构造钢筋或埋设预埋件，需根据设计要求确定。

3. 轻钢龙骨骨架安装

(1)固定沿地、沿顶龙骨可采用射钉或钻孔用膨胀螺栓固定，中距一般以 900 mm 为宜。射钉的位置应避开已敷设的暗管。

(2)竖龙骨的间距应根据设计按隔墙限制高度的规定选用。当采用暗接缝时则龙骨间距应增加 6 mm，如 450 mm 或 600 mm，龙骨间距则为 453 mm 或 603 mm。如采用明接缝宽度，卫生间隔墙用于墙中有吊挂各种物件的要求，故龙骨间距一般为 300 mm。

(3)竖龙骨应由墙的一端开始排列，当最后一根龙骨距离墙(柱)边的尺寸大于规定的龙骨间距时，必须增设一根龙骨。竖龙骨上下端应与沿地、沿顶龙骨用铆钉固定。现场需截断龙骨时，应一律从龙骨的上端开始，冲孔位置不能颠倒，并保证各龙骨冲孔高度在同一水平。

(4)安装门口立柱。根据设计确定的门口立柱形式进行组合，在安装立柱的同时，应将门口与立柱一并就位固定。

(5)水平龙骨的连接。当隔墙高度超过石膏板的长度时，应设水平龙骨。其连接方式有：采用沿地、沿顶龙骨与竖向龙骨连接，或采用竖向龙骨用卡托和角托连接于竖向龙骨等四种，如图 2-8-12 所示。

(6)安装通贯横撑龙骨必须与竖向龙骨的冲孔保持在同一水平上，并卡紧牢固，不得松动。

(7)固定件的位置。当隔墙中设置配电盘、消火栓、脸盆、水箱时，各种附墙设备及吊挂件，均应按设计要求在安装骨架时预先将连接件与骨架连接牢固。

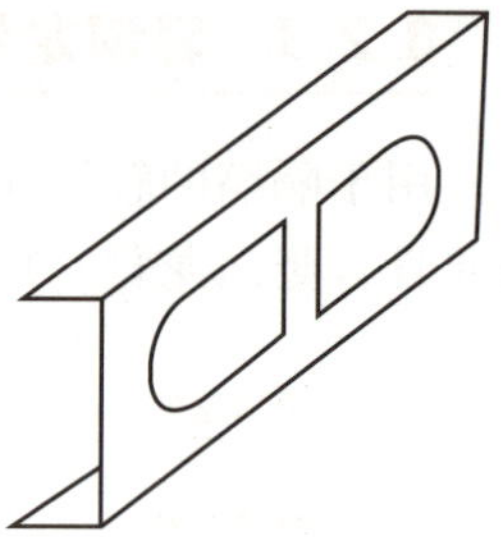

图 2-8-12 连接龙骨与龙骨的连接卡件

4. 罩面板的安装(以纸面石膏板为例)

轻钢龙骨纸面石膏板墙体具有施工速度快、成本低、劳动强度小、装饰美观及防火、隔声性能好等特点。因此，其应用广泛，具有代表性。

(1)石膏板安装应用竖向排列，龙骨两侧的石膏板错缝排列。石膏板用自攻螺钉固定，顺序是从板的中间向两边固定。

(2)12 mm 厚石膏板用长 25 mm 螺钉，两层 12 mm 厚石膏板时用长 35 mm 螺钉。自攻螺钉在纸面石膏板上固定位置为：离纸包边的板边大于 10 mm，小于 16 mm，离切割边的板边至少 15 mm。板边的螺钉距为 250 mm，边中的螺钉距为 300 mm。螺帽略埋入板内，并不得损坏纸面。

(3)隔墙下端的石膏板不应直接与地面接触，应留 10～15 mm 缝隙，并用密封膏嵌严。

(4)卫生间等湿度较大的房间隔墙应做踢脚台并采用防水石膏板，石膏板下端与踢脚间留缝 5 mm，并用密封膏嵌严。

(5)纸面石膏板上开孔。开圆孔较大时应用麻花钻开孔，开方孔应用钻钻孔后用锯条修边。

5. 接缝处理

清理缝中浮尘，用小开刀将腻子嵌入缝内与板缝取平。上述腻子凝固后，刮约 1 mm 厚腻子并粘玻璃纤维接缝带，再在开刀处从上往下一个方向压、刮平，使多余腻子从接缝带网眼中挤出。随即用大开刀刮腻子，将接缝带埋入腻子中，此遍腻子应将石膏板的楔形棱边填满找平，如图 2-8-13 所示。

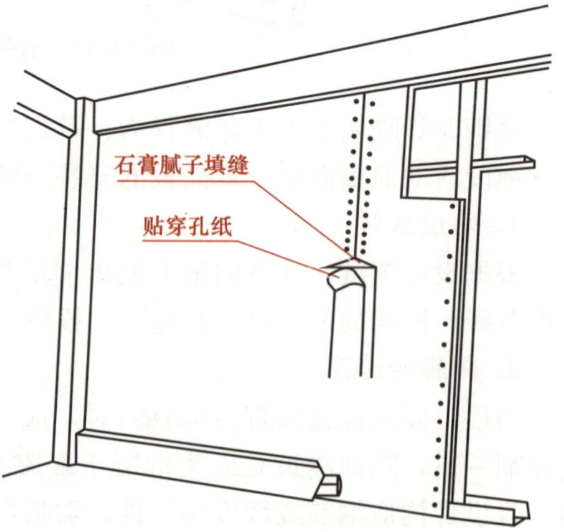

图 2-8-13 穿孔纸带的处理

任务 8.3　玻璃隔墙施工

8.3.1　玻璃隔墙材料质量要求

1. 玻璃

玻璃可以选用压花玻璃、磨砂玻璃、普通玻璃和钢化玻璃等。玻璃分块尺寸边长在1 m以内时，厚度选用 3 mm；在 1 m 及以上时，厚度选用 5 mm。玻璃表面无划痕、气泡、斑点等，不得有裂缝、缺角、爆边等缺陷。其中钢化玻璃厚度有 8 mm、10 mm、12 mm、15 mm、18 mm、22 mm 等，长、宽根据设计要求确定，其质量要求如下：

(1)长方形平面钢化玻璃边长允许偏差。长方形平面钢化玻璃的边长允许偏差应符合表 2-8-1的规定。

表 2-8-1　长方形平面钢化玻璃边长允许偏差　　mm

<table>
<tr><th rowspan="2">厚度</th><th colspan="4">边长(L)</th></tr>
<tr><th>L≤1 000</th><th>1 000<L≤2 000</th><th>2 000<L≤3 000</th><th>L>3 000</th></tr>
<tr><td>3、4、5、6</td><td>+1；−2</td><td rowspan="2">±3</td><td rowspan="3">±4</td><td rowspan="3">±5</td></tr>
<tr><td>8、10、12</td><td>+2；−3</td></tr>
<tr><td>15</td><td>±4</td><td>±4</td></tr>
<tr><td>19</td><td>±5</td><td>±5</td><td>±6</td><td>±7</td></tr>
<tr><td>>19</td><td colspan="4">供、需双方商定</td></tr>
</table>

(2)长方形平面钢化玻璃的对角线差。长方形平面钢化玻璃的对角线差应符合表 2-8-2 的规定。

表 2-8-2　长方形平面钢化玻璃对角线差允许值　　mm

玻璃公称厚度	对角线差允许值		
	边长≤2 000	2 000<边长≤3 000	边长>3 000
3、4、5、6	±3.0	±4.0	±5.0
8、10、12	±4.0	±5.0	±6.0
15、19	±5.0	±6.0	±7.0
>19	供、需双方商定		

(3)钢化玻璃的公称孔径一般不小于玻璃的公称厚度，孔径的允许偏差应符合表 2-8-3 的规定。小于玻璃的公称厚度的孔，孔径允许偏差由供需双方商定。

表 2-8-3　钢化玻璃的公称孔径及其允许偏差　　mm

公称孔径(D)	允许偏差
4≤D≤50	±1.0
50<D≤100	±2.0
D>100	供、需双方商定

(4)钢化玻璃的公称厚度及其允许偏差。钢化玻璃的公称厚度及其允许偏差应符合表 2-8-4 的规定。

表 2-8-4　钢化玻璃的公称厚度及其允许偏差

mm

公称厚度	厚度允许偏差
3、4、5、6	±0.2
8、10	±0.3
12	±0.4
15	±0.6
19	±1.0
>19	供、需双方商定

(5)钢化玻璃的外观质量。钢化玻璃的外观质量应符合表 2-8-5 的规定。

表 2-8-5　钢化玻璃的外观质量

缺陷名称	说明	允许缺陷数
爆边	每片玻璃每米边长上延伸长度不超过 10 mm，自玻璃边部向玻璃板表面延伸深度不超过 2 mm，自板面向玻璃厚度延伸深度不超过厚度 1/3 的爆边个数	1 处
划伤	宽度在 0.1 mm 以下的轻微划伤，每平方米面积内允许存在条数	长度≤100 mm 时 4 条
	宽度大于 0.1 mm 的划伤，每平方米面积内允许存在条数	宽度 0.1～1 mm，长度≤100 mm 时 4 条
夹钳印	夹钳印与玻璃边缘的距离≤20 mm，边部变形量≤2 mm	
裂纹、缺角	不允许存在	

2. 骨架和装饰材料

金属材料、木材主要做支撑玻璃的骨架和装饰条。

3. 钢筋

钢筋主要用于玻璃砖花格墙的拉结。

8.3.2　玻璃板隔墙安装

玻璃板隔墙主要用骨架材料来固定和镶装玻璃。玻璃板隔墙按骨架材料，一般可分为木骨架和金属骨架两种类型；按玻璃所占比例，又可分为半玻璃型及全玻璃型。

1. 材料与机具

(1)材料。玻璃隔墙的主要材料准备：平板玻璃、磨砂、压花、彩色玻璃。

(2)工具。电焊机、冲击电钻、手枪钻、切割机、玻璃吸盘、直尺、水平尺、注胶枪等。

2. 玻璃板隔墙施工工艺

玻璃板隔墙施工工艺流程为：弹线放样→木龙骨、金属龙骨下料组装→固定框架→安装玻璃→嵌缝打胶。

(1)弹线放样：先弹出地面位置线，再用垂直线法弹出墙、柱上的位置线、高度线和沿顶位置线。

(2)木龙骨、金属龙骨下料组装：按施工图纸尺寸与实际情况，用专业工具对木龙骨、金属龙骨采割、组装。

(3)固定框架：木质框架与墙、地面固定，可通过预埋木砖或定木楔使框架与之固定。铝合金框架与墙、地面固定，可通过铁角件完成。

(4)安装玻璃：用玻璃吸盘把玻璃吸牢，先将玻璃插入上框槽口内，然后轻轻落下，放入下框槽口内。如多块玻璃组装，玻璃之间接缝时应留 2～3 mm 缝隙或留出与玻璃肋厚度相同的缝。

(5)嵌缝打胶：玻璃就位后，校正平整度、垂直度，同时用聚苯乙烯泡沫条嵌入槽口内使玻璃与金属槽结合平伏、紧密，然后打硅酮结构胶。

8.3.3 玻璃砖隔墙安装

目前，装饰装修工程中采用的玻璃砖砌筑隔墙，具有强度高、外观整洁、方便清洗、防火、光洁明亮、透光、不透明等特点。玻璃砖主要用于室内隔墙或其他局部墙体，它不仅能分割空间，而且还可以作为一种采光的墙壁，具有较强的装饰效果。尤其是透光与散光现象所形成的视觉效果，使装饰部位别具风格而被广泛使用。

1. 材料与机具

(1)玻璃砖有实心砖和空心砖之分，当前应用最广泛的是空心玻璃砖。

空心玻璃砖是采用箱式模具压制而成的两块凹形玻璃熔接或胶结成整体的具有一个或两个空腔的玻璃制品。空腔中充以干燥空气或其他绝热材料，经退火后涂饰侧面而成。

空心玻璃砖规格通常为 115 mm×115 mm×95 mm、140 mm×140 mm×95 mm、145 mm×140 mm×95 mm、190 mm×190 mm×95 mm、240 mm×240 mm×95 mm 等，并有白、茶、蓝、绿、灰等色彩及各种精美条纹图案。

(2)工具。电钻、水平尺、橡胶榔头、砌筑和勾缝工具等。

2. 空心玻璃砖施工要点

(1)固定金属型材框用的镀锌钢膨胀螺栓直径不得小于 8 mm，间距不得大于 500 mm。用于 80 mm 厚的空心玻璃砖的金属型材框，最小截面应为 90 mm×50 mm×3 mm，用于 100 mm 厚的空心玻璃砖的金属型材框，最小截面应为 108 mm ×50 mm×3 mm。

(2)空心玻璃砖的砌筑砂浆强度等级应为 M5，一般宜使用白色硅酸盐水泥与粒径小于 3 mm 的砂拌制。

(3)当室内空心玻璃砖隔墙的高度和长度超过 1.5 m 时，应在垂直方向上每两层空心玻璃砖水平布两根 Φ6 或 Φ8 钢筋增强(当只有隔墙长度超过 1.5 m 时，放一根钢筋)，在水平方向上每三个缝至少垂直布一根钢筋(错缝砌筑时除外)，每端钢筋伸入金属型材框的尺寸不得小于 35 mm。最上层的空心玻璃砖应深入顶部的金属型材框中，深入长度不得小于 10 mm，且不得大于 25 mm。

(4)空心玻璃砖之间的接缝不得小于 10 mm，且不得大于 30 mm。

(5)空心玻璃砖隔墙与金属型材框两翼接触的部位应留滑缝，滑缝间隙不小于 4 mm。与金属型材框腹板接触部位应留胀缝(缝宽不小于 10 mm)，金属型材框与建筑墙体和屋顶的结合部位，以及空心玻璃砖隔墙与金属型材框两翼端的结合部位用弹性密封剂封闭，其构造做法如图 2-8-14 所示。

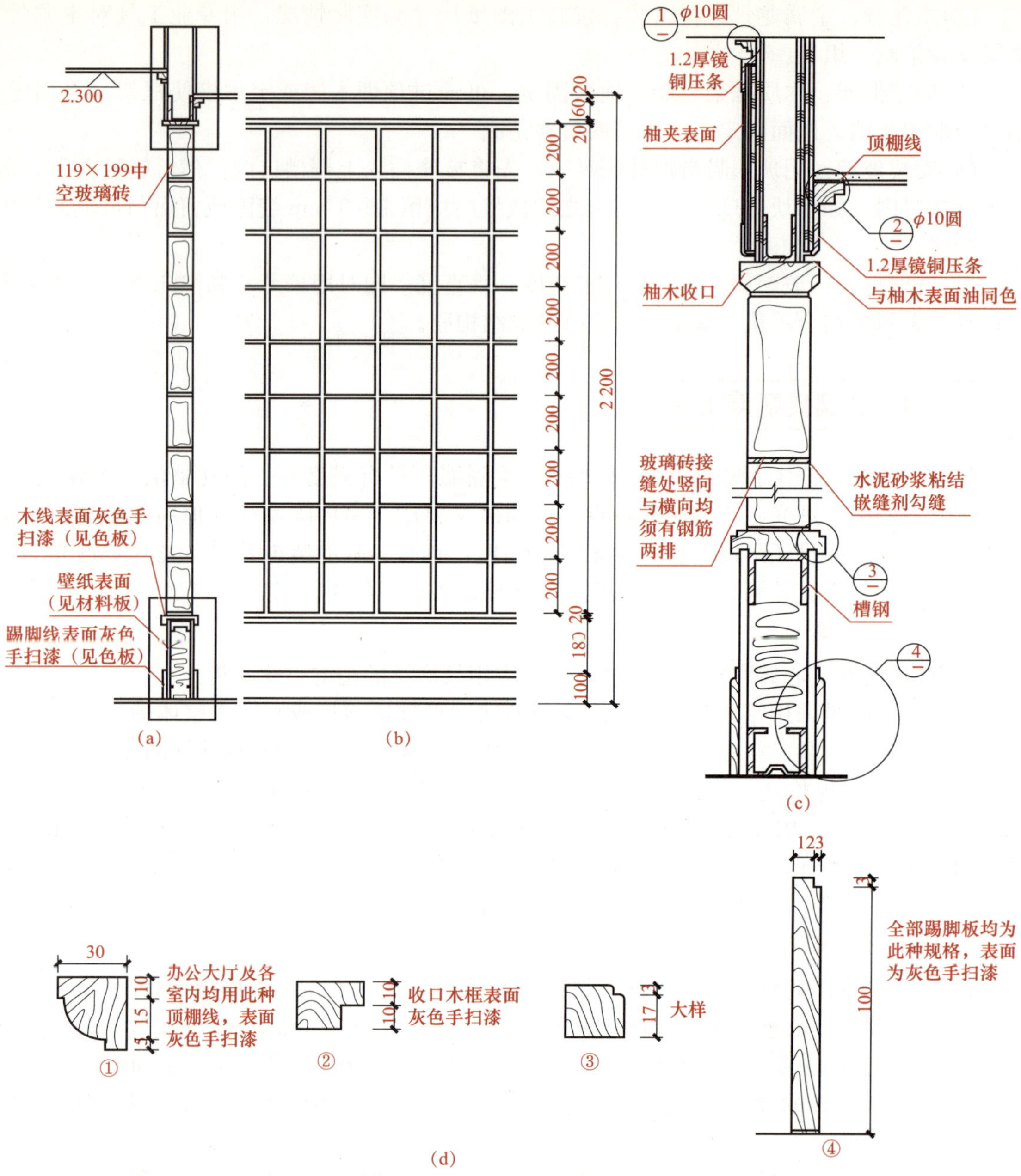

图 2-8-14　玻璃砖隔墙施工图实例(单位：mm)

(a)剖面图；(b)立面图；(c)玻璃砖隔墙剖面大样；(d)①②③④节点大样

3. 玻璃砖隔墙安装

玻璃砖隔墙施工要点如下：

(1)砌砖。砌玻璃砖采用整跨度分皮砌，首皮摞底玻璃砖要按弹好的墙线砌筑。在砌筑墙两端的第一块玻璃砖时，将玻璃纤维毡或聚苯乙烯放入两端的边框内。

(2)玻璃纤维毡或聚苯乙烯随砌筑高度的增加而放置，直到顶对接。在每砌筑完一皮后，用透明塑料胶带将玻璃砖墙立缝贴封，然后往立缝内灌入砂浆并捣实。

(3)玻璃砖墙皮与皮之间应放置双排钢筋网，钢筋搭接位置选在玻璃砖墙中央。

(4)最上一皮玻璃砖砌筑在墙中间收头，顶部槽钢内放置玻璃纤维或聚苯乙烯。

(5)水平灰缝和竖向灰缝厚度一般为 8～10 mm，划缝在立缝灌好砂浆后立即进行，划缝深度为 8～10 mm，须深浅一致，清扫干净。划缝 2～3 h 后，即可勾缝。勾缝砂浆内掺入水泥质量 2%的石膏粉。

(6)砌筑砂浆应根据其筑量随时拌和，且其存放时间不得超过 3 h。

任务 8.4 轻质隔墙工程施工质量标准和检验

轻质隔墙工程施工
质量标准和检验方法

复习思考题

1. 隔墙的功能及类型有哪些?
2. 板材隔墙与楼(地)面固定方法有哪几种?
3. 板材隔墙所用的加气混凝土条板、石膏空心条板有哪些规格?
4. 简述轻钢龙骨隔墙的施工工艺及操作要点。
5. 绘制轻钢龙骨骨架与墙(楼)地板之间的连接构造方式。
6. 简述木龙骨隔墙的施工工艺及操作要点。
7. 空心玻璃砖隔墙的安装要点有哪些?
8. 依据轻质隔墙工程质量验收规范的内容，请说出骨架隔墙的验收要求及规范。

项目9　饰面板(砖)工程施工

知识目标

掌握饰面工程施工工艺及方法；熟悉施工质量标准、安全要求、质量检验方法；了解饰面材料的品种、规格。

能力目标

能够正确选择装饰材料和工具；能编制饰面工程施工方案；能熟练地识读施工图，根据图纸、施工质量标准和施工方案组织饰面工程施工和检查验收。

项目导入

建筑物主体结构完成后，利用具有装饰、耐久、适合墙体饰面要求的某些天然或人造材料进行内外墙饰面装饰，能很好地保护结构，美化环境，改善使用功能，因而饰面工程是建筑装饰的一项重要内容。天然或人造饰面材料，一般是根据材质和饰面要求，在工厂加工成大小不等、厚薄不一、形状各异、相互配套的板、块，在施工现场通过构造连接拼装或镶贴于墙面而形成装饰面。常用的饰面材料有天然石材、人造石材、陶瓷、玻璃、木材、塑料、金属等。饰面板(砖)工程按施工方法不同，可分为饰面板安装、饰面砖镶贴等。

任务9.1　饰面材料的基本知识

饰面板(砖)工程是在墙、柱表面镶贴或安装具有保护和装饰功能的块料而形成的饰面层。块料可分为饰面板和饰面砖两大类。

墙面装修构造

9.1.1　建筑装饰石材

1. 大理石、花岗石材料性能及质量要求

(1)大理石饰面板。

1)品种、规格及主要性能。大理石是由石灰岩变质而成。其饰面板是由荒料经锯切、研磨、抛光及切割而成，其品种常以其成材的花

纹、颜色及产地命名。规格有定型和不定型两种。定型板有正方形和矩形，厚度均为 20 mm，长为 300～1 220 mm，宽为 150～915 mm。

天然大理石的抗折强度、抗压强度、吸水率等指标都有相关规定。常见品种中抗压强度最低为 61 MPa(雪浪)，最高为 179 MPa(云南灰)；抗折强度最低为 7.6 MPa(螺丝转)，最高为 30.5 MPa(丹东绿)。

墙面装修的作用、分类及构造

2)适用范围和质量要求。大理石饰面板一般只适用于室内干燥环境中的墙地面装饰，如必须要用于室外时，应选坚实致密、吸水率较小(一般不大于 0.75%)的石材，并在其表面涂刷有机硅等罩面材料加以保护。

大理石饰面板按形状可分为毛光板、普型板、圆弧板和异型板；按加工质量和外观质量分为 A、B、C 三级。其中毛光板平面度要求：A 级允许偏差为 0.8 mm，B 级允许偏差为 1.0 mm，C 级允许偏差为 1.5 mm。大理石饰面板外观质量要求：同一批板材的色调应基本调和，花纹应基本一致；板材正面的外观缺陷应符合《天然大理石建筑板材》(GB/T 19766—2016)的规定；板材允许粘接和修补，粘接和修补后应不影响板材的装饰效果，不降低板材物理性能。

(2)花岗石饰面板。

1)品种规格及主要性能。花岗石是各类火成岩的统称。按其结晶颗粒大小可分为“伟晶”“粗晶”和“细晶”三种。一般采用晶粒较粗、结构较均匀的花岗岩原材进行加工。根据加工方法的不同可分为四种板材：剁斧板材——表面粗糙，具有规则的条状斧纹；机刨板材——表面平整，具有平行刨纹；粗磨板材——表面平滑无光；磨光板材——表面平滑、色泽光亮如镜、晶粒显露。其定型的规格也有正方形和矩形两种，厚度均为 20 mm，长为 300～1 070 mm，宽为 300～750 mm。

花岗岩具有良好的抗风化性、耐磨性、耐酸碱性和抗冻性(100～200 次冻融循环)，耐用年限达 75～200 年。其抗压强度最小为 103.6 MPa(大黑白点)，最大为 214 MPa(黑云母)；其抗折强度最小为 8.9 MPa，最大为 23.3 MPa(峰日石)。

2)适用范围和质量要求。适用于重要建筑物、高级民用建筑的墙(地)面装饰，以及门头、台阶和一些纪念性建筑；质量要求与大理石板材大致相同。

2. 常用机具

常用机具有手提式电动石材切割机、台式切割机、风动冲击锤、电动磨石子机等。

9.1.2 建筑饰面陶瓷制品

1. 陶瓷类贴面材料的种类及特点

在我国，陶瓷贴面自古以来就是一种高级的建筑装饰材料，其种类繁多，这里主要介绍釉面砖、外墙面砖、陶瓷马赛克和陶瓷壁画等常用陶瓷材料的粘贴施工工艺及材料的特性。

(1)釉面砖。釉面砖是一种表面上釉的精陶薄片面砖。由于其吸水率较高，在室外自然环境下极易损坏，故一般只用于室内装饰。

(2)外墙面砖。外墙面砖按质地可分为陶底及瓷底两种，按其表面处理可分为有釉和无釉两种。常用的有以下几个品种：

1)表面无釉外墙面砖(墙面砖)：常用的有白、浅黄、红、绿等颜色。

2)表面有釉墙面砖(彩釉砖)：常用的有粉红、蓝、绿、金黄、黄、白等颜色。

3)线砖：表面有凸起纹线，又名“泰山砖”。

4)外墙立体贴面砖(立体彩釉砖)：表面上釉，并做成各种立体图案。

5)劈离砖：是一种以重黏土为主要原料的高强度面砖，耐磨、耐腐蚀，且色调古朴高雅。

6)变色釉面砖：该砖面釉料中加入了对不同波长的光线具有不同吸收作用的原料，使其在不同光源下形成不同色彩的效果。

另外，目前国内外流行的“变尺度”面砖，如大规格外墙面砖和加长釉面砖，能给人以新颖的感觉。

(3)陶瓷马赛克。陶瓷马赛克是以优质瓷土烧制而成的片状小块瓷砖。由于成品按各种图案贴在纸上，又称纸皮石。其断面分凸面和平面两种，前者用于墙面，后者一般用于地面。其品种也有挂釉和不挂釉两种。陶瓷马赛克具有质地坚硬、耐酸碱、耐火、不渗水、在±20 ℃下无开裂等特点。

(4)陶瓷壁画。陶瓷壁画是以陶瓷马赛克、面砖或陶板等为基料，将设计画稿经放大、制板、刻画、配釉、施釉和烧成等工艺，使绘画艺术与施釉技法相结合，形成一种独特的装饰材料。其可用于内、外墙及地面的装饰。

2. 常用机具

(1)手工工具。除一般抹灰常用的手工工具外，根据饰面的不同，还需要一些专用工具。如镶贴面砖时拨缝用的开刀，贴陶瓷马赛克用的木垫板，以及木槌、橡皮锤、胡桃钳、钢錾和切砖刀等。

(2)机具。贴面装饰中常用的有切割面砖的手动切割机和电热切割器，饰面砖打眼用的打眼机和钻孔用的手电钻等。

9.1.3 其他块料饰面材料简介

室内装饰材料

1. 瓷板

瓷板是多晶材料，由无数微粒级的石英和莫来石晶粒构成网架结构。这些微观结构使得瓷板具有吸水率低、抗弯强度高、密度大、硬度高、耐腐蚀性强、耐热耐冷性能好、抗冻性能好等特点，某些力学性能、色泽、图案变化优于花岗石、大理石，是一种新型的装饰材料。

2. 金属板

墙面装饰材料

金属板可分为单一材料板和复合材料板两种。单一材料板为一种质地的材料，如钢板、铝板、铜板、不锈钢钢板等；复合材料板是由两种或两种以上质地的材料组成，如铝合金、烤漆板、镀锌板、彩色塑料膜板、金属夹芯板等。金属装饰板有光面平板、纹面平板、波纹板、压型板、立体盒板等。常用的金属装饰板有铝合金装饰板、镜面不锈钢装饰板、复合铝板、涂色钢板等。

金属装饰板美观，易于满足造型要求，具有良好的装饰效果，且具有耐磨、耐用、耐腐蚀及能满足防火要求等优点。

3. 木质饰面板

木质饰面板中，常用的有薄实木板和人工合成木制品。用于装饰室内墙、柱面的木质饰面材料，因有木材的天然纹理及质感而具有很好的装饰效果。

4. 塑料饰面板

塑料饰面板一般为硬质 PVC 塑料护墙板。硬质 PVC 塑料具有质量轻、强度大、耐冲击、耐火、耐腐蚀、耐磨、保温、隔声、电绝缘性好等特点。硬质 PVC 塑料护墙板无毒、无味、花色品种繁多，不易褪色，施工简便易行。

任务 9.2 饰面板(砖)镶贴与安装

9.2.1 饰面砖镶贴

1. 施工准备

墙面工程饰面

(1)材料准备。对各种贴面砖都应按设计要求或设计图案进行挑选。对釉面砖和外墙面砖应挑选规格一致、形状方正、不缺损、不脱釉、颜色一致的砖块；并按 1 mm 差距分类选出三个规格，分类堆放待用。对陶瓷马赛克则在挑选后，作统一编号。对陶瓷壁画中的面砖应逐排逐列地编号，并标出上下指示，以免贴倒。挑选检查应该是全数检查，而不是抽样检查。

(2)作业条件准备。

1)施工单位应在取得建设单位、监理单位对主体结构“同意隐蔽”方面的书面认可后，方可进行施工。

2)施工层的上层楼面或屋面已完工，且不渗不漏；室内的墙、顶抹灰已完工；室外的雨水管安装不应与施工发生矛盾。

3)水电管线安装完毕并验收合格；厕浴间的肥皂洞、手纸洞应已预留，便盆、浴盆、镜箱及脸盆架已放好位置线或已安装就位。

4)门窗框及其他木制、钢制或铝合金的预埋件已预埋牢固、验收合格，各种孔洞缝隙已用水泥砂浆等嵌固完毕。

5)室内墙面已弹好标准水平线；室外水平线应能绕整个外墙饰面交圈。

2. 找平层施工

(1)基层处理。

1)砖墙基体：将基体清洁湿润后，用 1∶3 水泥砂浆打底，木抹子搓平，隔天浇水养护。

2)混凝土基体：先用火碱水或洗涤剂，配以钢丝刷清洗，并凿平补齐；对光滑表面还须凿毛后用水湿润，一般每平方米凿点数不少于 200 个，然后刷一道聚合物水泥浆或界面处理剂。也可用 1∶1 水泥细砂浆(内掺 20%108 胶)喷到基面上，作毛化处理。最后用 1∶3 水泥砂浆打底。

3)加气混凝土基体：先用水湿润，刷一道 108 胶水泥浆，然后用 1∶3∶9 混合砂浆分层补平缺损处，隔天刷108胶水泥浆并抹1∶1∶6混合砂浆打底，木抹子搓平。或打底前改用满钉一层孔径32 mm×32 mm以上的机制镀锌钢丝网(丝径0.7 mm)，用ϕ6扒钉，钉距纵横不大于600 mm，然后抹1∶1∶4水泥混合砂浆黏结层。

4)对不同材料结合部，如框架梁柱与填充砖墙的平整结合处，应用钢板网压盖接缝，射钉钉牢，再用108胶水泥砂浆满涂。

(2)找平层施工。

1)找平层抹灰砂浆做法与装饰抹灰的底层、中层做法相同。底层灰应分层抹，每层厚度不大于7 mm，中层为精找平，一层抹灰厚度不大于5 mm。

2)对外墙面应用经纬仪和线锤，从顶到底一次测好垂直吊线。对外柱到顶的外墙，每个柱边角必须吊线，并做双灰饼。

3)找平层抹好后应及时浇水养护。

4)在檐口、窗台、雨篷等处，抹灰时应留出流水坡和滴水线。

3. 饰面砖预排

(1)预排原则。

1)同一墙面只能有一行(或列)非整砖，且非整砖应排在次要部位或阴角处。

2)对内墙面，接缝宽度一般应在1～1.5 mm内调整。在管线、灯具、卫生设备支承部位应用整砖套割吻合，不应用非整砖拼凑。

3)对外墙面，外墙面砖应沿着水平线，按“平上不平下”原则镶贴。

4)当按第一条原则产生的非整砖宽度小于1/2整砖宽度时，易采用增加一行(或列)非整砖，使它们宽度相等且都大于1/2整砖宽，以改善“窄条”对美观的影响。

5)对外墙面，一般应使水平缝与门窗旋脸、窗台、腰线齐平。

(2)预排方法和排列形式。

1)排列方法有无缝镶贴、划块留缝镶贴和单块留缝镶贴等。质量好的砖可适应各种方法。外形尺寸偏差大的面砖不能大面积无缝镶贴，否则会造成缝口参差不齐，水平排列无法交圈。对此可采用单块留缝镶贴法，即利用砖缝的大小来调节砖的尺寸大小，以解决缝口不齐的问题。当面砖外形尺寸出入不大时，可采用划块留缝镶贴法，即在划块留缝内调节砖缝，操作时按每排实际尺寸排块，把误差留在分块中。

2)排列形式分通缝和错缝排列两种，也可分为密缝和疏缝排列，疏缝宽3～20 mm，如图2-9-1所示。

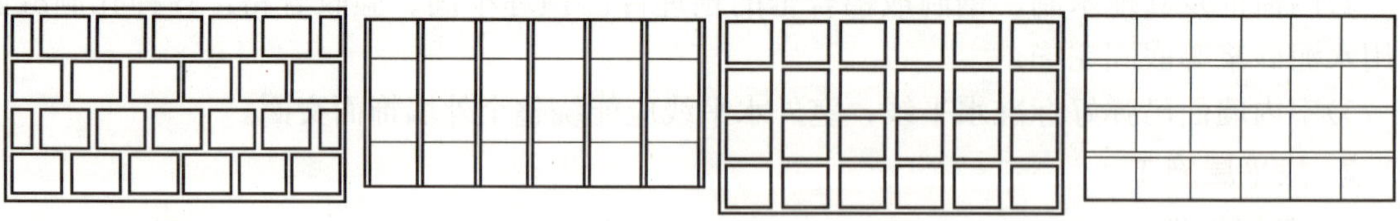

(a) (b) (c) (d)

图2-9-1 外墙面砖缝示意

(a)错缝；(b)通缝；(c)竖错缝；(d)横通缝

4. 釉面砖镶贴

(1)传统方法墙面镶贴要点。

1)在干净的找平层上，依照室内标准水平线，找出地面标高，算出纵、横两向面砖的皮数，弹出每排砖的水平线和垂直线。如有阴阳三角镶边时，则应预先留出镶边位置。竖向的非整砖宜留在与地面相接的最下皮。

2)室内如有吊顶时，应先弹出吊顶边线，再进行竖向预排计算，当上口面砖伸入吊顶边线 1/4～1/3 以下时，看看能否从上往下按整砖尺寸(考虑砖缝)排齐，一般从地面水平线开始镶贴第一排水平向砖。

3)镶贴釉面砖前，应先贴若干块废釉面砖作为标志块，上下用托线板挂直，作为粘贴厚度的依据。一般横向每隔 1.5 m 左右做一个标志块，并用拉线或靠尺校正平整度。在门洞口或阳角处，要考虑阴阳三角的尺寸。如无阴阳三角，应双面挂直，如图 2-9-2 所示。

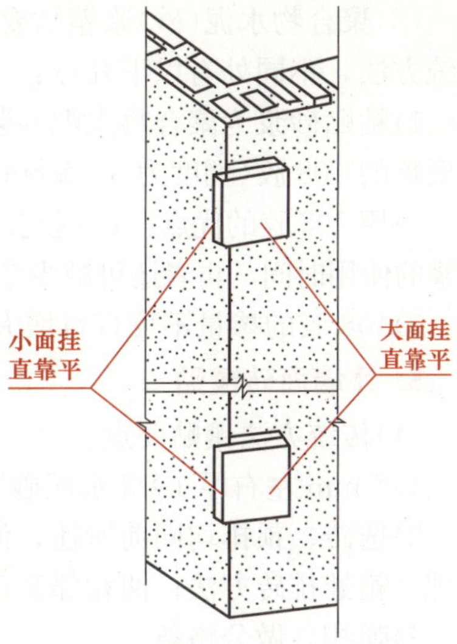

图 2-9-2　双面挂直

4)在墙的地面水平线处安置一八字靠尺，且用水平尺校水平后作为最下行釉面砖铺贴依据。铺贴时，让釉面砖下口坐在八字靠尺上，既可防止其下滑，又可保证横平竖直。如墙地面交界处要设置阴三角，也应预留位置。

5)铺贴前，面砖应充分浸水，以免其吸收灰浆中的水分。一般浸水不少于 2 h，取出阴干 4～6 h，视气温和湿度而定。

6)传统方法也称软贴法，因其所用粘贴砂浆为 1∶2 水泥砂浆或掺入不大于水泥用量 15%的石灰膏。这两种砂浆较软，当砂浆厚度较大时，砖有时会下坐。铺贴时，在面砖背面要刮满刀灰，厚度为 5～6 mm，最大不超过 8 mm。对贴在墙上的面砖要用力压实，且用铲刀木柄或橡皮锤轻敲，同时用靠尺校正其平直。当一行贴完后，用长靠尺校正。对高于标志块的应轻敲压下，使其平齐。若低于标志块，应取下重抹满刀灰铺贴，重复以上过程，直至平齐。

7)铺贴从阳角处开始，由下往上进行。

8)在有洗脸盆、镜箱的墙面，应按洗脸盆下水管部位分中，向两边排砖。肥皂盒可按预定尺寸和砖数排砖，如图 2-9-3 所示。

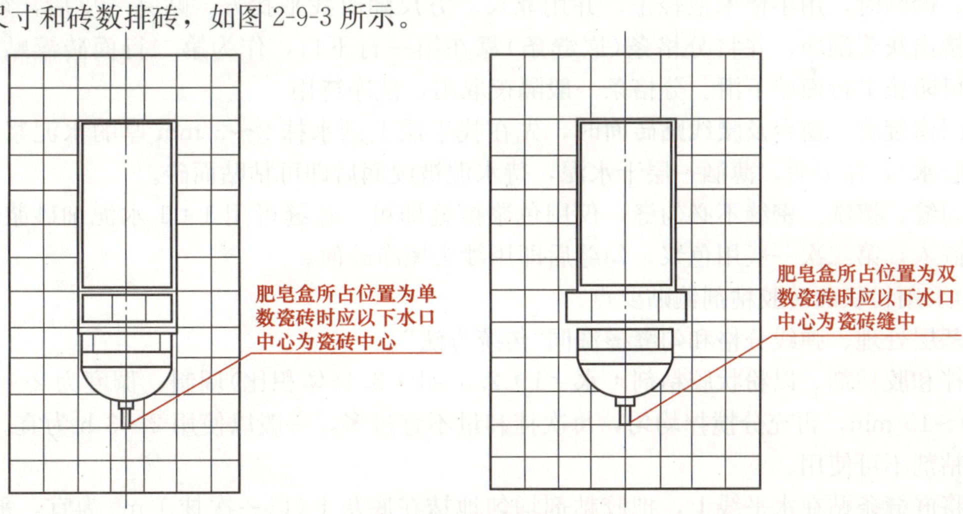

图 2-9-3　洗脸盆、镜箱和部分釉面砖排砖示意

9)铺贴完后应进行质量检查，用清水将釉面砖表面擦洗干净，然后用与釉面砖相同颜色的水泥浆擦嵌密实。完工后，做全面清洁擦洗工作。

(2)聚合物水泥(砂)浆镶贴要点。聚合物水泥(砂)浆镶贴法也称硬贴法，其要点基本同传统方法，不同处有以下几点：

1)粘贴砂浆为聚合物水泥砂浆或聚合物水泥浆，前者在1∶2水泥砂浆中掺2%～3%水泥质量的108胶(稠度为6～8 cm)，后者为水泥∶108胶∶水=100∶5∶26。

2)用108胶的优点：108胶会阻隔水膜，砂浆不易流淌，减少了清洁墙面工作，还能延长砂浆的使用时间。再者还可减少粘贴砂浆层的厚度，一般可减少2～3 mm，最大至5 mm。

3)108胶的掺量不可盲目增大，否则会降低黏结强度，一般以水泥质量的3%为宜。

5. 外墙面砖镶贴

(1)传统方法镶贴要点。

1)7 mm左右厚1∶3水泥砂浆打底划毛，养护1～2 d后可以镶贴。

2)选砖、预排均同前所述，但对外墙还应注意：窗间墙应尽可能排整砖，或采用室内处理镜箱处排砖方法；两相邻又正交的墙面在确定排砖模数时，要考虑邻墙找平层厚度。

3)弹线、做分格条。

①在外墙阳角处用大于5 kg的线锤吊垂线，并用经纬仪校核，用花篮螺栓将吊正的钢丝绷紧作为找准基线。

②以阳角的基线为准，每隔1.5～2 m做标志块，定出阳角方正，抹上隔夜“铁板糙”。

③在精抹面层上，先弹出顶面水平线，再按水平方向的面砖数，每隔1 m左右弹一垂线。

④在层高范围内，按预排砖数，弹出水平分缝及分层皮数线。

⑤按预排计算的接缝宽度，做出分格条。

4)面砖浸泡、阴干要求同前所述。

5)外墙面砖粘贴顺序：应自上而下分层、分段进行。每段内也应自上而下粘贴，先贴凸出墙面的附墙柱、腰线等，并注意凸出部分的流水坡度。

6)粘贴方法。用稠度适中的1∶2水泥砂浆或水泥石灰砂浆(石灰膏掺量应小于等于水泥质量的15%)抹在面砖背面，厚度约为6～10 mm。自阳角起逐块按所弹水平线粘贴在找平层上。镶贴时，用小铲木把轻击，并用靠尺、方尺随时找平找方。贴完一皮后，须将砖面上的挤出灰浆刮净，并将分格条(嵌缝条)靠在第一行下口，作为第二行面砖镶贴基准，同时还可防止上行面砖下滑。分格条一般隔夜取出，洗净待用。

7)门窗旋脸、窗台及腰线贴砖面时，先在找平层上洒水抹2～3 mm厚的水泥浆(也可加108胶水)，抹平后，薄洒一层干水泥，待水泥被浸润后即可粘贴面砖。

8)勾缝、擦洗。密缝不必勾缝，仅用色浆擦缝即可。疏缝可用1∶1水泥细砂浆勾缝，分两次嵌入，第二次一般用色浆。勾缝后即用纱头擦净砖面。

(2)采用粉状面砖胶粘剂镶贴要点。

1)基层处理、弹线分格和勾缝擦洗同“传统方法”。

2)拌和胶粘剂。以粉状胶粘剂∶水=1∶2.5～1∶3.1(体积比)调制，稠度为2～3 cm，放置10～15 min，再充分搅拌均匀，每次拌和量不宜过多，一般以使用2～3 h为宜。已硬结的胶粘剂不可使用。

3)将嵌缝条贴在水平线上，把胶粘剂均匀地抹在底灰上(以一次抹1 m^2为宜，平均厚度为1.5～2 mm)，同时在面砖背面刮同样厚的胶粘剂，然后将面砖靠嵌缝条粘贴，轻轻揉挤后找平找直。再在已贴好的面砖上口粘嵌缝条，如此由下而上逐皮粘贴。

4)水平缝宽度用嵌缝条控制，每贴一皮均要粘贴一次嵌缝条。嵌缝条宜在当天取出，洗净后待用。

5)当面砖贴完后，可用钢片开刀矫正并调整缝隙。

6. 陶瓷马赛克镶贴

传统方法镶贴要点如下：

(1)排砖。依照设计图纸要求，对横竖装饰线、门窗洞等凹凸部分，以及墙角、墙垛、雨篷面等细部应进行全面安排，按整张马赛克排出分格线。分格横缝要与窗台、门窗旋脸等相齐，并要校正水平，竖缝要在阳台、门窗口等阳角处以整张排列。这就要根据建筑施工图及结构的实际尺寸，精确计算排砖模数，并绘制排砖大样图。

(2)弹线与镶贴。弹线前，应抹好底灰，其做法同抹灰工程中的水泥砂浆做法。底灰应平整并划毛，阴阳角要垂直方正。然后根据排砖大样图在底灰上从上到下弹出若干水平线，在阴阳角及窗口边上弹出垂直线，在窗间墙、砖垛处弹出中心线、水平线和垂直线。

镶贴时，对着水平线稳住水平尺板，然后在已湿润的底灰上刷素水泥浆一道，再抹2～3 mm厚1∶0.3水泥纸筋灰或1∶1水泥砂浆，作为黏结层，并用靠尺刮平。同时将马赛克铺放在可放四张马赛克纸的木垫板上，底面朝上，向缝里撒满1∶2干水泥砂，并用软毛刷子刷净表面浮砂，再薄涂一层1∶0.3水泥纸筋灰黏结浆。然后逐张拿起，清理四边余灰，按齐在水平尺板上口，由下往上粘贴。或者直接将水泥砂浆作为黏结浆抹在纸板上，用抹子初步抹平至2～3 mm厚，随粘随贴。贴完一组后，将分格条(嵌缝条)放在上口继续第二组。

(3)粘贴后的马赛克，用拍板紧靠其上，然后用小锤敲击拍板，促使其黏结牢固。再用软毛刷浸水在马赛克护纸上刷水湿润。

(4)揭纸：湿润后约半小时即可揭纸。揭纸时应按顺序用力往下揭，切忌向外猛揭。揭纸后检查马赛克粘贴平直情况，用开刀拨正调直，并再用小锤敲击拍板一遍。

(5)擦缝。粘贴后约两天，起分格条并擦缝。擦缝时用橡皮刮板，把与镶贴时同品种水泥砂浆在马赛克面上满刮一道，使缝隙饱满。擦缝后应及时清洗墙面。

7. 玻璃马赛克的贴面施工

由于玻璃马赛克和陶瓷砖在使用用途上和施工工艺上基本相同，因此，这里我们只需给出它们的几点区别。

(1)在材料的规格尺寸和形状方面。

1)陶瓷马赛克的规格尺寸详见表2-9-1。

表2-9-1　陶瓷马赛克的规格

陶瓷马赛克的形状、名称		规格/mm	厚度/mm
正方形	大方	39	5.0
	中大方	23.6	5.0
	中方	18.5	5.0
	小方	15.2	4.5
长方形		39.0×18.5	5.0
正边形		25	5.0

2)玻璃马赛克规格尺寸详见表 2-9-2。

表 2-9-2　玻璃马赛克规格尺寸

mm

规格	尺寸			尺寸			尺寸		
	长	宽	厚	长	宽	厚	长	宽	厚
单粒	20	20	3.0	20	20	4.0	30	30	4.0
	20	20	3.5	25	25	4.0	40	40	4.0
每联	305	305		314	314		325	325	
	327	327		327	327		328	328	

3)陶瓷马赛克的基本形状有正方、长方、对角、六角、斜长条、半八角和长对角等，而玻璃马赛克常见的只有正方形一种。两者的表面和断面特征各不相同。前者表面光滑，四边齐直，而后者背面略呈凹形，且有条棱，四周呈楔形斜面。

(2)在施工工艺方面。

1)镶贴时的黏结层砂浆厚度不一。一般陶瓷马赛克的黏结层可小些，为 2～3 mm；玻璃马赛克稍厚些，为 3～4 mm，这是两者断面形状尺寸的差异所决定的。

2)对中层抹灰的要求不同。陶瓷马赛克镶贴时可用软底铺贴，而玻璃马赛克要拍板赶缝，对中层的施工强度要求较高，故一般不用软底铺贴。

9.2.2　饰面板安装

1. 施工准备

饰面板工程施工

(1)做好施工大样图和排板图。饰面板安装前应根据建筑设计要求，核实饰面板安装部位的结构实际尺寸及偏差情况，再根据纠正偏差所增减的尺寸，绘出修正图或修改排板图，并做好以下几点工作：

1)测量柱的实际高度和柱子中心线，柱与柱的中心距，柱子上、中、下三部拉水平通线后的实际结构尺寸，再确定出柱饰面板的看面边线，并依此算出饰面板分块尺寸。

2)对外形较复杂的墙面(如多边形、半圆形墙面)，特别是要用异形饰面板镶嵌的部位，还须用黑镀锌薄钢板或三夹板进行实际放样，以确定其实际的规格尺寸。最后绘出分块大样图和节点大样图，排图时应考虑饰面板间的拼缝宽度，详见表 2-9-3。

表 2-9-3　饰面板拼缝宽度

序号	饰面板类别		接缝宽度/mm
1	天然石材	光面、镜面	1
2		粗磨面、麻面、条纹面	5
3		天然石	10
4	人造石材	水磨石、人造石	2
5		水刷石面	10
6		大理石、花岗岩	1

(2)选板与预拼。

1)选板主要是按排板图中的编号检查所需板的几何尺寸，并按误差大小归类。选板应逐一进行，把损坏的、变色的挑出。

2)预拼主要从板材的天然纹理和色差两方面去考虑，对有明显纹理的板材，预拼则是一种艺术创意。对色差较大的板材，视两种情况而定：若深浅各占一半左右，则可按国际象棋棋盘式排列或分两部分墙体布置；若深浅所占比例相差较大，则小部分可排到次要部位或布置在小块墙体。

3)基体处理和测量放线，基本同“饰面砖镶贴”中“外墙面砖镶贴”部分。

2. 饰面板安装的一般要求

(1)如采用传统的湿作业安装天然石材，由于水泥砂浆在水化时析出大量的氢氧化钙，会在石材的两表面产生不规则的花斑，俗称返碱现象，为此要对石材进行防碱背涂处理。

(2)饰面板安装时应在找正吊直后，采取临时固定措施，以免灌注砂浆时板位移动。为保证板面平整及上口顺平，接缝宽度可用垫木楔的方法来调整。

(3)灌砂浆前，应浇水将饰面板背面和基体表面湿润，再分层灌注砂浆。每层灌注高度为150～200 mm，且不大于1/3的板高，并插捣密实。操作时应随时检查板面的平整和位置，若无移动方可继续上层砂浆的灌注。施工缝应留在饰面板的水平接缝下50～100 mm处。

(4)天然石饰面板的接缝按不同情况分别处理。

1)室内安装光面或镜面的饰面板，接缝应干接，室外安装这类板材时可干接，也可在水平缝中垫硬塑料板条。塑料板条应在水泥砂浆硬化后才能取出，并及时用水泥砂浆勾缝。干接的缝应用与面板同色的水泥浆填平。

2)粗磨面、麻面、条纹面的天然石饰面板的接缝和勾缝均用水泥砂浆。

(5)人造石饰面板的接缝要用与面板同色的水泥(砂)浆抹勾严实。

(6)厚度在10～12 mm以下的镜面大理石板和花岗石薄板宜用干挂法或粘贴法。

(7)夏季施工时，在室外的饰面板应防止暴晒，冬期施工时，应在整个施工过程和养护过程中防冻，砂浆的温度不能低于50 ℃。

3. 大理石饰面板安装

(1)传统安装方法(适用于大规格板)。

1)按设计要求在基层结构内预埋铁环，安装装饰面板前，将预埋铁环或预埋钢筋剔出墙面，然后焊接或绑扎ϕ6～ϕ8竖向钢筋，其间距按饰面板宽度设置。再连接(绑或焊)ϕ6横向钢筋，其间距按饰面板竖向尺寸设置。均应参照墙面弹线。如基体未有预埋件，也可用电锤钻孔，用M16胀杆螺栓固定连接铁件，然后再绑扎或焊接竖横钢筋，如图2-9-4和图2-9-5所示。

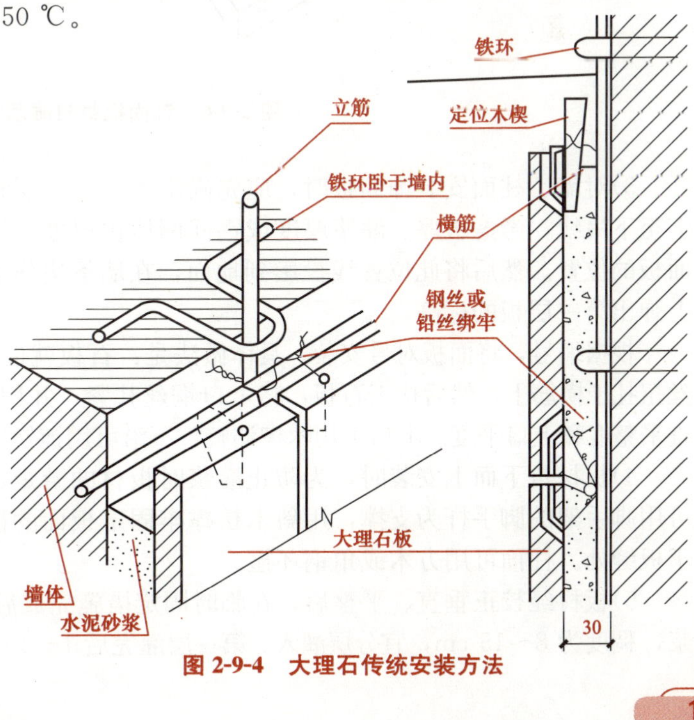

图 2-9-4　大理石传统安装方法

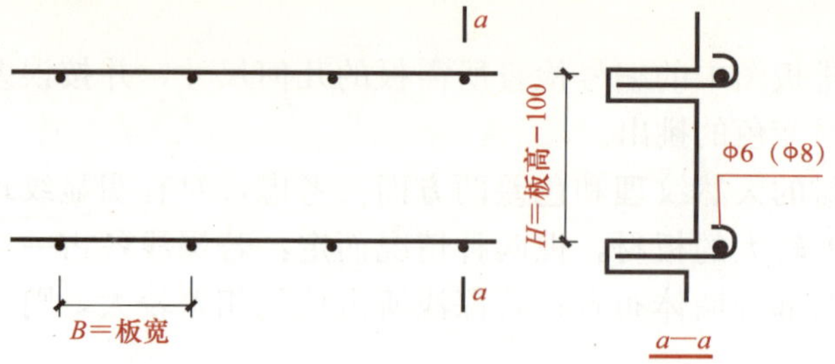

图 2-9-5　大理石安装预埋钢筋做法示意

2)对预拼排号后的板材，按顺序进行钻孔打眼。打孔眼的形式有直孔、斜孔、牛鼻子孔和三角形锯口等。打孔前先将板材固定在木架上，直孔用手电钻打，在板材上、下两侧各打两孔，每孔位距两端各 1/4 边长处，孔径为 3 mm，深为 15～20 mm。如板宽＞600 mm，中间再增钻一个孔。如打牛鼻子孔，应在板背的直孔位置，距板边 1～2 cm 左右打一横孔，使直孔与横孔连通。打斜孔时，孔眼轴线与板大面成 35°左右，利用调整木架木楔，使钻头与板材成此角度。板孔钻好后，把铜丝或不锈钢钢丝穿入孔内，直孔再用铅皮和环氧树脂坚固，如图 2-9-6 所示。

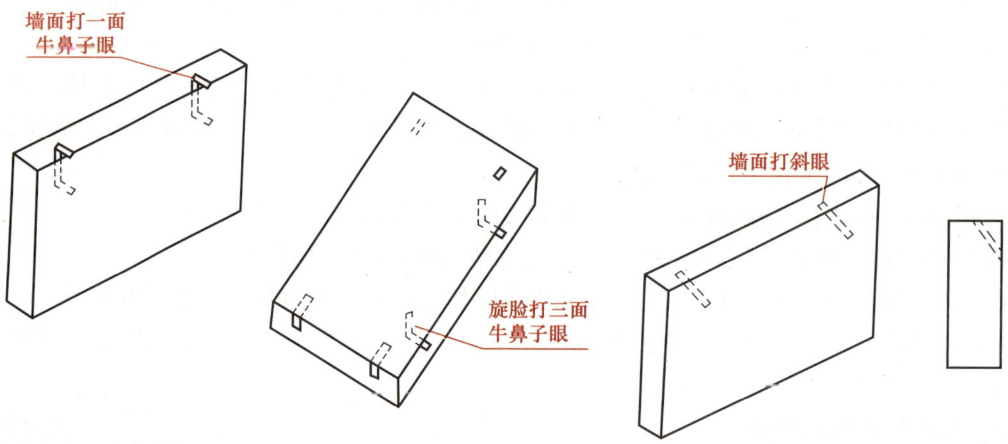

图 2-9-6　饰面板材打眼示意

3)对墙、柱面安装饰面板时，应先确定下面第一层板的安装位置。其方法是用线锤从上至下吊线，考虑板厚、灌浆厚度或钢筋网所占厚度，以确定两头饰面板间的总长度和饰面板的位置。然后将此位置线投影到地面，在墙下边作出第一层板的安装基准线，并在墙上弹出第一层板的标高。

根据编号，将面板对号安装。具体做法是：石板就位后，上口略向后仰，把石板下的铜丝扭扎于横筋上，然后扶正石板，将上口铜丝扎紧，并用木楔塞紧垫稳，用靠尺和水平尺检查平整度和上口平度。上口可用木楔调整，下沿可用镀锌薄钢板调整。完成后各板依次进行。

4)板材自下而上安装时，为防止灌浆时板材的游走，必须采取临时固定措施。外墙面可用脚手架的脚手杆为支撑，用斜木枋撑牢固定板面的横木枋。内墙是用纸或熟石膏外贴于板缝处。柱面可用方木或角钢环箍。

5)板材经校正垂直、平整后，在临时固定措施完成后即可灌浆。一般采用 1∶3 水泥砂浆，稠度为 8～15 cm，宜分层灌入。第一层灌完后 1～2 h，在确认无移动后开始第二层灌浆，高度 100 mm 左右。第三层灌至板上口下 50～100 mm 处，留空作为上层板材灌浆的接头。

6)一层板材的灌浆凝固后，可清理上口余浆，隔日再拔除上口木楔和有碍上层安装的石膏饼。再进行第二层板材的对号安装。

7)全部板材安装完后，清理表面，并用与板材同色的水泥砂浆嵌缝，边嵌边擦，使缝隙嵌浆密实平整。考虑到板材虽在出厂时已作抛光处理，但施工中局部污染会影响整体效果，故还应用高速旋转帆布擦磨，重新抛光上蜡。

(2)传统安装法改进工艺(楔固法)。

1)基体处理：先对清理干净的基体用水湿润，并抹 1∶1 水泥砂浆，同时清洗板材背面。

2)板材钻孔：将板材直立固定于木架上，在板的上侧边中心线上钻两孔，每孔位于两端 1/4 连长处，孔径为 6 mm，孔深为 25～40 mm。若板宽大于 500 m，则增钻一孔；若板宽大于 800 m，则增钻两孔。其后将板旋转 90°固定在木架上，在板的左、右两侧各打一孔，孔位距板下端 100 mm 处，孔径和孔深不变。上、下孔均用钢錾剔槽，槽深 7 mm，以便安卧 U 形钉，如图 2-9-7 所示。

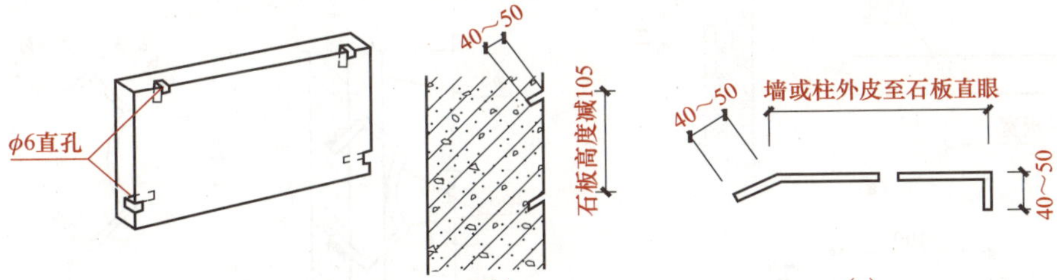

图 2-9-7　打直孔和斜孔及 U 形钉

(a)打直孔示意；(b)基体钻斜孔；(c)U 形钉

3)基体钻孔：用冲击钻按基体上分块弹线位置，并对应于板材上下直孔位置打 45°斜孔，孔径为 6 mm，孔深为 40～45 mm。

4)板材安装：将板材按编号安放就位，依板与基层间的孔距，用加工好的 $\phi5$ 不锈钢U 形钉的一端钩进板的直孔内，另一端插入基体斜孔内，并随即用硬木小楔卡紧。用水平尺和靠尺板校正板的平整度和垂直度，并检查各拼缝是否紧密，最后敲紧小木楔，用大木楔紧固于板材与基体之间，以紧固 U 形钉，作临时固定。然后分层灌浆，清理表面擦缝等，如图 2-9-8 所示。

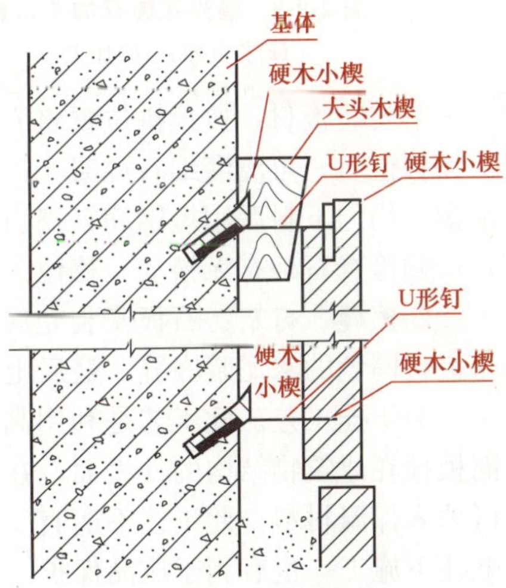

图 2-9-8　石板就位、固定示意

(3)粘贴法(适用薄板)。

1)基层处理：清洗基层表面油污等并湿润，对光滑表面尚须作凿毛处理，并校核平整度和垂直度。

2)抹灰、弹线：用 1∶2.5 水泥砂浆分两次打底，找规矩，底灰厚约为 10 mm，按中级抹灰检查和验收。待底灰七八成干后，用线锤在墙(柱)面和门窗边吊垂线，并确定饰面板距基层的距离(一般取 30～40 mm)。再根据垂线在地面上顺墙(柱)面弹出饰面板外轮廓线，即安装基准线。其后在墙柱面上弹出第一排标高线以及第一层板的下沿线。再根据面的实际尺寸和缝隙弹出分块线。

3)镶贴：将湿润阴干的饰面板的背面均匀地抹上 2～3 mm 厚 108 胶水泥浆或环氧树脂水泥浆、胶粘剂等，依照水平线，先镶贴底层两端的两块板，然后拉通线，按编号依次镶贴。每贴三层，用靠尺校核一遍。

4. 花岗石饰面板安装

(1)磨光(镜面)花岗石饰面板的安装。磨光(镜面)花岗石饰面板的传统安装方法与大理石板的相同。近年来，吸取国外先进经验，广泛采用了改进工艺，也称湿作业改进方法。

1)传统安装方法改进工艺。其操作要点如下：

①板材钻孔打眼、安金属夹：在花岗石饰面板上、下两侧面各钻两个孔径为 5 mm，深为 18 mm 的直孔，孔位距板端 1/4 边长。再在板材背面中部钻两个 135°斜孔，钻孔前，先用钢錾把孔位平面剔窝，再用台钻对板材背面打孔，打孔时应将板材固定在 135°木架上，孔深 5～8 mm，要保证孔底距板材磨光面有 9 mm 以上，孔径 8 mm，其后把金属夹安装在孔内，用 JGN 型胶固定，并与钢筋网连接牢固，如图 2-9-9 和图 2-9-10 所示。

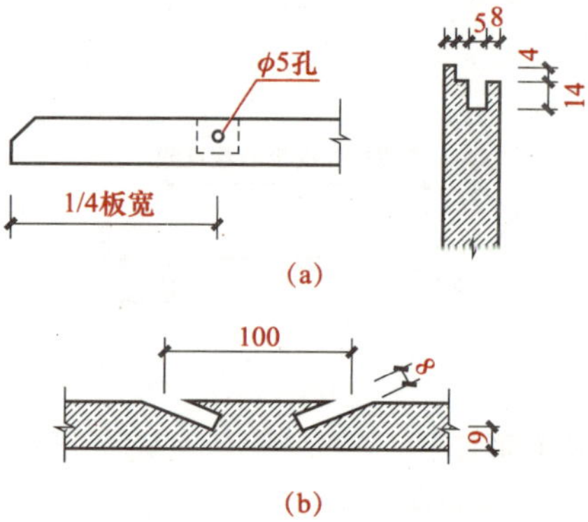

图 2-9-9　磨光花岗石加工示意

(a)打孔眼；(b)加工

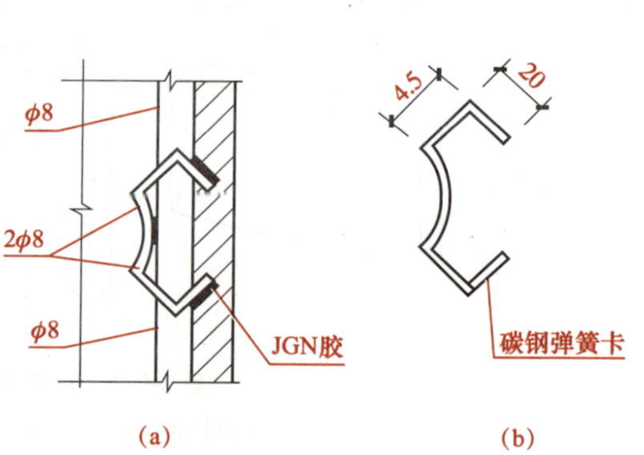

图 2-9-10　金属夹安装

②安装板材：按预拼位置将石材就位，安装方法同大理石板。然后用石膏固定，经确认无移位后，可浇灌细石混凝土。浇灌宜徐徐地把混凝土倒入，且不得碰动石板、石膏和木楔。均匀下料后用短钢筋轻捣直至无气泡泛出。每层板材分三次挠捣，每次间隔 1 h 左右，并检查石板有无松动、移位。第三次浇灌的细石混凝土至上口下 5 cm 左右。

③擦缝、打蜡：石板安装完后，清除所有石膏和余浆痕迹，用棉丝或抹布擦洗，并用与板材同色的水泥浆嵌缝，最后上蜡抛光。

2)干挂工艺。此工艺是利用高强度螺栓和耐腐蚀、高强度的柔性连接件，将薄型石材面板挂在建筑物结构的外表面，在石材与结构表面间留有 40～50 mm 的空腔，采暖设计时可填入保温材料。此工艺不适宜于砖墙和加气混凝土墙体。其施工不受季节影响，并可由上往下施工，也有利于成品保护，石材不受粘贴砂浆的析碱影响。其施工操作要点如下：

①施工前应根据设计意图和结构实际尺寸作出分格设计、节点设计和翻样图，并根据翻样图提出挂件及板材的加工计划。对挂件应做承载力破坏试验和抗疲劳试验。

②根据设计尺寸对板材钻孔，并在板材背面刷胶粘剂，贴玻璃纤维网格布增强，并给予一定的固化时间，此期间要防止受潮。

③根据设计的孔位用电锤在结构面上钻孔，如孔位与结构主筋相遇，则可在挂件的可调范围内移动孔位。

如采用间接干挂法，板材通过钢针和连接件与水平槽钢相接，水平槽钢与竖向槽钢焊接，竖向槽钢用膨胀螺栓固定在结构上。故型钢在安装前应先刷两遍防锈漆。焊接要求三面围焊，焊缝高 h_f 取 6 mm。膨胀螺栓钻孔位置要准确，深度在 65 mm 左右，螺栓埋设要垂直、牢固。

④按大样图用经纬仪测出大角的两个面的竖向控制线，在大角上、下两端固定挂线用的角钢，用钢丝挂竖向控制线。

⑤支底层石材托架，放置底层石板，调节并临时固定。

⑥对结构钻孔，插入固定螺栓，安装不锈钢固定件(直接挂法)。用嵌缝膏嵌入下层石材上部孔眼，插连接钢针，嵌上层石材下孔，并临时固定，重复上述过程，直至完成全部板材安装，如图 2-9-11 所示。

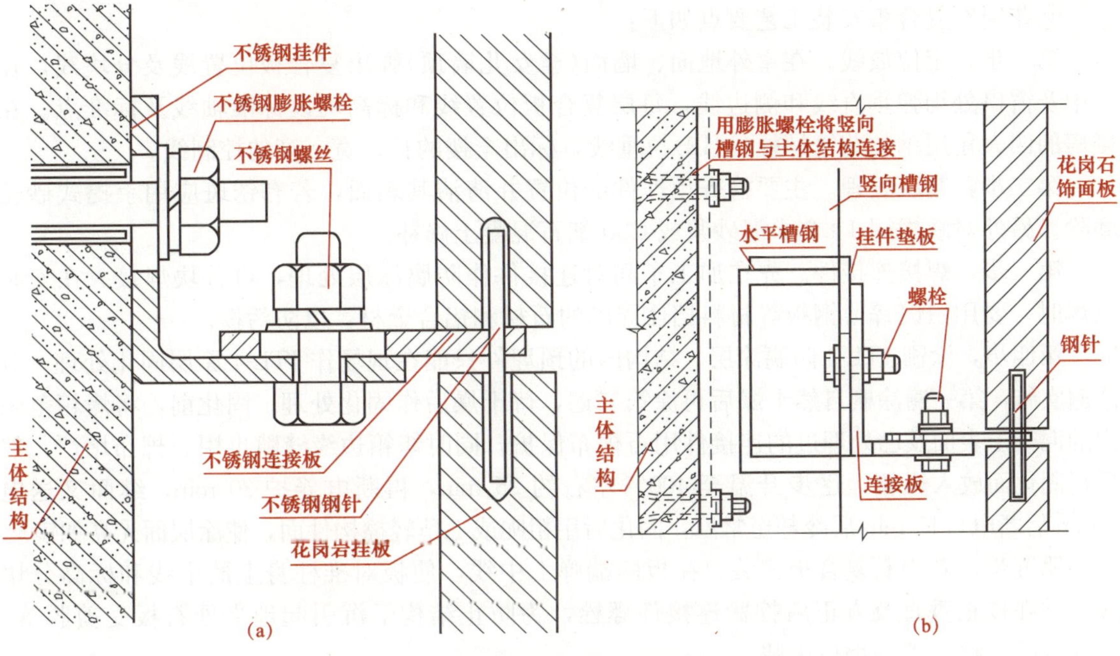

图 2-9-11　花岗石外饰面干挂工艺构造示意

(a)直接干挂；(b)间接干挂

3)预制复合板(GPC)工艺。预制复合板工艺是干法作业的发展，是以石材薄板为饰面板，钢筋细石混凝土为衬模，用不锈钢连接件连接，经浇筑预制成饰面复合板，用连接件与结构连成一体的施工方法。此工艺可用于钢筋混凝土或钢结构的高层和超高层建筑。其特点是安装方便、施工速度快、节省石材，但对连接件的质量要求较高。国外一般采用不锈钢，国内采用经多次涂刷 JTL-4 涂料后进行固化处理的钢连接件。

①花岗石复合板的制作工艺要点(以柱面的复合板制作为例)如下：

第一步，模板支设。按设计规格制作定型的钢塑模板或木模板。应注意要控制钢塑模板的受力变形。

第二步，花岗石薄板侧模就位。将花岗石薄板对号就位，先放底面石板，再安两侧石板，使断面呈 U 形。要求外模(即花岗石薄板)面层要平整，缝隙相符，并用调色水泥浆勾缝。

第三步，预制钢筋网及预埋件安装。钢筋网片按设计要求预制，待花岗石板安装就位后放入其内，并将金属夹与钢筋网连接牢固。要求钢筋网在入模后仍保持绑扎牢固，尺寸正确，并注意保护层，以免浇筑混凝土后有露筋或露绑丝现象，最后还应检查两端预埋件的位置和牢固情况。

第四步，浇筑复合板细石混凝土。为确保石板与复合层的结合牢固，浇筑前一天对石板背面进行刷洗，以替代洒水湿润。浇筑前先在石板背面匀刷素水泥浆一道，厚度以覆盖住预埋件为准。其后，铺细石混凝土，用 ϕ25 左右振捣棒振捣，直至表面泛浆、无气泡为止，并用木杠刮平。再放入槽形内模，在与外模固定以后，在侧边灌入细石混凝土并振捣密实，上部抹平。待混凝土达到一定强度后取出内模。

第五步，养护。常温下养护不得少于一周，且每天浇水 4～6 次。冬季应采用 20 ℃左右的恒温养护。

第六步，脱膜。采用钢管翻模架，脱模强度应不低于 10 MPa，且不得使用撬棍或铁锤敲打模板，脱模后应将复合板竖立安放，防止碰损棱角。

②花岗石复合板安装工艺要点如下：

第一步，定位放线。在室外地面、墙面(至女儿墙顶)弹出复合板位置线及分块线，在柱中及窗口处均弹垂直线和侧边线，每层复合板位置线和标高均设标准轴线及标准点。在楼房的四大角用钢丝花篮螺栓(M12)拉垂线，标出全楼的长、宽、高的控制线。

第二步，基层处理。主要检查预埋件的位置并清洁其表面，若有锈斑应用手提式砂轮磨除。另外对缺损用 1∶2 水泥砂浆或 C30 细石混凝土修补。

第三步，焊接连接件。先在加工车间对连接件作防腐涂层处理，再分块焊接。在安装点焊时，要用白镀锌薄钢板等材料挡住周围的石材和铝合金材，以防污损。

第四步，涂刷 JTL-4 防腐涂层。结构内的预埋件只能在现场作 JTL-4 涂层固化处理。分两遍实施，第一遍涂刷自然干燥后再涂第二遍，待干燥后作固化处理。固化前，将烤箱范围内的混凝土表面及已处理过的连接件用石棉布保护，同时烤箱边缘缝隙也用石棉布堵严，然后将固化面放入烤箱，逐步升温至 400%左右约 25 min，再断电养护 30 min，继而又送电 5 min 后断电，15 min 后冷却至常温，固化后用粗呢或毛毡轻擦构件面，使涂层面光亮如镜。

第五步，花岗石复合板安装。在板两端弹上中线，使板对准柱身上的中线和标高分块线，并在校正垂直及方正后拧紧连接件螺栓，为防止结构下沉引起地平处石板受剪脱落，宜在混凝土柱、墙下增设牛腿。

第六步，嵌缝。安装复合板后，将板面擦洗干净，对 2 mm 留缝，先嵌填聚乙烯苯板条，用 XM-43 胶填充，用 XM-38 室温硫化型密封胶密封，再用整形工具修成月牙形，并涂光蜡一道。

(2)细琢面花岗石饰面板的安装。细琢面花岗石饰面板是指除了磨光板外的其他三种板，即剁斧板、机刨板和粗磨板。这类板材与基体的连接主要采用镀锌或不锈钢锚固件。锚固件有多种形式，常用的扁条锚件厚度为 3 mm、5 mm、6 mm，宽度为 25 mm、30 mm；圆形锚件用 ϕ6 和 ϕ9；线性锚件多用 ϕ3～ϕ5 不锈钢钢丝。

1)板材开口形式。由于锚固件形式的不同，相应的板材上的锚接开口形状也不同，如图 2-9-12 所示。

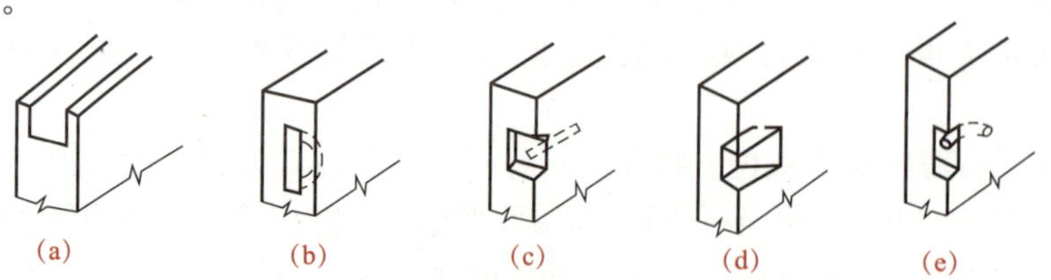

图 2-9-12　花岗石块材开口形状

(a)扁条形；(b)片状形；(c)销钉形；(d)角钢形；(e)金属丝开口

另外，板材的开口尺寸及阳角交接形式也随其厚度而不同，如图 2-9-13 所示。

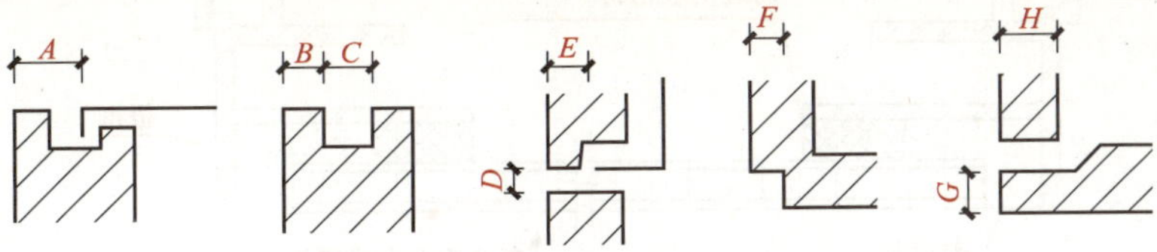

图 2-9-13　阳角拼接开口形式尺寸

2)工艺要点。

①按设计要求选材、编号并做好连接孔洞，在基层上做好钢筋网，在墙柱面上放好线。

②安装时，先将抱角稳好，按墙面拉线顺直，确定分块尺寸和缝隙调整，然后开始安装。

③板材要用镀锌钢筋或经防锈处理过的钢筋与钢筋网连接，板材之间可采用扒钉或销钉连接。

④板材安装固定后，用 1∶2.5 水泥砂浆分层灌注，方法同“传统方法”。

5. 金属饰面板安装

金属饰面板主要有彩色压型钢板复合墙板、铝合金板和不锈钢钢板等。

(1)彩色压型钢板复合墙板。彩色压型钢板复合墙板，是以波形彩色压型钢板为面板，以轻质保温材料为芯层，经复合而成的轻质保温墙板，适用于工业与民用建筑物的外墙挂板。

这种复合墙板的夹芯保温材料，可分别选用聚苯乙烯泡沫板、岩棉板、玻璃棉板、聚氨酯泡沫塑料等。其接缝构造基本上分两种：一种是在墙板的垂直方向设置企口边；另一种为不设企口边。如采用轻质保温板材作保温层，在保温层中间要放两条宽 50 mm 的带钢钢箍，在保温层的两端各放三块槽形冷弯连接件和两块冷弯角钢吊挂件，然后用自攻螺钉把压型钢板与连接件固定，钉距一般为 100～200 mm。若采用聚氨酯泡沫塑料作保温层，可以预先浇注成型，也可在现场喷雾发泡。

彩色压型钢板复合板的安装，是用吊挂件把板材挂在墙身檩条上，再把吊挂件与檩条焊牢；板与板之间的连接，水平缝为搭接缝，竖缝为企口缝。所有接缝处，除用超细玻璃棉塞缝外，还需用自攻螺钉钉牢，钉距为 200 mm。门窗洞口、管道穿墙及墙面端头处，墙板均为异形复合墙板，用压型钢板与保温材料按设计规定尺寸进行裁割，然后照标准板的做法进行组装。女儿墙顶部、门窗周围均设防雨泛水板，泛水板与墙板的接缝处，用防水油膏嵌缝。压型板墙转角处，用槽形转角板进行外包角和内包角，转角板用螺栓固定。

(2)铝合金板墙面施工。铝合金板墙面装饰，主要用在同玻璃幕墙或大玻璃窗配套，或商业建筑的入口处的门脸、柱面及招牌的衬底等部位，或用于内墙装饰，如大型公共建筑的墙裙等。

铝合金板材有方形板和条形板。方形板有正方形板、矩形板及异形板；条形板一般是指宽度在 150 mm 以内的窄条板材，长度为 6 m 左右，厚度多为 0.5～1.5 mm。根据其断面及安装形式的不同，通常又被分为铝合金条板或铝合金扣板。铝合金条板断面的一般形式如图 2-9-14 所示，铝合金扣板断面的形式如图 2-9-15 所示。另外，还有铝合金蜂窝板，其断面呈蜂窝状，如图 2-9-16 所示。

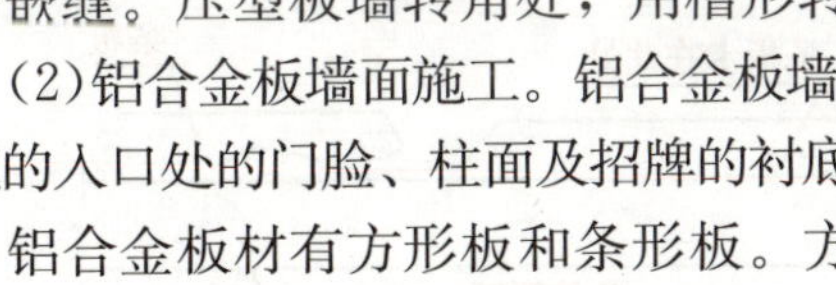

图 2-9-14　铝合金条板断面

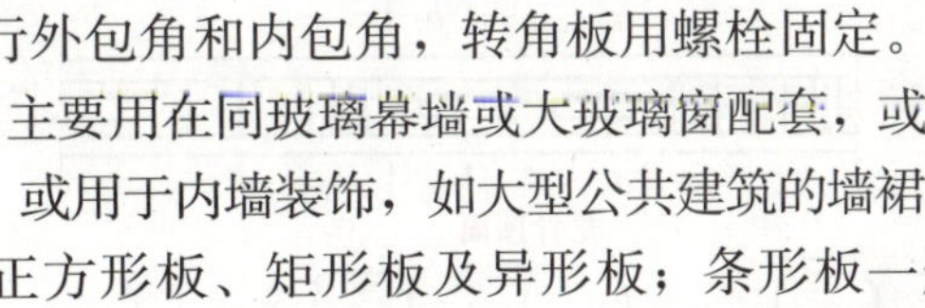

图 2-9-15　铝合金扣板断面

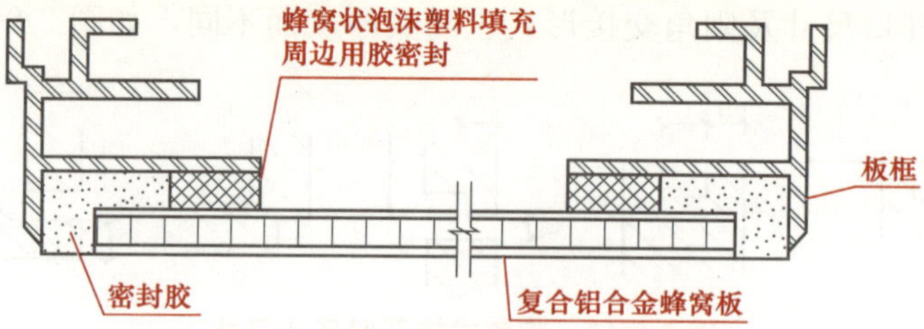

图 2-9-16　铝合金蜂窝板断面

1)铝合金板的固定。铝合金板的固定方法较多，按其固定原理可分为两类：一类是配合特制的带齿形卡脚的金属龙骨，安装时将板条卡在龙骨上面，不需使用钉件；另一类固定方法是将铝合金板用螺栓或自攻螺钉固定于型钢或木骨架上。

①铝合金扣板的固定。铝合金扣板多用于建筑首层的入口及招牌衬底等较为醒目的部位，其骨架可用角钢或槽钢焊成，也可用方木铺钉。骨架与墙面基层多用膨胀螺栓固定，扣板与骨架用自攻螺丝固定。

扣板的固定特点是螺钉头不外露，扣板的一边用螺钉固定，另一块扣板扣上后，恰好将螺钉盖住。

②铝合金蜂窝板的固定。铝合金蜂窝板与骨架用连接板固定，连接件断面如图 2-9-17 所示。

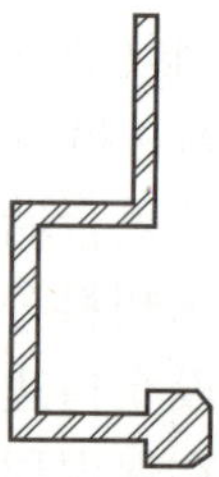

图 2-9-17　连接件断面

③铝合金成型板的简易固定。在铝合金板的上、下各留两个孔，然后与内架上焊牢的钢销钉相配。安装时，只需将铝合金板的孔眼穿入销钉上即可，上、下板之间的缝隙内，填充聚氯乙烯泡沫，然后在其外侧注入硅酮密封胶。

④铝合金条板与特制龙骨的卡接固定。图 2-9-18 所示的铝合金条板同以上介绍的几种板的固定方法截然不同，该条板卡在特制的龙骨上，龙骨与墙基层固定牢固。龙骨由镀锌钢板冲压而成，安装条板时，将条板卡在龙骨的顶面。此种固定方法简便可靠，拆换也较为方便。安装铝合金板的龙骨形式比较多，条板的断面也多种多样，在实际工程中应着重注意的是，龙骨与铝合金墙板应配套使用。

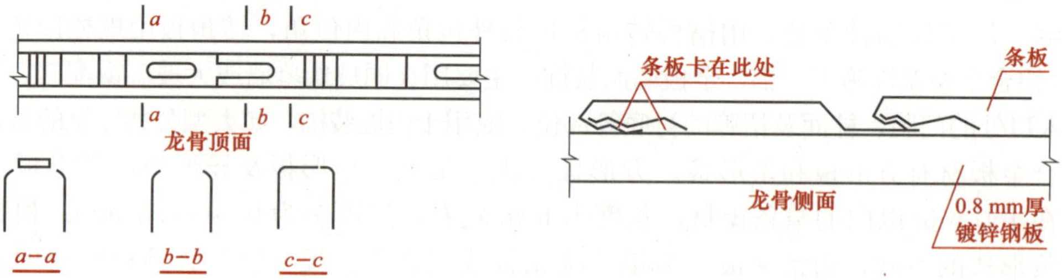

图 2-9-18　铝合金条板与特制龙骨的卡接固定

2)铝合金板墙面施工。铝合金墙板安装的工程质量要求较高，其技术难度也比较大。在施工前应认真查阅图纸，领会设计意图，并需进行详细的技术交底，操作者能够主动地做好每一道工序。

①放线。铝合金板墙面，基本上是由铝合金板和骨架组成。其骨架一般是由横竖杆件拼装而成，可以是铝合金型材，也可以是型钢。固定骨架时，先在墙面上弹出骨架位置线，

以保证骨架施工的准确性。

放线前要检查结构的质量情况，如果发现结构的垂直度与平整度误差较大，对骨架固定质量有影响时，应及时通知设计单位。放线最好一次放完，如有出入，可进行调整。

②固定骨架连接件。骨架的横竖杆件是通过连接件与结构固定的，而连接件与结构之间，可以同结构的预埋件焊牢，也可在墙上打膨胀螺栓。使用膨胀螺栓锚固较多，它较为灵活简便，尺寸误差也比较小，有利于保证骨架位置的准确性。

连接件施工质量主要是要保证牢固可靠，在操作过程中要加强自检和互检，并将检查结果做好隐蔽记录。如焊缝的长度、高度，膨胀螺栓的埋入深度等最好做拉拔试验，看其是否符合设计要求。型钢一类的连接件，其表面应镀锌，焊缝处应刷防锈漆。

③固定骨架。所有的骨架均应经防腐处理。骨架安装要牢固，位置要准确。待安装完毕后，应对中心线、表面标高作全面检查。高层建筑的大面积外墙板，宜用经纬仪对横竖杆件进行贯通检查，以保证饰面板的安装精度，在检查无误后，即可对骨架进行固定，同时对所有的骨架进行防腐处理。

④安装铝合金板。铝合金板的安装固定方法较多，操作的要点也不尽相同，无论使用何种方法，都必须做到安全、牢固，特别是高层建筑的铝合金外墙板，更不能有丝毫疏忽。

板与板之间，一般应当留出 10～20 mm 的间隙，最后用氯丁橡胶条或硅酮密封胶进行密封处理。

铝合金板安装操作应注意施工安全，遇有大风、大雨天气，不能使用吊篮；如果使用外墙脚手架，应设安全网。铝合金板安装完毕，需在易被碰撞及污染处采取保护措施。为防止碰撞，宜设安全保护栏；为防污染，多用塑料薄膜遮盖。

(3)不锈钢饰面板施工。不锈钢饰面板主要用于墙(柱)面装饰，具有强烈的金属质感和抛光的镜面效果。

1)圆柱体不锈钢钢板。其操作要点如下：

①柱体成型：在钢筋混凝土柱体浇筑时，预埋钢质或铜质垫板，或在柱体抹灰时将垫板固定于柱体的抹灰基层内。

②柱面修整：不锈钢钢板安装前，应对柱面基层进行修整，以达到柱面垂直、光圆。

③不锈钢钢板的滚圆：用卷板机或手工将不锈钢钢板卷成或敲打成所需直径的规则圆筒体。一般将板材滚成两个标准的半圆，以备包覆柱体后焊接固定。

④不锈钢钢板的定位：安装滚圆加工后的不锈钢钢板与圆柱体包覆就位时，其拼取接缝处应与预设的施焊垫板位置相对应。安装时注意调整缝隙的大小，其间隙应符合焊接的规范要求(0～1.0 mm)，并须保持均匀一致；焊缝两侧板面不应出现高低差。可以用点焊或其他办法，先将板的位置固定，以利于下一步的正式焊接。

⑤焊接操作：为了保证不锈钢钢板的附着性和耐腐性不受损失，避免其对碳的吸收或在焊接过程中混入杂质，应在施焊前对焊缝区进行脱脂去污处理。常用三氯代乙烯、苯、汽油、中性洗涤剂或其他化学药品，用不锈钢钢丝细毛刷进行刷洗。必要时，还可采用砂轮机进行打磨，使焊接区金属表面暴露。此后，在焊缝两侧固定铜质或钢质压板，此压板与预设的垫板，共同构成了防止不锈钢钢板在焊接时受热变形的防范措施。

对于厚度在 2 mm 以内的不锈钢钢板的焊接，一般不开坡口，而是采用平口对焊方式。如若设计要求焊缝开坡口时，其开口操作应在安装就位之前进行。对于不锈钢钢板的包柱施工，其焊接方法应以手工电弧焊或气焊为宜。特别是厚度在 1 mm 以下的不锈薄板，应采用气焊。当采用手工电弧焊做薄板焊接时，须使用较细的不锈钢焊条及较小的焊接电流进行操作。

⑥打磨修光：由于施焊，不锈钢钢板包柱饰面的拼缝处会不平整，而且黏附有一定量的熔渣，为此，须将其表面修平和清洁。一般情况下，当焊缝表面并无太明显的凹痕或凸出粗粒焊珠时，可直接进行抛光。当表面有较大凹凸不平时，应使用砂轮机磨平后换上抛光轮作抛光处理，使焊缝痕迹不很显露，焊缝区表面应洁净光滑。

2)圆柱体不锈钢钢板镶包饰面施工。这种包柱镶固不锈钢钢板做法的主要特点是不用焊接，比较适宜于一般装饰柱体的表面装饰施工，操作较为简便快捷。通常用木胶合板作柱体的表面，也是不锈钢饰面板的基层。其饰面不锈钢钢板的圆曲面加工，可采用手工滚圆或卷板机于现场加工制作，也可由工厂按所需曲度事先加工完成。其包柱圆筒形体的组合，可以由两片或三片加工好拼接。但安装的关键在于片与片之间的对口处理，其方式有直接卡口式和嵌槽压口式两种。

①直接卡口式是在两片不锈钢钢板对口处安装一个不锈钢卡口槽，将其用螺钉固定于柱体骨架的凹部。安装不锈钢包柱板时，将板的一端折弯后勾入卡口槽内；再用力推按板的另一端，利用板材本身的弹性使其卡入另一卡口槽内，即完成了不锈钢钢板包柱的安装。

②嵌槽压口式安装是先把不锈钢钢板在对口处的凹部用螺钉或钢钉固定，再将一条宽度小于接缝凹槽的木条固定于凹槽中间，两边空出的间隙相等，均宽为 1 mm 左右。在木条上涂刷胶粘剂，在其上嵌入不锈钢槽条。不锈钢槽条在嵌入前应用酒精或汽油等将其内侧清洁干净，而后刷涂一层胶液。

嵌槽压口安装的要点是木条的尺寸与形状的准确，既要保证木条与不锈钢槽条配合的松紧适度，安装时无须大力锤击，又可保证不锈钢槽的槽面与柱体饰面齐平。木条的形状准确还可使不锈钢槽条嵌入木条后胶结面接触均匀而黏结牢固。因此，在木条安装前应先与不锈钢槽条试配。木条的高度，一般不大于不锈钢槽条的槽内深度 0.5 mm。

3)方柱体不锈钢钢板饰面施工。方柱体上安装不锈钢薄板作饰面，其基层也应是木质胶合板，柱体骨架上装设胶合板基面的操作如前所述。将其表面清理洁净后即刷涂胶粘剂，将不锈钢钢板粘贴其上，然后在转角处用不锈钢成型角压边包角。在压边不锈钢成型角与饰面板接触处，可注入少量玻璃胶封口。

方柱角位的造型形式较多，最常采用的是阳角形、阴角形和斜角形三种。其包角构造的材料，多用不锈钢或黄铜，也可用铝合金及装饰木线等。

①阳角构造：为较多使用的角位构造。其两个面在角位处直角相交，用包角压边线条作封角处理，可用镜面黄铜角型材，也可用不锈钢角型材，用自攻螺钉或铆接法来进行固定，也可使用其他角型饰线粘贴与卡接。图 2-9-19 为常见的方柱阳角封口构造处理方式。

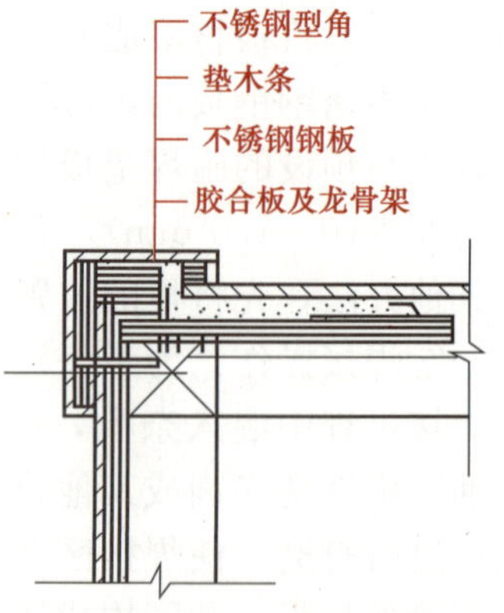

图 2-9-19　不锈钢钢板饰面的阳角处理

②斜角构造：可分为大斜角与小斜角，均可使用不锈钢型材处理。其中大斜角的两个转角处，可按不锈钢钢板包圆柱时的对口方式处理，即采用直接卡口式或是嵌槽压口式作角位的构造处理，如图 2-9-20 所示。

③阴角构造：在柱体的角位上做一个向内凹入的角，这种构造较多见于一些装饰造型

柱体的角位处理。其包角形式可作不同尺度的两折或多折变化，由设计而定。阴角构造也是使用不锈钢或黄铜等成型的型材来进行封角和压边。方柱转角的阴角式处理如图 2-9-21 所示。

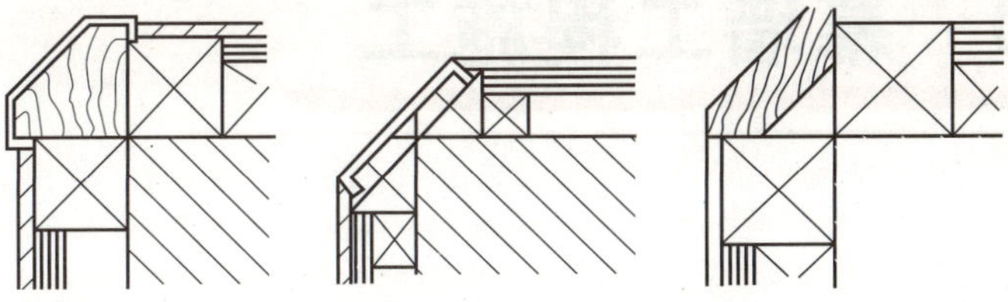

(a)　(b)　(c)

图 2-9-20　方柱体不锈钢钢板饰面斜角处理方式

(a)金属角型材；(b)大斜角不锈钢钢板焊接或卡接；(c)采用装饰木线封角

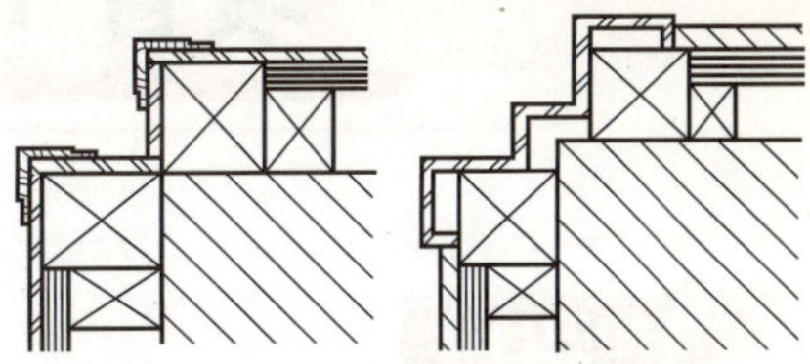

(a)　(b)

图 2-9-21　方柱转角的阴角式处理

任务 9.3　饰面板(砖)工程施工质量标准及检验

饰面板(砖)工程施工质量标准及检验

复习思考题

1. 贴面装饰材料的种类有哪些？各自的适用范围是什么？
2. 简述内墙面砖的施工工艺。
3. 简述外墙面砖镶贴的施工工艺。
4. 饰面板安装的一般要求有哪些？
5. 贴面砖预排要服从哪些原则？
6. 外墙面砖镶贴与釉面砖镶贴有什么不同？
7. 大规格饰面板安装采用什么方法？饰面板与基层的连接固定应注意哪些问题？

项目 10　幕墙工程施工

知识目标

了解建筑幕墙的概念、优缺点及幕墙的分类和性能分级；熟悉玻璃幕墙工程、金属幕墙工程及石材幕墙工程的材料质量要求；掌握玻璃幕墙工程、金属幕墙工程及石材幕墙工程的施工工艺流程及质量检验方法等。

能力目标

能够合理地选择玻璃幕墙、金属幕墙及石材幕墙工程的材料；能编制玻璃幕墙、金属幕墙及石材幕墙工程施工工艺，并能根据施工现场条件，正确组织指导现场施工；能依据设计要求和施工质量检测标准，对幕墙工程施工质量进行检查、控制与验收，并具有独立分析问题和解决问题的能力。

项目导入

幕墙是建筑物外围护墙的一种形式。幕墙一般不承重，形似挂幕，又称为悬挂幕，即悬吊挂于主体结构外侧的轻质围墙。幕墙的特点是装饰效果好、质量轻、安装速度快，是外墙轻型化、装配化较理想的形式，因此在现代大型和高层建筑上得到广泛的采用。在目前的建筑市场中，幕墙工程可分为以下三种类型：玻璃幕墙工程、石材幕墙工程及金属幕墙工程。

幕墙一般均由骨架结构和幕墙构件两大部分组成。骨架通过连接件悬挂于主体结构上，而幕墙构件则安装在骨架上。幕墙的一般构造如图 2-10-1 所示。

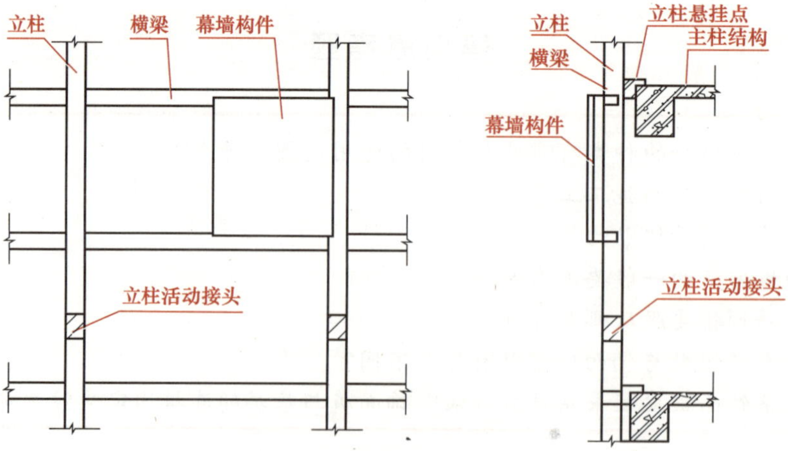

图 2-10-1　幕墙的一般构造

任务 10.1　幕墙工程的基本知识

10.1.1　建筑幕墙的概念及优缺点

建筑幕墙专业知识

1. 建筑幕墙的概念

建筑幕墙是悬吊挂在建筑主体结构外侧的轻质围护墙。建筑幕墙一般不承受其他构件的荷载，只承受自重和风荷载。其是由面板与支承结构体系(支承装置与支承结构)组成的、可相对主体结构有一定位移能力或自身有一定变形能力、不承担主体结构所受作用的建筑外围护墙。

2. 建筑幕墙的优点

(1)造型美观，装饰效果好。建筑幕墙打破了传统的建筑造型模式，窗与墙在外形上没有了明显的界线，从而丰富了建筑造型。

(2)质量轻。幕墙质量轻，减轻了主体结构的荷载。幕墙材料的单位平面质量一般为 30～50 kg/m^2，是混凝土墙板的 1/5～1/7，大大减轻了围护结构的自重。

(3)施工安装简便，工期较短。幕墙构件大部分是在工厂加工而成的，因而减少了现场安装操作的工序，缩短了建筑装饰工程乃至整个建筑工程的工期。

(4)维修方便。幕墙构件多由单元构件组合而成，局部有损坏时可以很方便地维修或更换，从而延长了幕墙的使用寿命。

幕墙是外墙轻型化、工厂化、装配化、机械化较理想的形式，因此在现代大型建筑和高层建筑上得到了广泛应用。

3. 建筑幕墙的缺点

(1)材料及施工技术要求高，工艺复杂，造价较高。

(2)有的幕墙材料(如玻璃幕墙、金属幕墙)存在着反射光线对环境的光污染问题。

(3)玻璃材料容易破损和下坠伤人。

10.1.2　建筑幕墙的分类

幕墙工程施工

1. 按照面板的材料划分

(1)玻璃幕墙：面板材料是玻璃的建筑幕墙，代号为 BL。玻璃幕墙按照支承结构形式分为骨架式玻璃幕墙、全玻璃幕墙、点支式玻璃幕墙。骨架式玻璃幕墙又可分为全隐玻璃幕墙、半隐玻璃幕墙、明框玻璃幕墙。全玻璃幕墙按照其构造分为落地式和吊挂式。

(2)金属板幕墙：面板材料外层饰面为金属板材的建筑幕墙。金属板有单层铝板(DL)、铝塑复合板(SL)、蜂窝铝板(FW)、彩色涂层钢板(CG)、搪瓷涂层钢板(TG)、不锈钢钢板(BG)等。

(3)石材幕墙：面板材料是天然建筑石材的建筑幕墙。石材幕墙按照面板的支承形式分为钢销式(GX)、短槽式(DC)、通槽式(TC)、平挂式(PG)、背栓式(BS)等。

(4)人造板材幕墙：面板材料为人造外墙板的建筑幕墙。人造外墙板包括瓷板(CB)、陶板(TB)和微晶玻璃(WJ)等。

2. 按照幕墙构造和性能划分

(1)双层幕墙：由外层幕墙、热通道和内层幕墙(或门、窗)构成，且在热通道内能够形成空气有序流动的建筑幕墙。

(2)外通风双层幕墙：进、出通风口设在外层，利用通风设备使室内空气进入热通道并有序流动的双层幕墙。

(3)内通风双层幕墙：进、出通风口设在内层，利用通风设备使室内空气进入热通道并有序流动的双层幕墙。

(4)封闭式建筑幕墙：要求具有阻止空气渗透和雨水渗漏功能的建筑幕墙。

(5)开放式建筑幕墙：不要求具有空气渗透或是雨水渗漏功能的建筑幕墙。其包括遮挡式和开缝式建筑幕墙。

3. 按照加工厂加工程度和安装工艺划分

(1)构件式建筑幕墙：现场在主体结构上安装立柱、横梁和各种面板的建筑幕墙。

(2)单元式幕墙：由各种墙面板与支承框架在工厂制成完整的幕墙结构基本单位，直接安装在主体结构上的幕墙。

10.1.3 建筑幕墙的性能分级

1. 风压变形性能

风压变形性能是指幕墙在与其垂直的风压作用下保持正常功能，不发生任何损坏的能力。风压变形性能指标应根据幕墙所受的风荷载标准值 W_k 确定，建筑幕墙抗风压性能分级见表 2-10-1。

表 2-10-1 建筑幕墙抗风压性能分级

分级代号	1	2	3	4	5	6	7	8	9
分级指标值 P_3 /kPa	$1.0 \leqslant P_3 < 1.5$	$1.5 \leqslant P_3 < 2.0$	$2.0 \leqslant P_3 < 2.5$	$2.5 \leqslant P_3 < 3.0$	$3.0 \leqslant P_3 < 3.5$	$3.5 \leqslant P_3 < 4.0$	$4.0 \leqslant P_3 < 4.5$	$4.5 \leqslant P_3 < 5.0$	$P_3 \geqslant 5.0$
注：1. 9 级时需同时标注 P_3 的测试值。例如，属 9 级(5.5 kPa)。 2. 分级指标值 P_3 为正、负风压测试值绝对值的较小值。									

2. 水密性能

水密性能是指在风雨同时作用下，幕墙透过雨水的能力。水密性能分级见表 2-10-2。

表 2-10-2 建筑幕墙水密性能分级

分级代号		1	2	3	4	5
分级指标值 ΔP/Pa	固定部分	$500 \leqslant \Delta P < 700$	$700 \leqslant \Delta P < 1\ 000$	$1\ 000 \leqslant \Delta P < 1\ 500$	$1\ 500 \leqslant \Delta P < 2\ 000$	$\Delta P \geqslant 2\ 000$
	可开启部分	$250 \leqslant \Delta P < 350$	$350 \leqslant \Delta P < 500$	$500 \leqslant \Delta P < 700$	$700 \leqslant \Delta P < 1\ 000$	$\Delta P \geqslant 1\ 000$
注：5 级时需同时标注固定部分和开启部分 ΔP 的测试值。						

3. 气密性能

气密性能是指在风压作用下，其开启部分为关闭状态时的幕墙透过空气的性能。建筑幕墙开启部分气密性能分级见表 2-10-3。

表 2-10-3　建筑幕墙开启部分气密性能分级

分级代号	1	2	3	4
分级指标值 $q_L/[m^3\cdot(m\cdot h)^{-1}]$	$4.0\geqslant q_L>2.5$	$2.5\geqslant q_L>1.5$	$1.5\geqslant q_L>0.5$	$q_L\leqslant 0.5$

建筑幕墙整体（含开启部分）气密性能分级见表 2-10-4。

表 2-10-4　建筑幕墙整体气密性能分级

分级代号	1	2	3	4
分级指标值 $q_A/[m^3\cdot(m^2\cdot h)^{-1}]$	$4.0\geqslant q_A>2.0$	$2.0\geqslant q_A>1.2$	$1.2\geqslant q_A>0.5$	$q_A\leqslant 0.5$

4. 热工性能

热工性能是指幕墙两侧存在空气温度差的条件下，幕墙阻抗从高温一侧向低温一侧传热的能力。建筑幕墙传热系数分级见表 2-10-5。

表 2-10-5　建筑幕墙传热系数分级

分级代号	1	2	3	4	5	6	7	8
分级指标值 $K/[W\cdot(m^2\cdot K)^{-1}]$	$K\geqslant 5.0$	$5.0>K\geqslant 4.0$	$4.0>K\geqslant 3.0$	$3.0>K\geqslant 2.5$	$2.5>K\geqslant 2.0$	$2.0>K\geqslant 1.5$	$1.5>K\geqslant 1.0$	$K<1.0$
注：8 级时需同时标注 K 的测试值。								

5. 空气声隔声性能

空气声隔声性能是指通过空气传到幕墙外表面的噪声，经幕墙反射、吸收及其他能量转化后的减少量。建筑幕墙空气声隔声性能分级见表 2-10-6。

表 2-10-6　建筑幕墙空气声隔声性能分级

分级代号	1	2	3	4	5
分级指标值 R_W/dB	$25\leqslant R_W<30$	$30\leqslant R_W<35$	$35\leqslant R_W<40$	$40\leqslant R_W<45$	$R_W\geqslant 45$
注：5 级时需同时标注 R_W 测试值。					

6. 平面内变形性能

在地震及大风作用下，建筑物各层之间产生相对的位移时，幕墙构件就会产生水平的强制位移。建筑幕墙平面内变形性能，表征幕墙全部构件在建筑物层间变形、强制幕墙变形后应予保持的性能。平面内变形性能分级见表 2-10-7。

表 2-10-7　建筑幕墙平面内变形性能分级

分级代号	1	2	3	4	5
分级指标值 γ	$\gamma<1/300$	$1/300\leqslant\gamma<1/200$	$1/200\leqslant\gamma<1/150$	$1/150\leqslant\gamma<1/100$	$\gamma\geqslant 1/100$
注：表中分级指标为建筑幕墙层间位移角。					

7. 耐撞击性能

耐撞击性能表征幕墙对冰雹、大风时飞来物、人的动作、鸟等的撞击外力的耐力，用撞击外力的运动量分级。建筑幕墙耐撞击性能分级见表 2-10-8。

表 2-10-8　建筑幕墙耐撞击性能分级

分级代号		1	2	3	4
室内侧	撞击能量 E/(N·m)	700	900	>900	—
	降落高度 H/mm	1 500	2 000	>2 000	—
室外侧	撞击能量 E/(N·m)	300	500	800	>800
	降落高度 H/mm	700	1 100	1 800	>1 800

注：1. 性能标注时应按：室内侧定级值/室外侧定级值。例如，2/3 为室内 2 级，室外 3 级。
2. 当室内侧定级值为 3 级时标注撞击能量实际测试值，当室外侧定级值为 4 级时标注撞击能量实际测试值。例如，1 200/1 900 室内 1 200 N·m，室外 1 900 N·m。

8. 光学性能

有采光功能要求的幕墙，其透光折减系数不应低于 0.45。有辨色要求的幕墙，其颜色透视指数不应低于 Ra80。建筑幕墙采光性能分级指标透光折减系数 T_T 应符合表 2-10-9 的要求。

表 2-10-9　建筑幕墙采光性能分级

分级代号	1	2	3	4	5
分级指标值 T_T	$0.2 \leqslant T_T < 0.3$	$0.3 \leqslant T_T < 0.4$	$0.4 \leqslant T_T < 0.5$	$0.5 \leqslant T_T < 0.6$	$T_T \geqslant 0.6$

注：5 级时需同时标注 T_T 的测试值。

任务 10.2　玻璃幕墙工程施工

玻璃幕墙是近代科学技术发展的产物，它由玻璃的采光、保温、防风雨等较为单纯的功能发展为多功能的装饰品，是高层建筑时代的显著特征。其主要特点是：建筑艺术效果好、自重轻、施工方便、工期短。玻璃幕墙根据骨架形式的不同，可分为明框玻璃幕墙、隐框玻璃幕墙、半隐框玻璃幕墙和悬挂式玻璃幕墙。

玻璃幕墙施工

10.2.1　玻璃幕墙材料质量要求

1. 钢材

玻璃幕墙的不锈钢宜采用奥氏体不锈钢，不锈钢的技术要求应符合下列规定：

(1)幕墙高度超过 40 m 时，钢构件宜采用高耐候结构钢，并应在表面涂防腐材料。

(2)钢构件采用冷弯薄壁型钢时，其壁厚不得小于 3.5 mm，承载力应进行验算。表面处理应符合现行国家标准《钢结构工程施工质量验收规范》(GB 50205—2001)的有关规定。

(3)玻璃幕墙采用的标准五金件应符合铝合金门窗标准件现行国家行业标准的规定。

(4)玻璃幕墙采用的非标准五金件应符合设计要求，并应有出厂合格证。

2. 铝合金型材

(1)材料进场应提供型材产品合格证、型材力学性能检验报告(进口型材应有国家商检部门的商检证)，资料不全的均不能进场使用。

(2)检查铝合金型材外观质量，材料表面应清洁，色泽应均匀，不应有皱纹、裂纹、起皮、腐蚀斑点、气泡、电灼伤、流痕、发粘以及膜(涂)层脱落等缺陷存在，否则应予修补，达到要求后方可使用。

(3)型材的横截面尺寸的允许偏差应符合规定。型材作为受力杆件时，其型材壁厚应根据使用条件，通过计算选定，门窗受力杆件型材的最小实测壁厚度应≥1.2 mm，幕墙用受力杆件型材的最小实测壁厚度应≥3.0 mm。

(4)按照设计图纸，检查型材尺寸，是否符合设计要求。玻璃幕墙采用的铝合金型材应符合现行国家标准《铝合金建筑型材》(GB 5237)中高精级的规定。铝合金壁厚采用精度为0.05 mm的游标卡尺测量，应在杆件同一截面的不同部位测量，测点不应少于5个，并取最小值。

(5)型材长度小于等于6 m时，允许偏差为+15 mm；长度大于6 m时，允许偏差由双方协商确定。材料现场的检验，应将同一厂家生产的同一型号、规格、批号的材料作为一个检验批，每批应随机抽取3%且不得少于5件。

3. 玻璃

玻璃幕墙所使用的玻璃宜为钢化玻璃、半钢化玻璃、夹层玻璃。

(1)玻璃幕墙所使用的单层玻璃厚度一般为6 mm、8 mm、10 mm、12 mm、15 mm、19 mm。夹层玻璃厚度一般为(6+6)mm或(8+8)mm(中间夹聚氯乙烯醇缩丁醛胶片，干法合成)。

(2)玻璃幕墙采用阳光控制镀膜玻璃时，离线法生产的镀膜玻璃应采用真空磁控溅射法生产工艺；在线法生产的镀膜玻璃应采用热喷涂法生产工艺。

(3)有保温、隔热性能要求的幕墙宜选用中空玻璃。玻璃幕墙采用中空玻璃时，除应符合《中空玻璃》(GB/T 11944—2012)的有关要求外，还应符合下列规定：

1)中空玻璃的厚度为$(6+d+5)$mm、$(6+d+6)$mm、$(8+d+8)$mm等。其中d为空气厚度，可取6 mm、9 mm、12 mm。

2)玻璃幕墙采用中空玻璃时气体层厚度不应小于9 mm。

3)中空玻璃应采用双道密封。一道密封应采用丁基热熔密封胶(结构胶)。隐框、半隐框及点支承玻璃幕墙的二道密封应采用硅酮结构密封胶；明框玻璃幕墙用中空玻璃的二道密封宜采用聚硫类中空玻璃密封胶(耐候胶)，也可采用硅酮密封胶。二道密封应采用专用打胶机进行混合、打胶。

4)中空玻璃的间隔铝框可采用连续弯折型或插角型，不得使用热熔型间隔胶条，间隔铝框中的干燥剂宜采用专用设备装填。

5)中空玻璃加工过程应采取措施，消除玻璃表面可能产生的凹凸现象。

(4)热反射镀膜玻璃的外观质量应符合下列要求：

1)热反射镀膜玻璃尺寸及允许偏差应符合表2-10-10的规定。

表 2-10-10　热反射镀膜玻璃尺寸的允许偏差　mm

<table>
<tr><th rowspan="2">玻璃厚度</th><th colspan="2">玻璃尺寸及允许偏差</th></tr>
<tr><th>≤2 000×2 000</th><th>≥2 440×3 300</th></tr>
<tr><td>4、5、6</td><td>±3</td><td>±4</td></tr>
<tr><td>8、10、12</td><td>±4</td><td>±5</td></tr>
</table>

2)热反射镀膜玻璃的光学性能应符合设计要求。

3)热反射镀膜玻璃的外观质量应符合表 2-10-11 的规定。

表 2-10-11　热反射镀膜玻璃的外观质量要求

<table>
<tr><th rowspan="2" colspan="2">外观质量
项目</th><th colspan="3">等级划分</th></tr>
<tr><th>优等品</th><th>一等品</th><th>合格品</th></tr>
<tr><td rowspan="4">针眼</td><td>直径≤1.2 mm</td><td>不允许集中</td><td>集中的每 1 m^2 允许 2 处</td><td rowspan="2">—</td></tr>
<tr><td>1.2 mm＜直径≤1.6 mm
每 1 m^2 允许数</td><td>中部不允许
75 mm 边部 3 处</td><td>不允许集中</td></tr>
<tr><td>1.6 mm＜直径≤2.5 mm
每 1 m^2 允许数</td><td>不允许</td><td>75 mm 边部 4 处
中部 2 处</td><td rowspan="2">75 mm 边部
8 处，中部 3 处</td></tr>
<tr><td>直径＞2.5 mm</td><td colspan="2">不允许</td></tr>
<tr><td colspan="2">斑纹</td><td>不允许</td><td>—</td><td>—</td></tr>
<tr><td>斑点</td><td>1.6 mm＜直径≤2.5 mm
每 1 m^2 允许数</td><td>不允许</td><td>4</td><td>8</td></tr>
<tr><td rowspan="2">划伤</td><td>0.1 mm≤宽度≤0.3 mm
每 1 m^2 允许数</td><td>长度≤50 mm
4</td><td>长度≤100 mm
4</td><td>不限</td></tr>
<tr><td>宽度＞0.3 mm
每 1 m^2 允许数</td><td>不允许</td><td>宽度＜0.4 mm
长度≤100 mm
1</td><td>宽度＜0.8 mm
长度＜100 mm
2</td></tr>
<tr><td colspan="5">注：表中针眼(孔洞)是指直径在 100 mm 面积内超过 20 个针眼为集中。</td></tr>
</table>

(5)幕墙玻璃应进行机械磨边处理，磨轮的目数应在 180 目以上；点支承幕墙玻璃的孔、板边缘均应进行磨边和倒棱，磨边宜细磨，倒棱宽度不宜小于 1 mm。

(6)钢化玻璃宜经过二次热处理。

(7)幕墙采用夹层玻璃时，应采用干法加工合成。其夹片宜采用聚氯乙烯醇缩丁醛(PVB)胶片，夹层玻璃合片时，应严格控制温湿度。

(8)玻璃幕墙采用单片低辐射镀膜玻璃时，应使用在线热喷涂低辐射镀膜玻璃。离线镀膜的低辐射镀膜玻璃宜加工成中空玻璃使用，且镀膜面应朝向中空气体层。

(9)有防火要求的幕墙玻璃，应根据防火等级要求，采用单片防火玻璃或其他制品。

(10)玻璃幕墙采用彩釉玻璃，釉料宜采用丝网印刷。

4. 密封材料

(1)玻璃幕墙的橡胶制品，宜采用三元乙丙橡胶、氯丁橡胶及硅橡胶。

(2)玻璃幕墙采用的聚硫密封胶应具有耐水、耐溶剂和耐大气老化性，并应有低温弹性、低透气性等特点。其性能应符合现行国家标准《中空玻璃用弹性密封胶》(GB/T 29755—2013)的规定。

(3)玻璃幕墙采用的氯丁密封胶性能应符合现行行业标准《玻璃幕墙工程技术规范》(JGJ 102—2003)的规定。

(4)幕墙用中性硅酮结构密封胶及酸性硅酮结构密封胶的性能，应符合现行国家标准《建筑用硅酮结构密封胶》(GB 16776—2005)的规定。

(5)硅酮结构密封胶使用前，应经国家认可的检测机构进行与其相接触材料的相容性和剥离粘结性试验，并应对邵氏硬度、标准状态拉伸粘结性能进行复验。检验不合格的产品不得使用。进口硅酮结构密封胶应具有商检报告。

(6)硅酮结构密封胶生产商应提供其结构胶的变位承受能力数据和质量保证书。

5. 其他材料

(1)与单组分硅酮结构密封胶配合使用的低发泡间隔双面胶带，应具有透气性。

(2)玻璃幕墙宜采用聚乙烯泡沫棒作填充材料，其密度不应大于 37 kg/m^3。

(3)玻璃幕墙的隔热保温材料，宜采用岩棉、矿棉、玻璃棉、防火板等不燃或难燃材料。

(4)在主体结构与玻璃幕墙构件之间，应加设耐热的硬质有机材料垫片。玻璃幕墙立柱与横梁之间的连接处，宜加设橡胶片，并应安装严密。

幕墙工程施工工艺

10.2.2 玻璃幕墙安装施工

1. 隐框玻璃幕墙安装施工

隐框玻璃幕墙是将玻璃用硅酮结构密封胶(简称结构胶)黏结在铝框上，在大多数情况下，不再加金属连接件。因此，铝框全部隐蔽在玻璃后面，形成大面积全玻璃镜面。

玻璃与铝框之间完全靠结构胶黏结。结构胶要承受玻璃的自重、玻璃所承受的风荷载和地震作用、温度变化的影响，因此，结构胶的质量好坏是隐框幕墙安全性的关键环节。结构胶必须能有效地黏结所有与之接触的材料(玻璃、铝材、耐候胶、垫块等)，使用之前必须进行相容性试验。

隐框玻璃幕墙安装施工工艺流程为：施工准备→测量放线→立柱安装→横梁安装→玻璃组件安装→玻璃组件间的密封及周边收口处理→清理。

(1)施工准备。

1)材料准备：根据图纸及工程情况，编制详细的材料订货供应计划单。

2)施工机具：对所用机具进行检测，确保其性能良好。

3)人员准备：对技术工人进行技术培训、交底。

4)技术准备：熟悉图纸，准备有关图集、质量验收标准和内业资料所用的表格。

(2)测量放线。幕墙分格轴线的测量放样应与主体结构测量配合，并绘制测量图对误差进行控制、分配，不使其积累，应在风力不大于 3 级情况下，定时测量放线并多次校正，确保幕墙的垂直度及立柱位置正确。

1)建立垂直基准线和立面控制网。根据测量基准点构成的轴线控制网示意图，在底层将基准线轴线延伸至墙外，并在延伸线上建立一个测点，以此测点坐标为基准进行测量，并传递至相关的各层楼面，再由各层楼面重新测设井字形轴线控制网，然后，在各层井字形轴线控制网的外梁上，作竖向测点联结。

2)确定立面分格定位线。依靠立面控制网测出各楼层每转角的实际与理论数据并准确做好记录，再与建施图标尺寸相对照，即可得出实际与理论的偏差数值。同时，以幕墙立面分格图为依据，用钢卷尺测量，对各个立面进行排版分格并用墨线标识。

3)建立幕墙立面外沿控制线。将立面控制网平移至施工所在立面外墙，由此可统一确定各楼层的墙面位置并作上标记，各层立面以此标记为分辨率，并用钢丝连线确定立面位置，立柱型材即可以立面位置为准进行安装。

4)确定水平基准线。以±0.000 基准点为依据，用长卷尺测出各层的标高线，再用水平仪在同一层抄平，并作出标记，利用此标记即可控制埋件及立柱的安装水平度。

(3)立柱安装。幕墙立柱安装前应认真核对立柱的规格、尺寸、数量、编号是否与施工图纸一致。安装时应将立柱先与连接件连接，然后连接件再与主体预埋件连接，可采用膨胀螺栓连接和焊接连接，并进行调整和固定。无预埋件时，可采用后置钢锚板加膨胀螺栓的方法连接，但要经过试验确定其承载力。

(4)横梁安装。如果是型钢，可焊接，也可用螺栓连接。焊接时，因幕墙面积较大、焊点多，要排定一个焊接顺序，防止幕墙骨架的热变形。固定横梁的另一种办法是：用一穿插件将横梁穿插在穿插件上，然后将横梁两端与穿插件固定，并保证横梁、立柱间有一个微小间隙便于温度变化伸缩。穿插件用螺栓与立柱固定。

立柱安装就位应及时调整、紧固，临时固定螺栓在紧固后应及时拆除。同一根横梁或相邻两根横梁的水平标高偏差不应大于 1 mm，同层水平标高偏差：当一幅幕墙宽度≤35 m 时，不应大于 5 mm；当一幅幕墙宽度＞35 m 时，不应大于 7 mm。横梁的水平标高应与立柱的嵌玻璃凹槽一致，其表面高低差不大于 1 mm。同一楼层横梁应由下而上安装，安装完一层时应及时检查、调整、固定。

(5)玻璃组件安装。玻璃组件安装前，要对组件结构进行认真的检查，结构胶固化后的尺寸要符合设计要求，同时要求胶缝饱满平整、连续光滑，玻璃表面不应有超标的损伤及脏污。

(6)玻璃组件间的密封及周边收口处理。玻璃组件间的密封是确保隐框玻璃幕墙密封性能的关键，密封胶表面处理是隐框玻璃幕墙外观质量的主要衡量标准，必须正确放置好组件位置和防止密封胶污染玻璃。逐层实施组件的密封工序前，检查衬垫材料的尺寸是否符合设计要求。

(7)清理。要密封的部位必须进行表面清理工作。首先清除表面的积水，然后用挥发性强的溶剂擦除表面的油污等，最后用干净布再擦一遍，保证表面清理干净。

2. 半隐框玻璃幕墙安装施工

半隐框玻璃幕墙是将玻璃两对边嵌在铝框内，而另外两对边用硅酮结构密封胶黏结在铝框上而成的。立柱外露，横梁隐蔽的，称为竖框横隐幕墙；横梁外露，立柱隐蔽的，称为竖隐框横幕墙。

半隐框玻璃幕墙安装施工工艺流程为：测量放线→立柱、横梁装配→立柱安装→横梁安装→幕墙其他主要附件安装→玻璃安装。

(1)测量放线。对主体结构的垂直度、水平度、平整度及预留孔洞、预埋件等进行检查，做好记录，如有问题应提前处理。依据幕墙施工图纸，弹出玻璃幕墙安装位置线。

(2)立柱、横梁装配。安装前应装配好立柱紧固件之间的连接件、横梁的连接件，安装镀锌钢板、立柱之间接头的内套管、外套管以及防水胶等，然后装配好横梁与立柱连接的配件及密封胶垫等。

(3)立柱安装。立柱先与连接件连接，然后连接件与主体预埋件进行预安装，自检合格后需报质检人员进行抽检，抽检合格后才能正式连接。立柱的安装施工要点同前述的隐框玻璃幕墙安装施工中立柱的安装施工要点。

(4)横梁安装。横梁的安装施工要点同前述的隐框玻璃幕墙安装施工中横梁杆件型材的安装施工要点。

(5)幕墙其他主要附件安装。有热工要求的幕墙，保温部分宜从内向外安装。当采用内衬板时，四周应套装弹性橡胶密封条，内衬板与构件接缝应严密；内衬板就位后，应进行密封处理。固定防火保温材料应锚钉牢固，防火保温层应平整，拼接处不应留缝隙。冷凝水排出管及附件应与水平构件预留孔连接严密，与内衬板出水孔连接处应设橡胶密封条。其他通气留孔及雨水排出口等应按设计施工，不得遗漏。

(6)玻璃安装。由于结构骨架不同，玻璃的固定方法也有差异。型钢骨架，因型钢没有镶嵌玻璃的凹槽，一般要将玻璃安装在铝合金窗框上，然后再将窗框与骨架连接。铝合金型材骨架在生产成型的过程中已将玻璃固定的凹槽同整个截面一次挤压成型，所以其他玻璃安装工艺与铝合金一样。立柱安装玻璃时，先在内侧安上铝合金压条，然后将玻璃放入凹槽内，再用密封材料密封。因横梁装配玻璃与立柱在构造上不同，要考虑排除因密封不严流入槽内的雨水，故把支承玻璃的部分呈倾斜。安装时先在下框塞垫两块橡胶定位块，然后嵌入内胶条，安装玻璃，再嵌入外胶条。

3. 悬挂式玻璃幕墙安装施工

悬挂式玻璃幕墙安装施工工艺流程为：测量放线→上部承重钢架构件安装→安装下部和侧边边框→玻璃安装→注胶→表面清洁。

(1)测量放线。

1)由专业技术人员对主体结构轴线及结构层高进行放线与测量。

2)根据幕墙定位轴线进行测量放线，并使之与主体结构轴线平行，以免幕墙施工与室内、外装饰施工发生矛盾，造成阴阳角不方正和装饰面不平行等缺陷。

3)测量放线完成后，对实际放线位置与设计图之间的误差应进行调整、分配和消化，不能使其累积。通常利用适当调节缝隙的宽度和边框的定位来解决。

(2)上部承重钢架构件安装。

1)检查预埋件的牢固情况，对位置偏差太大的，采用后加锚栓连接。可采用化学锚栓，锚栓在现场安装过程中须按规范要求进行，安装完成进入下道工序前须经检测机构做拉拔试验，确保螺栓埋入质量。

2)对钢吊架进行固定，固定时须进行二次紧固，第一次紧固钢板，第二次为钢架完成后的再次紧固，并在螺帽与螺栓相接处采用点焊固定。

3)承重钢架横梁与钢吊架采用焊接连接，焊接时要焊透，焊缝要饱满。对焊接造成的偏位要进行校正，确保横梁中心与幕墙轴线相一致。

4)内金属夹扣安装须通顺平直，用分段拉通线校核，对位置有偏差的要进行调直。外金属夹扣要按编号对号入座并进行试拼装，同样要求平直。

5)所有钢结构安装完毕后，要进行隐蔽工程质量验收，并进行防腐处理。

(3)安装下部和侧边边框。在边框结构的安装施工过程中，要保证下部边框结构的中心线与钢横梁中心轴线偏差小于 2 mm。侧边框结构的中心线同横梁中心轴线与下部边框结构中心线连线偏差小于 2 mm，最后做好钢结构表面和焊缝的防腐处理。

(4)安装玻璃。

1)对玻璃的质量、吊夹铜片位置、所用的辅料及操作工具进行一次检查。做好场地的清理工作，保证大玻璃安装件有足够的空间。

2)安装玻璃前首先对玻璃做好清洁，安装玻璃时用电动吸盘机械，并在适当位置安装手动吸盘，起吊时玻璃一定要缓慢逐步向上提升，当玻璃下端超出下部边框少许时，再慢慢下放玻璃，使玻璃放入到底框槽口内。安装玻璃时需自洞口中心向两侧延伸。

3)安装好玻璃吊夹具，反复调节吊杆螺栓，使玻璃提升和正确就位。然后对玻璃的垂直度、平整度和相邻玻璃间距进行调整。

4)安装上部外金属夹扣后，填塞上下边框外部槽口内的泡沫塑料圆条，使安装好的玻璃临时固定。

(5)注胶。

1)注胶前对使用的胶是否与质量保证资料相对应、是否在有效期内进行检查。

2)用专用清洁剂擦净注胶部位的玻璃和金属表面。

3)沿胶缝位置粘贴保护胶纸，胶纸与胶缝要平直。

4)安排专业注胶工进行注胶，注胶时要内外双方同时进行，注胶要连续均匀，注胶后用专用工具刮胶，使胶缝呈微凹曲面。

5)耐候硅铜嵌缝胶的施工厚度应为 3.5～4.5 mm。胶缝的宽度一般不小于 6 mm，常用宽度为 8 mm，对受风荷载较大或地震设防要求较高时，可采用 10～12 mm。

(6)表面清洁。对玻璃及构件表面的黏附物应及时清理干净，以免凝固后清理时划伤表面。

任务 10.3　幕墙工程施工质量标准及检验方法

幕墙工程施工质量标准及检验方法

复习思考题

1. 简述建筑幕墙的特点。
2. 简述玻璃幕墙工程施工工艺流程及立柱安装方法。
3. 简述金属幕墙工程施工工艺流程。
4. 简述石材幕墙工程施工工艺流程。

项目 11 涂饰、裱糊与软包工程施工

知识目标

了解涂料的类型、选择与调配；熟悉涂饰工程的操作方法、涂饰工程基层处理及裱糊与软包工程的主要材料；掌握涂饰、裱糊与软包工程施工工艺流程及质量检验方法等。

能力目标

能够合理地选择涂饰、裱糊与软包工程施工材料；能编制涂饰、裱糊与软包工程施工工艺，并能根据施工现场条件，正确组织指导现场施工；能依据设计要求和施工质量检测标准，对涂饰、裱糊与软包工程施工质量进行检查、控制与验收，并具有独立分析问题和解决问题的能力。

项目导入

建筑涂料具有色彩丰富、质感逼真、附着力强、施工方便、省工省时、工期短、工效高、造价低、经济合理、维修改新方便等优点，因而应用十分广泛。裱糊工艺是古老而传统的一种装饰工艺，同涂料工艺一样，随着科学的进步和工业的发展，新材料、新工艺和新技术使裱糊工程的内容向多样化发展。软包饰面是现代室内墙面装修常用做法，它具有吸声、保温、防儿童碰伤、质感舒适且美观大方等特点，特别适用于有吸声要求的会议厅、会议室、多功能厅、娱乐厅、消声室、住宅起居室、影剧院局部墙面及儿童卧室等处。

任务 11.1 涂饰工程施工

涂饰工程是将涂料敷于建筑物表面并与基体材料很好地黏结，干结成膜后，既对建筑物表面起到一定的保护作用，又能起到建筑装饰的效果。

11.1.1 涂料的类型、选择与调配

涂料主要由胶粘剂、颜料、溶剂和辅助材料等组成。涂料的品种繁多，按装饰部位不

同分为内墙涂料、外墙涂料、顶棚涂料、地面涂料；按成膜物质不同分为油性涂料(也称油漆)、有机高分子涂料、无机高分子涂料、有机无机复合涂料；按涂料分散介质不同分为溶剂型涂料、水性涂料、乳液涂料(乳胶漆)。

涂料的性能与应用

1. 涂料类型

建筑涂料基本上有五大类，即合成树脂乳液涂料(俗称乳胶漆)、合成树脂乳液砂壁状建筑涂料(俗称彩砂涂料)、复层建筑涂料(又名凹凸复层涂料或复层浮雕花纹涂料)、水渗性内墙涂料(只能用于内墙)及油漆类涂料。

2. 涂料的选择

涂料的选择并不是价格越高越好，而是要根据工程的实际情况进行科学的选择，总的原则是良好的装饰效果、合理的耐久性和经济性。

(1)装饰效果。装饰效果是由质感、线型和色彩这三个方面决定的。

(2)耐久性能。涂料的耐久性能包括两个方面，即对建筑物的保护效果和对建筑物的装饰效果。质感和色彩都可以通过涂料的选择来体现。

(3)经济性。涂料饰面比较经济，但用量大、施涂面广，在装饰工程造价中占有一定比例。因此要考虑，选择合理的涂料，确保其经济性。

涂料及施工

3. 涂料颜色的调配

涂料颜色的调配是一项比较细致而且复杂的工作。涂料的颜色种类非常多，要进行颜色调配，需要了解各种颜料的性能。各种颜料都可由红、黄、蓝三种最基本的颜色调配而成。

在涂料颜色调配的过程中，应注意颜色的组合比例，以用量大、着色力小的颜色为主色，以着色力较强的颜色为副色，配制时应将副色加入主色中，由浅入深，不能相反。颜色在湿的时候比较淡，干燥后颜色转深，因此调色时切忌过量。

11.1.2 涂饰工程的操作方法

涂料施工主要操作方法有刷涂、滚涂、喷涂、刮涂、弹涂和抹涂等。

1. 刷涂

刷涂是人工用刷子蘸涂料直接涂刷于被饰涂面。要求：不流、不挂、不皱、不漏和不露刷痕。刷涂一般不少于两道，应在前一道涂料表面干后再涂刷下一道。两道施涂间隔时间由涂料品种和涂刷厚度确定，一般为 2～4 h。涂料施工常用的工具，如图 2-11-1 所示。

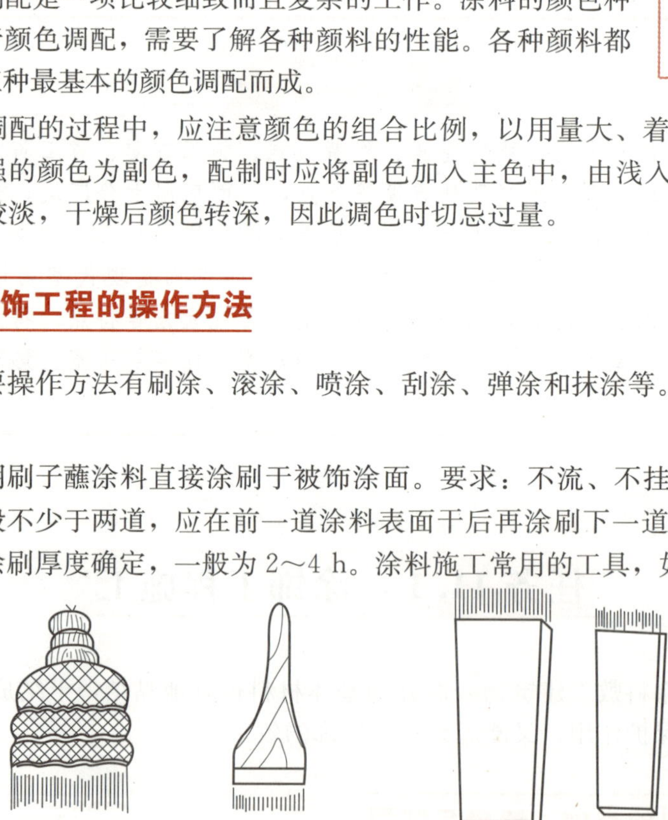

图 2-11-1 常用涂刷工具

(a)鬃刷；(b)底纹笔；(c)漆刷

2. 滚涂

滚涂是利用涂料辊子蘸上少量涂料，在基层表面上下垂直来回滚动施涂。阴角及上下口一般需先用排笔、鬃刷刷涂。

3. 喷涂

喷涂是一种利用压缩空气将涂料制成雾状(或粒状)喷出，涂于被饰涂面的机械施工方法。其操作过程如下：

(1)将涂料调至施工所需黏度，将其装入贮料罐或压力供料筒中。

(2)打开空压机，调节空气压力，使其达到施工压力，一般为 0.4～0.8 MPa。

(3)喷涂时，手握喷枪要稳，涂料出口应与被涂面保持垂直，喷枪移动时应与喷涂面保持平行。喷距以 500 mm 左右为宜，喷枪运行速度应保持一致。

(4)喷枪移动的范围不宜过大，一般直接喷涂 700～800 mm 后折回，再喷涂下一行，也可选择横向或竖向往返喷涂。

(5)涂层一般两遍成活，横向喷涂一遍，竖向再涂一遍。两遍之间间隔时间由涂料品种及喷涂厚度而定，要求涂膜应厚薄均匀、颜色一致、平整光滑，不出现露底、皱纹、流挂、钉孔、气泡和失光现象。

4. 刮涂

刮涂是利用刮板，将涂料厚浆均匀地批刮于涂面上，形成厚度为 1～2 mm 的厚涂层。这种施工方法多用于地面等较厚层涂料的施涂。刮涂施工的方法如下：

(1)腻子一次刮涂厚度一般不应超过 0.5 mm，孔眼较大的物面应将腻子填嵌实，并高出物面，待干透后再进行打磨。待批刮腻子或者厚浆涂料全部干燥后，再涂刷面层涂料。

(2)刮涂时应用力按刀，使刮刀与饰面成 50°～60°角刮涂。刮涂时只能来回刮 1～2 次，不能往返多次刮涂。

(3)遇有圆形、菱形物面可用橡皮刮刀进行刮涂。刮涂地面施工时，为了增加涂料的装饰效果，可用划刀或记号笔刻出席纹、仿木纹等各种图案。

5. 弹涂

先在基层刷涂 1～2 道底涂层，待其干燥后通过机械的方法将色浆均匀地溅在墙面上，形成 1～3 mm 的圆状色点。弹涂时，弹涂器的喷出口应垂直正对被饰面，距离为 300～500 mm，按一定速度自上而下、由左至右弹涂。选用压花型弹涂时，应适时将彩点压平。

6. 抹涂

先在基层刷涂或滚涂 1～2 道底涂料，待其干燥后，使用不锈钢抹灰工具将饰面涂料抹到底层涂料上。一般抹 1～2 遍，间隔 1 h 后再抹干压平。涂抹厚度内墙为 1.5～2 mm，外墙为 2～3 mm。

11.1.3 涂饰工程基层处理

基层处理工作是保证涂料、油漆涂刷质量的关键基础性工作，即采用手工、机械、化学及物理方法，清除被涂基层面上的灰尘、油渍、旧漆膜、锈迹等各种污染和疏松物质，或者改善基层原有的化学性质，以利于油漆涂层的附着效果和涂装质量。

1. 木基层表面处理

涂料对木制品表面的要求是平整光滑、少节疤、棱角整齐、木纹颜色一致等。为此，必须对木基层做加工和处理。

木基层的含水率不得大于12%(质量分数)。制品表面应平整，无尘土、油污等脏物，施工前应用砂纸打磨。制品表面的缝隙、毛刺、脂囊应进行处理，然后用腻子刮平、打光。较大的脂囊和节疤应剔除后用与木纹相同的木料修补，木料表面的树脂、单宁素、色素等应清除干净。对于浅色、本色的中、高级清漆装饰，应先用漂白的方法将木材的色斑和不均匀的色调消除。漂白一般是在局部色深的木材表面上进行，也可在制品整个表面进行。

在显木纹油漆施工时，为了使木纹底色均匀一致，必须对其进行着色处理。木材表面着色，可以采用物理着色或化学着色方法。

涂刷清漆时，在表面满刮一层稀色腻子，即专用的填孔材料(大白粉或滑石粉加胶粘剂和适量颜料)，将木材的管孔全部填塞封闭，称为“填孔”。这对清漆涂饰是十分重要的工序。稀色腻子与腻子类似，但黏度比腻子的低。常用的填孔料分水性和油性两类。

2. 金属基层表面处理

对金属基层表面处理的基本要求是表面平整，无尘土、油污、锈斑、鳞片、焊渣、毛刺和旧涂层等。

金属面除锈，可采用手工除锈，或用气动、风动工具除锈，也可采用喷砂、酸洗、电化学等除锈方法。铝镁合金及其制品的表面，可用皂洗、洗洁剂等除去污物、油腻，再用清水洗净，也可用稀释的磷酸溶液清洗。毛刺可用小砂轮机除去。

3. 混凝土和砂浆抹灰(包括水泥砂浆、石灰砂浆)基层表面处理

(1)基层清理。涂料饰面工程施工前，应认真检查基层质量，基层经验收合格后方可进行下道工序的操作，基层清理的目的在于清洁，不影响涂料对基层的黏结。

(2)基层修补与找平。

1)水泥砂浆基层分离的修补。水泥砂浆基层分离时，一般情况下都应将其分离部分铲除，重新做基层。当其分离部分不能铲除时，可用大的压力，往缝隙注入低黏度的环氧树脂，使其固结。表面裂缝用合成树脂或水泥聚合物腻子嵌平，待固结后打磨平整。

2)小裂缝修补处理。用防水腻子嵌平，然后用砂纸将其打磨平整。对于混凝土板材出现的较深小裂缝，应用低黏度的环氧树脂或水泥浆进行压力灌浆，使裂缝被浆体充满。

3)大裂缝处理。先用手持砂轮或錾子将裂缝打磨或凿成V形口子，并清洗干净，然后用嵌缝枪或其他工具将密封防水材料嵌填于缝隙内，并用竹板等工具将其压平，在密封材料的外表用合成树脂或水泥聚合物腻子抹平，最后打磨平整。

4)孔洞修补。一般情况下直径1 cm以下的孔洞可用石膏腻子填平，直径1 cm以上的孔洞应用聚合物砂浆填充。待固结硬化后，用砂轮机打磨平整。

5)表面凹凸不平的处理。凸出部分可用錾子凿平或用砂轮机打磨平，凹入部分用聚合物砂浆填平。待硬化后，整体打磨一次。

6)错缝的处理。先用砂轮磨光机打磨或用錾子凿平，再根据具体情况用石膏腻子或聚合物砂浆进行修补填平。

7)露筋处理。用磨光机将铁锈全部清除后再进行防锈处理。根据情况不同，可将混凝土进行少量剔凿，并将混凝土内露出的钢筋进行防锈处理后，再用聚合物砂浆补抹平整。

11.1.4 水性涂料涂饰施工

水性涂料包括乳液性涂料、无机涂料、水溶性涂料等。

涂饰工程施工

涂料施工

1. 内墙面乳胶漆涂料施工

(1)施工准备。

1)技术准备。认真熟悉图纸、翻阅引用图集，了解工程做法和设计要求；施工作业前对班组进行详细的书面交底。

2)材料准备。涂料、涂料腻子、胶粘剂等。

3)施工机具准备。一般应备有高凳、脚手板、半截大桶、小油桶、铜丝箩、铝合金刮杠、橡皮刮板、钢片刮板、腻子托板、小铁锹、纱布、砂纸、笤帚、刷子、排笔等；电动搅拌器、口罩、检测装置、铝合金靠尺、塞尺。

4)作业条件准备。乳液性涂料涂饰工程需在抹灰、吊顶、木装修、地面等工程施工完毕并验收合格后方可进行；做好样板间，并经业主和监理鉴定合格，方可大面积进行乳液涂料涂饰工程。

(2)工艺流程。基层处理→满刮腻子→砂纸打磨→刷涂料。

1)基层处理。首先将墙面等基层上起皮、松动及鼓包等清除凿平，将残留在基层表面上的灰尘、污垢和砂浆流痕等杂物清除扫净，钢筋头钉眼进行防锈处理。

2)满刮腻子。腻子要刮平，并将缺陷部位嵌填平整，力求坚实、干净，厨房、卫生间等有水房间应采用耐水腻子批刮。腻子不宜太厚。

3)砂纸打磨。待腻子干燥后，方可进行砂纸打磨工作。砂纸打磨要注意掌握好力度，均匀打磨，注意不要将膜层打穿。保护好棱角，将阴角、节点部位打磨到位，磨完后清扫干净，并用湿布擦净散落粉尘。

4)刷涂料。涂刷第一遍乳胶底漆涂料：涂刷顺序是先顶板后刷墙，先将墙顶面粉尘清扫干净。乳胶漆涂料一般用排笔涂刷，使用新排笔时，注意将活动的排笔毛理掉。乳胶漆涂料使用前应搅拌均匀，适当加水稀释，防止头遍涂料施涂不开。干燥后修补腻子，待修补腻子干燥后用砂纸磨光，并清扫干净。

涂刷第二遍乳胶漆底漆涂料：操作要求同第一遍，第二遍稍稠，具体加水量依据生产厂家要求而定。涂刷动作要迅速，上下要刷顺、互相衔接。

2. 外墙面涂料施工

(1)施工准备。

1)材料准备。施工材料包括 E1662 弹性拉毛漆、柔性腻子、F200 封底漆、砂布、胶带、F231 中间漆、HF600AB 氟碳漆(HF800 精品氟碳漆)。

2)机具准备。简便水平器、喷枪、线包、毛滚、刷子、开刀、空压机等。

3)作业条件准备。

①门窗按设计要求安装好，并堵抹洞口四周的缝隙。

②墙面基层处理完毕，并符合设计工艺要求，按抹灰面标准验收，满足喷涂条件。完

成雨水管卡、设备洞口管道的安装，并将洞口四周用水泥砂浆抹平，所有的墙面需晾干。

③双排架子或活动吊篮要符合国家安全规范要求，外架排木距离墙面 20 cm。

④要求现场提供有 380 V、220 V 电源。

⑤所有的成品门窗要提前保护。

(2)施工工艺流程。外墙面氟碳涂料施工工艺流程为：基层处理→刮柔性腻子、打磨→弹线、分格、粘贴胶带→滚涂弹性拉毛漆→喷封底漆→涂刷中间漆→刷面漆→局部修整。

1)基层处理。基层验收合格后，做局部的修补。要求基层平整、光滑、无油污、无裂纹、无空洞、无砂眼、平整、顺直。

2)刮柔性腻子、打磨。打磨批刮柔性腻子 1～2 遍，打磨后用毛刷清理。

3)弹线、分格、粘贴胶带。按照设计方案在分色部位分格定位、弹线、粘贴胶带。

4)拉毛。胶带粘贴完毕后，用专业毛滚在墙面上进行弹性拉毛。拉毛要做到纹路基本均匀、一致。

5)喷封底漆。涂刷超强封底漆 F200 一道，要求涂刷均匀、干净、无漏刷。

6)涂刷中间漆。按设计要求涂刷弹性中间漆 F231，中间漆涂刷应涂刷均匀，无透底现象。

7)刷面漆。上道工序充分干燥后，在施工现场按配合比配置氟碳漆 HF600/HF800。在规定时间内，用专用喷枪连续喷涂，并随时搅拌氟碳漆料，以保证涂层均匀一致。面漆涂刷应平整、厚度均匀，无漏喷。

8)局部修整。检查施工质量，对局部质量问题进行修补。

11.1.5 溶剂型涂料涂饰施工

常用的溶剂型涂料有丙烯酸酯涂料、聚氨酯丙烯酸涂料、有机硅丙烯酸涂料、色漆等。木基层色漆施工属于传统的油漆施工，在建筑装饰中仍被大量采用，适用于木制家具、门窗、板壁的涂饰及钢结构表面混色磁漆饰面工程。

1. 木基层磁漆涂饰施工准备

(1)材料准备。

1)涂料：光油、清油、醇酸磁漆、漆片等。

2)填充料：石膏、大白粉、地板黄、红土子、黑烟子、立德粉、纤维素等。

3)稀释剂：汽油、煤油、醇酸稀料、酒精等。

4)催干剂：液体钴干剂等材料。

5)抛光剂：上光蜡、砂蜡等。

6)腻子：所使用的腻子必须与相应的涂料配套，满足耐水性要求。

(2)机具准备。

1)主要机械设备：圆盘打磨器、喷枪和空气压缩机等。

2)主要工具：棕刷、排笔、油画笔、砂纸、砂布、棉丝、擦布、铲刀、腻子刀、钢刮板、牛角刮刀、调料刀、油灰刀、刮刀、尖馒、滤漆筛、提桶等。

(3)作业条件。

1)湿作业已完毕并有一定强度，作业面要通风良好，环境要干燥，一般施工时温度不宜低于 10 ℃，相对湿度不宜大于 60%。

2)在室外或室内高于 3.6 m 处作业时，应事先搭设好脚手架，以便于操作。

3)操作前应认真进行交接检查工作，并对遗留问题及时进行妥善处理。

4)大面积正式施工前，应事先做样板，经有关部门检查鉴定确认合格后，方可进行大面积施工。

5)施工前应对门窗外形进行检查，有变形不合格的，应拆换。

6)刷末道油漆前必须将玻璃全部安装好。

(4)木基层磁漆涂饰施工工艺流程。木基层磁漆涂饰施工工艺流程为：基层处理→刷封底涂料→刮腻子→磨光→刷第一遍醇酸磁漆→修补腻子→刷第二遍醇酸磁漆→刷第三遍醇酸磁漆→刷第四遍醇酸磁漆→打砂蜡→擦上光蜡。

1)基层处理。先将木门窗基层表面上的灰尘、斑迹、胶迹等用刮刀或碎玻璃片刮除干净，但应注意不要刮出毛刺，也不要刮破抹灰的墙面，然后用1号以上砂纸顺木纹精心打磨，先磨线角，后磨四口平面，直到光滑为止。木门窗基层有小块活翘皮时，可用小刀撕掉。重皮的地方应用小钉子钉牢固，如重皮较大或有烤煳印疤，应由木工修补，并用酒精漆片点刷。

2)刷封底涂料。封底涂料由清油、汽油、光油配制，略加一些红土子(避免漏刷不好区分)。对于泛碱、析盐的基层应选用耐碱底漆。涂饰时，先从框上部左边开始顺木纹涂刷，框边涂油不得碰到墙面上，厚薄要均匀，框上部刷好后，再刷亮子。刷窗扇时，如两扇窗应先刷左扇后刷右扇；三扇窗应最后刷中间扇。窗扇外面全部刷完后，用挺钩钩住不得关闭，然后再刷里面。刷门时，先刷亮子再刷门框，门扇的背面刷完后用木楔将门扇固定，最后刷门扇的正面。待全部刷完后检查一下有无遗漏，并注意里外门窗油漆分色是否正确，并将小五金等处沾染的油漆擦净。

3)刮腻子。刮第一遍腻子，腻子中要适量加入醇酸磁漆。待涂刷的清油干透后，将钉孔、裂缝、节疤以及边楞残缺处，用油腻子刮抹平整，腻子要以不软不硬、不出蜂窝、挑丝不倒为准，刮时要横抹竖起，将腻子刮入钉孔或裂纹内。若接缝或裂缝较宽、孔洞较大时，可用开刀或铲刀将腻子挤入缝洞内，使腻子嵌入后刮平收净，表面上腻子要刮光，无松散腻子、残渣。上下冒头、榫头等处均应抹到。待腻子干透后，用砂纸打磨，打磨方法与底层磨砂纸相同，注意不要磨穿漆膜并保护好棱角，不留松散腻子痕迹。磨完后应打扫干净，并用潮布将磨下粉末擦净。刮腻子一般为两遍，刮第二遍腻子，大面用钢片刮板刮，要平整光滑；小面处用开刀刮，阴角要直。腻子干透后，用零号砂纸磨平、磨光，清扫并用湿布擦净。

4)磨光。待腻子干透后，用1号砂纸打磨，打磨方法与底层磨砂纸相同，注意不要磨穿漆膜并保护好棱角，不留松散腻子痕迹。磨完后应打扫干净，并用潮布将磨下粉末擦净。

5)刷第一遍醇酸磁漆。头道涂料中可适量加入醇酸稀料，调得稍稀一些。刷涂顺序应从外向内、从左向右、从上至下进行，并顺着木纹涂刷。刷门窗框时不得碰到墙面上，刷到接头处要轻飘，达到颜色一致；刷涂动作应快速、敏捷，要求无缕无节，横平竖直，顺刷时鬃刷要轻飘，避免出现刷纹。刷木窗时，先刷好框子上部后再刷亮子；待亮子全部刷完后，将挺钩钩住，再刷窗扇；如为双扇窗，应先刷左扇后刷右扇；三扇窗应最后刷中间扇；纱窗扇先刷外面后刷里面。刷木门时，先刷亮子后刷门框、门扇背面，刷完后用小木楔子将门扇固定，最后刷门扇正面；全部刷好后检查是否有漏刷，小五金沾染的油色要及时擦净。涂刷应厚薄均匀，不流不坠。刷纹通顺，不得漏刷。待涂料完全干透后，用1号或旧砂纸彻底打磨一遍，将头遍漆面上的光亮基本打磨掉，再用潮布将粉尘擦掉。

6)修补腻子。如发现凹凸不平处，要进行修补腻子，其要求与操作方法同前。待腻子干透后，用1号以下砂纸打磨，其要求与操作方法同前。

7)刷第二遍醇酸磁漆。涂刷方法与第一遍相同。本遍磁漆中不加稀料，注意不得漏刷和流坠。干透后磨砂纸，如表面疙瘩多时，可用 280 号水砂纸打磨。如局部有不平、不光处，应及时复补腻子，待腻子干透后，用砂纸打磨，清扫并用湿布擦净。刷完第二遍涂料后，可进行玻璃安装等工序。

8)刷第三遍醇酸磁漆。刷法与要求与第二遍相同。磨光时，可用 320 号水砂纸打磨，要注意不得磨破棱角，要达到平和光，磨好后清扫干净并擦净。

9)刷第四遍醇酸磁漆，刷油的要求与操作方法同前。刷完 7 d 后用 320～400 号水砂纸打磨，打磨时用力要均匀，应将刷纹基本磨平，要注意不得磨破棱角，磨好后清扫干净并擦净。

10)打砂蜡。将配制好的砂蜡用双层呢布头蘸擦，擦时用力均匀，不可漏擦，擦至出现暗光、大小面上下一致为准。擦后清除浮蜡。

11)擦上光蜡。用干净白布揩擦上光蜡，应擦匀擦净，直到光泽饱满为止。

2. 木材面聚酯清漆施工准备

(1)材料准备。

1)涂料：封闭底漆、聚酯清漆等，应有出厂合格证、质量保证书、性能检测报告等。

2)辅料：腻子、稀释剂、砂蜡、光蜡等，应有出厂合格证、质量保证书、性能检测报告等。

油漆施工工艺

(2)机具设备。

1)机械：喷枪、空气压缩机、打磨器等。

2)工具：油桶、砂纸、过滤网、刮铲、打磨器等。

3)计量检测用具：量筒、量杯、钢尺、电子秤或天平秤、温湿度计、含水率检测仪等。

4)安全防护用品：口罩、工作帽、防护手套、护目镜、呼吸保护器等。

(3)作业条件。

1)抹灰、地面、木作工程已完，水暖、电气和设备装完成，并验收合格。

2)施工时环境温度一般不低于 10 ℃，相对湿度不宜大于 60%。

3)施工环境清洁、通风、无尘埃。安装玻璃前，应有防风措施，遇大风天气不得施工。

(4)技术准备。

1)施工前主要材料应经监理单位、建设单位验收并封样。

2)根据设计要求进行调色，确定色板并封样。

3)施工前先做样板，经监理单位、建设单位及有关质量部位验收认定合格后，再进行大面积施工。

4)对操作人员进行安全技术交底。

门窗刷漆(1)

(5)木材面聚酯清漆施工工艺流程。木材面聚酯清漆施工工艺流程为：基层处理→刷封闭底漆→打磨第一遍→调色→喷第一遍底漆→打磨第二遍→刮腻子→轻磨第一遍→喷第二遍底漆→轻磨第二遍→修色→喷第一遍面漆→打磨第三遍→喷第二遍面漆→擦砂蜡、上光蜡。

1)基层处理。首先应仔细检查基层表面，对缺棱掉角等基材缺陷应及时修整好；对基层表面上的灰尘、油污、斑点、胶渍等应用铲刀刮除干净，将钉眼内粉尘杂物剔除(不要倒出毛刺)。然后采用打磨器或用木擦板垫砂纸(120 号)顺木纹方向来回打磨，先磨线角裁口，后磨四边平面，磨至平整光滑(不得将基层表面打透底)，用掸灰刷将磨下的粉尘掸掉后，再用湿布将粉尘擦净并晾干。

2)刷封闭底漆。

门窗刷漆(2)

①器具清洁及刷具的选用。器具清洁：涂刷前应将所用器具清洗干净，油刷需在稀释剂内浸泡清洗。新油刷使用前应将未粘牢的刷毛去除，并在120号砂纸上来回磨刷几下，以使端毛柔软适度。刷具的选用：施工时应根据涂料品种及涂刷部位选用适当的刷具。刷涂黏度较大的涂料时，宜选用刷毛弹性较大的硬毛扁刷；刷涂油性清漆应选用刷毛较薄、弹性较好的猪鬃刷。

②底漆选用及调配。选用配套的封闭底漆，并按产品说明书和配合比要求进行配兑，混合拌匀后用120目滤网过滤，静置5 min方可施涂。底漆的稠度应根据油漆涂料性能、涂饰工艺(手工刷或机械喷)、环境气候温度、基层状况等进行调配。环境温度低于15 ℃时应选用冬用稀释剂；25 ℃以上应选用夏用稀释剂；30 ℃以上时可适当添加“慢干水”等。

③刷漆。油漆涂刷一般先刷边框线角，后刷大面，按从上至下、从左至右、从复杂到简单的顺序，顺木纹方向进行，且需横平竖直、薄厚均匀、刷纹通顺、不流坠、无漏刷。线角及边框部分应多刷1～2遍，每个涂刷面应一次完成。

3)打磨第一遍。手工打磨方法：用包砂纸的木擦板进行手工打磨，磨后用除尘布擦拭干净，使基层面达到磨去多余、表面平整、手感光滑、线角分明的效果。机械打磨方法：遇面积较大时，宜使用打磨器进行打磨作业。施工前，首先检查砂纸是否夹牢，机具各部位是否灵活，运行是否平稳正常。打磨器工作的风压以0.5～0.7 MPa为宜。

4)调色。调色分厂商调色和现场调色两类，施工中优先采用厂商调色。厂商调色为事先按设计样板颜色要求，委托厂商调制成专门配套的着色剂和着色透明漆(或面漆)。对于厂商供应的成品着色剂或着色透明漆，应与样板进行比较，校对无误后方可使用；现场调色一般采用稀释剂与色精调配或透明底漆与色精配制调色，稀释剂应采用与聚酯漆配套的无苯稀释剂。

5)喷第一遍底漆。擦色后干燥2～4 h即可喷第一遍底漆。喷涂操作人员必须经过专业培训，熟练掌握喷涂技能，并经相关部门的考核合格后，方可上岗施喷。喷涂前，应认真对喷涂机具进行清洗，做到压缩空气中无水分、油污和灰尘，并对机具进行检查调试，确保运行状况良好。喷涂底漆调配方法应比刷涂底漆的配合比多加入10%～15%的稀释剂进行稀释，使其黏度适应喷涂工艺特点。底漆喷涂一般采用压枪法(也称双重喷涂法)进行喷涂。压枪法是将后一枪喷涂的涂层，压住前一枪喷涂涂层的1/2，以使涂层厚薄一致，并且喷涂一次就可以得到两次喷涂的厚度。采用压枪法喷涂的顺序和方法如下：

①先将喷涂面两侧边缘纵向喷涂一下，然后再沿喷涂线路，从喷涂面的上端左角向右水平横向喷涂，喷至右端头，然后从右向左水平横向喷涂，喷至左端头，如此循环反复喷至底部末端。

②第一喷路的喷束中心，必须对准喷涂面上端的边缘，以后各条路间要相互重叠一半。即后一枪喷涂的涂层，压住前一枪喷涂涂层的1/2，以使涂层厚薄一致。

③各喷路未喷涂前，应先将喷枪对准喷涂面侧缘的外部，缓慢移动喷枪，在接近侧缘前时扣动扳机(即要在喷枪移动中扣动扳机)。在到达喷路末端后，不要立即放松扳机，要待喷枪移出喷涂面另一侧的边缘后，再放松扳机。

④喷枪应走成直线，不能呈弧形移动，喷嘴与被喷面垂直，否则就会形成中间厚、两边薄或一边厚、一边薄的涂层。

⑤喷枪移动的速度应均匀平稳，一般控制在每分钟 10～12 m，每次喷涂的长度约为 1.5 m。喷到接头处要轻飘，以达到颜色深浅一致。

6)打磨第二遍底漆干燥 2～4 h 后，用 240～400 号砂纸进行打磨，磨至漆膜表面平整光滑为止。

7)刮腻子。

①腻子选用及调配。应按产品说明要求选用专门配套的透明腻子，如“特清透明腻子”或“特清透明色腻子”等(前者多用于大面积满刮腻子，后者多用于修补钉眼或需对基层表面进行擦色等)。透明色腻子有浅、中、深三种，修补钉眼或擦色时可根据基层表面颜色进行掺合调配。

②基层缺陷嵌补。刮腻子前应先将拼缝处及缺陷大的地方用较硬的腻子嵌补好，如钉眼、缝孔、节疤等缺陷的部位。嵌补腻子一般宜采用与基层表面相同颜色的色腻子，且需嵌牢嵌密实。腻子需嵌补得比基层表面略高一些，以免干后收缩。

③批刮腻子。腻子嵌批应视基层表面情况而采取不同的批刮工艺。对于基层表面平整光滑的木制品，一般无须满刮腻子，只需在有钉眼、缝孔、节疤等缺陷的部位上嵌补腻子即可。对于硬材类或棕眼较深的及不太平整光滑的木制品基层表面，需大面积满刮腻子。此时，一般常采用透明腻子满刮两遍。即第一遍腻子刮完后干燥 1～2 h，用 240～400 号砂纸打磨平整后再刮第二遍腻子。第二遍腻子打磨后应视其基层表面平整、光滑程度确定是否仍需批刮（或复补)第三遍腻子。

批刮腻子操作要点：批刮腻子要从上至下，从左至右，先平面后棱角，顺木纹批刮，从高处开始，一次刮下。手要用力向下按腻板，倾斜角度为 60°～80°，用力要均匀，才可使腻子饱满又结实。不必要的腻子要收刮干净，以免影响纹理清晰。

嵌补腻子操作要点：嵌补时要用力将腻子压进缺陷内，要填满、填实，但不可一次填得太厚，要分层嵌补，一般以 2～3 道为宜。分层嵌补时必须待上道腻子充分干燥，并经打磨后再进行下道腻子的嵌补。要将整个涂饰表面的大小缺陷都填到、填严，不得遗漏，边角不明显处要格外仔细，将棱角补齐。填补范围应尽量控制在缺陷处，并将四周的腻子收刮干净，减少刮痕。填刮腻子时不可往返次数太多，否则容易将腻子中的油分挤出表面，造成不干或慢干的现象，还容易发生腻子裂缝。嵌补时，对木材面上的翘花及松动部分要随即铲除再用腻子填平补齐。

8)轻磨第一遍。腻子干燥 2～3 h 后可用 240～400 号水砂纸进行打磨，其打磨方法同前。

9)刷第二遍底漆。打磨清擦干净后即可刷第二遍底漆。其涂刷方法同前。

10)轻磨第二遍。底漆干燥 2～4 h 后，用 400 号水砂纸进行打磨，其打磨方法同前。

11)修色。

①色差检查。打磨前应仔细检查表面是否存在明显色差，对腻子疤、钉眼及板材间等色差处进行修色或擦色处理。

②修色剂调配。修色剂应按样板色样采用专门配套的着色剂或用色精与稀释剂调配等方法进行调配。着色剂一般需多遍调配才可达到要求，调配时应确定着色剂的深浅程度，并将试涂小样颜色效果与样板或涂饰物表面颜色进行对比。直至调配出比样板颜色或涂饰物表面颜色略浅一些的修色剂。

③修色方法。用毛笔蘸着色剂对腻子疤、钉眼等进行修色，或用干净棉布蘸着色剂对

表面色差明显的地方擦色。最后将色深的修浅，色浅的修深；将深浅色差拼成一色，并绘出木纹。修好的颜色必须与原来的颜色一致，且自然、无修色痕迹。

12)喷(刷)第一遍面漆。修色干燥 1～3 h 并经打磨后即可喷(刷)面漆。喷(刷)面漆前，面漆、固化剂、稀释剂应按产品说明要求的配合比混合拌匀，并用 200 目滤网过滤后，静置 5 min 方可施涂。涂刷方法同前规定，但线角及边框部分无须多刷 1～2 遍面漆，以采用喷涂为宜。

13)打磨第三遍。面漆干燥 2～4 h 后，用 800 号水砂纸进行打磨，但应注意漆膜表面应磨得非常平滑，打磨前应仔细检查，若发现局部尚需找补修色的地方，需进行找补修色。

14)喷(刷)第二遍面漆。其方法同喷(刷)第一遍面漆。

15)擦砂蜡、上光蜡。面漆干燥 8 h 后即可擦砂蜡。擦砂蜡时先将砂蜡捻细浸在煤油内，使其成糊状。然后用棉布蘸砂蜡顺木纹方向用力来回擦。擦涂的面积由小到大，当表面出现光泽后，用干净棉布将表面残余砂蜡擦净。最后上光蜡，用清洁的棉纱布擦至漆面光亮彻。

3. 金属面施涂混色油漆施工

(1)施工准备。

1)材料准备。调和漆、清漆、醇酸清漆、醇酸磁漆、金属漆、硝基磁漆(带配套底漆)、防锈漆等。

2)机具准备。

①机械：气泵、喷枪、电动砂轮机、角磨机、钢针除锈枪等。

②工具：油刷、油画笔、开刀、腻子板、钢刮板、橡皮刮板、牛角板、掏子、铜丝筛、过滤网、小油桶、油勺、砂纸、砂布、半截大桶、水桶、钢丝钳子、小锤子、鉴子、钢丝刷、铲刀、钢锉等。

③计量检测用具：钢尺、量筒、量杯、温度计、湿度计、天平秤或电子秤等。

④安全防护用品：口罩、工作帽、防护手套、护目镜、呼吸保护器等。

3)作业条件。

①施工环境应有良好的通风，抹灰工程、地面工程、木装修工程、水暖电气工程等全部完工后，环境比较干燥，相对湿度不大于 60%。

②应事先做样板间，经业主及监理公司检查鉴定合格后，方可组织班组进行大面积施工。

③施工环境清洁、无尘埃。油漆施工时宜进行封闭或采取必要的防风措施，应避开大风、大雨、大雾天气。

④操作前应认真进行工序交接检验工作，不符合规范要求的，不准进行油漆施工。

⑤施工前各种材料必须先报验，经业主及监理确认并进行封样后才能采购。已报验样品在大批量材料进场时必须经过业主及监理公司验收，出具有关书面验收单后才能正式使用。

⑥对操作人员进行安全技术交底。

(2)金属面施涂混色油漆施工工艺。金属面施涂混色油漆施工工艺流程为：基层处理→修补防锈漆→修补腻子→磨砂纸→刷第一遍油漆(刷铅油→抹腻子→磨砂纸→装玻璃)→刷第二遍油漆(刷铅油→擦玻璃→磨砂纸)→磨最后一遍砂纸→刷最后一道油漆。

1)基层处理。金属表面的处理，除油脂、污垢、锈蚀外，最重要的是表面氧化皮的清除，常用的办法有三种，即机械和手工清除、火焰清除、喷砂清除。根据不同基层要彻底除锈、满刷(或喷)防锈漆 1～2 道。

2)修补防锈漆。对安装过程的焊点，防锈漆磨损处，进行清除焊渣，有锈时除锈，补 1～2 道防锈漆。

3)修补腻子。将金属表面的砂眼、凹坑、缺棱拼缝等处找补腻子，做到基本平整。

4)刮腻子。用开刀或胶皮刮板满刮一遍石膏或原子灰腻子，要刮得薄，收得干净，均匀平整，无飞刺。

5)磨砂纸。用1号砂纸轻轻打磨，将多余腻子打掉，并清理干净灰尘。注意保护棱角，达到表面平整光滑，线角平直，整齐一致。

6)刷第一道油漆。要厚薄均匀，线角处要薄一些但要盖底，不出现流淌，不显刷痕。

7)刷第二遍油漆。方法同刷第一道油漆，但要增加油的总厚度。

8)磨最后一道砂纸。用1号或旧砂纸打磨，注意保护棱角，达到表面平整光滑，线角平直，整齐一致。由于是最后一道，砂纸要轻磨，磨完后用湿布打扫干净。

9)刷最后一道油漆。要多刷多理，刷油饱满，不流不坠，光亮均匀，色泽一致，如有毛病要及时修整。

11.1.6 美术涂料工程施工

1. 美术涂料工程施工材料

(1)涂料：光油、清油、桐油、各色油性调和漆(酯胶调和漆、酚醛调和漆、醇酸调和漆等)，或各色水溶性涂料。

(2)填充料：大白粉、滑石粉、石膏粉、双飞粉(麻斯面)、地板黄、红土子、黑烟子、立德粉、羧甲基纤维素、聚醋酸乙烯乳液等。

(3)稀释剂：汽油、煤油、松香水、酒精、醇酸稀料等与油漆相配套的稀料。

(4)各色颜料：应耐碱、耐光。

硅藻泥施工

2. 仿石涂料施工

仿石涂料施工工艺流程为：涂底漆→放样弹线，粘贴线条胶带→喷涂中层→揭除分格线胶带→喷制及镶贴石头漆片→喷涂罩面层。

(1)涂底漆。底涂料用量每遍0.3 kg/m^{2}以上，均匀刷纹或用尼龙手辊滚涂，直到无渗色为止。

(2)放样弹线，粘贴线条胶带。为仿天然质材效果，一般设计均为分块分格要求。施工时弹线粘贴线条胶带，先贴竖直方向，后贴水平方向。在接头处可临时钉上钢钉，便于施涂后找出胶带端头。

(3)喷涂中层。中涂施工采用喷枪喷涂，空气压力为6～8 kg/m^2，涂层厚度为2～3 mm，涂料用量为4～5 kg/m^2，喷枪面应与事先选定的样片外观效果相符合。喷涂硬化24 h后，方可进行下道工序施工。

(4)揭除分格线胶带。中涂后即可揭除分格线胶带，揭除时不得损伤漆膜切角，应将胶带向上拉，而不是垂直于墙面牵拉。

(5)喷制及镶贴石头漆片。此做法仅用于室内饰面，一般是对于饰面要求颜色复杂、造型处理图案多变的现场情况。可预先在板片或贴纸类材料上喷成石头漆切片，待涂膜硬化后，即可用强力胶胶粘剂将其镶贴于既定位置，以达到富有立体感的装饰效果。切片分硬板与软板两种，硬板用于平面镶贴，软板用于曲面或转角处镶贴。

(6)喷涂罩面层。待中涂层完全硬化后，局部粘贴石头漆片胶结牢固后，即可全面喷涂罩面涂料。其配套面漆为透明搪瓷磁漆，罩面喷涂用量应在 0.3 kg/m^2 以上。

3. 油漆涂饰施工

油漆涂饰施工工艺流程为：基层处理→腻子嵌批→材质打磨→色漆调配→油漆稠度调配→喷涂。

(1)基层处理。

1)手工清除。使用铲刀、刮刀、剁刀及金属刷具等，对木质面、金属面、抹灰基层上的毛刷、毛边、凸缘、旧涂层及氧化铁皮等进行清理去除。

2)机械清除。采用动力钢丝刷、除锈枪、蒸汽剥除器、喷砂及喷水等机械清除方式。

3)化学清除。当基层表面的油脂污垢、锈蚀和旧涂膜等较为坚实牢固时，可采用化学清除的处理方法与打磨工序配合进行。

4)热清除。利用石油液化气炬、热吹风刮除器及火焰清除器等设备，清除金属基层表面的锈蚀、氧化皮及木质基层表面的旧涂膜。

(2)腻子嵌批。嵌批的要点是实、平、光，即做到密实牢固、平整光洁，为涂饰质量打好基础。嵌批工序要在涂刷底漆并待其干燥后进行，以防止腻子中的漆料被基层过多吸收而影响腻子的附着性。为避免腻子出现开裂和脱落，要尽量降低腻子的收缩率，一次填刮不要过厚，最好不超过 0.5 mm。批刮速度宜快，特别是对于快干腻子，不应过多地往返批刮，否则，易出现卷皮脱落或将腻子中的漆料挤出封住表面而难以干燥。

(3)材质打磨。打磨方式分干磨与湿磨。干磨即是用砂纸或砂布及浮石等直接对物面进行研磨。湿磨是由于卫生防护的需要，以及为防止打磨时漆膜受热变软使漆尘黏附于磨粒间而有损研磨质量，将水砂纸或浮石蘸水(或润滑剂)进行打磨。硬质涂料或含铅涂料一般需采用湿磨方法。如果湿磨易吸水基层或环境湿度大时，可用松香水与生亚麻油(3∶1)的混合物作润滑剂打磨。对于木质材料表面不易磨除的硬刺、木丝和木毛等，可采用稀释的虫胶漆[虫胶∶酒精=(1∶7)～(1∶8)]进行涂刷，待干后再行打磨的方法，也可用湿布擦抹表面使木材毛刺吸水胀起，干后再打磨的方法。

(4)色漆调配。为满足设计要求，大部分成品色漆需进行现场混合调兑，但参与调配的色漆的漆基应相同或能够混溶，否则掺和后会引起色料上浮、沉淀或树脂分离与析出等问题。选定基本色漆后应先试配小样与样品色或标准色卡比照，尤其须注意湿漆干燥后的色泽变化。调配浅色漆时若用催干剂，应在配兑之前加入。试配小样时须准确记录其色漆配合比值，以备调配大样时参照。

(5)油漆稠度调配。桶装的成品油漆，一般都较为稠厚，使用时需要酌情加入部分稀料(稀释剂)调节其稠度后方可满足施工要求。常用喷涂的稠度一般为 25～30 s，在此稠度范围内喷出油漆的速度快，覆盖力强，雾化程度好，中涂干燥现象轻微。

(6)喷涂。

1)喷涂所用油漆品种应是干燥快的挥发性油漆，如硝基磁漆、过氯乙烯磁漆等。

2)油漆喷涂的类别有空气喷涂、高压无气喷涂、热喷涂及静电喷涂等，在建筑工程中采用最多的是空气喷涂和高压无气喷涂。

3)普通的空气喷涂喷枪种类繁多，一般有吸出式、对嘴式和流出式。高压无气喷涂利用 0.4～0.6 MPa 的压缩空气作动力，带动高压泵将油漆涂料吸入，加压到 150 MPa 左右通过特制喷嘴喷出，当加过高压的涂料喷至空气中时，即剧烈膨胀雾化成扇形气流冲向被涂物面，此设备可以喷涂高黏度油漆，效率高，成膜厚，遮盖率高，涂饰质量好。

11.1.7 涂料工程施工质量标准及检验

1. 涂饰工程一般规定

(1)适用于水性涂料涂饰、溶剂型涂料涂饰、美术涂饰等分项工程的质量验收。

(2)涂饰工程验收时应检查下列文件和记录：

1)涂饰工程的施工图、设计说明及其他设计文件。

2)材料的产品合格证书、性能检测报告和进场验收记录。

3)施工记录。

(3)各分项工程的检验批应按下列规定划分：

1)室外涂饰工程每一栋楼的同类涂料涂饰的墙面每 500～1 000 m^2 应划分为一个检验批，不足 500 m^2 也应划分为一个检验批。

2)室内涂饰工程同类涂料涂饰墙面每 50 间(大面积房间和走廊按涂饰面积 30 m^2 为一间)应划分为一个检验批，不足 50 间也应划分为一个检验批。

(4)检查数量应符合下列规定：

1)室外涂饰工程每 100 m^2 应至少检查一处，每处不得小于 10 m^2。

2)室内涂饰工程每个检验批应至少抽查 10%，并不得少于 3 间；不足 3 间时应全数检查。

(5)涂饰工程的基层处理应符合下列要求：

1)新建筑物的混凝土或抹灰层基层在涂饰涂料前应涂刷抗碱封闭底漆。

2)旧墙面在涂饰涂料前应清除疏松的旧装修层，并涂刷界面剂。

3)混凝土或抹灰基层涂刷溶剂型涂料时，含水率不得大于 8%；涂刷乳液型涂料时，含水率不得大于 10%。木材基层的含水率不得大于 12%。

4)基层腻子应平整、坚实、牢固，无粉化、起皮和裂缝；内墙腻子的黏结强度应符合《建筑室内用腻子》(JG/T 298—2010)的规定。

5)厨房、卫生间墙面必须使用耐水腻子。

6)水性涂料涂饰工程施工的环境温度应为 5 ℃～35 ℃。

7)涂饰工程应在涂层养护期满后进行质量验收。

2. 水性涂料涂饰工程施工质量标准及检验方法

适用于乳液型涂料、无机涂料、水溶性涂料等水性涂料涂饰工程的质量验收。

(1)主控项目。

1)水性涂料涂饰工程所用涂料的品种、型号和性能应符合设计要求。

检验方法：检查产品合格证书、性能检测报告和进场验收记录。

2)水性涂料涂饰工程的颜色、图案应符合设计要求。

检验方法：观察。

3)水性涂料涂饰工程应涂饰均匀、黏结牢固，不得漏涂、透底、起皮和掉粉。

检验方法：观察；手摸检查。

4)水性涂料涂饰工程的基层处理应符合上述“1.(5)”中的相关要求。

检验方法：观察；手摸检查；检查施工记录。

(2)一般项目。

1)薄涂料的涂饰质量和检验方法应符合表 2-11-1 的规定。

表 2-11-1　薄涂料的涂饰质量和检验方法

项次	项目	普通涂饰	高级涂饰	检验方法
1	颜色	均匀一致	均匀一致	观察
2	泛碱、咬色	允许少量轻微	不允许	
3	流坠、疙瘩	允许少量轻微	不允许	
4	砂眼、刷纹	允许少量轻微砂眼，刷纹通顺	无砂眼，无刷纹	
5	装饰线、分色线直线度允许偏差/mm	2	1	拉 5 m 线，不足 5 m 拉通线，用钢直尺检查

2)厚涂料的涂饰质量和检验方法应符合表 2-11-2 的规定。

表 2-11-2　厚涂料的涂饰质量和检验方法

项次	项目	普通涂饰	高级涂饰	检验方法
1	颜色	均匀一致	均匀一致	观察
2	泛碱、咬色	允许少量轻微	不允许	
3	点状分布	—	疏密均匀	

3)复合涂料的涂饰质量和检验方法应符合表 2-11-3 的规定。

表 2-11-3　复合涂料的涂饰质量和检验方法

项次	项目	普通涂饰	高级涂饰	检验方法
1	颜色	均匀一致		观察
2	泛碱、咬色	不允许		
3	喷点疏密程度	均匀，不允许连片		

4)涂层与其他装修材料和设备衔接处应吻合，界面应清晰。

检验方法：观察。

3. 溶剂型涂料涂饰工程施工质量标准及检验方法

(1)主控项目。

1)溶剂型涂料涂饰工程所选用涂料的品种、型号和性能应符合设计要求。

检验方法：检查产品合格证书、性能检测报告和进场验收记录。

2)溶剂型涂料涂饰工程的颜色、光泽、图案应符合设计要求。

检验方法：观察。

3)溶剂型涂料涂饰工程应涂饰均匀、黏结牢固，不得漏涂、透底、起皮和反锈。

检验方法：观察；手摸检查。

4)溶剂型涂料涂饰工程的基层处理应符合上述“1.(5)”中的相关要求。

检验方法：观察；手摸检查；检查施工记录。

(2)一般项目。

1)色漆的涂饰质量和检验方法应符合表 2-11-4 的规定。

表 2-11-4　色漆的涂饰质量和检验方法

项次	项目	普通涂饰	高级涂饰	检验方法
1	颜色	均匀一致	均匀一致	观察
2	光泽、光滑	光泽基本均匀 光滑无挡手感	光泽均匀 一致光滑	观察、手摸检查
3	刷纹	刷纹通顺	无刷纹	观察
4	裹棱、流坠、皱皮	明显处不允许	不允许	观察
5	装饰线、分色线 直线度允许偏差/mm	2	1	拉 5 m 线，不足 5 m 拉通线，用钢直尺检查
注：无光色漆不检查光泽。				

2)清漆的涂饰质量和检验方法应符合表 2-11-5 的规定。

表 2-11-5　清漆的涂饰质量和检验方法

项次	项目	普通涂饰	高级涂饰	检验方法
1	颜色	基本一致	均匀一致	观察
2	木纹	棕眼刮平、木纹清楚	棕眼刮平、木纹清楚	观察
3	光泽、光滑	光泽基本均匀 光滑无挡手感	光泽均匀 一致光滑	观察、手摸检查
4	刷纹	无刷纹	无刷纹	观察
5	裹棱、流坠、皱皮	明显处不允许	不允许	观察

3)涂层与其他装修材料和设备衔接处应吻合，界面应清晰。

检验方法：观察。

4. 美术涂料涂饰工程施工质量标准及检验

(1)主控项目。

1)美术涂饰所用材料的品种、型号和性能应符合设计要求。

检验方法：观察；检查产品合格证书、性能检测报告和进场验收记录。

2)美术涂饰工程应涂饰均匀、黏结牢固，不得有漏涂、透底、起皮、掉粉和反锈。

检验方法：观察；手摸检查。

3)美术涂饰工程的基层处理应符合上述“1.(5)”中的相关要求。

检验方法：观察；手摸检查；检查施工记录。

4)美术涂饰的套色、花纹和图案应符合设计要求。

检验方法：观察。

(2)一般项目。

1)美术涂饰表面应洁净，不得有流坠现象。

检验方法：观察。

2)仿花纹涂饰的饰面应具有被模仿材料的纹理。

检验方法：观察。

3)套色涂饰的图案不得移位，纹理和轮廓应清晰。

检验方法：观察。

任务 11.2　裱糊工程施工

裱糊工艺是古老而传统的一种装饰工艺，同涂料工艺一样，随着科学的进步和工业的发展，新材料、新工艺和新技术使裱糊工程的内容向多样化发展。裱糊饰面工程简称“裱糊工程”，是指在室内平整光洁的墙面、吊顶面、柱体面和室内其他构件表面，用壁纸、墙布等材料裱糊的装饰工程。随着科学技术的不断发展，品种繁多的“绿色”壁纸已广泛使用在娱乐场所、宾馆、家居领域。

11.2.1　裱糊工程施工材料

裱糊工程的主要材料包括饰面的各种壁纸、墙布以及起黏结作用的各种胶粘剂等。

壁纸裱糊工程

1. 壁纸、墙布

壁纸和墙布的种类很多，分类方式也多种多样，按外观装饰效果分，有印花壁纸、压花壁纸、浮雕壁纸等；按施工方法分，有现场刷胶裱糊、背面预涂压敏胶直接铺贴的。在习惯上一般将壁纸分为三类，即普通壁纸、发泡壁纸和特种壁纸。其特点和适用范围见表 2-11-6。

表 2-11-6　壁纸特点与适用范围

类别	品种	特点	适用范围
普通壁纸	单色压花壁纸	花色品种多，适用面广，价格低。可制成仿丝绸、织锦等图案	居住和公共建筑内墙面
	印花壁纸	可制成各种色彩图案，并可压出立体感的凹凸花纹	
发泡壁纸	低发泡、中发泡、高发泡	中、高档次的壁纸，装饰效果好，并兼有吸声功能，表面柔软，有立体感	居住和公共建筑内墙面
特种壁纸	耐水壁纸	用玻璃纤维毡作基材	卫生间浴室等墙面
	防火壁纸	有一定的阻燃防火性能	防火要求较高的室内墙面
	金属面壁纸	具有金属质感与光泽，华贵又美丽，价格昂贵	多用于高级公共建筑厅堂
	木屑壁纸	可在纸上漆成各种颜色，表面粗糙，别具一格	多用于高级公共厅建筑厅堂
	彩色砂粒壁纸	具有一定的质感，装饰效果好	一般室内局部装饰
	纤维壁纸	质感强，并可使之与室内织物协调，以形成气氛高雅、舒适的环境	居住和公共建筑内墙面
	聚氯乙烯壁纸（PVC 塑料壁纸）	以纸或布为基材，PVC 树脂为涂层，经复印印花、压花、发泡等工序制成。具有花色品种多样，耐磨、耐折、耐擦洗，可选性强等特点，是目前产量最大、应用最广泛的一种壁纸。经过改进的、能够生物降解的 PVC 环保壁纸，无毒、无味、无公害	各种建筑物的内墙面及吊顶

续表

类别	品种	特点	适用范围
特种壁纸	织物复合壁纸	将丝、棉、毛、麻等天然纤维复合于纸基上制成。具有色彩柔和、透气、调湿、吸声、无毒、无味等特点，但价格偏高，不易清洗	饭店、酒吧等高级墙面点缀
	金属壁纸	以纸为基材，涂覆一层金属薄膜制成。具有金碧辉煌，华丽大方，不老化，耐擦洗，无毒、无味等特点。金属箔非常薄，很容易折坏，基层必须非常平整洁净，应选用配套胶粉裱糊	公共建筑的内墙面、柱面及局部点缀
	复合纸质壁	将双层纸（表纸和底纸）施胶、层压，复合在一起，再经印刷、压花、表面涂胶制成。具有质感好、透气、价格较便宜等特点	各种建筑物的内墙面

壁纸、墙布性能的国际通用标志如图 2-11-2 所示。

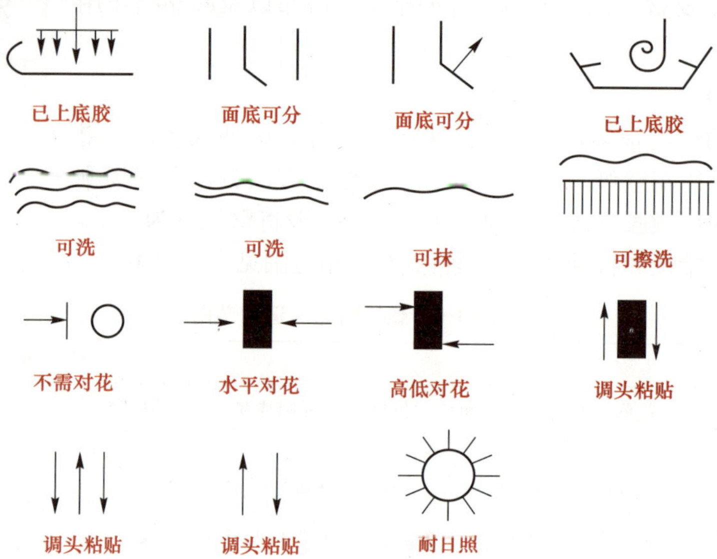

图 2-11-2　壁纸、墙布性能的国际通用标志

2. 胶粘剂

裱糊工程常用的胶粘剂包括聚乙烯醇缩甲醛胶（108 胶）、801 胶、聚醋酸乙烯胶粘剂（白乳胶）、SG8104 胶、粉末壁纸胶等。裱糊工程常用胶粘剂的主要性能特点和用途见表 2-11-7。

表 2-11-7　裱糊工程常用胶粘剂的主要性能特点和用途

胶粘剂的品种	主要性能特点	用途
108 胶	由聚乙烯醇与甲醛在酸性介质中进行缩合反应而制得的一种透明水溶液。其无臭、无味、无毒，有良好的粘结性能	可用于壁纸、墙布的裱糊，还可用作室内外墙面、地面涂料的配制材料。在普通水泥砂浆内加入 108 胶后，能增加砂浆与基层的黏结力

续表

胶粘剂的品种	主要性能特点	用途
801 胶	由聚乙烯醇与甲醛在酸性介质中经缩聚反应，再经氨基化后而制得的。它是一种微黄色或无色透明的胶体。其具有无毒、不燃、无刺激性气味等特点，耐磨性、剥离强度等优于 108 胶	可用于墙布、墙纸、瓷砖及水泥制品等的粘贴，也可以作为地面、内外墙涂料的胶料
白乳胶	由醋酸与乙烯合成醋酸乙烯，再经乳液聚合而成。其黏结强度高、耐久性好，抗老化，可常温固化、配制使用方便	广泛用于壁纸、墙布、防水涂料和木材的胶结材料，也可作为水泥砂浆的增强剂
SG8104 胶	一种白色胶液，其无臭、无毒、耐水耐潮性好，对温度、湿度引起的胀缩适应性能好，不开胶	适用在水泥砂浆、混凝土、水泥石棉板、石膏板、胶合板等墙面粘贴纸基塑料壁纸
粉末壁纸胶	一种粉末状的固体，能在冷水中溶解，使用前将胶粉以 1∶17 的比例与清水搅匀混合，搅拌 10 min 后形成糊状时即可使用。其黏度适中，无毒、无味，防潮、防霉，干后无色，不污染墙纸，并具有使用方便、便于包装运输等优点	可用于各类基层的墙纸及墙布的粘贴

11.2.2 裱糊工程施工工艺流程

按照装饰施工的规范要求，在不同基层上的复合墙纸、塑料墙纸、墙布及带胶墙纸裱糊的主要工序见表 2-11-8。

裱糊工程施工工艺流程为：基层处理→刷底漆→基层弹线→壁纸、墙布处理→涂刷胶粘剂→裱糊→细部处理→成品保护。

裱糊工程施工工艺

表 2-11-8　裱糊的主要工序

项次	工作名称	抹灰面混凝土				石膏板面				木料面			
		复合壁纸	PVC 壁纸	墙布	带背胶壁纸	复合壁纸	PVC 壁纸	墙布	带背胶壁纸	复合壁纸	PVC 壁纸	墙布	带背胶壁纸
1	清扫基层、填补缝隙、用砂纸磨平	+	+	+	+	+	+	+	+	+	+	+	+
2	接缝处糊条					+	+	+	+	+	+	+	+
3	找补腻子、磨砂纸					+	+	+	+	+	+	+	+
4	满刮腻子、磨平	+	+	+	+								
5	涂刷涂料一遍									+	+	+	+
6	涂刷底胶一遍	+	+	+	+	+	+	+	+				
7	墙面画准线	+	+	+	+	+	+	+	+	+	+	+	+
8	壁纸浸水润湿		+		+		+		+		+		+

续表

项次	工作名称	抹灰面混凝土				石膏板面				木料面			
		复合壁纸	PVC壁纸	墙布	带背胶壁纸	复合壁纸	PVC壁纸	墙布	带背胶壁纸	复合壁纸	PVC壁纸	墙布	带背胶壁纸
9	壁纸涂刷胶粘剂	+			+								
10	基层涂刷胶粘剂	+	+	+		+	+	+		+	+	+	
11	纸上墙、裱糊	+	+	+	+	+	+	+	+	+	+	+	+
12	拼缝、搭接、对花	+	+	+	+	+	+	+	+	+	+	+	+
13	赶压胶粘剂、气泡	+	+	+	+	+	+	+	+	+	+	+	+
14	裁边		+			+					+		
15	擦净挤出的胶液	+	+	+	+	+	+	+	+	+	+	+	+
16	清理修整	+	+	+	+	+	+	+	+	+	+	+	+

注：1. 表中“+”号表示应进行的工序。
2. 不同材料的基层相接处应糊条。
3. 混凝土表面和抹灰表面必要时可增加满刮腻子遍数。
4.“裁边”工序，在使用宽为 920 mm、1 000 mm、1 100 mm 等需重叠对花的 PVC 压延壁纸时进行。

1. 基层处理

裱糊之前，应进行基层处理，应用封闭底胶涂刷基层，基层处理质量应达到下列要求：

裱糊工程施工

(1)新建筑物的混凝土或抹灰基层墙面在刮腻子前应涂刷抗碱封底漆。

(2)旧墙面在裱糊前应清除疏松的旧装修层，并涂刷界面剂，以利于黏结牢固。

(3)混凝土或抹灰基层含水率不得大于 8%，木材基层的含水率不得大于 12%。

(4)基层的表面应坚实、平整，不得有老化、起皮、裂缝和凸出物，色泽应基本一致，有防潮要求的基体和基层，应事先进行防潮处理。

(5)基层批刮腻子应平整、坚实、牢固，无粉化、起皮和裂缝；腻子的黏结强度应符合《建筑室内用腻子》(JG/T 298—2010)的规定。

(6)裱糊基层的表面平整度、立面垂直度及阴阳角方正，应符合《建筑装饰装修工程质量验收规范》(GB 50210—2001)对高级抹灰的要求。

2. 刷底漆

为防止基层吸水过快，用排笔在基层表面先涂刷 1～2 遍胶水(801 胶：水=1：1)或清油作底胶进行封闭处理，涂刷时要均匀，不漏刷。

3. 基层弹线

(1)为了使裱糊饰面横平竖直、图案端正、装饰美观，每个墙面第一幅壁纸墙布都要挂垂线找直，作为裱糊施工的基准标志线，自第二幅开始，可先上端后下端对缝依次裱糊，以保证裱糊饰面分幅一致，并防止累积歪斜。

(2)对于图案形式鲜明的壁纸墙布，为保证做到整体墙面图案对称，应在窗口横向中心部位弹好中心线，由中心线再向两边弹分格线；如果窗口不在中间位置，为保证窗间墙的阳角处图案对称，可在窗间墙弹中心线，然后由此中心线向两侧分幅弹线。对于无窗口的墙面，可以选择一个距离窗口墙面较近的阴角，在距离壁纸墙布幅宽 50 mm 处弹垂线。

(3)对于壁纸墙布裱糊墙面的顶部边缘，如果墙面有挂镜线或天花阴角装饰线时，即以此类线脚的下缘水平线为准，作为裱糊饰面上部的收口；如无此类顶部收口装饰，则应弹出水平线以控制壁纸墙布饰面的水平度。

4. 壁纸、墙布处理

(1)裁割下料。根据设计要求按照图案花色进行预拼，然后裁纸，裁纸长度应比实际尺寸大 20～30 mm。裁纸下刀前，要认真复核尺寸有无出入，尺子压紧壁纸后不得再移动，刀刃贴紧尺边，一气呵成，中间不得停顿或变换持刀角度，手劲要均匀。

(2)浸水润纸。对于裱糊壁纸的事先湿润，传统称为闷水，这是针对纸胎的塑料壁纸的施工工序。对于玻璃纤维基材及无纺贴墙布类材料，遇水后无伸缩变形，所以不需要进行湿润；而复合纸质壁纸则严禁进行闷水处理。聚氯乙烯塑料壁纸遇水或胶液浸湿后即膨胀，需 5～10 min 胀足，干燥后又自行收缩。掌握和利用这一特性是保证塑料壁纸裱糊质量的重要环节。对于金属壁纸，在裱糊前也需要进行适当的润纸处理，但闷水时间应当短些，即将其浸入水槽中 1～2 min 取出，抖掉多余的水，再静置 5～8 min，然后再进行裱糊操作。复合纸基壁纸的湿强度较差，严禁进行裱糊前的浸湿处理。为达到软化此类壁纸以利于裱糊的目的，可在壁纸背面均匀涂刷胶粘剂，然后将其胶面对胶面自然对折静置 5～8 min，即可上墙裱糊。对于带背胶的壁纸，应在水槽中浸泡数分钟后取出，并由底部开始图案朝外卷成一卷，待静置 1 min 后，便可进行裱糊。纺织纤维壁纸不能在水中浸泡，可先用洁净的湿布在其背面稍作擦拭，然后即可进行裱糊操作。

5. 涂刷胶粘剂

壁纸墙布裱糊胶粘剂的涂刷，应当做到薄而均，不得漏刷；墙面阴角部位应增刷胶粘剂 1～2 遍。墙纸背面刷胶后，应将胶面与胶面反复对叠，如图 2-11-3 所示，以免胶干得太快，也便于上墙，并使裱糊的墙面整洁平整。对于自带背胶的壁纸，则无须再涂刷胶粘剂。

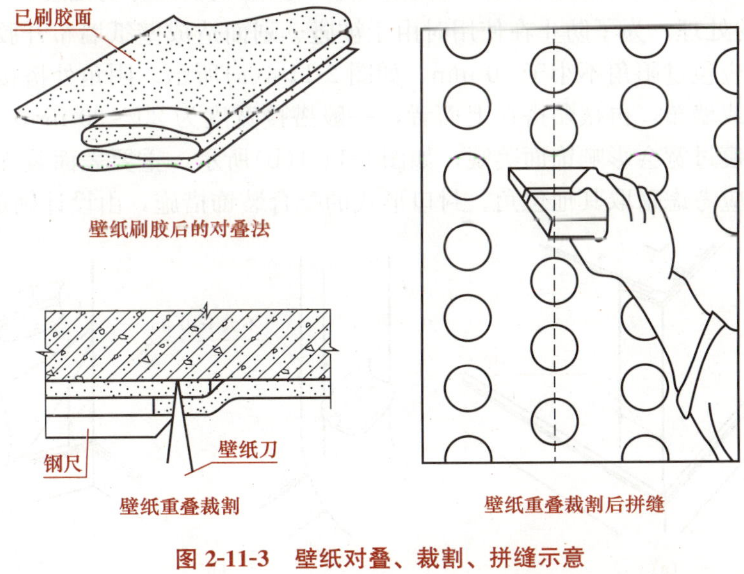

图 2-11-3　壁纸对叠、裁割、拼缝示意

(1)聚氯乙烯塑料壁纸用于墙面裱糊时，其背面可以不涂胶粘剂，只在被裱糊基层上施涂胶粘剂。当塑料壁纸裱糊于顶棚时，基层和壁纸背面均应涂刷胶粘剂。

(2)纺织纤维壁纸、化纤贴墙布等品种，为了增强其裱贴黏结能力，材料背面及装饰基层表面均应涂刷胶粘剂。复合纸基壁纸采用纸背涂胶进行静置软化后，裱糊时其基层也应涂刷胶粘剂。

(3)玻璃纤维墙布和无纺贴墙布，要求选用黏结强度较高的胶粘剂，只需将胶粘剂涂刷于裱贴面基层上，而不必同时也在布的背面涂胶。

(4)金属壁纸质脆而薄，在其纸背涂刷胶粘剂之前，应准备一卷未开封的发泡壁纸或一个长度大于金属壁纸宽度的圆筒，然后一边在已经浸水后阴干的金属壁纸背面刷胶，一边将刷过胶的部分向上卷在发泡壁纸卷或圆筒上。

(5)锦缎涂刷胶粘剂时，由于材质过于柔软，传统的做法是先在其背面衬糊一层宣纸，使其略有挺韧平整，而后在基层上涂刷胶粘剂进行裱糊。

6. 裱糊

裱糊的基本顺序是：先垂直面，后水平面；先细部，后大面；先保证垂直，后对花拼缝；垂直面先上后下，先长墙面，后短墙面；水平面是先高后低。裱糊饰面的大面，尤其是装饰的显著部位，应尽可能采用整幅壁纸墙布，不足整幅者应裱贴在光线较暗或不明显处。与吊顶阴角线、挂镜线、门窗装饰包框等线脚或装饰构件交接处，均应衔接紧密，不得出现亏纸而留下残余缝隙。

(1)根据分幅弹线和壁纸墙布的裱糊顺序编号，从距离窗口处较近的一个阴角部位开始，依次到另一个阴角收口，如此顺序裱糊，其优点是不会在接缝处出现阴影而方便操作。

(2)无图案的壁纸墙布，接缝处可采用搭接法裱糊。

(3)对于有图案的壁纸墙布，为确保图案的完整性及其整体的连续性，裱糊时可采用拼接法。先对花，后拼缝，从上至下图案吻合后，用刮板斜向刮平，将拼缝处赶压密实；拼缝处挤出的胶液，及时用洁净的湿毛巾或海绵擦除。

7. 细部处理

裱糊工程细部处理主要指的是阴阳角的处理和墙面凸出物部分的处理。

(1)阴阳角的处理。为了防止在使用时由于被碰、划而造成壁纸墙布开胶，裱糊时不可在阳角处甩缝，应包过阳角不小于 20 mm，如图 2-11-4(a)所示。阴角处搭接时，应先裱糊压在里面的壁纸或墙布，再裱贴搭在上面者，一般搭接宽度为 20～30 mm；搭接宽度不宜过大，否则其褶痕过宽会影响饰面美观，如图 2-11-4(b)所示。重要表面装饰造型部位的阳角采用搭接时，应考虑采取其他包角、封口形式的配合装饰措施，由设计确定。

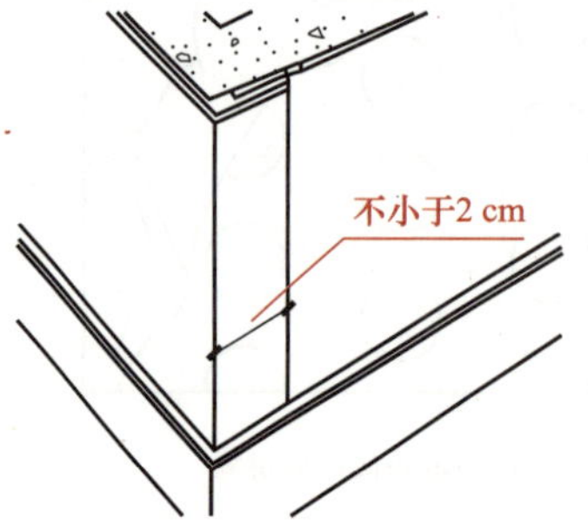

(a)

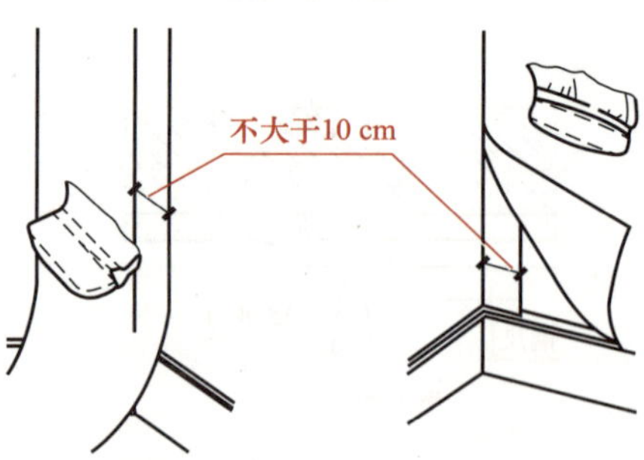

(b)

图 2-11-4　阴阳角处理

(a)阳角贴法；(b)阴角贴法

(2)墙面凸出物部分的处理。遇有基层卸不下的设备或附件，裱糊时可在壁纸墙布上剪口。方法是将壁纸或墙布轻糊于裱贴面凸出物件上，找到中心点，从中心点往外呈放射状剪裁(即所谓"星型剪切")，如图 2-11-5 所示。再使壁纸墙布舒平，用笔描出物件的外轮廓线，轻轻拉起多余的壁纸墙布，剪去不需要的部分，如此沿轮廓线套割贴严，不留缝隙。

图 2-11-5　墙面凸出物部分的处理

8. 成品保护

(1)壁纸、墙布、锦缎修饰面与裱糊完的房间应及时清理干净，不准作临时料房或休息室，避免污染和损坏。应设专人负责管理，如及时锁门，定期通风换气、排气等。

(2)在整个墙面装饰工程裱糊施工过程中，严禁非操作人员随意触摸成品。

(3)暖通、电气、上下水管道及其他设备等进行安装或修理过程中，操作者应注意保护墙面，严防污染和损坏成品。

(4)严禁在已裱糊完墙布、锦缎的房间内剔眼打洞。若纯属设计变更所至，也应采取可靠、有效的措施，施工时要仔细，小心保护，施工后要及时认真修补，以保证成品完整。

(5)二次补油漆、涂浆活及地面水磨石、花岗石清理打蜡时，要注意保护成品，防止污染、碰撞与损坏墙面。

(6)墙面裱糊时，各道工序必须严格按照规程施工，操作时要做到干净利落，边缝要切割整齐到位，胶痕及时擦干净。

(7)冬期在采暖条件下施工，要派专人负责看管，严防发生跑水、渗漏水等灾害性事故。

墙面裱糊视频

11.2.3　裱糊工程施工质量标准及检验

适用于聚氯乙烯塑料壁纸、复合纸质壁纸、墙布等裱糊工程的质量验收。

1. 主控项目

(1)壁纸、墙布的种类、规格、图案、颜色和燃烧性能等级必须符合设计要求及国家现行标准的有关规定。

检验方法：观察；检查产品合格证书、进场验收记录和性能检测报告。

(2)裱糊工程基层处理质量应符合下列要求：

1)新建筑物的混凝土或抹灰基层墙面在刮腻子前应涂刷抗碱封闭底漆。

2)旧墙面在裱糊前应清除疏松的旧装修层，并涂刷界面剂。

3)混凝土或抹灰基层含水率不得大于 8%；木材基层的含水率不得大于 12%。

裱糊工程施工质量管理

4)基层腻子应平整、坚实、牢固，无粉化、起皮和裂缝；腻子的黏结强度应符合《建筑室内用腻子》(JG/T 298—2010)的规定。

5)基层表面平整度、立面垂直度及阴阳角方正应达到《建筑装饰装修工程质量验收规范》(GB 50210—2001)的相关要求。

6)基层表面颜色应一致。

7)裱糊前应用封闭底胶涂刷基层。

检验方法：观察；手摸检查；检查施工记录。

(3)裱糊后各幅拼接应横平竖直，拼接处花纹、图案应吻合，不离缝，不搭接，不显拼缝。

检验方法：观察；拼缝检查距离墙面 1.5 m 处正视。

(4)壁纸、墙布应粘贴牢固，不得有漏贴、补贴、脱层、空鼓和翘边。

检验方法：观察；手摸检查。

2. 一般项目

(1)裱糊后的壁纸、墙布表面应平整，色泽一致，不得有波纹起伏、气泡、裂缝、皱褶及斑污，斜视时应无胶痕。

检验方法：观察；手摸检查。

(2)复合压花壁纸的压痕及发泡壁纸的发泡层应无损坏。

检验方法：观察。

(3)壁纸、墙布与各种装饰线、设备线盒应交接严密。

检验方法：观察。

(4)壁纸、墙布边缘应平直整齐，不得有纸毛、飞刺。

检验方法：观察。

(5)壁纸、墙布阴角处搭接应顺光，阳角处应无接缝。

检验方法：观察。

任务 11.3 软包工程施工

软包饰面是现代室内墙面装修常用的做法，它具有吸声、保温、防儿童碰伤、质感舒适且美观大方等特点，特别适用于有吸声要求的会议厅、会议室、多功能厅、娱乐厅、消声室、住宅起居室、影剧院局部墙面及儿童卧室等处。

软包墙面可分为两大类：一类是无吸声层软包墙面；另一类是有吸声层软包墙面。前者适用于吸声要求不高的房间，如会议室、娱乐厅、住宅起居室等；后者适用于吸声要求较高的房间，如会议室多功能厅、消声室及影剧院局部墙面等。

软包墙面的基本构造，基本上可分为底层、吸声层和面层三大部分。

(1)底层。底层要求平整度好，有一定的强度和刚度，多用阻燃型胶合板，除此之外，还可用 FC 板或埃特尼板等。

(2)吸声层。吸声层通常采用轻质不燃多孔材料，如玻璃棉、超细玻璃棉、自熄型泡沫塑料、矿渣棉等。

(3)面层。软包墙面的面层，必须采用阻燃型高档豪华软包面料，如各种人造革及各种豪华装饰布。

软包墙面装饰工程施工工艺标准

11.3.1 施工准备

1. 材料准备

主要有人造革或织锦缎、泡沫塑料或矿渣棉、木条、五夹板、电化铝帽头钉、油轮等。

2. 工具准备

主要有锤子、木工锯、刨子、抹灰用工具。

3. 弹线

软包墙面通常按木龙骨的分档尺寸，在建筑墙面上弹出分格线。

4. 建筑墙面防潮处理

在已做好装饰基层抹灰的建筑墙上，均匀地满涂 3～4 mm 防水建筑胶粉防潮层一道，须三遍成活。

软包施工工艺流程

11.3.2 软包墙面的施工

1. 无吸声层软包墙面

无吸声层软包墙面的施工工艺流程为：墙内预留防腐木砖→抹灰→涂防潮层→钉木龙骨→墙面软包。其基本构造如图 2-11-6 和图 2-11-7 所示。

软包工程施工工艺(图解)

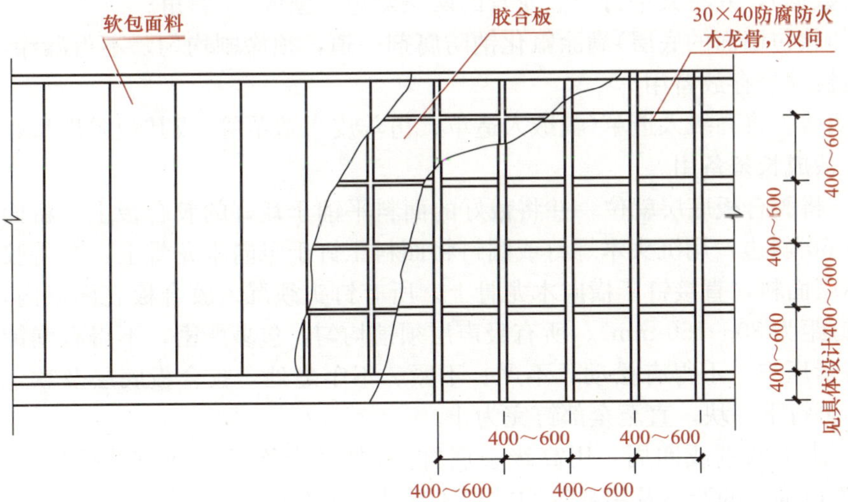

图 2-11-6 吸声层软包墙面构造(立面图)

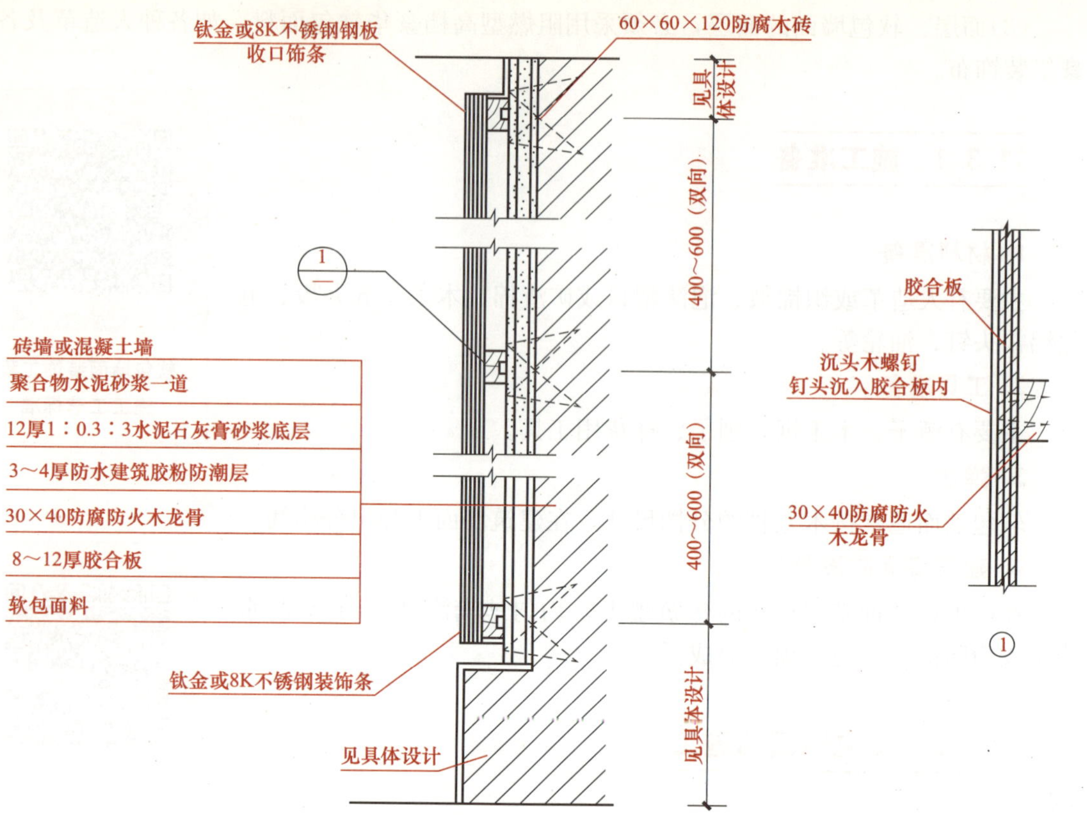

图 2-11-7　吸声层软包墙面构造(剖面图)

(1)软包墙面底层制作。将 8～12 mm 厚双面刨光一级(或特级)阻燃型胶合板按软包墙面横、竖木龙骨中心间距(一般为 400～600 mm，具体间距见具体设计)锯成方块(或矩形块，根据具体设计规定数据)，并将其平行于竖龙骨的两条侧边，刨成 60°斜角。

将锯成的胶合板(即软包墙面的底层)满涂氟化钠防腐剂一道，须涂刷均匀，不得漏涂，不得厚薄不均。涂后将板编号存放备用。

(2)软包墙面面层裁剪。将高级人造革(裁绒人造革、仿羊皮人造革等)或其他阻燃型豪华软包面料按要求尺寸裁成长条备用。

(3)软包墙面施工。将胶合板底层就位，并将裁好的面料平铺于裁好的胶合板上，将面料拉紧，沿胶合板两条 60°斜边，用沉头木螺钉或圆钉将面料压钉于竖向木龙骨上，并将胶合板其余两条直边，不压面料，直接钉于横向木龙骨上。所有钉头须沉入胶合板表面以内，钉孔用油性腻子腻平(钉距为 80～150 mm)。所有吸声层须铺均匀，包裹严密，不得有漏铺之处。胶合板与面料挤紧压牢，不得有松动、不严、不紧、不牢之处，胶合板底层及软包面料钉完一块，即继续再钉下一块，直至全部钉完为止。

(4)收口。软包墙面上下两端或四周，用高级金属饰条(如钛金饰条、8K 不锈钢钢条等)或其他饰条收口。收口饰条的造型及用料等均按具体设计规定办理。

(5)检查、修理。全部软包墙面施工完毕后，须详加检查。如有面料褶皱、面料不平、面料松动、压缝不紧或其他质量问题，均应彻底加以修理。

2. 有吸声层软包墙面施工

(1)胶合板压钉面料法。

1)软包墙面底层制作。同无吸声层软包墙面。其构造如图 2-11-8 和图 2-11-9 所示。

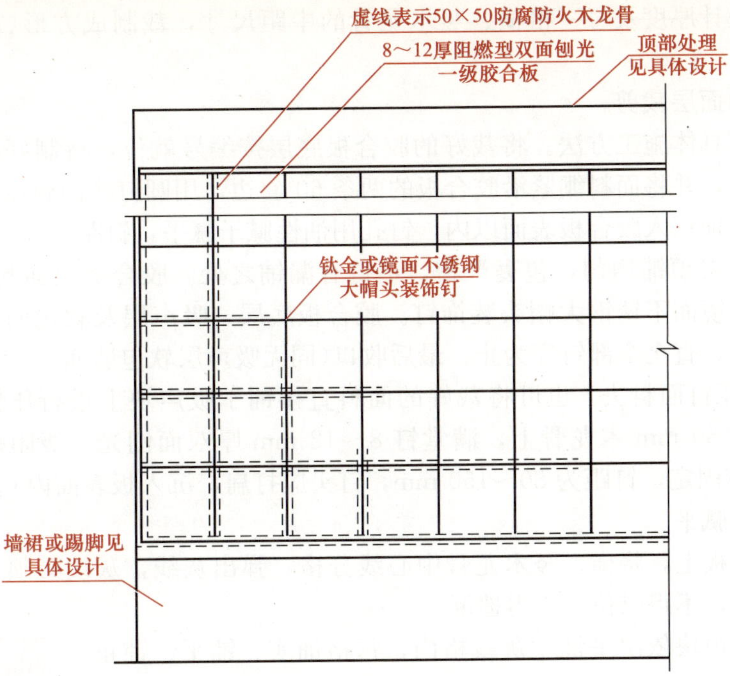

图 2-11-8　有吸声层-胶合板压钉面料法(立面图)

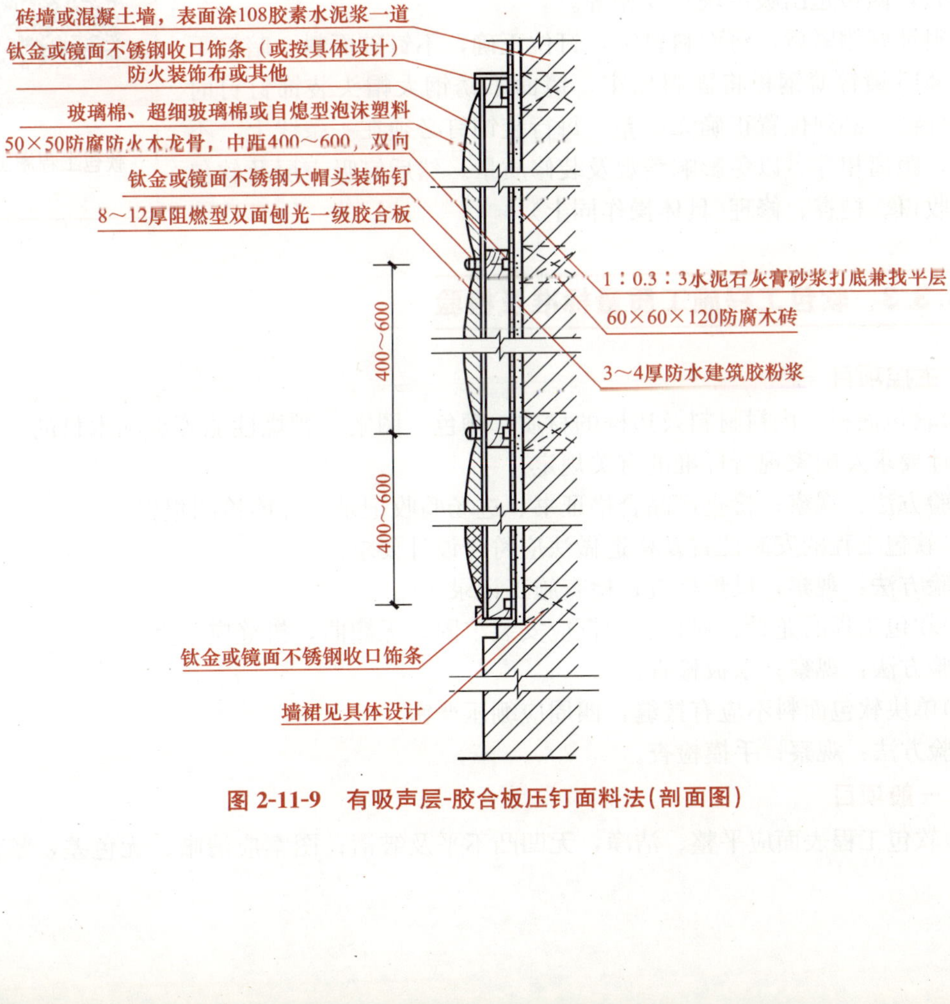

图 2-11-9　有吸声层-胶合板压钉面料法(剖面图)

2)软包墙面吸声层制作。根据具体设计的规定，采用玻璃棉、超细玻璃棉、自熄型泡沫塑料等。按设计厚度及每一格横、竖木龙骨的中距尺寸，裁制成方形(或矩形)吸声块，存放备用。

3)软包墙面面层裁剪。

4)软包墙面具体施工方法。将裁好的胶合板底层按编号就位，将制好的吸声块平铺于胶合板底层之上，并将面料绷紧沿胶合板的两条60°斜边，用圆钉将面料压钉于竖向木龙骨上。所有钉头，须沉入胶合板表面以内，钉孔用油性腻子腻平，钉距为80～150 mm。

5)所有吸声层须铺均匀，包裹严密，不得有漏铺之处。胶合板及面料压紧钉牢以后，再在四角处加钉镜面不锈钢大帽头装饰钉。胶合板底层、吸声层及软包面料钉完一块，即继续再钉下一块，直至全部钉完为止。最后收口(同无吸声层软包墙面)。

(2)吸声层压钉面料法。也可将裁好的面料直接铺于吸声块上进行压钉，其余做法同前。在50 mm×50 mm木龙骨上，满堂钉8～12 mm厚双面刨光一级阻燃型胶合板。用25～35 mm圆钉固定，钉距为80～150 mm，钉头应打扁，沉入板表面内0.5～1.5 mm处，钉眼用油性腻子腻平。

在满堂胶合板上，将横、竖木龙骨中心线分格，弹出灰线，灰线必须正确无误，横平竖直，不得歪斜，不得错位，不得遗漏。

将制好的吸声块依次平铺于灰线格内，每格铺实、铺平、铺正，不歪不超格。

将裁好的软包面料平铺于吸声块上，须四边拉紧，铺平、铺正，不得歪斜，四边超出吸声块宽度相等。

面料铺好绷紧后，将面料钉牢，钉位正确，不钉破面料，暗钉下应加垫Φ15镀锌薄钢板将面料压牢。镜面不锈钢大帽头装饰钉钉时须特别仔细，必须位置正确无偏差。每行装饰钉必须在一条线上，不得弯曲，距离相等，以免影响美观及装修质量。然后钉吸声层及软包面料。收口、检查、修理(具体操作同上)。

软包工程施工方案

11.3.3 软包工程施工质量标准及检验

1. 主控项目

(1)软包面料、内衬材料及边框的材质、颜色、图案、燃烧性能等级和木材的含水率应符合设计要求及国家现行标准的有关规定。

检验方法：观察；检查产品合格证书、进场验收记录和性能检测报告。

(2)软包工程的安装位置及构造做法应符合设计要求。

检验方法：观察；尺量检查；检查施工记录。

(3)软包工程的龙骨、衬板、边框应安装牢固，无翘曲，拼缝应平直。

检验方法：观察；手扳检查。

(4)单块软包面料不应有接缝，四周应绷压严密。

检验方法：观察；手摸检查。

2. 一般项目

(1)软包工程表面应平整、洁净，无凹凸不平及皱褶；图案应清晰、无色差，整体应协调美观。

检验方法：观察。

(2)软包边框应平整、顺直、接缝吻合。其表面涂饰质量应符合《建筑装饰装修工程质量验收规范》(GB 50210—2001)的相关要求。

检验方法：观察；手摸检查。

(3)清漆涂饰木制边框的颜色、木纹应协调一致。

检验方法：观察。

(4)软包工程安装的允许偏差和检验方法应符合表 2-11-9 的规定。

表 2-11-9　软包工程安装的允许偏差和检验方法

项次	项目	允许偏差/mm	检验方法
1	垂直度	3	用 1 m 垂直检测尺检查
2	边框宽度、高度	0；−2	用钢尺检查
3	对角线长度差	3	用钢尺检查
4	裁口、线条接缝高低差	1	用钢直尺和塞尺检查

复习思考题

1. 涂饰工程施工的操作方法有哪些？
2. 涂料工程基层处理的方法有哪些？
3. 简述内墙面乳胶漆涂料施工工艺流程。
4. 简述油漆涂饰施工工艺流程。
5. 裱糊工程常用的壁纸有哪些类型？
6. 软包墙面可分为哪几类？适用范围如何？
7. 裱糊工程的施工工艺流程是什么？
8. 软包工程的施工工艺流程是什么？

项目 12　楼地面工程施工

知识目标

掌握块料楼地面、整体楼地面施工工艺和工艺要求，掌握楼地面工程的质量标准和检查方法；熟悉楼地面工程的概念、分类和组成，熟悉木质楼地面的施工工艺和工艺要求；了解楼地面工程常用的材料和工具。

能力目标

能够正确选择楼地面工程常用的材料和工具；能编制楼地面工程施工方案；能根据图纸、规范和施工方案组织施工和检查验收。

项目导入

楼地面是房屋建筑底层地平与楼层地平的总称，在建筑中主要有分隔空间，对结构层的加强和保护，满足人们的使用要求以及隔声、保温、找坡、防水、防潮、防渗等作用。施工中要和抹灰、饰面、吊顶等其他室内装饰工程密切配合，施工顺序对保证建筑地面施工质量起着控制作用。施工中应严格遵守《建筑地面工程施工质量验收规范》(GB 50209—2010)和国家现行有关标准规范的规定。楼地面与人、家具、设备等直接接触，承受各种荷载以及物理、化学作用，并且在人的视线范围内所占比例比较大，因此，必须满足以下要求：

(1)满足坚固、耐久性的要求。楼地面面层的坚固、耐久性由室内使用状况和材料特性来决定。楼地面面层应当不易被磨损、破坏，表面平整、不起尘，其耐久性国际通用标准一般为 10 年。

(2)满足安全性的要求。安全性是指楼地面面层使用时防滑、防火、防潮、耐腐蚀、电绝缘性好等。

(3)满足舒适感要求。舒适感是指楼地面面层应具备一定的弹性、蓄热系数及隔声性。

(4)满足装饰性要求。装饰性是指楼地面面层的色彩、图案、质感效果必须考虑室内空间的形态、家具陈设、交通流线及建筑的使用性质等因素，以满足人们的审美要求。

任务 12.1　楼地面工程的基本知识

1. 楼地面构造组成

建筑地面是指建筑物底层地面和楼层地面的总称。底层地面的基本构造层次为面层、垫层和基层(地基)；楼层地面的基本构造层次为面层、基层(楼板)。面层的主要作用是满足使用要求；基层的主要作用是承担面层传来的荷载。为满足找平、结合、防水、防潮、隔声、弹性、保温隔热、管线敷设等功能的要求，往往还要在基层与面层之间增加若干中间层。建筑楼地面构造组成如图 2-12-1 所示。

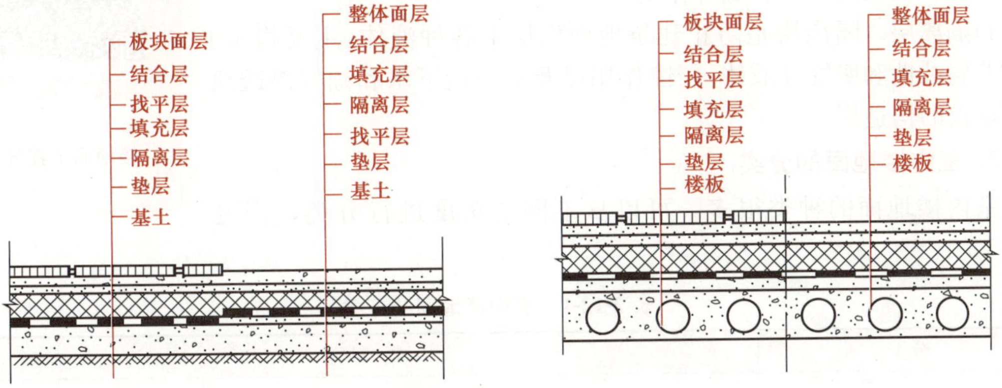

(a)　　(b)

图 2-12-1　建筑楼地面构造组成示意

(a)底层地面构造；(b)楼层地面构造

2. 楼地面各层次作用

正确理解整个建筑地面工程构成各层次的作用，以便能够按不同的使用和功能要求进行施工监督和指导施工，从而保证建筑地面工程的整体质量。

楼地面工程施工

(1)面层。位于楼层的最上层，是室内空间下部的装修层，面层对结构层起着保护作用，使结构层免受破坏，同时，也起装饰室内的作用。

(2)基层。

1)基土。地面基土多为素土或加入石灰、碎砖的夯实土。

2)楼板。楼板是楼层地面的结构层，它承受楼面(含各构造层)上的荷载，如现浇钢筋混凝土楼板或预制整块钢筋混凝土板和钢筋混凝土空心板以及木结构基层。压型楼板是在钢筋混凝土基础上发展起来的，这种组合体系是利用凹凸相间的压型薄钢板作衬板和现浇混凝土浇筑在一起而形成的钢衬板组合楼板，既提高了楼板的强度，又加快了施工进度，近年来主要用于大空间、高层民用建筑和大跨度工业厂房中。

3)垫层。垫层位于基层之上，其作用是将上部的各种荷载均匀地传递给地基，同时，还起着隔声和找坡的作用。垫层按材料性质的不同，分为刚性垫层和非刚垫层两种。刚性垫层，有足够的整体刚度，受力后不产生塑性变形，如低强度混凝土；非刚性垫层，无整体刚度，受力后会产生塑性变形，如砂、碎石、矿渣等散状材料。

(3)构造层。

1)结合层。结合层是面层与下一层相连接的中间层，有时也作为面层的弹性基层。主要指整体面层和板块面层铺设在垫层、找平层上时，用胶凝材料予以连接牢固，以保证建筑地面工程的整体质量，防止面层起壳、空鼓等施工质量造成的缺陷。

2)找平层。找平层是在垫层上、钢筋混凝土板(含空心板)上或填充层(轻质或松散材料)上起整平、找坡或加强作用的构造层。

3)填充层。填充层是当面层、垫层和基土(或结构层)尚不能满足使用要求或因构造上需要，而增设的构造层。主要在建筑地面上起隔声、保温、找坡或敷设管线等作用。

4)隔离层。隔离层是防止建筑地面面层上各种液体(主要指水、油、非腐蚀性和腐蚀性液体)侵蚀作用以及防止地下水和潮气渗透地面而增设的构造层。

楼地面工程分类

3. 室内楼地面的分类

室内楼地面的种类很多，可以从不同的角度进行分类，详见表 2-12-1。

表 2-12-1　室内楼地面的分类

分类	种类
按面层材料分类	水泥砂浆楼地面，细石混凝土楼地面，水磨石楼地面，涂料楼地面，塑料楼地面，橡胶楼地面，花岗岩、大理石楼地面，地砖楼地面，木楼地面，地毯楼地面
按使用功能分类	不发火楼地面、防静电楼地面、防油楼地面、低温辐射热水采暖楼地面、防腐蚀楼地面、种植土(绿化)楼地面、综合布线楼地面
按装饰效果分类	美术楼地面、席纹楼地面、拼花楼地面
按构造方法和施工工艺分类	整体式楼地面、板块式楼地面

任务 12.2　楼地面工程的一般规定及要求

12.2.1　楼地面工程的一般规定

(1)楼地面工程的施工一般包括石材(包括人造石材)、地面砖、实木地板、竹地板、实木复合地板、强化复合地板、地毯等材料的地面面层的铺贴安装施工。

(2)楼地面铺装宜在地面隐蔽工程、吊顶工程、墙面抹灰工程完成并验收后进行。地面面层的铺装所用龙骨、垫木及毛地板等木料的含水率，以及树种、防腐、防蚁、防水处理均应符合有关规定。

楼地面装饰工程施工

(3)楼地面面层应有足够的强度，其表面质量应符合现行国家标准、规范的有关规定。地面铺装下的隐蔽工程，如电线、电缆等，在地面铺装前应完成并验收。

(4)楼地面铺装图案及固定方法等应符合设计要求。依施工程序，各类地面面层铺设宜在顶、墙面工程完成后进行。

(5)天然石材在铺装前应采取防护措施，防止出现污损、泛碱等现象。天然石材采用湿作业法铺贴，面层会出现反白污染，是混凝土外加剂中的碱性物质所致，因此，应进行防碱背涂处理。

(6)湿作业施工现场环境温度宜在 5 ℃以上。

12.2.2 楼地面工程装饰的一般要求

1. 做法要求

建筑地面应按设计要求设置变形缝，防止面层开裂。建筑地面的沉降缝、伸缝、缩缝和防震缝，应与结构相应缝的位置一致，且应贯通建筑地面的各构造层；沉降缝和防震缝的宽度应符合设计要求，缝内清理干净，以柔性密封材料填嵌后用板封盖，并应与面层齐平。

建筑地面一般设置镶边，达到装饰、加固和分割的目的。当建筑地面采用镶边时，应按设计要求设置并应符合下列规定：

(1)有强烈机械作用下的水泥类整体面层与其他类型的面层邻接处，应设置金属镶边构件；

(2)具有较大振动或变形的设备基础与周围建筑地面的邻接处，应沿设备基础周边设置贯通建筑地面各构造层的沉降缝(防震缝)，缝的处理应执行相关规定；

(3)采用水磨石整体面层时，应用同类材料镶边，并用分格条进行分格；

(4)条石面层和砖面层与其他面层邻接处，应用顶铺的同类材料镶边；

(5)采用木、竹面层和塑料板面层时，应用同类材料镶边；

(6)地面面层与管沟、孔洞、检查井等邻接处，均应设置镶边；

(7)管沟、变形缝等处的建筑地面面层的镶边构件，应在面层铺设前装设；

(8)建筑地面的镶边宜与柱、墙面或踢脚线的变化协调一致。

厕浴间、厨房和有排水(或其他液体)要求的建筑地面面层与相连接各类面层的标高差应符合设计要求。

2. 材料要求

建筑地面工程采用的材料或产品应符合设计要求和国家现行有关标准的规定。无现行国家标准的，应具有省级住房和城乡建设行政主管部门的技术认可文件。材料或产品进场时应有质量合格证明文件；并应对型号、规格、外观等进行验收，对重要材料或产品应抽样进行复验。

建筑地面采用的大理石、花岗石、料石等天然石材以及砖、预制板块、地毯、人造板材、胶粘剂、涂料、水泥、砂、石、外加剂等材料或产品，应符合现行国家有关室内环境污染控制和放射性、有害物质限量的规定。材料进场时应具有检测报告。

厕浴间和有防滑要求的建筑地面应符合设计防滑要求，以满足浴厕间使用功能要求，防止使用时对人体的伤害。

3. 施工要求

从事建筑地面工程施工的建筑施工企业应有质量管理体系和相应的施工工艺技术标准。

建筑地面各构造层施工时，要严格按施工顺序要求，并强调中间交接质量检验，避免上层与下层因施工质量缺陷而造成的返工，以保证建筑地面(含构造层)工程整体施工质量水平的提高。一般要求，建筑地面工程基层(各构造层)和面层的铺设，均应待其下一层检验合格后方可施工上一层；建筑地面工程各层铺设前与相关专业的分部(子分部)工程、分项工程以及设备管道安装工程之间，应进行交接检验；建筑地面下的沟槽、暗管、保温、隔热、隔声等工程完工后，应经检验合格并做隐蔽记录，方可进行建筑地面工程的施工。

建筑地面工程施工时，适宜的环境温度不仅是使各层具有正常凝结和硬化的条件，更主要的是保证了工程质量。各层环境温度控制规定有：采用掺有水泥、石灰的拌合料铺设以及用石油沥青胶结料铺贴时，不应低于 5 ℃；采用有机胶粘剂粘贴时，不宜低于 10 ℃；采用砂、石材料铺设时，不应低于 0 ℃；采用自流平、涂料铺设时，不应低于 5 ℃，也不应高于 30 ℃。

有坡度的地面应采用基土高差达到设计要求的坡度；铺设有坡度的楼面(或架空地面)应采用在钢筋混凝土板上变更填充层(或找平层)铺设的厚度或以结构起坡达到设计要求的坡度，保证建筑地面工程起坡的正确性。

室外散水、明沟、踏步、台阶和坡道等，其面层和基层(各构造层)均应符合设计要求。施工时应按相关规定执行。

水泥混凝土散水、明沟应设置伸缩缝，其延长米间距不得大于 10 m，对日晒强烈且昼夜温差超过 15 ℃的地区，其延长米间距宜为 4～6 m。水泥混凝土散水、明沟和台阶等与建筑物连接处及房屋转角处应设缝处理。上述缝的宽度应为 15～20 mm，缝内应填嵌柔性密封材料。

建筑地面工程完工后，应对面层采取保护措施，要把成品保护工作看作一个非常必要的工序，保证面层完工后的表面免遭破损。否则，前功尽弃，无法满足使用功能，达不到装饰效果。

任务 12.3 楼地面工程面层的施工准备

12.3.1 常用材料

楼地面工程

1. 水泥

水泥砂浆地面和混凝土地面宜选用高强度等级的水泥。白色或浅色的水磨石面层应采用白水泥，深色水磨面层宜采用硅酸酸水泥，同颜色的面层应使用同一批水泥。

2. 大理石、花岗石

建筑地面使用的天然石材(大理石、花岗石等)，必须符合现行国家标准《建筑材料放射性核素限量材产品放射防护分类控制标准》

(GB 6566—2010)中有关材料有害物质的限量规定，进场时应具有检测报告。

3. 木、竹

用于木、竹地板面层下的木搁栅、垫木、毛地板等采用的树种，选材标准、断面尺寸、含水率等主要技术指标应符合《木结构工程施工质量验收规范》(GB 50206—2012)的有关规定。材料进场时，应按主要技术指标(断面尺寸、含水率)等进行抽验，数量应符合产品标准和规范的规定。防腐、防蛀、防燃处理应符合相关规范规定。

4. 石粒

水磨石面层石粒应采用质地坚硬、耐磨、洁净的大理石、白云石、方解石、花岗石、玄武岩或辉绿岩等，要求石粒中不含风化颗粒和草屑、泥块、砂粒等杂质。石粒的最大粒径以比水磨石面层厚度小 1～2 mm 为宜。普通水磨石地面宜采用 4～12 mm 的石粒，而大粒径石子彩色水磨石地面宜采用 3～7 mm、10～15 mm、20～40 mm 三种规格的石子组合。石粒粒径过大则不易压平，石粒之间也不易挤压密实。各种石粒应按不同的品种、规格、颜色分别存放，切不可互相混杂，使用时按适当比例配合。除石粒可作水磨石的集料外，质地坚硬的螺壳、贝壳也是很好的集料，这些产品沿海各地都有，来源较广，它们在水磨石中经研磨后，可闪闪发光，显示出珍珠的光彩。

5. 颜料

颜料在水磨石面层中虽然用量不大，但从面层质量和装饰效果来说，却占有相当重要的位置。颜料一般采用耐碱、耐光、耐潮湿的矿物颜料。要求无结块，掺入量根据设计要求并做样板块确定，一般不大于水泥质量的 12%(质量分数)，并以不降低水泥强度为宜。

6. 分格条

分格条也称嵌条，通常主要用黄铜条、铝条和玻璃条三种，另外也有不锈钢、彩色塑料条。

7. 其他材料

草酸是水磨石地面面层抛光材料。草酸为无色晶体，有块状和粉末状两种。由于草酸是一种有毒的化工原料，不能接触食物，对皮肤有一定的腐蚀性，因此，在施工中应注意劳动保护。与草酸混合白色粉末状的氧化铝，可用于水磨石地面面层抛光。水磨石地面面层磨光后用地板蜡做保护层，地板蜡有成品出售，也可根据需要自配蜡液，但应注意防火工作。

12.3.2 楼地面面层的施工准备

楼地面面层的施工准备是指楼地面面层下的构造的施工，即包括基土、垫层、找平层、隔离层和填充层等铺设施工。

1. 基土的施工

地面应铺设在均匀密实的基土上。土层结构被扰动的基土应进行换填，并予以压实。压实系数应符合设计要求。基础施工完毕，进行基槽回填和房心回填时的施工工艺如下：

(1)清理。在回填之前，必须要对基槽、基坑的杂物进行彻底清理。

(2)分层回填。首先必须要正确选择回填土：基土不应用淤泥、腐殖土、冻土、耕植土、膨胀土和建筑杂物作为填土，填土土块的粒径不应大于 50 mm。其次，回填应按设计规定的标高，经测量放线并设置分层控制桩分层回填夯实。每层虚铺填方厚度：用机械压实时，一般不大于 300 mm；用蛙式打夯机夯实时，不应大于 250 mm；用人工夯实时，则不应大于 200 mm。

(3)夯实。首先要检查回填土的含水量，过干、过湿都不易夯实，只有达到最佳含水量，才能夯填密实。所谓最佳含水量，即在现场检测用手握成团、落地开花时的含水量。其次，要根据夯实的机械确定夯实的遍数，常用的夯土方法有人工夯实和机械夯实。

(4)检测。每层夯实完毕，要用环刀进行取样。基坑、室内填土每层按 500～1 000 mm^2 取样一组，基槽每层 20～50 m 取样一组，测定压实后土的干土质量密度满足密实度要求即可进行下一循环：分层回填→分层夯实……直到设计标高。

2. 垫层施工

一般垫层有砂和砂石垫层、碎(砖)石垫层、三合土垫层、炉渣垫层及混凝土垫层等。

(1)砂垫层施工。砂垫层一般用中砂，中砂的砂质应坚实、清洁，不得含有草根等有机杂质，含泥量可放宽至不超过 5%，每层铺设厚度应控制在 60 mm 以上，并应根据不同的夯(压)方式而有所不同，但是，不能采用冻结砂，并要注意在湿陷性黄土和膨胀土地区不得使用砂垫层。

1)清理。对符合要求的基土进行验收后，将基土上的砖、碎杂物品、草皮等有机杂质加以清除。

2)分层铺设。根据所用捣实方法、含水量要求，确定铺设厚度。采用一夯压半夯的夯实方法，分层铺设厚度为 150～200 mm，最佳含水量为 8%～12%；用平板振动器振压(平振法)时，每层铺设厚度为 200～250 mm，最佳含水量为 15%～20%；用插入式振捣器振捣时，铺设厚度为振捣器的插入深度，最佳含水量为饱和状态；采用碾压法时，每层铺设厚度为 250～300 mm，最佳含水量为 10%～12%；如采用水撼法(湿陷性黄土或膨胀土地区不得使用)，即用水浇至饱和后，再用平板式振动器或手工夯压工具进行夯(压)密实，分层铺设每层厚度为 250 mm。

3)逐层夯(压、振)实。按分层铺设方法和含水量要求，应分层铺设洒水湿润，摊铺均匀直至达到厚度时，即可进行夯(压、振)实。由于砂很难夯实，所以，一般只要基土及其以下不是湿陷性土层或膨胀性土层，都可采用水撼法施工。

逐层夯(压、振)实后，必须检测砂垫层的密实度，其检查方法有两种：

①环刀取样法，用容积不小于 200 cm^3 的环刀取样。

②贯入测定法，用直径为 20 mm、长度为 1 250 mm 的平头钢筋，举离砂层面 700 mm 自由下落，插入深度以不大于通过试验所确定的贯入度为合格。

③中砂在中密状态的干土质量密度为 1.55～1.60 g/cm^3。

(2)炉渣垫层施工。炉渣垫层一般用炉渣和水泥，或炉渣、石灰和水泥共同拌和铺设，其厚度和设计无明确要求时，不宜小于 80 mm。使用炉渣时应先泼石灰浆或消石灰拌和浇水闷透，否则，面层会鼓破。所用石灰必须经过熟化和过筛。

常用的配合比为水泥∶炉渣＝1∶6(体积比)，或水泥∶石灰∶炉渣＝1∶1∶8(体积比)，但设计有配合比时，必须按设计要求执行。

炉渣垫层拌合料必须拌和均匀，严格控制加水量(现场检查时，以手握成团为准)，以免铺设时表面呈现泌水现象。

1)清理。将基层表面清扫干净，并洒水湿润。

2)抄平、放线。根据室内+500线，按设计要求弹出炉渣垫层厚度的控制线(桩)，一方面是控制厚度和平整；另一方面是当厚度超过120 mm时便于分层铺设；如铺设面积较大时，还应贴灰饼或冲筋。

3)管道处理。如垫层内埋有管道，放线时应将管道走向弹出，以便敷设管道(线)，然后再用细石混凝土埋设牢固。

4)铺设垫层。铺设炉渣垫层时，应按弹出的控制线(桩)虚铺，平铺平摊，不要集中敷(堆)设；面积大时用木杠按灰饼或冲筋先拍实，然后刮平，要随铺设、随压实、随拍平。拍实(压实)后的厚度，不应大于虚铺厚度的3/4。

5)养护。主要是在炉渣垫层铺设完直至达到规定强度的这一段时间内，必须防止水的侵蚀，而且只有达到规定强度才能进行下一道工序的施工。

(3)混凝土垫层施工。混凝土垫层的强度等级及厚度，必须符合设计要求；当设计无要求时，混凝土的强度等级不得低于C10，厚度则不宜小于60 mm；混凝土垫层应分区段(分仓)进行浇筑，其宽度一般为3～4 m，但应结合变形缝的位置，并考虑不同面层材料的连接处和设备基础的位置等加以划分；混凝土垫层铺在基土上且气温又长期处于零下的房间的地面，必须设置变形缝；室内外混凝土垫层宜设置纵向和横向缩缝，缩缝常见形式如图2-12-2所示。

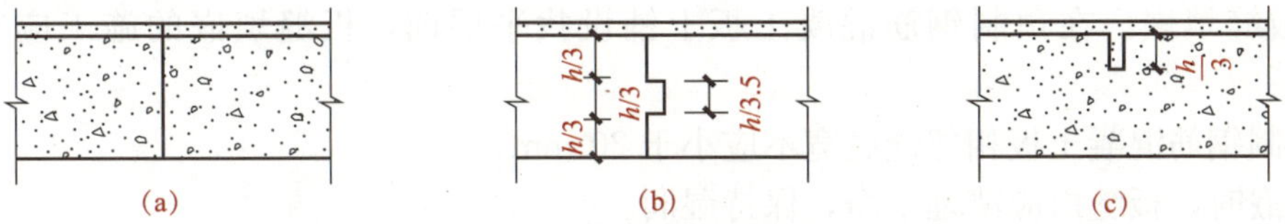

图2-12-2　缩缝形式

(a)平头缝；(b)企口缝；(c)假缝

1)清理。浇筑混凝土前，应将垫层下基土表面的一切杂物清理干净，如有油渍要冲刷清除。

2)抄平、放线。按室内+500 mm基准线进行抄平，设置厚度控制桩(线)，设置施工中的分区段(分仓)线、变形缝；按设计要求为设备安装预留孔洞。

3)支模。根据放线按设计尺寸、坐标点的标定准确地设置模板，设置模板时应考虑变形缝、预留孔洞、预埋件及施工缝设置的位置，并应在支模中随时检查模板的牢固性，核对几何尺寸、坐标位置。模板支完经认证合格后，在浇筑混凝土前，应将模板洒水湿润。

4)浇筑混凝土。浇筑混凝土前，应对原材料、配合比及拌合物坍落度进行检查，确认符合要求后才能浇筑混凝土。混凝土垫层应分区段浇筑，并应结合变形缝的位置，或不同材料的地面连接的位置进行划分。

浇筑中，应按规定留设施工缝，并在混凝土摊铺后，用振捣器振捣密实；振捣时要注意不得碰撞模板。混凝土垫层表面要求平整密实，但不需光滑。

5)养护。混凝土浇捣完毕后的12 h内，应及时加以覆盖和洒水养护。养护时间：普通混凝土，不得少于7 d；对有抗渗性要求的混凝土，不得少于14 d。

3. 找平层施工

在预制钢筋混凝土板上铺设找平层前，必须做好板缝的填嵌和板端的防裂构造装置；符合设计要求和规范规定后，方可继续施工。这是预防地面出现裂缝的重要措施。

找平层宜采用水泥砂浆或水泥混凝土铺设。当找平层厚度小于 30 mm 时，宜用水泥砂浆做找平层；当找平层厚度不小于 30 mm 时，宜用细石混凝土做找平层；找平层铺设前，当其下一层有松散填充料时，应予铺平振实；有防水要求的建筑地面工程，铺设前必须对立管、套管和地漏与楼板节点之间进行密封处理，并应进行隐蔽验收；排水坡度应符合设计要求。

(1)预制构件的安装。预制钢筋混凝土板或梁的安装，都必须保证支座宽度。例如，梁在砖墙上的支座长度或梁垫大小均应符合设计要求；板在砖墙上的支座宽度应不小于 100 mm，在混凝土上支座宽度应不小于 70 mm；坐浆要随铺随座而且板坐落在支座上必须平整稳定，严禁用木楔、石子等杂物垫塞。

预制板安装时，相邻板缝应拉开，其板缝宽度不应小于 20 mm，板缝宽度大于 40 mm 时，板缝内应设置构造钢筋。板与墙平行时，也必须留缝浇筑混凝土，不允许从砖墙上出砖将缝顶严。

如在板缝内暗配铺设管线时，应将板缝适当放宽，并必须将管线吊于板缝中，使之包裹在浇筑的水泥砂浆或混凝土中间。

(2)板端间防裂构造。在支座处按设计要求设置的负弯矩钢筋网片，应距离面层为 15～20 mm，并必须注意避免在施工中网片踩到下面或产生位移。

(3)板缝填嵌。在预制钢筋混凝土板上铺设找平层前，板缝填嵌的施工应符合下列要求：

1)预制钢筋混凝土板相邻缝底宽不应小于 20 mm。

2)填嵌时，板缝内应清理干净，保持湿润。

3)填缝应采用细石混凝土，其强度等级不应小于 C20。填缝高度应低于板面 10～20 mm，且振捣密实；填缝后应养护。当填缝混凝土的强度等级达到 C15 后方可继续施工。

4)当板缝底宽大于 40 mm 时，应按设计要求配置钢筋。

(4)找平层操作要求。找平层一般采用水泥砂浆、混凝土或沥青砂浆、沥青混凝土等，操作中还要遵守下列要求：

1)铺设找平层前，应将下一层表面的残渣污物清理干净。

2)找平层下，如为松散材料，则应铺平振实。

3)如为水泥砂浆找平层，其配合比宜为 1∶3(体积比)，坡度及抹角应符合设计要求，抹平后进行二次压光，表面应压实、平整，并及时充分养护，不得有疏松、脱皮、起砂等现象。

4)混凝土强度等级，如设计无要求时，一般不宜低于 C20，其操作方法与水泥砂浆找平层基本相同。

5)所用碎(卵)石的粒径，不宜大于找平层厚度的 2/3。

6)铺设沥青材料找平层前，涂刷冷底子油的配合比，以及涂刷冷底子油后与铺设找平层的间隔时间，均应通过试验确定。

4. 隔离层施工

有水房间地面有防水(潮)要求的应做隔离层。如盥洗间、浴室、卫生间等，且多以卷材防水为主。

(1)隔离层材料的防水、防油渗性能应符合设计要求。

(2)隔离层的铺设层数(或道数)、上翻高度应符合设计要求。

(3)在水泥类找平层上铺设卷材类、涂料类防水、防油渗隔离层时，其表面应坚固、洁净、干燥。铺设前，应涂刷基层处理剂。基层处理剂应采用与卷材性能相容的配套材料或采用与涂料性能相容的同类涂料的底子油。

(4)当采用掺有防渗外加剂的水泥类隔离层时，其配合比、强度等级、外加剂的复合掺量等应符合设计要求。

(5)铺设隔离层时，在管道穿过楼板面四周，防水、防油渗材料应向上铺涂，并超过套管的上口；在靠近柱、墙处，应高出面层 200～300 mm 或按设计要求的高度铺涂。阴阳角和管道穿过楼板面的根部应增加铺涂附加防水、防油渗隔离层。

(6)隔离层兼作面层时，其材料不得对人体及环境产生不利影响，并应符合现行国家标准的有关规定。

(7)防水隔离层铺设后，应按规定进行蓄水检验，并做好记录。

(8)隔离层施工质量检验还应符合现行国家标准《屋面工程质量验收规范》(GB 50207—2012)的有关规定。

任务 12.4 楼地面工程面层的施工

12.4.1 块料楼地面施工工艺

1. 基层处理

块材地面的施工一般在顶棚、墙面饰面完成后进行，先铺地面，后安装踢脚板。检查铺粘板块部位有无水、暖、电等工种的预埋件，施工前，要彻底清理地面基层上的尘土、砂浆块、白灰块等杂物，如有油渍更需清理，以免引起地面空鼓；并要检查板块的规格、尺寸、颜色、边角等，按施工顺序分类码放。

然后清扫并用水刷净(如为光滑的钢筋混凝土楼面，应凿毛)，提前一天浇水湿润。

2. 弹线、找规矩

块材地面铺贴前，先在房间四周弹出水平控制线，挂线检查地面垫层的平整度，做到心中有数。根据块材的厚度和结合层厚度(水泥砂浆应为 10～15 mm；沥青胶应为 2～5 mm；胶粘剂应为 2～3 mm)，确定平面标高位置。然后将房间规方，如小房间可以一面墙作基线，用弯尺规方；如房间较大或有柱网时，找出中心十字线，即在房间取中点、拉十字线，并据以排砖弹线。与走廊直接相通的门口处，要与走道地面拉通线，分块布置要以十字线对称，如相邻房间地面颜色不同时，分界线应放在门口门扇中间处。但地面铺贴的收边位置不应在门口处，门口处不应出现不完整的板块。

3. 试拼、预排

根据标准线确定铺砌顺序和标准块位置，在选定的位置上，对每个房间的板块，应按图案、颜色、纹理试拼。根据设计图要求把板块排好，以便检查板块之间的缝隙(板的缝隙：花岗岩板不大于 1 mm，水磨石板和水泥花砖不大于 2 mm，预制混凝土板块不应大于 6 mm)，另外，核对板块与墙面、柱、管线洞口等的相对位置，当设计无要求时，宜避免出现板块小于 1/4 边长的边角料，影响感观效果。

4. 铺贴

(1)砖面层。砖面层地面是指采用水泥砂浆或沥青胶泥料或胶粘剂等黏结陶瓷马赛克、缸砖、陶瓷地砖、水泥花砖等。其常见的构造及做法如图 2-12-3 和图 2-12-4 所示。

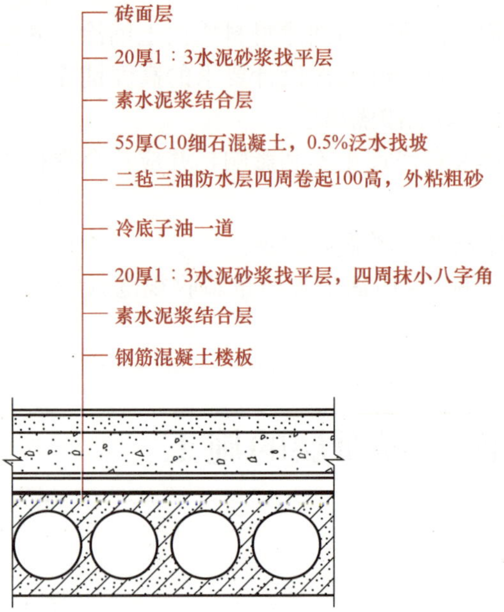

图 2-12-3　楼地面做法示意

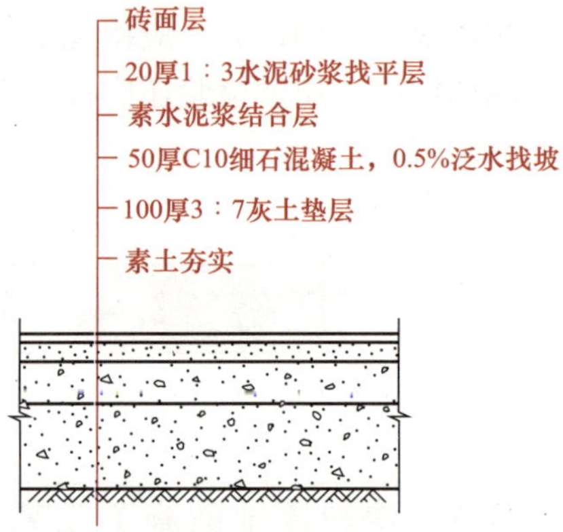

图 2-12-4　地面做法示意

1)陶瓷马赛克。在水泥结合层上铺贴陶瓷马赛克时，结合层铺设和面砖铺贴同时进行。一般是待垫层砂浆具有一定强度后(水泥类基层的抗压强度不得小于 1.2 MPa)，用 1∶1 水泥砂浆铺贴，铺贴前，宜在结合层上刷一遍水泥浆，按规方弹线位置拉通线处铺到预定部位，确认顺直后，在整张砖面上垫以木板，用橡皮锤拍实拍平，使表面平整、密实，并随时用靠尺核查平整度、坡度误差。贴完一段，应洒水湿透纸背，常温下 15 min 左右揭纸，用开刀修理缝隙。然后用 1∶1 水泥砂浆灌缝嵌实。铺贴完后，将陶瓷马赛克表面清扫干净，次日铺干锯木屑养护 3～4 d，养护期间不得上人走动，以免破坏面层。

2)缸砖、陶瓷地砖和水泥花砖。在水泥结合层上铺贴缸砖、陶瓷地砖和水泥花砖面砖时，在铺贴前，应对砖的规格尺寸、外观质量、色泽等进行预选，浸水湿润晾干待用。铺贴时，一般根据排砖尺寸的弹线从中心线开始向两边或从门边向里拉线铺砖(如有镶边则应铺砌镶边部分)，采用 1∶3 干硬性水泥砂浆，砂浆要铺设饱满。铺贴从整砖行或列开始，依次退着贴，将砖按控制线就位，用木槌或胶锤敲平敲实，各行或列之间缝隙用开刀或抹子拔直拔匀，再敲一遍。砖表面多余灰浆用干净棉纱擦净。砖面间隙当设计无要求时，紧密铺贴间隙不大于 1 mm，留隔间隙铺贴宜为 5～10 mm，24 h 内用 1∶1 水泥砂浆嵌缝，要求缝隙严密，不得漏嵌，待水泥砂浆达到一定强度后，再用清水洗刷干净。

(2)大理石面层和花岗石面层。大理石和花岗石板块地面是属于较高级的地面。楼地面的构造及做法如图 2-12-5 和图 2-12-6 所示。

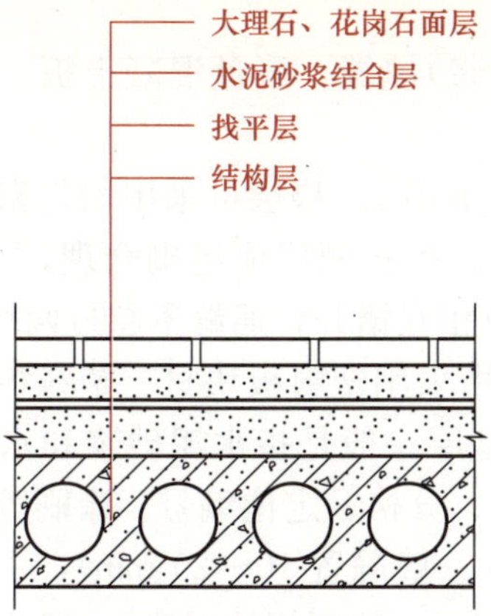

图 2-12-5 楼面构造做法示意

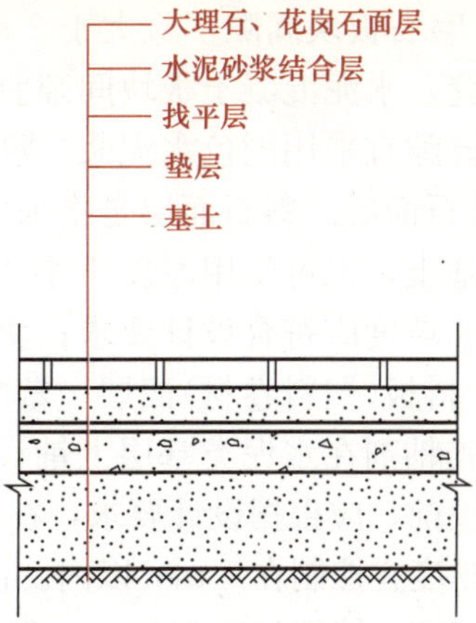

图 2-12-6 地面构造做法示意

1)板块浸水。铺贴前要用刷子将板块贴面的浮浆和附着物彻底清理，并用水将板块浸湿、阴干，铺设时板块的粘贴面不得有明水。

2)砂浆结合层(找平层)。大理石和花岗石板块地面是属于较高级的地面，不仅要求有较好的平整度，而且不得有空鼓和产生裂缝，为此要求结合层要使用 1：2(体积比)的干硬性水泥砂浆，铺设时的稠度(标准圆锥体沉入度)为 2.5～3.5 cm，即以手握成团、落地开花为宜。为了保证黏结效果，基层表面湿润后，还要刷水胶比为 0.4～0.5 的水泥浆，并随刷随铺板块。

摊铺干硬性水泥砂浆找平层时，摊铺砂浆长度应在 1 m 以上，宽度要超出平板宽度加 30 mm，摊铺砂浆厚度为 10～15 mm，楼地面虚铺的砂浆应比标高线高出 3～5 mm，砂浆应从里向门口铺抹，然后用大杠刮平、拍实，用木抹子找平，再在结合层上试铺。铺好后用橡皮锤敲击，检查其密实度，如有空隙应及时补浆。待合适后，将平板块揭起，再在结合层上均匀地撒一层水胶比为 0.5 左右的水泥素浆，再将板块安放回原位，将板块复位正式镶铺。

3)铺贴、灌缝。正式镶铺时，板块要四角同时平稳下落，对准纵横缝后，用橡皮锤轻敲振实，并用水平尺找平。铺板时，要特别注意控制门口、墙角、管道等处铺贴的板块，不得在靠墙等处用水泥浆填补代替板块，应当按实际位置、尺寸，对板块等进行切割或套割后，进行铺设，使该处的板块完整，符合几何图形和尺寸的要求，并达到形体规矩、方整、边角整齐。

平板镶铺 1～2 d 后再洒水养护。将板缝灰土清除，根据板块的颜色，配制相应的水泥色浆进行擦缝。然后用干锯末等将板块擦亮，并在潮湿条件覆盖养护，3 d 内禁止上人走动或搬运物品。

4)上蜡。铺砌后，待结合层砂浆强度达到 70%后，揭去覆盖清理其他污物、灰尘等，方可打蜡抛光，要求达到光滑洁亮。

(3)预制板块面层。预制板块面层一般是指水泥混凝土板块和水磨石板块。

1)铺设结合层。结合层可采用砂结合层、砂浆或水泥浆结合层。当选用砂结合层时，应采用洁净中粗砂，铺设板块前，应洒水压实找平，厚度宜为 20～30 mm；当选用砂浆结合层，砂浆宜采用干性砂浆，铺设饱满刮平，厚度宜为 20～30 mm；当选用水泥浆结合层，水泥浆厚度宜为 10～15 mm。

2)调缝。板缝间隙应符合设计要求，如设计无要求时，水泥混凝土板块间隙不宜大于

6 mm，水磨石板块间隙不宜大于 2 mm。

3)擦缝。水泥混凝土板块间隙宜采用水泥浆(或砂浆)填缝，彩色混凝土板、水磨石板块面层的缝隙宜采用同色水泥浆(或砂浆)擦缝。

(4)料石面层。料石面层是指采用天然条石和块石的面层。垫层可采用均匀密实的基土或夯实的基土，也可采用厚度不小于 60 mm 的砂垫层。条石面层应组砌合理，无十字缝，铺砌方向和坡度应符合设计要求；块石面层石料缝隙应相互错开，通缝不超过两块石料。

(5)塑料板(塑料卷材)面层。塑料板(塑料卷材)是指采用塑料板块材、塑料板焊接、塑料卷材以胶粘剂在水泥类基层上铺设的面层。水泥类基层一般是指水泥砂浆和水泥混凝土基层。铺设前，应根据设计要求，在基层表面进行弹线、分格、定位编号。涂刷胶粘剂应均匀，涂刷厚度宜控制在 1 mm 以内。待胶粘剂不粘手时(一般静置 10～20 min)，一次就位准确，抹压密实。接缝如需焊接，一般须经 48 h 后就可施焊，控制焊接温度(一般为 180 ℃～250 ℃)，出现焊瘤应及时修平。焊条与面层应具有相容性。

(6)地毯面层。地毯面层是指采用方块、卷材地毯在水泥类面层(或基层上)铺设。铺设的方式分为固定式和活动式两种。固定式铺设时，地毯张拉应适宜，四周卡条要固定牢固，门口处应用金属压条等固定。地毯周边应塞入卡条和踢脚线之间的缝中；活动式地毯铺设是指地上地毯拼成整块后直接铺在洁净的地上，地毯周边应塞入踢脚线下，与不同类型的建筑地面连接处，应按设计要求收口。小方块地毯铺设，块与块之间应挤紧服帖。

(7)踢脚板镶贴。预制水磨石、大理石和花岗石踢脚板一般高度为 100～200 mm，厚度为 15～20 mm。可采用粘贴法和灌浆法施工。踢脚板施工前应认真清理墙面，尤其是踢脚与墙面的交接处，提前一天浇水湿润，按需要数量将阴角处踢脚板的一端，用切割机切成 45°，并将踢脚板用水刷净，阴干备用。镶贴时由阳角开始向两侧试贴，检查是否平直，缝隙是否严实，有无缺边掉角等缺陷，合格后方可实贴。铺设的方法有粘贴法和灌浆法，不论采取什么方法安装，均先在墙面两端先各镶贴一块踢脚板，其上沿高度在同一水平线上，出墙厚度要一致，然后沿两块踢脚板上沿拉通线，逐块依顺序安装。其构造做法如图 2-12-7 所示。

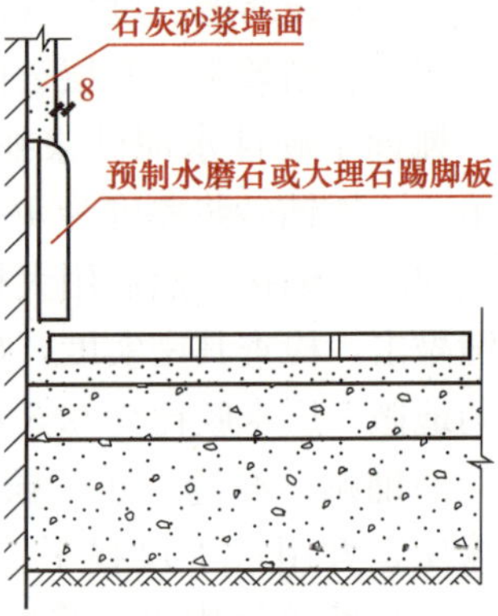

图 2-12-7　踢脚板安装示意

1)粘贴法。根据墙面的水平控制线，用 1∶(2～2.5)水泥砂浆抹底并刮平划毛，待底层砂浆干硬后，将已湿润阴干的预制水磨石踢脚板抹上 2～3 mm 素水泥浆进行粘贴，靠尺板找平、找直。及时将上口余浆清理干净，在常温下应养护 3 d，检查有无空鼓，然后用与板同色的水泥浆擦缝。

2)灌浆法。将踢脚板临时固定在安装位置，用石膏将相邻的两块踢脚板以及踢脚板与地面、墙面之间黏结稳牢，然后用稠度 100～150 mm 的 1∶2 水泥砂浆(体积比)灌缝，并随时把溢出的砂浆擦干净。待灌入的水泥砂浆终凝后，把石膏铲掉擦净，用与板面同色水泥浆擦缝。

12.4.2　整体楼地面施工工艺

1. 水泥砂浆地面

(1)基层处理。水泥砂浆面层多铺抹在楼地面混凝土垫层上，基层处理是防止水泥砂浆面层空鼓、开裂等质量通病的关键工序。因此，要求基层应具有粗糙、洁净、潮湿的表面，必须仔细清除一切浮灰、油渍、杂质，否则形成一层隔离层，会使面层结合不牢。表面比较光滑的基层，应进行凿毛，并用清水冲洗干净，冲洗后的基层，最好不要上人。在现浇混凝土或水泥砂浆垫层、找平层上做水泥砂浆地面面层时，其抗压强度≥1.2 MPa，才能铺设面层。

(2)规方、找平。

1)弹水平基准线。根据室内基准水平线+500 mm，在房间四周弹出厚度控制线(水平辅助基准线)，作为地面面层上皮的水平基准，同时要考虑与门框的下坎裁口吻合，以及有水房间地面、地漏的排水坡度，如图 2-12-8 所示。要注意按设计要求的水泥砂浆面层厚度弹线。

2)做标筋。根据水平辅助基准线，从墙角处开始沿墙每隔 1.5～2.0 m 用 1∶2 水泥砂浆抹标志块；标志块大小一般为 8～10 cm 见方。待标志块结硬后，再以标志块的高度做出纵横方向通长的标筋以控制面层的标高，如图 2-12-9 所示。地面标筋用 1∶2 水泥砂浆，宽度一般为 8～10 cm。

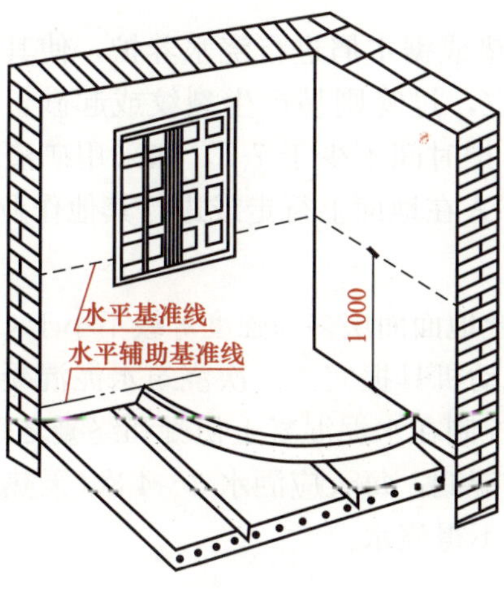

图 2-12-8　弹基准线

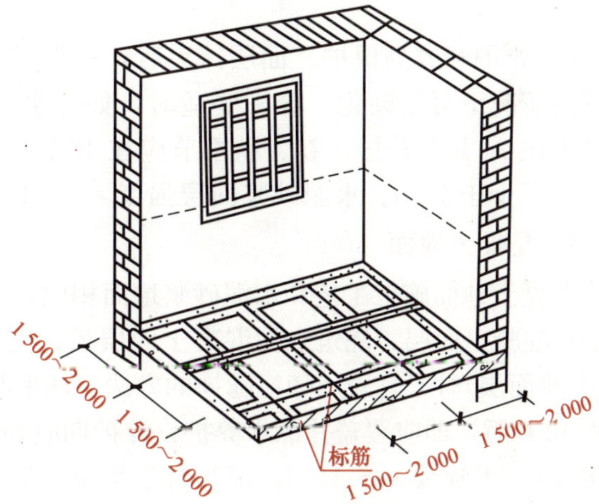

图 2-12-9　做标筋

3)对于厨房、浴室、厕所等房间的地面，找好排水坡度。有地漏的房间，要在地漏四周做出不小于 5%的泛水，避免地面“倒流水”或积水。抄平时要注意各室内地面与走廊高度的关系。

4)地面铺设前，还要将门框再一次校核找正。其方法是先将门框锯口线抄平校正，并注意当地面面层铺设后，门扇与地面的间隙应符合规定要求，然后将门框固定，防止松动、位移。

(3)铺设、抹压。面层水泥砂浆的配合比应符合设计要求，一般用不低于 1∶2 的体积比加水拌制而成，水泥砂浆的稠度不应大于 35 mm。现场测试以手握(捏)成团，稍出浆即合适。水泥砂浆要求拌和均匀，颜色一致。

铺抹前，应提前一天将基层浇水湿润，但不宜过多，以防渗漏。在湿润的基层上，用水胶比为 0.4～0.5 的水泥素浆刷一遍，随即进行面层铺抹。必须要随刷随抹。

地面面层的铺抹方法是在标筋之间铺砂浆，随铺随用木抹子拍实，用短木杠按标筋标高刮平。刮时要从室内由里往外刮到门口，符合门框锯口线标高，然后再用木抹子搓平，并用薄钢板抹子稍用力压出水花，使面层均匀、紧密，与基层结合牢固。

第一遍压光应在水泥砂浆初凝收水后进行。在操作中，当人站上去有脚印但不下陷就可用薄钢板抹子抹压；抹压时从边到大面顺序加力压实、压光，不得漏压且要把凹坑、砂眼和脚印等压平，以消除表面气泡、孔隙等缺陷。

跟着压第二遍。压时用力轻一些，使抹子纹浅一些，以压光后表面不出现水纹为宜。如面层有多余的水分，可根据水分的多少适当均匀地撒一层干泥或干拌水泥砂浆来吸取面层表面多余的水分，再压实压光(但要注意，如表面无多余的水分，不得撒干水泥或干拌水泥砂浆)，同时，把踩的脚印压平并随手把踢脚板上的灰浆刮干净。

水泥砂浆终凝前进行第三遍压光，当人踩上砂浆面层时，没有明显脚印就可以开始抹压。抹压时用力要大而且均匀，将整个地面全面压实、压光，并且要把第二遍留下的抹子纹、毛细孔压平、压实、压光，使表面密实光滑。这道工序很重要，所以，必须在水泥砂浆终凝前完成，确保水泥砂浆面层达到密实、光滑、平整。

有些较大的房间，要设置分格缝，可根据要求加镶玻璃条等，以防止地面产生不规则裂纹。

(4)养护和成品保护。面层抹完后，在常温下铺盖草垫或锯木屑进行浇水养护，使其在湿润的情况下凝结硬化。养护要适时，如浇水过早易起皮，过晚则易产生裂纹或起砂。一般夏天在 24 h 后养护，春、秋季节应在 48 h 后养护。养护时间不少于 7 d，如采用矿渣水泥，则不少于 14 d。水泥砂浆面层强度≥5 MPa，才允许人在地面上行走或进行其他作业。

2. 混凝土地面

混凝土地面施工工艺和水泥砂浆地面相似，只是混凝土地面面层多为强度等级不小于 C20 的细石混凝土面层。浇筑水泥混凝土面层后，应用平板振动机具振实。一次浇筑水泥混凝土垫层(兼面层)时，宜采用随捣随抹的方法。抹平与压实要控制在水泥混凝土初凝和终凝之间。压光 12 h 后，即应覆盖并洒水养护，养护期应确保覆盖物湿润，每天应洒水 3～4 次(天热增加次数)，需延续 10～15 d，但当日平均温度低于 5 ℃时不得浇水。

3. 现浇水磨地面

(1)基层清理。做水磨石面层前，将基层上尘土、杂物、油渍等清除干净，冲洗湿润。

(2)弹分格线。基层清理后，按设计要求的图案、分格及厚度，并根据+500 mm 基准水平线，弹出图案、分格线和标高线。弹分格时，并应从中间向四周排放分格，非整块和不均匀的分格应排在周边。

(3)埋设分格条。弹线后应拉通线埋设分格条，嵌条时，先用水泥浆将贴灰饼点浆靠稳，再按弹线放好分格条；分格条应水平一致，整齐顺直，接头紧密(用拉 5 m 线或通线检查，偏差应≤1 mm)。分格条的上表面就是未来地面的上表面，埋设时应严格控制分格条的高度，过低不易磨出，过高容易使分格条压碎、压弯。在分格条下的水泥浆形成八字角，素水泥浆涂抹高度至少为分格条的 1/2，最多不能超过分格条的 2/3 并应比分格条低 3 mm，俗称“粘七露三”。在分格条的十字交叉处应紧靠成十字，距十字中心点各离 40～50 mm 区段范围内，不得抹灰棱，使之留出空隙，如图 2-12-10 所示，以便分格条两边外侧顶部及交叉处，能抹入水磨石拌合料，而不致产生分格条两边及交叉处无石子而成黑边、黑块等缺陷。

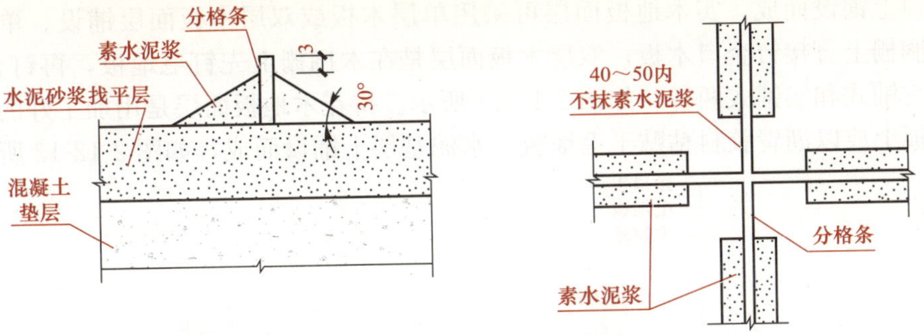

图 2-12-10　分格嵌条设置

(4)抹找平层。埋设好分格条后，将基层清理干净。洒水湿润后，随刮素水泥浆随铺以 1∶2.5 的水泥砂浆用木抹子压实、搓平，上留磨石面层厚度。

(5)铺抹石子浆。面层水泥石子浆的配合比为水泥∶大八厘石粒＝1∶2，水泥∶中八厘石粒＝1∶2.5。浆量应准确，宜先用水泥和颜料干拌过筛，再掺入石渣，拌和均匀后，加水搅拌，水泥石子浆稠度宜为 6 cm。

铺设水泥石子浆前，应刷素水泥一道，并随即浇筑石子浆，铺设厚度要高于分格条 1～2 mm，先铺分格条两侧，并用抹子将两侧约 10 cm 内的水泥石子浆轻轻拍压平实，然后铺分格块中间石子浆，以防滚压时挤压分格条。铺设水泥石子浆后，用滚筒第一次压实，然后铺分格块中间石子浆，滚压时要及时扫去粘在滚筒上的石渣，缺石处要补齐。间隔 2 h 左右，用滚筒第二次压实，直至将水泥砂浆全部压出为止，再用木抹子或铁抹子抹平，次日开始养护。

(6)表面磨光。开磨前，宜用手工试磨，以表面石子不松动为准。普通水磨石的面层一般磨光三次，补浆两次，即所谓“两浆三磨”。第一遍，用 60～90 号粗金刚石粗磨，边磨边加水，要求磨匀磨平，使全部分格条外露，随时用 2 m 长靠尺检查，使表面平整。磨后将泥浆冲洗干净，干燥后，用同色水泥浆涂抹，以填补面层所呈现的小孔隙和凹痕，洒水养护 2～3 d。第二遍，用 90～120 号金刚石细磨，随时用 2 m 长靠尺检查，使表面更平整，将粗磨时的抹纹去掉。此时表面应基本光滑，并再冲洗，养护 2～4 d。第三遍，用 180～240 号金刚石精磨，磨至表面石子颗粒显露，平整光滑，无砂眼、细孔。

在磨光时，要特别注意操作方法，不得将磨石机开动后，在一处旋磨至形成一圈圈无法消除的磨痕。应当让磨石走“8”字形路线，也即使磨石机既要旋转，又要不断变换位置。边角处则应用手握磨石机或用手工磨光。

(7)涂擦草酸。用水冲洗干净并擦干后，涂抹溶化冷却的草酸溶液(热水∶草酸＝1∶0.35)，用 300 号以上油石研磨至污垢全部清除，表面光滑，用水冲洗干净、晾干；再用 10%浓度的草酸加入 1%～2%的氧化铝涂刷在磨面上细磨出亮光。

(8)打蜡。上蜡时先将蜡洒在地面上，待干后再用钉有细帆布(或麻布)的木块代替油石，装在磨石机的磨盘上进行研磨，直至光滑洁亮为止，上蜡后铺锯末进行养护。

12.4.3　木板面施工工艺

实木地板面层采用条木和块材实木地板或采用拼花实木地板，以空铺和实铺方法在基层(结构层)上铺设而成。实木地板面层可采用单层木板或双层木板面层铺设。单层木板面层是在木搁栅上直接钉企口木板；双层木板面层是在木搁栅上先钉毛地板，再钉企口木板。木搁栅有空铺式和实铺式两种，如图 2-12-11 所示。拼花木地板面层是用加工好的拼花木板铺钉毛地板上或以沥青胶料粘贴于毛地板、水泥基层上铺设而成，如图 2-12-12 所示。

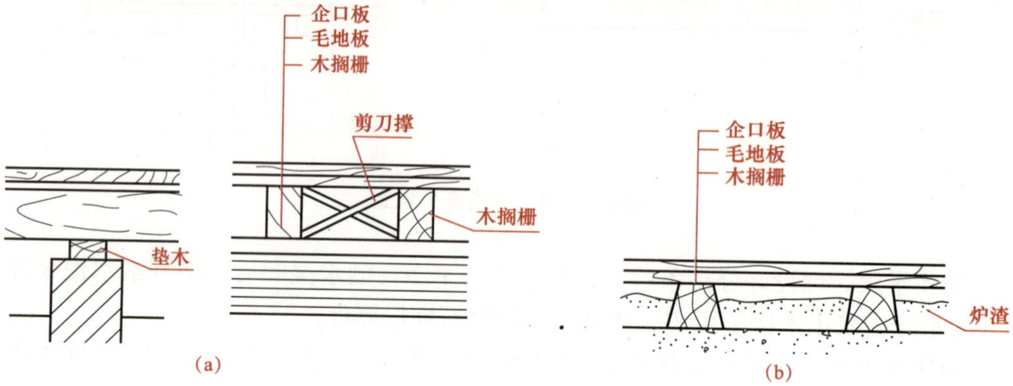

图 2-12-11 木板面层构造做法示意

(a)空铺式；(b)实铺式

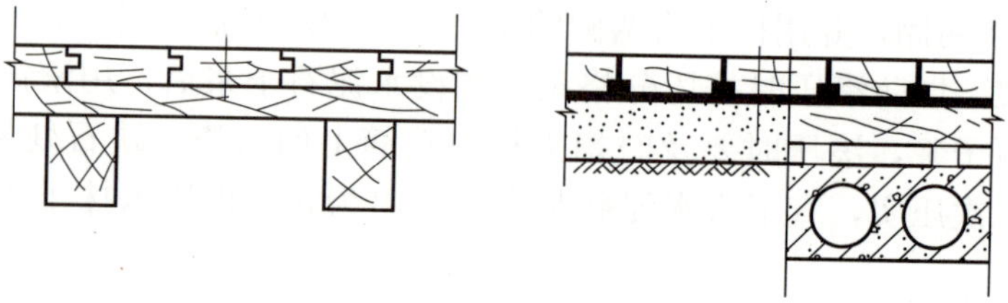

图 2-12-12 拼花木板面层构造做法示意

1. 基层施工

(1)空铺式基层施工方法。空铺式基层木搁栅搁于墙休的垫木上，木搁栅之间加设剪刀撑，木板面层在木板下面留有一定的空间，以利于通风换气。为节约木材，也有用混凝土搁栅代替木搁栅。

(2)实铺式基层施工方法。先在楼板或垫层上弹出木搁栅位置线，将木搁栅安放平稳，并使其与预埋在楼板(或垫层)内的铅丝或预埋铁件绑牢固定，木搁栅间如需填干炉渣时，应加以夯实拍平，木搁栅和毛底板均应作防腐处理。

2. 面层

(1)钉接式。钉接式木地板面层可用于空铺式，其面层有条形地板和拼花地板两种形式。其操作要点如下：

1)条形木地板铺钉。条形木地板有单层木板面层和双层木板面层两种。

①单层木地板面层，其顶面要刨平，侧面带企口，板宽不大于 120 mm，地板应与木搁栅垂直铺钉，并要顺进门方向。接缝均应在木搁栅中心部位，且应间隔错开，板与板之间仅允许个别地方有空隙，其宽度不得大于 1 mm，如为硬木长条形地板，个别地方缝隙宽度不得大于 0.5 mm。木板面层与墙之间应留设 10～20 mm 的缝隙，以后逐块排紧铺钉，缝隙不得超过 1 mm。圆钉的长度应为木板厚的 2～2.5 倍，圆钉帽要砸扁，钉从板的侧边凹

角处斜向钉入，板与搁栅相交处至少钉一颗。木板的排紧方法，一般可在木搁栅上钉一只扒钉，在扒钉与板之间夹一对硬木楔，打紧硬楔就可使木板排紧，钉到最后一块，因无法斜向钉，可用明钉钉牢，钉帽要砸扁，进入板面 3～5 mm。采用硬木地板时，铺钉前应先钻孔，一般孔径为圆钉直径的 7/10～8/10。

企口板铺完后，应清扫干净。先按垂直木纹方向粗刨一遍，再按细木纹方向细刨一遍，然后磨光，刨磨的总厚度不宜超过 1.5 mm，并应无痕迹。已刨磨的木地板面层在室内喷浆或贴墙纸时应采取防潮、防污染的保护措施，进行覆盖。油漆和上蜡工作应待室内一切施工完毕后进行。

②双层木地板面层的上层也采用宽度不大于 120 mm 的企口板，为防止在使用中发出声响和受潮气侵蚀，铺钉前应先铺设一层沥青油纸或油毡。

双层木地板的下层称毛地板，其宽度不大于 120 mm。铺设时必须清除毛地板下空间内的刨花等杂物。毛地板应与搁栅成 30°或 45°方向钉牢，并应使髓心向上，板间缝隙不应大于 3 mm，以免起鼓。毛地板和墙之间应留 10～20 mm 缝隙，每块毛地板应在其下的每根木搁栅上各用两个钉固结，钉的长度应为板厚的 2.5 倍。

2)拼花硬木地板铺钉。拼花硬木地板面层，一般多采用企口拼缝，其操作方法与条形木地板基本相同。铺钉前应按照设计图案，分格试铺。拼花硬木地板是铺钉在毛地板上的，毛地板的铺钉应符合要求，经检查合格后方可铺钉面层，毛地板与面层板间应加铺一层油毡或油纸。常见的拼花木地板面层图案有方格形、席纹形和人字形等，如图 2-12-13 所示。

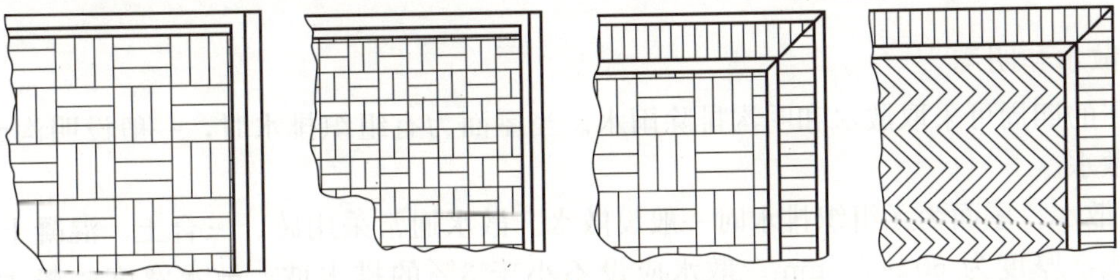
(a)　(b)　(c)

图 2-12-13　拼花硬木地板纹样

(a)方格形；(b)席纹形；(c)人字形

(2)黏结式。黏结式木地板面层一般多用于实铺式基层，如冷胶拼花硬木地板面层的施工。施工工艺流程包括：基层处理→弹线定位→涂刷胶粘剂粘贴地板→刨平磨光和油漆上蜡等。基层清理平整、干净后，先弹出房间十字中心线再弹一圈边线，根据房间尺寸和拼花地板的大小算出块数。如为单数，则房间的十字中心线和中间一块拼花地板的十字拼缝线吻合；如为双数，则房间十字中心线应和中间四块拼花地板的十字拼缝吻合。

先用聚醋酸乙烯乳液在地面上涂刷一遍，再将配制好的胶粘剂倒在上面，用橡皮刮板均匀铺开，胶粘剂的配合比为聚醋酸乙烯乳液∶水泥＝7∶3(质量比)，涂刷要均匀，并注意避免粘上泥砂影响粘贴质量。涂刷胶粘剂和粘贴地板应同时进行，一人在前刷胶粘剂，一人在后跟着粘贴地板，粘贴拼花地板应按设计图案进行，随贴随修正。贴完后须在常温下保养 5～7 d，再用电动滚刨机刨削平整，滚磨机磨平、磨光，最后刷油漆打蜡擦亮。

3. 木踢脚板

木地板房间的四周墙脚角处应设木踢脚板，踢脚板一般高为 100～200 mm，常采用的是高 150 mm，厚 20～25 mm。所用木材一般也应与木地板面层所用材质品种相同。一般木踢脚板与地面转角处安装木压条或安装圆角成品木条，其构造做法如图 2-12-14 所示。

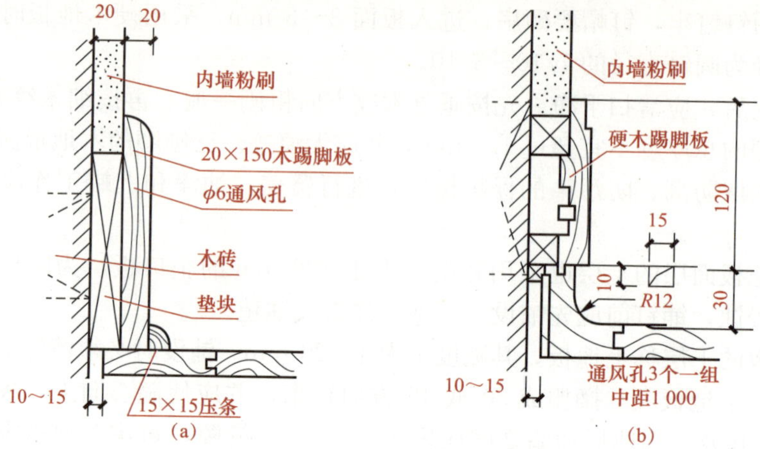

图 2-12-14　木踢脚板做法示意

(a)压条做法；(b)圆角做法

12.4.4　室外附属工程

1. 散水和明沟

房屋的四周可采取散水和明沟排除雨水。当屋面为有组织排水时，一般设明沟或暗沟，也可设散水。

(1)散水。屋面为无组织排水时一般设散水。散水通常采用砖、三合土、混凝土等材料铺设而成，厚度为 60～70 mm。散水应设不小于 3% 的排水坡，散水宽度一般为 0.6～1.0 m。散水一般构造如图 2-12-15 所示。

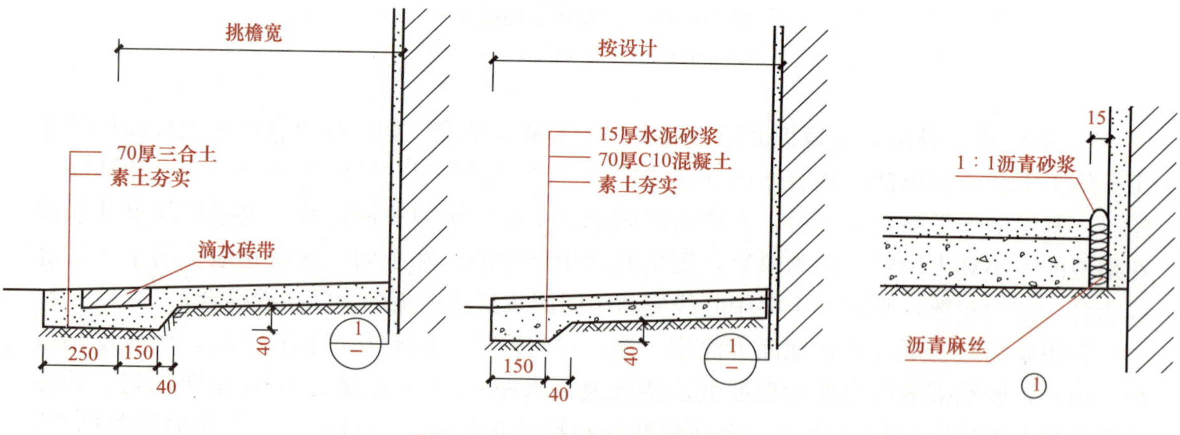

图 2-12-15　散水的构造做法示意

散水施工前，应在外墙面上画出散水上缘标高线，按横向坡度及散水宽度，向外立模板，模板顶面应为散水下缘标高(砖散水则挖土槽)，模板顶面应高出室外地坪 50 mm。

砖砌散水，应先拉线在土槽内砌一行立砖，砖顶面高出室外地坪 50 mm。散水基土挖成5%斜面，夯实三遍(如土质不良，应挖去10 cm深，回填3∶7灰土夯实三遍)，基土面上铺砂，平砌砖，用砂灌缝。

三合土及混凝土散水的施工同相应的地面面层。混凝土散水的转角处及每12 m长要留置变形缝。转角处变形缝与外墙面成45°角，其他部位与外墙面相垂直。变形缝位置应避免在落水管口处。缝内填塞沥青砂浆。

(2)明沟。明沟采用砖、毛石、混凝土等材料铺设而成。室外明沟的各构造层次应为：素土夯实、垫层和面层。其各层采用的材料、配合比、强度等级以及厚度等均应符合设计要求。施工时应按基土和同类垫层、面层的施工要点与注意事项进行。

水泥混凝土的明沟，应设置伸缩缝，其间距宜按各地气候条件和传统做法确定，但间距不应大于10 m。房屋转角处也应设置伸缩缝，其缝与外墙面成45°角。明沟与建筑物连接处应设缝进行技术处理。缝宽度为20 mm，缝内填塞沥青胶结料或沥青砂浆。室外明沟沟底排水纵坡应等于或大于0.5%，并应由基土(或基层)找坡。明沟一般构造如图2-12-16所示。

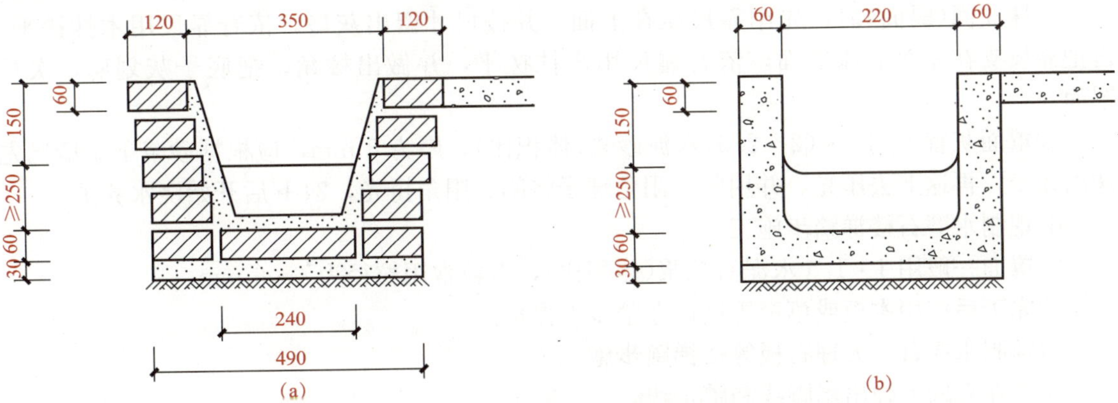

图2-12-16 明沟构造做法

(a)砖砌明沟；(b)混凝土明沟

2. 踏步

(1)室外入口踏步(台阶)。台阶即室外入口踏步。常用台阶采用水泥砂浆、水磨石、砖等材料铺设而成，还有采用毛石、条石、整体混凝土以及钢筋混凝土架空、预制混凝土板搁置、条石搁置等台阶。

水泥砂浆台阶及水磨石台阶施工时，应按台阶的坡度将基土夯成斜面，以上的灰土也夯成斜面，然后立模板，现浇混凝土做成踏步，各踏步上的面层按照相应楼梯踏步面层进行施工。

砖砌台阶施工时，基土夯成斜面，灰土则夯成踏步形。然后在灰土层上砌砖，每个踏步先砌一层平砖，再砌一层侧砖。台阶阳角处则平砌一砖见方。砖间缝隙要挤满砂浆。清水砖台阶则应用1∶1.5水泥砂浆勾缝。

(2)室内楼层踏步(踏步)。室内楼层踏步，常用踏步面层采用水泥砂浆、水磨石(整体水磨石或预制水磨石板块)材料铺设而成，也有采用大理石、花岗石和砖(缸砖、陶瓷地砖、水泥花砖)等板块材料铺设而成。其施工要点如下：

1)楼梯踏步的高度，应以楼梯间结构层的标高结合楼梯上、下级踏步与平台、走道连接处面层的做法进行划分，以使铺设后每级踏步的高度与上一级踏步和下一级踏步的高度差不应大于 10 mm。

2)楼梯踏步面施工前，应在楼梯一侧墙面上画出各个踏步做面层后的高宽尺寸及形状，或按每个梯段的上、下两头踏步口画一斜线作为分步标准。

3)楼梯踏步面层的施工与相应的面层基本相同，每个踏步宜先抹立面(踢面)后再抹平面(踏面)。楼梯踏步面层应自上而下进行施工。

4)水磨石面层常做水泥钢屑防滑条。有防滑条的踏步，应在底层砂浆抹完后，用素水泥浆粘上用水浸泡过的米厘条，然后抹面层砂浆，与米厘条相平，待面层砂浆凝固后，取出米厘条，在槽内填以 1∶1.5 水泥钢屑浆，并高出踏面 4～5 mm，用圆阳角抹子捋实捋光；也可采用预制的水泥钢屑防滑条，用素水泥浆黏结埋入槽内。

5)水泥砂浆楼梯踏步施工。

①清扫基层，洒水润湿，并涂素水泥浆一道，随即抹 1∶3 水泥砂浆(体积比)底子灰，厚约为 15 mm。

②抹立面(踢面)时，先用靠尺压在上面，并按尺寸留出灰口，依着靠尺用木抹搓平，再把靠尺支在立面上抹平面，依着靠尺用木抹搓平，并做出棱角，把底子灰划麻，次日罩面。

③罩面灰宜采用 1∶(2～2.5)水泥砂浆(体积比)，厚为 8 mm，应根据砂浆干湿情况先抹出几步，再返上去压光，并用阴、阳角抹子将阴、阳角捋光，24 h 后开始浇水养护。

6)现制水磨石楼梯踏步施工。

①罩面一般用 1∶1.5 水泥石粒浆(体积比)，石粒常用粒径为 4～6 mm。

②完工后应用木板或草帘等铺设在踏步上保护。

7)预制水磨石、大理石板等楼梯踏步施工。

①先在立墙上弹出踢脚线和踏步线。

②安装顺序应为：踢脚板→踏步立板→踏步板，逐步由上往下安装。

③穿踏步板的楼梯栏杆洞眼位置必须准确，洞眼可稍大一些，楼梯栏杆安装后用与踏步板同颜色的素水泥浆灌严。

④踢脚线、踏步立板和踏步板的施工(安装)方法与大理石面层和花岗石面层施工相似。

⑤施工(安装)后应铺设木板保护，7 d 内不准上人，14 d 内不准运输材料等重物。

8)楼梯踏步面层未验收前，应严加保护，以防碰坏或撞掉踏步边角。

3. 坡道

坡道(大门坡道)用彩水泥砂浆、水磨石、混凝土等材料铺设而成。

坡道的施工方法与相应的地面工程施工基本相同，只是基土及垫层等均按斜度做成斜面，其基土、垫层厚度应符合设计要求。

当坡道的斜度大于 10%时，斜坡面层应做成齿槽形。

齿槽做法：当面层砂浆抹平时，用两块靠尺(断面为 80 mm×6 mm)，相距 80 mm，平行地放在面层上，用水泥砂浆在两靠尺间抹面，上口与上靠尺顶边齐平，下口与下靠尺底边相平。这样从上到下逐条抹出即成齿槽。

任务 12.5 楼地面工程施工质量标准和检验

楼地面工程施工质量
标准和检验方法

复习思考题

1. 楼地面的组成有哪几部分?
2. 简述楼地面装饰的一般要求。
3. 简述陶瓷马赛克地面的施工工艺。
4. 简述大理石地面的施工工艺。
5. 简述水泥砂浆地面的施工工艺。
6. 简述水磨石地面的施工工艺。
7. 水磨石地面分格条如何固定?
8. 简述水磨石地面粗磨、细磨、精磨的时间及要求。
9. 简述踢脚线的施工工艺。

参考文献

[1]《建筑施工手册》(第五版)编委会．建筑施工手册[M]. 5 版．北京：中国建筑工业出版社，2012.

[2]中华人民共和国住房和城乡建设部．GB 50300—2013 建筑工程施工质量验收统一标准[S]. 北京：中国建筑工业出版社，2013.

[3]中华人民共和国住房和城乡建设部．GB 50207—2012 屋面工程质量验收规范 [S]. 北京：中国建筑工业出版社，2012.

[4]中华人民共和国住房和城乡建设部．GB 50209—2010 建筑地面工程施工质量验收规范[S]. 北京：中国计划出版社，2010.

[5]王秀花．建筑材料[M]. 2 版．北京：机械工业出版社，2012.

[6]李念国，肖新华．建筑施工技术[M]. 郑州：黄河水利出版社，2009.

[7]张保兴．建筑施工技术[M]. 北京：中国建材工业出版社，2010.

[8]高琼英．建筑材料[M]. 4 版．武汉：武汉理工大学出版社，2012.

[9]姚谨英．建筑施工技术[M]. 4 版．北京：中国建筑工业出版社，2012.

[10]魏鸿汉．建筑材料[M]. 4 版．北京：中国建筑工业出版社，2012.

[11]冯为民．建筑施工实习指南[M]. 武汉：武汉理工大学出版社，2000.

[12]中华人民共和国住房和城乡建设部，国家质量监督检验检疫总局．GB 50345—2012 屋面工程技术规范 [S]. 北京：中国建筑工业出版社，2012.

[13]王军，马军辉．建筑装饰施工技术[M]. 北京：北京大学出版社，2009.

[14]叶雯，周晓龙，建筑施工技术[M]. 北京：北京大学出版社，2010.

[15]刘玉，祁大泉．建筑装饰工程施工技术[M]. 北京：中国建材工业出版社，2014.

[16]齐景华，宋晓惠．建筑装饰施工技术[M]. 北京：北京理工大学出版社，2009.

[17]全国一级建造师执业资格考试用书编写委员会．建筑工程管理与实务[M]. 3 版．北京：中国建筑工业出版社，2011.

[18]全国二级建造师执业资格考试用书编写委员会．建筑工程管理与实务[M]. 3 版．北京：中国建筑工业出版社，2011.

[19]中华人民共和国住房和城乡建设部，国家质量监督检验检疫总局．GB 50327—2001 住宅装饰装修工程施工规范 [S]. 北京：中国建筑工业出版社，2001.

[20]中华人民共和国住房和城乡建设部，中华人民共和国国家质量监督检验检疫总局．GB 50325—2010 民用建筑工程室内环境污染控制规范(2013 版) [S]. 北京：中国计划出版社，2011.

[21]中华人民共和国建设部，国家质量监督检验检疫总局．GB 50210—2001 建筑装饰装修工程质量验收规范 [S]. 北京：中国标准出版社，2001.